典型排土场边坡稳定性控制技术

孙世国　杨　宏　冉启发　张天文　薄志毅　著

北　京
冶　金　工　业　出　版　社
2011

内容提要

本书就排土场设计中涉及的环境工程地质条件、地质构造与地层分布以及特殊排弃物如高含水率湿物料排弃物的安全设计、安全控制措施、软岩基底安全性等许多共性问题进行了分析总结。

全书共分为五篇，第一篇主要介绍二维、三维滑移场理论及其优化设计技术，以及在实际工程应用中的方法；第二篇着重结合5个不同工程地质条件和排弃废料巨大差异性，详细介绍排土场的设计方法、安全控制技术以及具体防护措施与方法；第三篇介绍了厚软基底排土场安全堆排控制技术；第四篇介绍了黄土厚基底排土场安全控制技术。

本书适合矿山、科研设计院所、高等院校的采矿专业的科技人员、教学人员和管理人员参考阅读。

图书在版编目(CIP)数据

典型排土场边坡稳定性控制技术/孙世国等著.—北京：冶金工业出版社，2011.1

ISBN 978-7-5024-5344-2

Ⅰ.①典…　Ⅱ.①孙…　Ⅲ.①排土场—边坡稳定性—研究　Ⅳ.①TD228

中国版本图书馆CIP数据核字(2010)第181781号

出 版 人　曹胜利
地　　址　北京北河沿大街嵩祝院北巷39号，邮编 100009
电　　话　(010)64027926　电子信箱　yjcbs@cnmip.com.cn
责任编辑　杨盈园　美术编辑　张媛媛　版式设计　孙跃红
责任校对　侯　瑁　责任印制　牛晓波
ISBN 978-7-5024-5344-2
北京百善印刷厂印刷；冶金工业出版社发行；各地新华书店经销
2011年1月第1版，2011年1月第1次印刷
787mm×1092mm　1/16；20.5印张；488千字；310页
62.00元

冶金工业出版社发行部　电话:(010)64044283　传真:(010)64027893
冶金书店　地址:北京东四西大街46号(100010)　电话:(010)65289081(兼传真)

前　言

目前，全国有113100多个矿山，其中对矿区环境影响严重的矿山有8457个，而滑坡和泥石流是露天矿山主要的地质灾害问题之一，并由此给国民经济和人民生命财产造成了重大的损失。由于露天矿排土场用地约占矿山总用地的30%~50%，所以，增加排土场堆积量是矿山追求目标之一，而排土场同时又面临着滑坡和泥石流两种灾害的威胁，由此排土场安全与堆排之间形成了尖锐的矛盾。目前，我国各类大型排土场就有几万座，又由于排土场多堆排在山沟与山坡地上，其安全与否主要受控于堆排工艺、山坡坡度、基底强弱、堆排物料的物理力学性质、堆排高度、降雨大小等因素的综合影响，再加上滑坡内因素复杂性及其形成条件、诱发因素的多样性，使得排土场边坡安全评价非常困难。而排土场滑坡近年来呈递增之势，主要原因是由于矿山征用土地困难，且价格昂贵，从矿山经济效益角度看，要求排土场堆积量多，从而使排土场的堆高和坡角都比较大，再加上许多排土场的工程地质勘察不规范、设计不尽合理、排土场排弃量大、堆排高度超出基底承载能力，同时排土场多位于山坡区，基底承载力和环境工程地质条件都比较差，由此造成排土场频繁发生滑坡灾害。有些滑坡灾害不仅仅影响到矿山自身的安全生产，还造成重大人员伤亡和环境的破坏，并产生重大的经济损失和严重的社会影响。例如，2008年8月1日凌晨1时左右，山西省娄烦尖山铁矿发生排土场连同山体垮塌事故，造成45人死亡和失踪，受伤1人，事故的直接原因是排土场地基土质松软、承载能力差；排土场设计依据不充分，地质资料不全等。又如1990年平朔安太堡露天矿南排土场滑坡，滑体滑移距离较长、相邻公路被破坏，并造成多人死亡。1967年江西德兴铜矿露天基建剥离，将上万方土石堆排在西侧山坡上，当年天降暴雨，山上堆土产生大规模滑坡，冲毁涵洞7座、桥梁1座；1970年夏季再次发生暴雨又形成泥石流，大量废石土冲入下游大坞河，导致5km河段被堵，冲毁农田200多亩，损失非常严重。类似事故非常多，在此不一一赘述。

目前，露天矿山排土场占用大量土地，如抚顺西露天矿3个排土场占地面积达 20.2km^2，累计堆排量近 10 亿 m^3；攀枝花矿区排土场占地面积 4.11km^2，累计堆排量达 1.843 亿 m^3，其他矿山与此类似。这些排土场不仅多次产生破坏性滑坡，造成巨大的经济损失，而且这些排土场裸露的废石土源源不断地产生灰尘、放射性元素等，不仅污染空气，而且在雨季雨水冲刷下又造成周围环境及其下游水源污染，严重影响安全生产和周围环境、空气质量与周围村民饮水的安全。

从排土场安全角度来看，排土场所堆放的废石土属于松散介质，其物理性质介于固体和液体之间。由于松散介质与固体不同，松散介质的颗粒具有部分流动性。另外，松散介质抗拉强度很低或者抗拉强度为零。从排土场基本特性来看，松散介质大体上可分为三类：第一类是颗粒之间没有黏结力，称为理想松散介质。理想松散介质不具有抗拉强度，冶金类矿山排土场多属于此类。第二类是颗粒间有胶结物充填，有一定黏结力，能保持一定的几何形状，并能承受不大的拉应力，称为黏性松散介质，煤炭类矿山排土场多属于此类。第三类是介于前两者之间，部分排弃物有一定黏聚力，部分排弃物没有黏聚力。上述三种物料排土场所堆放的废石土都属于松散介质，其物理性质介于固体和液体之间。众所周知，岩体是依靠其造岩矿物颗粒的黏结力以及内摩擦力来抵抗外部荷载的，因此，强度较高。而排土场是一种特殊的工程体，杂乱无章的离散分布废石土强度较低，随着排土场堆排物料的增高和自重荷载的增加以及雨水软化作用等因素的影响；在排土场坡体内部、在堆积体与基底接触面之间及在承载力较低基底表土内部等薄弱区域易发生冲剪破坏；从而产生滑坡或泥石流灾害。

本书着重研究和探索 5 个方面的问题，(1) 排土场优化设计的智能匹配技术，在这方面主要研究了二维滑移场技术；三维滑移场技术；排土场智能匹配优化设计技术。(2) 研究了稀湿物料排弃堆积控制技术，主要内容包括：特殊支挡措施与排水技术；上行堆排与承载力控制技术；智能匹配优化设计技术三个方面。(3) 研究了厚软基底排土场堆积控制技术，主要内容包括上行堆排与承载力控制技术；排土场滑坡与泥石流协同破坏机制问题；厚软基底排土场智能匹配优化设计技术三个方面。(4) 研究了黄土基底排土场堆积控制技术，主要内容包括黄土基底排土场破坏机制；上行堆排与承载力控制技术；黄土基底排土场智能匹配优化设计技术三个方面。(5) 研究了防洪与防治泥石流技术，主要内容包括：防洪沟的设计技术；防治泥石流技术方法。

在本书完成过程中得到了中钢矿山公司连民杰、李晓飞、马毅敏、范才兵、李占科、王学明，华新（宜昌）水泥有限责任公司龚志根、石斌宏、肖华、张胜华、小龙潭矿务局王文忠、王成龙、朱家春等领导同志的大力帮助和指导，在此表示深深的谢意！在本书的前期编写过程中，研究生韦寒波、姜亭亭、谭亮、鲁海、崔颖辉、阚生雷、彭红艳参加了资料整理和分析工作，对此致以衷心的感谢！

由于排土场边坡具有其特殊性，存在许多问题亟待解决，本书仅仅是对某些问题进行初步探索，希望能起到抛砖引玉的作用，限于作者的学术水平、掌握的第一手资料不多，所探讨的问题还不够深入，如有不妥之处希望广大读者不吝赐教。

本书出版过程中得到了北京市创新人才项目（PHR201006118）、北京市教委学科与研究生教育-岩土工程项目（PXM2009-014212-076740）与北方工业大学重点项目联合资助，在此一并表示感谢！

孙世国

2010年3月于北京

目　录

第一篇　排土场边坡稳定性计算与优化设计技术

第二篇 稀湿物料排弃物堆排过程安全控制技术

第一篇　排土场边坡稳定性计算与优化设计技术

1　边坡稳定性分析与设计

1.1　边坡稳定性主要评价方法

1.1.1　概述

边坡稳定性问题是岩土工程领域中一个非常重要的研究论题。它涉及水利水电工程、矿山工程、铁路工程、公路工程、建筑工程和环境安全等诸多工程领域，能否准确地评价其稳定状况直接关系到工程建设的投资和人民的生命与生产安全。有关滑坡问题研究较早报道的是1882年瑞士A. Heim发表的关于瑞士阿尔卑斯山区某处滑坡问题，由此算来，边坡稳定性研究工作已有100多年的历史；目前已逐步发展成为一门可以解决具体工程实际问题的学科。从其100多年的发展历程来看，大致可以划分为三个阶段：早期对滑坡稳定性：主要从土力学中极限平衡概念出发和从斜坡所处的地质条件、作用因素的类比分析着手进行定性研究；20世纪50年代，我国引进苏联工程地质学，继承了其“地质历史分析法”，对边坡稳定性的认识进入了正规化、科学化的轨道；至80年代，边坡稳定性研究进入了一个新的阶段。除侧重于稳定性分析方法的研究外，人们借助于数值和物理模拟手段，在多科学理论的综合运用与分析中，对边坡地质体赋存环境内部应力状态、变形破坏机制、影响稳定性作用因素等进行综合性研究，在边坡整体、内部作用机理等方面有了更为全面的认识和理解。

随着生产的发展和科学技术的进步，人们发现由于滑坡地质体的复杂性、非线性、开放性等特点，工程中某些定量计算结果与实际有较大误差。由此人们又发展了可靠性分析理论，并借助于非线性科学理论，如灰色系统科学理论、神经网络理论、尖点突变理论、自组织理论等，解释滑坡变形过程及失稳方式和失稳时空预报等。这期间又提出并应用浅生时效改造理论研究并分析地质体的动态历史演化过程及其对岩体稳定性及区域稳定的影响，同时又根据不同的环境工程地质条件的变化，对某些影响因素的敏感性进行了系统研究，从而为工程问题决策提供了科学依据。

目前，用于滑坡稳定性分析的方法很多，从使用的角度来看，主要分为五大类：定性分析方法、定量分析方法、非确定分析方法、物理模型方法和现场监测分析方法。如何根据具体的边坡工程地质条件、具体目的与精度要求、合理有效地选用与之相适应的边坡稳定性分析方法，是一项非常重要的工作。

1.1.2 边坡稳定性分析的主要方法

1.1.2.1 定性分析方法

定性分析方法主要是通过工程地质勘察，对影响边坡稳定性的主要因素、可能的变形破坏方式以及失稳的力学机制等内容进行分析，并对已变形地质体的成因及其演化史进行研究，从而对被评价边坡稳定性状态及其未来发展趋势给出定性说明和解释。

A 自然（成因）历史分析法

该方法主要根据边坡发育的地质环境和边坡发育历史中的各种变形破坏迹象及其基本规律和稳定性影响因素等的分析，追溯边坡演变的全过程，依此对边坡稳定性的总体情况、趋势和区域性特征做出评价和预测，对已经发生的滑坡，判断其能否复活或转化，该方法主要用于天然斜坡的稳定性评价。

B 工程类比法

边坡稳定性评价方法中的工程类比判断方法的实质就是利用已经掌握的边坡稳定性状况及其影响因素，结合曾经采用过的理论与计算等方面的经验，并把这些经验用到类似的边坡稳定性分析和设计中去。该方法需要对已有的边坡和目前的研究对象进行广泛的调查与对比分析，对边坡的工程地质因素和水文地质因素进行全面研究，找出它们之间的共同点和不同点，分析影响边坡变形破坏的各主导因素及发展阶段的相似性及其差异性。同时还要考虑到工程的等级、类别等特殊性的要求，综合分析边坡可能的变形与破坏机制，从而对所研究边坡的稳定性进行对比分析，并给出稳定性的评价结论。需要强调的是工程类比方法是通过对已有的边坡和待分析的边坡从各个方面进行综合对比和归纳总结，并由此得出边坡稳定性评价结论。但由于受环境工程地质条件、工程规模和等级等条件的约束，两个完全相同的环境工程地质条件是不可能的，所以在进行归纳与对比分析的过程中，要抓住主要影响因素，在主要因素方面必须满足相似性要求才能进行对比和归类，否则会造成不良的后果。

C 边坡稳定性分析数据库和专家系统

数据库知识是19世纪80年代发展起来的，而将该知识应用到边坡工程中则是20世纪80年代末至90年代初期的事情，并且目前也没有达到成熟阶段。它的本质就是收集已有的边坡资料，如环境工程地质条件、地质特征、影响边坡稳定的因素、边坡的几何因素以及边坡加固的措施等，按照一定的格式和逻辑关系，将各个边坡的资料汇总并有机地结合起来建立边坡工程数据库；其目的主要是进行工程类比和信息交流，它可以直接根据工程设计不同阶段的要求，从中方便快捷地找出相似程度最高的实例进行类比，从而给出具体方案。

边坡稳定分析专家系统就是进行边坡工程稳定性分析与设计的智能化计算机程序。它把某一位或多位专家的知识、工程经验、理论分析、数值分析、物理模拟和现场监测等行之有效的知识和方法有机地结合起来，建成一个边坡工程知识库，然后利用智能化的推理机来模拟并再现专家的思维过程，吸收其合理的知识结构，寻求优化的技术路径，结合相关学科的不同专家的知识进行推理和决策，对所研究的对象（边坡）进行稳定性评价。在建立专家系统的时候，一定要注意将相关学科不同专家的知识纳入到专家知识库中，因为，专家往往在某一个领域，大多在某一个方面具有专长和特长，而边坡工程是一个庞大的复杂系统，一个或几个专家所反映的知识结构有时难免出现片面，并不能全面反映边坡的实际结构或状况。

D　岩体质量评价方法

岩体质量指标是一个综合的指数，它能够反映岩体中各种主要参数对岩体稳定的影响效果。或者说岩体质量指标是影响岩体稳定各参数的一个多元函数，如岩石的强度、岩体的完整程度、岩体不连续面情况、地下水状况等；根据各种参数的范围相应地给出一个影响岩体稳定的分值，然后将相关的分值相加，得到岩体一个综合的分值，作为岩体稳定的等级，据此作为岩体评价的标准。但是在对影响岩体稳定的参数进行权重分配时仍然存在一些不足，所以，在岩体工程分级标准中明确指出，岩体的工程分级宜采用岩体基本指标和修正指标相结合的方法，即将岩石的强度（主要是单轴抗压强度）和岩体的完整性作为基本指数，然后将其他因素，如地下水状况、工程规模等因素采用修正基本指数的方法进行计算。

边坡稳定性分析方法中定性分析方法只能对边坡的稳定状况做出概括性的评价，如边坡稳定、基本稳定、不稳定以及很不稳定等。如果要进一步分析稳定的程度，就需要进行定量分析。

1.1.2.2　定量分析方法

边坡岩体的稳定性分析是一个十分重要、且非常复杂的问题，自1773年Coulomb提出了极限平衡法以来，相继发展了许多以塑性极限平衡理论为基础的边坡岩体稳定性分析方法，主要包括：

(1) 极限平衡法（LEM）：假定潜在滑动岩体在极限平衡状态下必须满足力学平衡条件、运动学条件（如滑移模式），并且在物理学上不违背破坏准则，然后通过分析潜在失稳岩体的力学关系，确定边坡的临界稳定安全系数。

(2) 极限分析法（LAM）：是以Drucker和Prager等人提出的塑性极限分析理论的上限定理和下限定理为基础所建立的力学分析方法。自20世纪70年代以来，广泛应用于求解土体的稳定性问题。其中，Chen全面阐述了用上限定理来求解地基承载力、土压力和边坡稳定性的原理和方法。在上限和下限分析中，其各自的关键所在是运动许可速度场和静力许可应力场的构造技术及其优化分析。

(3) 滑移线场方法（SLM）：包括由Sokolovskii等人提出的静力学理论和Hansen等人提出的运动学理论，它是一种分别采用速度和应力滑移线场的几何特性求解极限平衡偏微分方程组的数学方法。但是由于其数学算法上的困难，对于一般的边值问题限制了其应用范围。

(4) 现代岩土数值方法：在极限平衡分析中的应用随非线性计算力学与数值技术的理论的应用而发展的，为了克服上述方法的缺陷，现代岩土数值计算方法被广泛应用于岩土工程的稳定性分析中，这些方法主要包括有限单元法、界面单元法、刚性有限元法、离散单元法和非连续变形分析方法，但是如何根据数值分析结果得出合适的衡量岩土结构稳定性的定量指标与极限荷载还需进一步探讨。

1.1.2.3 常用的边坡稳定性分析方法

边坡稳定性的定量分析方法多达十几种，但严格地讲，这些方法还远远没有达到完全定量分析这一步，它只能算是一种半定量的分析方法。下面对边坡稳定性评价常用计算方法做一简要概述。

A 极限平衡方法

极限平衡分析方法是在工程实践中应用最早，也是使用最普遍的一种定量分析方法。其学术思想就是该方法体现了连续与离散的统一，从先前的刚体平衡分析到现在的变形分析方法以及非线性分析，大都采用的是条分的思想；如果从现代分析观点来看，这也是将连续体进行离散分析的典型，是宏观与微观结合的范例。虽然对边坡进行条分后的条块假定的方式不同，但计算的结果却出奇的与实际吻合。由于对条块假定的受力不同，或认为采用的模式存在差异，极限平衡法的变种主要有：Fellenius 法、Bishop 法、Janbu 法、Morgenstem-Prince 法、剩余推力法、Sanna 法以及楔体极限平衡法等。还有学者把有限元方法引入到极限平衡分析方法中，先通过有限元方法计算出可能滑面上的各点应力，然后再利用极限平衡原理计算滑面上的点安全系数及沿整个滑动面滑动的安全系数。极限平衡方法的缺点是对条块在力学上做了一些简化和假设，但由于该方法抓住了问题的主要方面，并且简易直观，得到的结果还是比较满意的，它仍是目前应用最多的一种分析方法。

B 数值分析方法

随着计算技术的不断发展，采用数值计算理论分析大型复杂岩石工程结构成为可能。为了更好地反映边坡岩土体的应力应变关系，各种数值计算方法在边坡工程中得到了广泛应用。目前比较有代表性的分析方法有：有限元法、离散元法、边界元法、运动单元法、临界滑动场法以及显式的快速拉格朗日（FLAC）法和流行元法等。需要指出的是，尽管这些理论和方法得到广泛的应用，但具体在实际工程评价中仍需要结合其它理论方法一起应用，目前无论是土坡还是岩质边坡，在实际的设计和安全评价中，仍然采用极限平衡的分析方法。

从有限元法就有技术来看，它的理论发展相对比较成熟。采用这一方法，能够反映边坡岩土体的应力—应变关系，避免了极限平衡方法中视条块为刚体的缺陷，并且能够反映岩体的不连续面和土层的界面等，能够模拟复杂的边界条件。同时也可以模拟出边坡岩土体的应力分布特点和规律，以及破坏趋势，如采用屈服准则，也可以求得局部单元的屈服破坏情况，但对整个边坡的稳定状态评价仍欠可靠性。

边界元法从计算的原理来看，边界元法与有限元法是属于同一范畴的，只是出发点不同。边界元的最大优点就是使得计算问题降低维数，计算精度相对较高，其缺点是对材料的非线性、各向异性以及一些特殊的界面（如不连续面）等的处理较难，在边坡工程中应用得相对较少。

离散元法与有限元法和边界元法相同的地方是都需要离散化，但对离散以后的单元处理上，离散元方法强调的是单元之间的作用关系，而对于单元本身的变形却忽略不计，即认为单元为刚体，单元之间的作用关系符合牛顿第二定律，在此基础上建立岩土体的运动规律。显然该法能够模拟边坡岩体的大变形，并且可以实时的预测。由于单元划分的特点，这种分析方法对块体结构、碎裂结构岩土体组成的边坡比较适合，或适用于对单元变形要求不高的岩土体边坡。

有限差分法结合了有限元和离散元的优点，既考虑了单元本身的变形，同时采用时步迭代，能够反映大变形以及可以考虑不连续面的作用，并且可以计算边坡变化的全过程。不足之处就是对整个边坡的稳定状况无法给出稳定的可信程度，即安全系数的大小。它只能分析整个边坡变化的趋势。

块体理论和不连续变形分析（DDA）块体理论与后面提到的赤平投影方法均是一种几何方法，二者不同的是，赤平投影采用的解析几何的方法，而块体理论则是以数学上的拓扑学和群论为基础来分析三维不连续岩体稳定性。不连续变形分析类似于离散元方法，它通过不连续面间的相互约束建立整个系统的力学平衡。它与离散元不同的是，该方法同时考虑了块体本身的变形，然后也利用拓扑学和群论的知识，将有关的块体采用一些约定的格式进行定义，从而使边坡块体的分析就成为对数学上一些集合（或数集）的处理。

C 图解法

图解法可以分为诺模图法和赤平投影图法。该法就是利用一定的诺模图或关系曲线来表征与边坡稳定有关参数间的关系，并由此求出边坡稳定安全系数，或根据要求的安全系数及一些参数反求其他参数，如摩擦角、黏结力、坡角和坡高等。这种方法实际是数理分析方法的一种简化方法，如 Taylor 图解法等。主要应用于土质边坡或全风化的具弧形破坏面的边坡稳定性分析中。

投影图法就是应用赤平极射投影原理，通过作图来直观地表示边坡破坏的边界条件，分析结构面的空间组合关系，从而判断可能失稳的岩土体形态及其滑动方向。然后结合有关的物理力学参数，来计算边坡的安全系数。根据投影方法的差异，有赤平极射投影图法和实体比例投影图法，即将软弱结构面视作空间中的平面，采用空间解析几何方法进行计算分析。需要指出的是，我国工程地质学者提出的岩体结构控制论（即岩体结构理论）分析边坡稳定性，在该领域具有一定的领先地位。上面提到的关键块体理论从本质上说应该是该方法（赤平投影）的延续。

以上为边坡工程中经常采用的一些数值方法。有限元方法和适合土质边坡，同时适用岩质边坡，而离散元、有限差分法、图解法以及块体理论和不连续变形分析（DDA）主要适合于岩质边坡。尽管各种数值方法在边坡工程中存在一些不足，但至少它们在某一个侧面反映了边坡稳定的变化情况，在实际工程中，可以采用它们分析边坡工程的某些规律。

D 非确定分析方法

传统的工程地质学主要着手地质对比的研究，20 世纪 80 年代后期，由于学科之间的相互渗透使许多与现代科学有关的理论和方法应用到边坡稳定性研究当中，另外，在边坡工程发展过程中，人们已经认识到边坡工程中的一些不确定的因素，这些因素包括自然的和人为的两个方面。自然的因素是指边坡本身的因素，而人为的因素是人们对边坡认识上的不确定性因素。需要指出的是，不确定分析方法主要分为以概率统计理论为基础的地质结构模拟与可靠度分析和以模糊理论为基础的综合评判技术。就边坡工程而言，概率统计理论在边坡工程中的应用主要集中在参数测试方面，也就是它的随机性体现在认识方面，而岩土体本身的随机性应用可以说是牵强附会。因为概率统计理论应用是有一定前提的，它必须符合重复试验的要求，并且试验的条件不能发生变化。而地质结构以及岩土体参数的分布在空间上差异较大，在时间上可以不考虑。空间上的变化引起的参数变异按理说是不符合概率统计条件的。

E 物理模型方法

物理模型方法是一种形象直观的边坡稳定分析方法。它主要是根据边坡的实际情况，包括地质材料、构造、地应力和边界情况，采用相似比理论，按照一定的比例在实验室条件下重现边坡，然后在实验室条件下通过加载、测试有关参数来判断边坡的稳定性。采用的模型有光弹模型、底摩擦试验、地质力学模型以及离心模型试验等。物理模型分析方法在抓住模拟实际边坡主要因素的同时，它也存在一些不可忽视的不足，主要是完全反映边坡地应力以及地下水的实际情况难以控制，另外加载的方法在实验室条件下也是难以实现的，并且模型试验的费用相对较高。

F 现场监测法

现场监测是边坡稳定分析极其重要的环节。无论是定性的还是定量的分析，最终结果的验证也必须通过现场监测进行分析，由此可见，现场监测在岩土工程中尤其是边坡工程具有十分重要的地位。现场监测获得的主要参数是边坡的位移，再通过对数据和有关信息的处理，得到边坡变化的趋势和规律，供工程设计单位研究和使用。

众所周知，边坡工程是一个复杂的工程。即使是土质边坡，土层也不是单一的，往往具有多层性，并且层层之间存在着软弱层，如淤泥层等。这就决定了边坡工程的分析不能仅仅依靠单一的分析方法，必须采取综合的分析方法，因此并不能判断哪一种方法优，哪一种方法劣，它们各有优缺点。但无论是哪一种分析方法，其基本的前提应当是对边坡的工程地质、水文地质以及工程环境进行较详细的调查和勘测，在这一基础上才谈得上边坡稳定分析方法的选择。另外需要特别指出的是，采用分析方法一定要看其适用的条件，并不能盲目的套用，而应根据具体的工程情况去分析。这主要是因为学科之间的渗透，一些其他学科的理论被推广应用到边坡工程之中。如系统工程、突变理论、神经元方法、损伤理论以及分叉和混沌等。这些理论的产生往往具有一定的背景，并不是一种通用的分析方法。如果要应用到边坡工程，一定要注意该理论的适用条件和范围。

1.1.2.4 排土场边坡稳定性的研究

由于露天矿排土场用地约占矿山总用地的30%～50%，所占用土地量非常大，如抚顺西露天矿3个排土场占地面积达20.2km^2，累计堆排量近10亿立方米；攀枝花矿区排土场占地面积4.11km^2，累计堆排量达1.843亿m^3。所以增加排土场堆积量是矿山追求目标之一。而排土场同时又面临着滑坡和泥石流两种灾害的威胁，由此排土场安全与堆排之间形成了尖锐的矛盾。如弓长岭、歪头山等矿排土场最大段高为60m、南芬矿为120～200m、密云铁矿为60～130m，海南矿最高达200m。随着排土场高度增加，排土场的稳定性存在隐患，如弓长岭矿排土场增加到60m，出现滑坡失稳；歪头山矿排土场超过30m时局部存在不稳定；东鞍山矿排土场高度达80～99m时即出现安全问题；南芬矿庙儿沟排土场要求下游方向堆高达280m，朱家包矿排土场总高为148～280m，因地基软弱已发生数十次滑坡；又如尖山矿排土场基底表土有5～10m昔格达层，经常滑坡。由此可见，排土场边坡稳定性与堆排高度和基底工程地质条件直接相关。目前我国各类大型排土场就有几万座，且排土场多堆排在山沟与山坡地上，其安全与否主要受控于堆排工艺、山坡坡度、基底强弱、堆排物料的物理力学性质、堆排高度、降雨大小等因素的综合影响，再加上滑坡内在因素复杂性及其形成条件、诱发因素的多样性，使得排土场边坡安全评价非常困难。而排土场滑坡近年来呈递增之势，主要原因是由于矿山征用土地困难，且价格昂贵，从矿山经济效益角度看，要求排土场堆积量多，从而使排土场的堆高和坡角都比较大。再加上许多排土场的工程地质勘察不规范、设计不尽合理、排土场排弃量大、堆排高度超出基底承载能力，同时排土场多位于山坡区，基底承载力和环境工程地质条件都比较差，由此造成排土场频繁发生滑坡灾害，有些滑坡灾害不仅仅影响到矿山自身的安全生产，还造成重大人员伤亡和环境的破坏，并产生重大的经济损失和严重的社会影响。例如，2008 年 8 月 1 日凌晨 1 时左右，山西省娄烦尖山铁矿发生排土场连同山体垮塌事故，造成 45 人死亡和失踪，受伤 1 人，事故的直接原因是排土场地基土质松软、承载能力差，排土场设计依据不充分，地质资料不全等。

从排土场安全角度来看，排土场所堆放的废石土属于松散介质，其物理性质介于固体和液体之间。由于松散介质与固体不同；松散介质的颗粒具有部分流动性。另外松散介质抗拉强度很低或者抗拉强度为零。从排土场基本特性来看，松散介质大体上可分为三类：第一类是颗粒之间没有黏结力，称为理想松散介质。理想松散介质不具有抗拉强度，冶金矿山类排土场多属于此类。第一类是颗粒间有胶结物充填，有一定黏结力，能保持一定的几何形状，并能承受不大的拉应力，称为黏性松散介质，煤炭矿山类排土场多属于此类。第三类是介于前两者之间，部分排弃物有一定黏聚力、部分排弃物没有黏聚力。上述三种物料排土场所堆放的废石土都属于松散介质，其物理性质介于固体和液体之间。众所周知，岩体是依靠其造岩矿物颗粒的黏结力以及内摩擦力来抵抗外部荷载的，因此，强度较高。而排土场是一种特殊的工程体，杂乱无章的离散分布废石土强度较低，随着排土场堆排物料的增高及自重荷载的增加以及雨水软化作用等因素的影响，在排土场坡体内部、在堆积体与基底接触面之间及在承载力较低基底表土内部等薄弱区域易发生冲剪破坏，从而产生滑坡或泥石流灾害。

国际上，自 20 世纪 70 年代开始了对矿山排土工艺、排土场边坡稳定性及其防治措施的试验研究，无论是苏联和西欧国家，还是美洲和澳洲等国家都取得了一定的进展。

在我国，排土场研究开展比较晚，“七五”期间，分别在攀枝花铁矿和南芬露天矿开展了高台阶排土场边坡稳定性及排土规划研究，取得了一定的进展。

1.1.2.5 滑坡防治技术的研究

治理已发生的滑坡或防治潜在滑坡的发生，主要任务在于减小滑动力和加大抗滑力，从而提高滑坡的稳定性。任何滑坡防治工程措施必须能完成上述两项或两项中的任何一项任务，并要求下滑力/抗滑力小于1。滑坡防治工程措施一般分为以下几类。

A 改变边坡几何形态

这种措施主要是削减推动滑坡产生区的物质（即减重）和增加阻止滑坡产生区的物质（即反压），即通常所谓的砍头压脚；或减缓边坡的总坡度，即通称的削方减载。这种方法是经济有效的防治滑坡的措施，技术上简单易行且对滑坡体防治效果好，所以获得了广泛的应用并积累了丰富的经验。特别是对厚度大、主滑段和牵引段滑面较陡的滑坡体，其治理效果更加明显。对其合理应用则需先准确判定主滑、牵引和抗滑段的位置，否则不仅效果不显著，甚至会促使岩体更加不稳。

B 排水工程

排水工程主要包括将地表水拦截或引出滑动区外的地表排水和降低地下水位的地下排水。另外，将排水措施与改变边坡几何形态结合实施可以获得更好的治理效果。

地表排水设施有滑坡体外环形水沟、滑坡体内树枝状或人字形排水沟、支撑渗沟等。地表排水首先设置外围截水沟拦截滑体以外的地表水，使之不能流入滑体。截水沟主沟应尽量与滑坡方向一致，支沟与滑坡方向成30°～45°斜交。地表排水以其技术简单易行且加固效果好、工程造价低而被广泛应用，几乎所有滑坡整治工程都包括地表排水工程。只要运用得当，仅用地表排水即可整治滑坡。地下排水设施有渗沟、泄水隧洞等。地下排水能大大降低孔隙水压力，增加有效正应力从而提高抗滑力。加固效果极佳，工程造价也较低，其应用也很广泛。尤其是大型滑坡的整治，深部大规模的排水往往是首选的整治措施。但其施工技术较地表排水复杂得多。近年来发展的垂直排水钻孔与深部水平排水廊道（隧洞）相结合的排水体系得到较广泛的应用。湖北巴东黄蜡石滑坡采用了地表排水工程和垂直钻孔群与滑动面以下的排水廊道相连的地下排水工程。所有地下排水工程都须考虑自身的安全性及可靠性。一旦排水孔（或排水沟）被堵塞、失效，不仅修复困难，而且可能造成严重后果。

C 支挡加固

在改变斜坡几何形态和排水不能保证斜坡稳定的地方，常采用支挡结构物如挡土墙、抗滑桩、预应力锚索、土锚钉、加筋土等来防止或控制滑坡的运动。恰当地采取这类措施可用于稳定大多数体积不大的滑坡或因没有足够空间而不能用改变斜坡几何形态治理的滑坡。

a 抗滑挡墙

在滑坡底脚修建挡墙也是常用的一种方法。挡墙可用砌石、混凝土以及钢筋混凝土结构。临时性加固时，也可采用木笼挡墙。修建挡墙不但能适当提高滑坡的整体安全性，更可有效防止坡脚的局部崩坍，以免不断恶化边坡条件。但对于大型滑坡，挡墙由于受到工程量及高度的限制，滑坡体的安全系数往往提高不大。如果在边坡表面修建一些拱形或网形建筑物，或对边坡加以表面砌护，则它们虽不能防止深层滑动，不能提高滑坡体的整体稳定性，但也能防止表面局部崩落、冲刷，以免进一步恶化滑坡体的工作条件。

b 抗滑桩

抗滑桩是在滑坡体上挖孔设桩，不会因施工破坏其整体稳定。桩身嵌固在滑动面以下的稳固地层内，借以抗衡滑坡体的下滑力。由于抗滑桩施工对滑坡稳定和地质环境干扰小、效果明显，因此广泛应用于滑坡治理工程，它主要适用于浅层、中厚层岩质滑坡及中厚层土质滑坡以及埋藏有数层软弱夹层的岩质及土质滑坡等非塑性滑坡。但是，由于其多为悬臂梁式设置，不但受力状态不理想，而且为克服较大的弯矩作用，往往设计的断面较大，配筋率较高，造价也非常高，因此，人们对抗滑桩的结构形式、适用条件、设计理论和施工方法等给予了更多的关注和研究。

c 预应力锚固

预应力锚索（锚杆）是对滑坡体变被动受力为主动抗滑的一种技术。通过施加预应力，增强滑带的法向应力和减少滑体下滑力，可有效地增强滑坡体的稳定性。因其施工简便快捷，对滑体扰动小，补偿快，而且能主动施加不同方位、不同程度的抗力，故在防治中具有很大优势，尤其适宜于滑面倾角较陡的岩层滑动。

d 格构锚固

格构锚固是一种新型支挡加固措施，是利用浆砌块石、现浇钢筋混凝土或预应力混凝土进行坡面防护，并利用锚杆或锚索固定的一种滑坡综合防护措施，它将整个护坡与柔性支撑有机结合在一起。这种结构的特点是施工时不必开挖扰动边坡，施工安全快速，与植被结合，可美化环境，特别是钢筋混凝土格构、预应力混凝土格构与预应力锚索的联合应用，变被动抗滑为主动抗滑，充分发挥滑体的自撑能力，是一种非常经济、非常有应用前景的支挡加固措施。但目前对格构锚固机理研究不够，因此格构锚固的传力机理、适用范围以及设计理论、设计方法仍值得进一步研究。

e 坡体内部加固

在土体中进行斜坡内部加固，有赖于通过剪力传递以动用密集地置于土体内的加强单元的抗张能力。目前已发展了许多新型的内部加固方法，包括土锚钉、微型桩群、复合挡土结构、加筋土及采用物理或化学手段改变土体性质的方法。

治理滑坡采用单一的工程措施往往不是最佳的方案，需要多种工程措施组合起来进行综合整治。应根据各个滑坡地点的地形地质情况因点而异选择综合治理措施，其目的是将各种整治措施组合成为最有效的工程措施，降低整治滑坡的工程造价。在各种综合整治工程中一定要注意伴以地表排水工程，减少水对滑坡的危害。

1.1.3 边坡的常规极限平衡分析

1.1.3.1 常规极限平衡法原理

极限平衡法根据边坡上的滑体或滑体分块的力学平衡原理分析边坡各种破坏模式下的受力状态，以及边坡滑体上的抗滑力和下滑力之间的关系来评价边坡的稳定性。

在极限平衡法的各种方法中，尽管每种分析方法都有它的适用范围及假定条件，且得出的计算公式所涉及的因素各不相同，但将它们都归结为极限平衡法，其大前提是相同的，所有的极限平衡都有 3 个前提：

(1) 滑动面上实际岩土提供的抗剪强度 s 与作用在滑面上的垂直应力 σ 存在如下关系：

$$s = c + \sigma\tan\phi \tag{1-1}$$

$$s = c' + (\sigma - u)\tan\phi' \tag{1-2}$$

式中 c, c'——分别为滑动面的黏结力和有效黏结力；

ϕ, ϕ'——分别为滑动面的内摩擦角和有效内摩擦角；

σ——滑动面上的有效应力；

u——滑动面空隙水压。

(2) 稳定系数 F（安全系数）的定义为沿最危险破坏面作用的最大抗滑力（或力矩）与下滑力（或力矩）的比值。即

$$F = \frac{抗滑力}{下滑力} \tag{1-3}$$

(3) 二维（平面）极限分析的基本单元是单位宽度的分块滑体。

1.1.3.2 平面破坏计算法

平面破坏计算法是对边坡上滑体沿单一结构面或软弱面产生平面滑动的分析方法，其力学模型如图 1-1 所示。

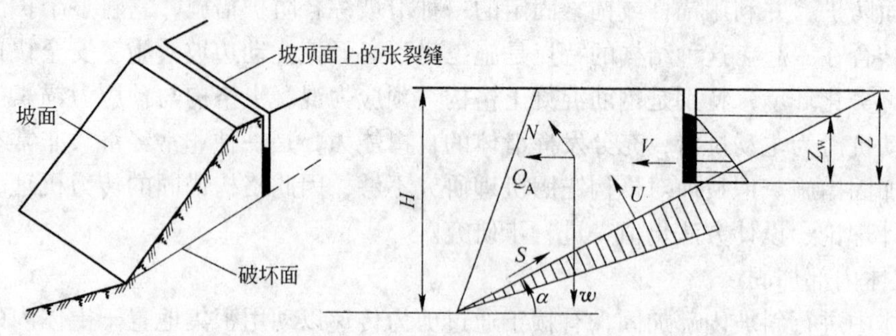

图 1-1 平面破坏计算法分析模型

A 假定条件

假定条件如下：

(1) 滑动面及张裂隙的走向平行于坡面；

(2) 张裂隙是直立的，其中充有高度为 Z_w 的水柱；

(3) 水沿张裂隙的底进入滑动面并沿滑动面渗透；

(4) 滑体沿滑动面做刚体下滑。

B 力学分析

由图 1-1 可知，滑体上作用力有：滑体质量 w；滑动面上的法向力 N；滑动面上的裂隙水压 U（该力在库仑准则里考虑）；抗滑力 S；作用在滑体重心上的水平力（如地震力）Q_A；张裂隙空隙水压力 V。

由滑线法向（N 方向）力平衡 $\Sigma \vec{N}=0$，得

$$N + Q_A\sin\alpha - W\cos\alpha + V\sin\alpha = 0 \tag{1-4}$$

由滑面切向（S 方向）力平衡 $\Sigma \vec{S}=0$，得

$$Q_A\cos\alpha + W\sin\alpha + V\sin\alpha - S = 0 \tag{1-5}$$

由库仑破坏准则及安全系数定义得

$$S = \frac{1}{F}[cl + (N - U)\tan\phi] \tag{1-6}$$

将式 1-4 中的 N 代入式 1-6 得

$$S = \frac{1}{F}[cl + (Q_A\sin\phi + W\cos\phi - U)\tan\phi] \tag{1-7}$$

将式中的 S 值代入式并整理得

$$F = \frac{cl - (Q_A\sin\alpha - W\cos\alpha + V\sin\alpha + U)\tan\phi}{Q_A\cos\alpha + W\sin\alpha + V\cos\alpha} \tag{1-8}$$

其中

$$U = \frac{1}{2}\gamma_w Z_w (H - Z)\csc\alpha;\ V = \frac{1}{2}\gamma_w Z_w^2 \tag{1-9}$$

在式 1-8 中，c 为滑动面的黏结力；ϕ 为滑动面的内摩擦角；α 为滑动面的倾角；l 为滑动面的长度，$l = (H - Z)\csc\alpha$；γ_w 为裂隙水体积密度；F 为稳定系数。

C　主要特点及适用条件

平面破坏计算法的主要特点是力学模型和计算公式简单，主要适用于均质砂性土、顺层岩质边坡以及沿基岩产生的平面破坏的稳定分析，但要求滑体做整体刚体运动，对于滑体内产生剪切破坏的边坡稳定性分析误差很大。

1.1.3.3　简化 Bishop 法

Bishop 法是一种适合于圆弧形破坏滑动面的边坡稳定性分析方法，但它不要求滑动面为严格的圆弧，而只是近似圆弧即可，Bishop 法的力学模型如图 1-2 所示。

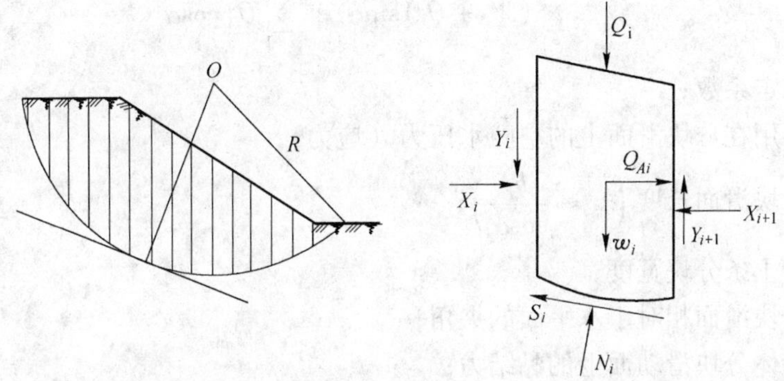

图 1-2　Bishop 法力学模型

A　假定条件

假定条件如下：

(1) 滑动面为圆弧形或近似圆弧形；

(2) 采用 Bishop 法时假定条块侧面的垂直剪力 $(Y_i - Y_{i+1})\tan\phi_i = 0$ 。

B　力学分析

由图 1-2 可知，滑体的条块上作用力有：分块的质量 w_i；作用在分块上的地面荷载 Q_i；作用在分块上的水平作用力（如地震力）Q_{Ai}；条间作用力的水平分量 X_i；条间作用力的垂直分量 Y_i；条块底面的抗剪力（抗滑力）S_i；条块底面的法向力 N_i。由条块的垂直方向的平衡方程 $\Sigma \vec{Y} = 0$，得

$$W_i - N_i\cos\alpha_i + Y_i - Y_{i+1} - S_i\sin\alpha_i + Q_i = 0 \tag{1-10}$$

由库仑破坏准则得

$$S_i = \frac{1}{F}[c_i l_i + (N_i - u_i l_i)\tan\phi_i] \tag{1-11}$$

由式 1-10 和式 1-11 可得

$$N_i = \frac{1}{m_i}\left(W_i + Q_i - \frac{1}{F}c_i l_i \cdot \sin\alpha + Y_i - Y_{i+1} + \frac{1}{F}u_i l_i \cdot \tan\phi_i \sin\alpha_i\right) \tag{1-12}$$

式中，$m_i = \cos\alpha_i + \frac{1}{F}\sin\alpha_i\tan\phi_i$

由滑体绕圆弧中心 O 点的力矩平衡 $\Sigma M_0 = 0$，得

$$\Sigma(W_i + Q_i)R\sin\alpha_i - \Sigma S_i R + \Sigma Q_{Ai}\cos\alpha_i R = 0 \tag{1-13}$$

联合公式且取 $b_i = l_i \cdot \cos\alpha_i$，可得稳定性系数

$$F = \frac{\sum_{i=1}^{n} \frac{1}{m}[c_i b_i + (W_i + Q_i - u_i b_i)\tan\phi_i + (Y_i - Y_{i+1})\tan\phi_i]}{\sum_{i=1}^{n}(W_i + Q_i)\sin\alpha_i + \sum_{i=1}^{n} Q_{Ai}\cos\alpha_i} \tag{1-14}$$

用简化 Bishop 法时，令 $(Y_i - Y_{i+1})\tan\phi_i = 0$，则

$$F = \frac{\sum_{i=1}^{n} \frac{1}{m}[c_i b_i + (W_i + Q_i - u_i b_i)\tan\phi_i]}{\sum_{i=1}^{n}(W_i + Q_i)\sin\alpha_i + \sum_{i=1}^{n} Q_{Ai}\cos\alpha_i} \tag{1-15}$$

式中　F——稳定系数；

u_i——作用在分块滑面上的空隙水压力（应力）；

l_i——分块滑面长度 $\left(l_i \approx \dfrac{b_i}{\cos\alpha_i}\right)$；

b_i——岩土条分块宽度；

α_i——分块滑面相对于水平面的夹角；

c_i——滑体分块滑动面上的黏结力；

ϕ_i——滑面岩土的内摩擦角；

R——圆弧形滑面的半径；

i——分析条块序数（$i = 1,2,\cdots,n$），n 为分块数。

C　主要特点及适用条件

Bishop 法计算时考虑了条块间作用力，计算较准确，但要采用迭代法，分割条块时要求垂直条分，此方法适用于均质黏性及碎石堆土等斜坡形成的圆弧形或近似圆弧形滑动滑坡。此法当 $m_i \geqslant 0.2$ 时计算误差较小，当 $m_i < 0.2$ 时，计算误差大。

1.1.3.4　Janbu 法

对于松散均质的边坡，由于受基岩面的限制而产生两端为圆弧、中间为平面或折线的复合滑动。分析此类破坏面的边坡稳定性可用 Janbu 法，其力学模型如图 1-3 所示。

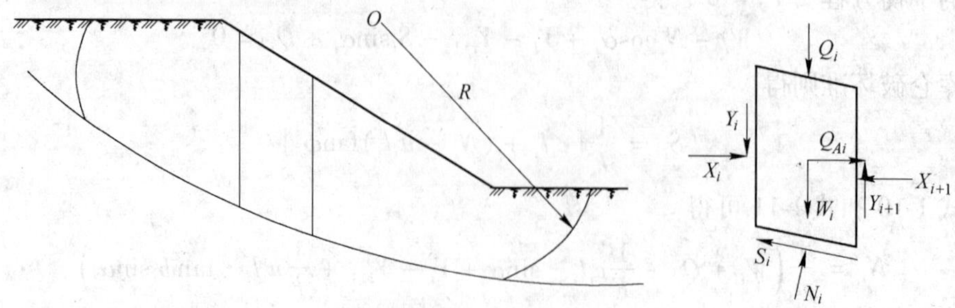

图 1-3　Janbu 法力学模型

A 假定条件

假定条件如下：

(1) 垂直条块侧面上的作用力位于滑面之上 1/3 条块高处；

(2) 作用于条块上的重力、反力通过条块底面的中点。

B 力学分析

由图 1-3 可知，条块上作用力有：分块的质量 W_i；作用在分块上的地面荷载 Q_i；作用在分块上的水平作用力（如地震力）Q_{Ai}；条间作用力的水平分力 X_i；条间作用力的垂直分力 Y_i；条块底面的抗剪力（抗滑力）S_i；条块底面的法向力 N_i。

Janbu 法满足的平衡条件有：

(1) 条块水平方向力平衡；

(2) 条块垂直方向力平衡；

(3) 条块绕分块底滑面点力矩平衡。因此由垂直方向力平衡 $\Sigma \vec{Y} = 0$，得

$$W_i + Q_i - N_i\cos\alpha_i - S_i\sin\alpha_i + Y_i - Y_{i+1} = 0 \tag{1-16}$$

由水平方向力平衡 $\Sigma \vec{X} = 0$，得

$$X_i + Q_{Ai} - N_i\sin\alpha_i - S_i\cos\alpha_i - X_{i+1} = 0 \tag{1-17}$$

由库仑破坏准则可得

$$S_i = \frac{1}{F}[c_i b_i + (N_i - u_i l_i)\tan\phi_i] \tag{1-18}$$

由式 1-16，式 1-17 和式 1-18 可得

$$F = \frac{\Sigma \frac{1}{n_{\alpha_i}}\{c_i b_i + [(W_i + Q_i - u_i b_i) + (Y_i - Y_{i+1})]\tan\phi_i\}}{\Sigma\{[W_i + (Y_i - Y_{i+1}) + Q_i]\tan\alpha_i + Q_{Ai}\}} \tag{1-19}$$

式中 $n_{\alpha_i} = \cos^2\alpha_i(1 + \tan\alpha_i\tan\phi_i/F)$

若令

$Y_i - Y_{i+1} = 0$，并引入修正系数 f_0，将式改为

$$F = f_0\frac{\Sigma\{[c_i b_i + (W_i + Q_i - u_i b_i)\tan\phi_i]/n_{\alpha_i}\}}{\Sigma\{[W_i + Q_i]\tan\alpha_i + Q_{Ai}\}} \tag{1-20}$$

这个公式称为简化的 Janbu 法，其中符号意义同 Bishop 法，f_0 在 $c>0$，$\phi>0$ 时可用下列公式求得

$$f_0 \approx (50d/L)^{1/33.6} \tag{1-21}$$

C 主要特点及适用条件

Janbu 法计算稳定性系数的特点是，计算准确但计算复杂。主要适用于复合破坏面的边坡，既可用于圆弧滑动，也可用于非圆弧滑动，但条块分割时要求垂直条分。

1.1.3.5 Sarma 方法

Sarma 于 1979 年提出了一种基于极限平衡理论的边坡稳定性分析方法，称为 Sarma 方法。其基本原理为：滑坡或边坡只有沿着一个理想的平面或圆弧面滑动时才可能发生完整的刚体移动，否则，滑动体必须破裂成可以相对滑动的块体才能发生整体移动，即滑体滑动时不仅要克服主滑面的抗剪强度，而且还要克服滑体本身的强度，如图 1-4 所示。

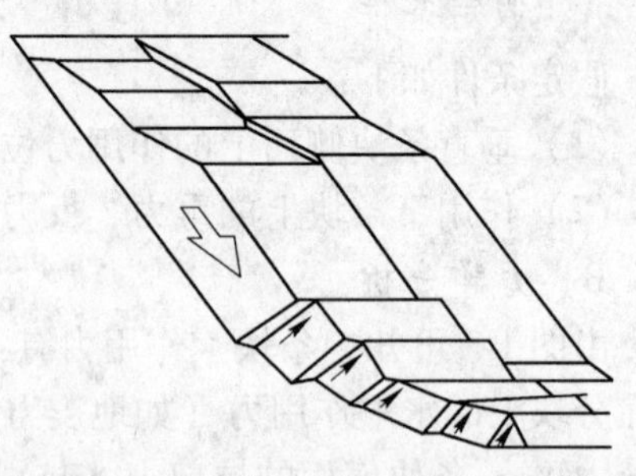

图 1-4 边坡滑动过程岩土体条块破坏示意图

分析边坡条块的受力条件和几何关系，建立相应的力学模型和几何模型分别如图 1-5*a*、图 1-5*b* 所示。

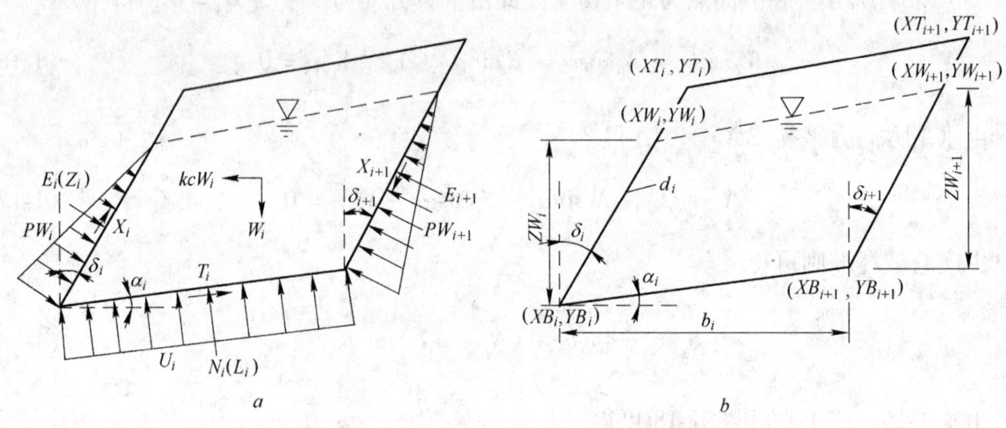

图 1-5 Sarma 法分析模型

a—力学模型；*b*—几何模型

A 力学模型中各参量的物理力学含义

力学模型中各参量的物理力学含义为：

W_i：第 i 条块的自重，kN；

kc：临界地震水平加速度系数；

E_i，E_{i+1}：作用在第 i 条块两侧面的法向压力，kN；

X_i，X_{i+1}：作用在第 i 条块两侧面的剪切力，kN；

N_i：作用在第 i 条块底滑面的法向压力，kN；

T_i：作用在第 i 条块底滑面的剪切力，kN；

U_i：作用在第 i 条块底滑面上的静水压力，kN；

PW_i，PW_{i+1}：作用在第 i 条块两侧面的静水压力，kN；

α_i：第 i 条块底滑面与水平面的夹角，(°)；

δ_i，δ_{i+1}：第 i 条块两侧面与铅直面的夹角，(°)；

Z_i，L_i：第 i 条块 E_i、N_i 的作用点位置，m。

B 几何模型中各参量的含义

几何模型中各参量的含义为：

XT_i，YT_i，XT_{i+1}，YT_{i+1}：边坡第 i 条块顶面与前后侧面交点坐标，m；

XW_i，YW_i，XW_{i+1}，YW_{i+1}：边坡第 i 条块水位线与前后侧面交点坐标，m；

XB_i，YB_i，XB_{i+1}，YB_{i+1}：边坡第 i 条块底滑面与前后侧面交点坐标，m；

ZW_i，ZW_{i+1}：边坡第 i 条块前后侧面水位线与底滑面的垂直高度，m；

d_i，d_{i+1}：边坡第 i 条块前后侧面的长度，m；

b_i：边坡第 i 条块底滑面在水平面上的投影的长度，m。

由力学模型分析知，当边坡在地震作用下 kc 达到极限平衡状态时，每一条块均满足下列平衡方程以及摩尔-库仑破坏准则，即

（1）X 方向合力 $\Sigma Fx=0$（n 个条块，n 个方程）；

（2）Y 方向合力 $\Sigma Fy=0$（n 个条块，n 个方程）；

（3）针对某点的合力矩 $\Sigma M=0$（n 个条块，n 个方程）；

（4）底滑面满足摩尔-库仑准则 $T_i=f(N_i, CB_i, \phi B_i)$（$n$ 个条块，n 个方程）；

Sarma 法假设当底滑面处于极限平衡状态时，边坡条块的各侧面或次级滑面也同时达到极限平衡状态，它们均满足摩尔-库仑准则；

（5）侧滑面满足摩尔-库仑准则 $X_i=f(E_i, CS_i, \phi S_i)$（$n$ 个条块，$n-1$ 个方程）。

同时假设边坡条块侧滑面 E_i 的作用点 Z 值已知，则整个边坡平衡方程可得全解。

求解边坡的稳定系数 Fs 和临界水平地震系数 kc 的关系表达式，可借助（1）、（2）、（3）、（4）、（5）方程组求得。

根据上述平衡方程，经一系列推导和简化，得如下递推关系式，即

$$E_{i+1}=a_i-p_i kc+e_i E_i \tag{1-22}$$

式 1-22 反映了相邻条块侧滑面正压力的递推关系，由此依次递推可得如下关系式，即

$$\begin{aligned}E_{n+1}&=a_n-p_n kc+e_n E_n\\&=a_n+e_n a_{n-1}+e_n e_{n-1}a_{n-2}+\cdots+e_n e_{n-1}e_{n-2}\cdots e_2 a_1-\\&\quad kc(p_n+e_n p_{n-1}+e_n e_{n-1}p_{n-2}+\cdots+e_n e_{n-1}e_{n-2}\cdots e_2 p_1)+\\&\quad e_n e_{n-1}e_{n-2}\cdots e_2 e_1 E_1\end{aligned} \tag{1-23}$$

推得 Sarma 法的边坡稳定性系数求解公式，即

$$kc=\frac{e_n e_{n-1}e_{n-2}\cdots e_2 e_1 E_1+a_n+e_n a_{n-1}+\cdots+e_n e_{n-1}e_{n-2}\cdots e_2 a_1-E_{n+1}}{p_n+e_n p_{n-1}+e_n e_{n-1}p_{n-2}+\cdots+e_n e_{n-1}e_{n-2}\cdots e_2 p_1} \tag{1-24}$$

式中，a_i、p_i、e_i 为常量系数，取值如下：

$$a_i=\frac{W_i\sin(\phi B_i-\alpha_i)+R_i\cos\phi B_i+S_{i+1}\sin(\phi B_i-\alpha_i-\delta_{i+1})-S_i\sin(\phi B_i-\alpha_i-\delta_i)}{\cos(\phi S_{i+1}-\alpha_i-\delta_{i+1}+\phi B_i)\sec\phi S_{i+1}}$$

$$p_i=\frac{W_i\cos(\phi B_i-\alpha_i)}{\cos(\phi S_{i+1}-\alpha_i-\delta_{i+1}+\phi B_i)\sec\phi S_{i+1}}$$

$$e_i=\frac{\cos(\phi S_i-\alpha_i-\delta_i+\phi B_i)\sec\phi S_i}{\cos(\phi S_{i+1}-\alpha_i-\delta_{i+1}+\phi B_i)\sec\phi S_{i+1}}$$

$$R_i = CB_i b_i \sec\alpha_i - U_i \tan\phi B_i$$

$$S_i = CS_i d_i - PW_i \tan\phi S_i$$

该方法存在的主要问题是：

(1) 只适用于齐次边界条件下的边坡稳定性计算；

(2) 没有考虑边坡工程的各种排水条件；

(3) 不考虑坡面存在荷载的情况及有工程加固力的工况；

(4) 不能进行多种工程状态组合情况下的边坡稳定性计算与分析。

1.1.3.6 Msarma 分析设计系统功能与特点

何满潮教授在最初的 Msarma 法仅考虑边坡齐次边界条件的基础上，不仅考虑了边坡的非齐次边界条件，而且考虑了边坡坡面存在荷载和加固力的情况下边坡的稳定性问题，推导了有坡面面力作用的求解稳定系数的迭代关系式，称为 Msarma 方法。

边坡的水力边界条件十分复杂，大部分边坡为非齐次边界条件。根据边坡前后缘水位和张开裂隙充水情况，得到如下四类边界条件，图 1-6 所示为边坡的各类边界条件和水文地质意义。

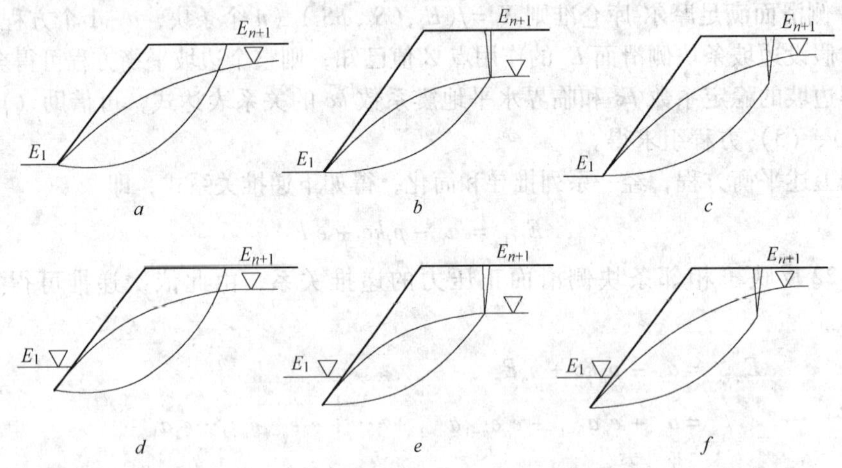

图 1-6 边坡的各类边界条件和水文地质意义

(1) 第一类边界条件：齐次边界条件，见图 1-6*a* 和图 1-6*b*，即 $E_1 = 0$，$E_{n+1} = 0$。

(2) 第二类边界条件：非齐次边界条件，见图 1-6*c*，即 $E_1 = 0, E_{n+1} = \frac{1}{2}\gamma_w ZW_{n+1}^2$。

(3) 第三类边界条件，非齐次边界条件，见图 1-6*d* 和图 1-6*e*，即 $E_1 = \frac{1}{2}\gamma_w ZW_1^2 \csc\alpha, E_{n+1} = 0$。

(4) 第四类边界条件：非齐次边界条件，见图 1-6*f*，即 $E_1 = \frac{1}{2}\gamma_w ZW_1^2 \csc\alpha, E_{n+1} = \frac{1}{2}\gamma_w ZW_{n+1}^2$。

将上述各类边界条件分别代入式 1-3，则分别得到相应的边坡稳定性系数求解公式。

当坡面存在荷载或在坡面施加加固力时，边坡相应的力学模型如图 1-7 所示。由此建立边坡的平衡方程为：

$$N_i\cos\alpha_i + T_i\sin\alpha_i = W_i + X_{i+1}\cos\delta_{i+1} - X_i\cos\delta_i - E_{i+1}\sin\delta_{i+1} + E_i\sin\delta_i + F_i\sin\gamma_i$$

$$T_i\cos\alpha_i - N_i\sin\alpha_i = kcW_i + X_{i+1}\sin\delta_{i+1} - X_i\sin\delta_i + E_{i+1}\cos\delta_{i+1} - E_i\cos\delta_i - F_i\cos\gamma_i$$

$$T_i = (N_i - U_i)\tan\phi B_i + CB_i b_i\sec\alpha_i$$

式中　F_i——第 i 条块坡面荷载，kN。

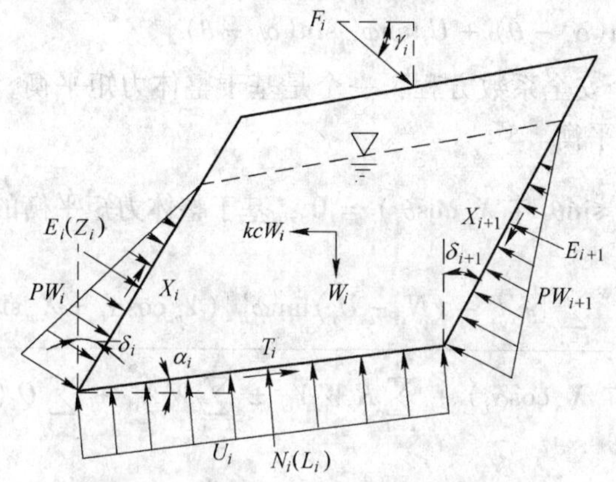

图 1-7　改进的 Msarma 法力学模型

其相应的计算模型仍然为式（1-24），但公式中的系数 a_i 推导如下

$$a_i = [W_i \cdot \sin(\phi B_i - \alpha_i) + R_i \cdot \cos\phi B_i + S_{i+1} \cdot \sin(\phi B_i - \alpha_i - \delta_{i+1}) - S_i \cdot \sin(\phi B_i - \alpha_i - \delta_i) + F_i\cos(\phi B_i - \gamma_i - \alpha_i)] / [\cos(\phi S_{i+1} - \alpha_i - \delta_{i+1} + \phi B_i) \cdot \sec\phi S_{i+1}] \tag{1-25}$$

式中　γ_i——第 i 条块坡面荷载与水平面的夹角，(°)。

1.1.3.7　Spencer 和 Morgenster-Price 法

Morgenstern-Price 法是一种严格的条分法，该方法假设条块的竖直切向力与水平推力之比为含有待定参数 λ 与条间力函数 $f(x)$ 的乘积，然后建立满足水平和垂直方向的平衡方程与力矩平衡方程，通过迭代求解安全系数 F_2 和待定参数 λ。我国陈祖煜等学者曾先后对 Morgenstern-Price 法的计算格式作了一定的改进，由于这种方法收敛性较好，且满足严格平衡条件，因而在岩土工程界受到欢迎。但是，该方法求解过程比较复杂，一般技术人员需要依靠专业编制的软件，所以 Morgenstern-Price 法在我国还没得到广泛应用。

Spencer 法是稍后于 Morgenstern-Price 法的又一个严格条分法，该法直接假设条块间的推力平行，即推力倾角 θ 为常数，建立满足所有力与力矩平衡的方程组，然后通过迭代求解安全系数。Spencer 与 Morgenstern-Price 法两者尽管平衡方程在形式上有很大不同，但当条间函数 $f(x)=1$ 时，Spencer 是 Morgenstern-Price 法的特例。

Spencer 法与 Morgenstern-Price 法是岩土工程界今后推广的一种方法，朱大勇等学者对

Morgenstern-Price 法的计算格式进行了改进，它使计算过程得到了简化，有利于该方法的应用。

A Spencer 法

Spencer 法假定条间力的倾角为一个待定常数，即

$$T_i = \tan\theta E_i \tag{1-26}$$

则可以得到相应的条底法向力方程

$$N_i = \frac{1}{\sec\varphi_{mi}^2\cos(\alpha_1 - \theta - \varphi'_{mi})}[W_i\cos\theta - K_s W_i\sin\theta + Q_i\cos(\theta_i - \theta) - c'_{mi}l_i\sin(\alpha_i - \theta) + U_i\tan\varphi'_{mi}\sin(\alpha_i - \theta)] \tag{1-27}$$

Spencer 建立了两个安全系数方程：一个是基于整体力矩平衡，另一个是基于平行于条间力方向上力的整体平衡。

根据方程 $\sum_{i=1}^{n} Q_i(Y_{qi}\sin\theta_i \mp X_{qi}\cos\theta_i) = 0$，基于整体力矩平衡的安全系数方程

$$F_{sm} = \frac{\sum_{i=1}^{n}[c'_i l_i + (N_i - U_i)\tan\varphi'_i](Y_{ni}\cos\alpha_i \pm X_{ni}\sin\alpha_i)}{\sum_{i=1}^{n} N_i(Y_{ni}\sin\alpha_i \mp X_{ni}\cos\alpha_i) + \sum_{i=1}^{n} K_s W_i Y_{ci} \pm \sum_{i=1}^{n} W_i X_{ci} + \sum_{i=1}^{n} Q_i(\pm X_{qi}\cos\theta_i - Y_{qi}\sin\theta_i)} \tag{1-28}$$

基于力平衡的安全系数方程也可以通过水平方向上力的整体平衡方程得到

$$F_{sf} = \frac{\sum_{i=1}^{n}[c'_i l_i + (N_i - U_i)\tan\varphi'_i]\cos\alpha_i}{\sum_{i=1}^{n} N_i\sin\alpha_i + \sum_{i=1}^{n} K_i W_i - \sum_{i=1}^{n} Q_i\sin\theta_i} \tag{1-29}$$

式中，下标 m 和 f 分别表示安全系数是由力矩平衡和力平衡得到的。当边坡的几何形状及滑裂面已确定，同时组成边坡的材料强度参数又已知时，只有 θ 和 F_s 两个未知数，因此，方程有唯一解。

Spencer 法的具体解题步骤如下：

(1) 对于给定滑裂面，划分垂直条块。

(2) 选定若干个 θ 值，对于不同的 θ 值，根据方程式 1-29 求出不同的 F_{sf} 值，根据方程式 1-28 求出不同的 F_{sm} 值，$\theta = 0°$ 时的 F_{sm} 称为 F_{smo}，对于圆弧滑裂面，它相当于用简化 Bishop 法求出的安全系数值。

(3) 在同一张图上绘制 F_{af}-θ 及 F_{sm}-θ 关系曲线，如图 1-8 所示，两条曲线的交点就给出了同时满足力和力矩平衡的安全系数 F_s 及条间力的倾角 θ。

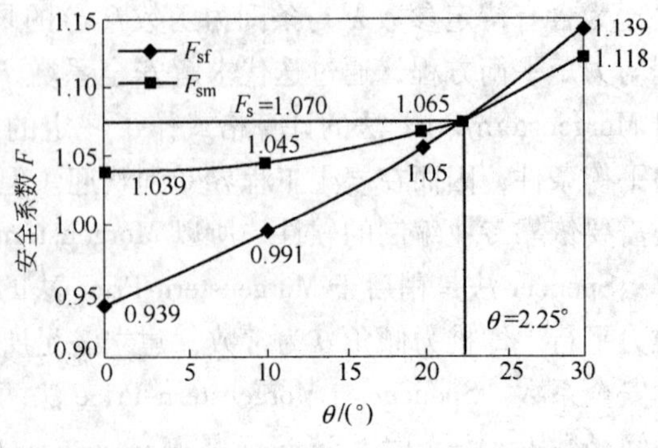

图 1-8 F-θ 的关系曲线

(4) 以求出的 F_s 及 θ，从上到下逐个

条块求出条块界面上的法向力和剪力，根据方程式 1-30 进行合理校验。

$$F_{vi} = \frac{c_{avi}h_i + (E_i - p_{wi})\tan\varphi_{avi}}{T_i} > F_s \tag{1-30}$$

（5）再从上到下逐个条块求出条间力的作用点及条底法向力的作用点的位置，根据方程式 1-31 进行合理的校验。

$$0 \leqslant D_{ni} \leqslant l_i, 0 \leqslant D_{pi} \leqslant h_i \tag{1-31}$$

B　Morgenstern-Price 法

Morgenstern-Price 法首先对任意曲线形状的滑裂面进行分析，导出了满足力的平衡及力矩平衡的微分方程式，然后假定条间力的倾角的正切值为某一函数分布，即式 $\tan\beta_i = \lambda f(x_i)$，根据整个滑动土体的边界条件求出问题的解答。

将任意形状边坡（如图 1-9*a* 所示）的地表线、浸润线、推力线及滑裂线分别以函数 $y = g(x), y = h(x), y = f_t(x)$ 及 $y = s(x)$ 表示。图 1-9*b* 所示为其中任一微分条块，其上作用有体力 dW、地震力 K_sD_w、坡面外力 dQ，条块两侧的法向条间力 E，$E + dE$ 及切向条间力 T，$T + dT$，条块两侧的孔隙水压力 p_w，$p_w + dp_w$，条底剪力 dS，条底孔隙水压力 dU。

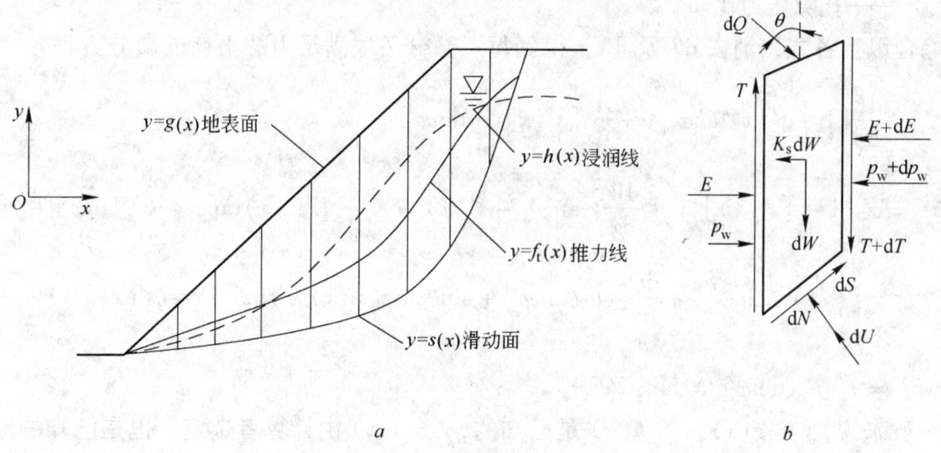

图 1-9　边坡体的微分及微分条块的受力分析

将作用在微分条块上的力对条底中点（dS，dN 合力的作用点）取力矩平衡，并且认为 dU 的作用点与 dS，dN 的合力的作用点重合，有

$$E\left[f_t(x) - s(x) - \frac{1}{2}s'(x)dx\right] - (E + dE)\left[f_t(x + dx) - s(x + dx) + \frac{1}{2}s'(x)dx\right] +$$

$$T\frac{dx}{2} + (T + dT)\frac{dx}{2} - K_s dW\left[y_c - s(x) + \frac{1}{2}s'(x)dx\right] + dQ\sin\theta$$

$$\left[y_q - s(x) + \frac{1}{2}s'(x)dx\right] + dQ\cos\theta\left(x_q - x - \frac{dx}{2}\right) = 0 \tag{1-32}$$

将式 1-32 整理化简，略去高阶微量，就得到每一微分条块满足力矩平衡的微分方程

$$T = \frac{\mathrm{d}}{\mathrm{d}x}[Ef_t(x)] - s(x)\frac{\mathrm{d}E}{\mathrm{d}x} + K_s[y_c - s(x)]\frac{\mathrm{d}W}{\mathrm{d}x} -$$

$$\{[y_q - s(x)]\sin\theta + (x_q - x)\cos\theta\}\frac{\mathrm{d}Q}{\mathrm{d}x} \tag{1-33}$$

再取条底法线方向力的平衡，得

$$\mathrm{d}N = \mathrm{d}T\cos\alpha - \mathrm{d}E\sin\alpha + \mathrm{d}W\cos\alpha - K_s\mathrm{d}W\sin\alpha + \mathrm{d}Q\sin(\theta - \alpha) \tag{1-34}$$

同时取平行条底方向里的平衡可得：

$$\mathrm{d}S = \mathrm{d}E\cos\alpha + \mathrm{d}T\sin\alpha + \mathrm{d}W\sin\alpha + K_s\mathrm{d}W\cos\alpha - \mathrm{d}Q\sin(\theta - \alpha) \tag{1-35}$$

又根据边坡稳定系数定义及 Mohr-Coulmb 强度准则，得：

$$\mathrm{d}S = \frac{c'\mathrm{d}x\sec\alpha + (\mathrm{d}N - \mathrm{d}U)\tan\varphi'}{F_s}$$

同时引用 Bishop 等关于孔隙水压力的定义，得

$$\mathrm{d}U = r_u\mathrm{d}W\sec\alpha \tag{1-36}$$

式中 r_u——孔隙压力比。

综合以上各式，消去 dT 及 dN，得到每一微分条块满足力的平衡的微分方程

$$\frac{\mathrm{d}E}{\mathrm{d}x}[1 + s'(x)\tan\varphi'_m] + \frac{\mathrm{d}T}{\mathrm{d}x}[s'(x) - \tan\varphi'_m]$$

$$= c'_m\{1 + [s'(x)]^2\} + \frac{\mathrm{d}W}{\mathrm{d}x}\{\tan\varphi'_m - s'(x) - K_s - K_s s'(x)\tan\varphi'_m - r_u\tan\varphi'_m -$$

$$r_u[s'(x)]^2\tan\varphi'_m\} + \frac{\mathrm{d}Q}{\mathrm{d}x}[\cos\theta\tan\varphi'_m + \sin\theta\tan\varphi'_m s'(x) + \sin\theta - \cos\theta s'(x)] \tag{1-37}$$

式中，$c'_m = c'/F_s$，$\tan\varphi'_m = \tan\varphi'/F_s$。

一般来说，$y = g(x)$，$y = h(x)$ 是已知的，$y = s(x)$ 由计算者选定，也是已知的。两个基本微分方程中的$\frac{\mathrm{d}W}{\mathrm{d}x}$，$\frac{\mathrm{d}Q}{\mathrm{d}x}$，$y_c$ 及 $s'(x)$ 都可以求出，同时土的抗剪强度指标 c' 和 $\tan\varphi'$、坡面外力 dQ 的作用点（x_q，y_q）和方向角 θ、地震影响系数 K_s 及孔隙压力比 r_u 也是给定的，因此，要求解的未知量就剩下 E、T、函数 $y = f_t(x)$ 及安全系数 F_s。

假定 E 和 T 之间存在如下函数关系

$$T = \lambda f(x)E \tag{1-38}$$

式中 λ——任意选择的一个常数；

$f(x)$——一个预先给定的函数。

对于每一微分条块来说，由于 dx 可以取得很小，使 $s(x)$ 和 $f(x)$ 在微分条块范围内近似为一直线，即 $s'(x)$ 和 $f'(x)$ 在微分条块范围内为一常数。令

$$Ax + D = \lambda f(x)[s'(x) - \tan\varphi'_m] \tag{1-39}$$

$$B - D = 1 + s'(x)\tan\varphi'_m \tag{1-40}$$

$$C = c'_{\mathrm{m}}\{1 + [s'(x)]^2\} + \frac{\mathrm{d}W}{\mathrm{d}x}\{\tan\varphi'_{\mathrm{m}} - s'(x) - K_{\mathrm{s}} - K_{\mathrm{s}}s'(x)\tan\varphi'_{\mathrm{m}} - r_{\mathrm{u}}\tan\varphi'_{\mathrm{m}} - r_{\mathrm{u}}[s'(x)]^2\tan\varphi'_{\mathrm{m}}\} + \frac{\mathrm{d}Q}{\mathrm{d}x}[\cos\theta\tan\varphi'_{\mathrm{m}} + \sin\theta\tan\varphi'_{\mathrm{m}}s'(x) + \sin\theta - \cos\theta s'(x)] \quad (1\text{-}41)$$

式中 A，B，D——任意常数。

经过系列的处理，式 1-37 简化为

$$(Ax + B)\frac{\mathrm{d}E}{\mathrm{d}x} + AE = C \quad (1\text{-}42)$$

现在取条块两侧的边界条件为

$$E = E_{i-1} \quad (x = x_{i-1})$$

$$E = E_i \quad (x = x_i)$$

对方程式 1-42 从 x_{i-1} 到 x 进行积分，可以求得

$$E_i = \frac{Ax_{i-1} + B}{Ax_i + B}E_{i-1} + \frac{1}{Ax_i + B}\int_{x_{i-1}}^{x_i} C\mathrm{d}x \quad (1\text{-}43)$$

这样就可以从上到下，逐条求出法向条间力 E，然后根据式 1-38 求出切向条间力 T。当滑动土体外部没有其他外力作用时，对最后一条土体必须满足条件

$$E_n = 0 \quad (1\text{-}44)$$

同时，条块侧面的力矩可以用微分方程积分求出

$$M_i = M_{i-1} + M_0 \quad (1\text{-}45)$$

式中

$$M_i = E_i[f_{\mathrm{t}}(x_i) - s(x_i)] \quad (1\text{-}46)$$

$$M_{i-1} = E_{i-1}[f_{\mathrm{t}}(x_{i-1}) - s(x_{i-1})] \quad (1\text{-}47)$$

$$M_0 = \int_{x_{i-1}}^{x_i}\left\{T - Ef'_{\mathrm{t}}(x) - K_{\mathrm{s}}[y_{\mathrm{c}} - s(x)]\frac{\mathrm{d}W}{\mathrm{d}x} + [(y_{\mathrm{q}} - s(x))\sin\theta + (x_{\mathrm{q}} - x)\cos\theta]\frac{\mathrm{d}Q}{\mathrm{d}x}\right\}\mathrm{d}x \quad (1\text{-}48)$$

最后也必须满足条件

$$M_n = 0 \quad (1\text{-}49)$$

此时，各条间力合理作用点位置 $f_{\mathrm{t}}(x)$ 可由式 1-46 求出。因此，为了找到满足所有平衡方程的 λ 和 F_{s} 值，可以先假定一个 λ 及 F_{s}，然后逐条积分得到 E_n 及 M_n，如果不为零，再用一个有规律的迭代步骤不断修正 λ 及 F_{s}，直到 E_n 及 M_n 为零或充分接近零为止。

最后剩下的问题是如何选择 $f(x)$，可以利用弹性理论的解答加以算出，也可以在直观假设的基础上指定。根据 Morgenstern 等人的研究，对于接近圆弧的滑裂面，安全系数对内力分布的反应很不灵敏，往往取完全不同的 $f(x)$，得到的安全系数却相当接近。

当然用本法求出的条间力也必须符合合理性要求。如果得不到满足，可以通过修改 $f(x)$ 来加以调整。

Morgenstern-Price 法是对土坡稳定进行计算的一种方法，如果取 $f(x)$ 为一常数，其结

果与 Spencer 法相同；更特殊一些如果取 $f(x)=0$，则相当于简化 Bishop 法。显然，由于计算的繁琐和复杂，没有计算机，这个方法是无法得到实际应用的。

C Morgenstern-Price 法的积分解

a Morgenstern-Price 法

陈祖煜和 Morgenstern（Chen and Morgenstern，1983）曾对上述 Morgenstern-Price 法作出改进，提出以下积分解法（参见图1-10）

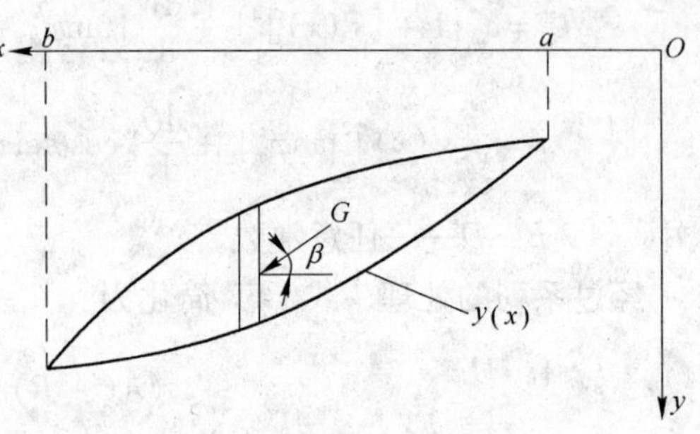

图 1-10 边坡稳定的条分法

$$\int_a^b p(x)s(x)=0 \tag{1-50}$$

$$\int_a^b p(x)s(x)t(x)\mathrm{d}x=M_e \tag{1-51}$$

式中 $p(x)$——边坡几何特性和物理特性的变量；

$s(x)$——侧向力倾角 β 的特性。

$p(x)$，$s(x)$，$t(x)$ 的定义分别为

$$\left.\begin{aligned}c'_e&=c'/F\\ \tan\varphi'_e&=\tan\varphi'/F\end{aligned}\right\} \tag{1-52}$$

$$p(x)=\left(\frac{\mathrm{d}W}{\mathrm{d}x}+q\right)\sin(\varphi'_e-\alpha)-r_u\frac{\mathrm{d}W}{\mathrm{d}x}\sec\alpha\sin\varphi'_e+c'_e\sec\alpha\cos\varphi'_e-\eta\frac{\mathrm{d}W}{\mathrm{d}x}\cos(\varphi'_e-\alpha) \tag{1-53}$$

$$s(x)=\sec(\varphi'_e-\alpha+\beta)\exp\left[-\int_a^x\tan(\varphi'_e-\alpha+\beta)\frac{\mathrm{d}\beta}{\mathrm{d}\xi}\mathrm{d}\xi\right] \tag{1-54}$$

$$t(x)=\int_a^x(\sin\beta-\cos\beta\tan\alpha)\exp\left[\int_a^\xi\tan(\varphi'_e-\alpha+\beta)\frac{\mathrm{d}\beta}{\mathrm{d}\xi}\mathrm{d}\xi\right]\mathrm{d}\xi \tag{1-55}$$

$$M_e=\int_a^b\eta\frac{\mathrm{d}W}{\mathrm{d}x}h_e\mathrm{d}x \tag{1-56}$$

式 1-56 中安全系数定义的符号：$c'_e=c'/F$，$\tan\varphi'_e=\tan\varphi'/F$。

式中 α——土条底倾角；

$\mathrm{d}W$——土条重力；

$\mathrm{d}x$——坡表面垂直荷载；

$\eta\mathrm{d}W$——水平地震力；

h_e——作用力与土条底距离；

β——作用在土条垂直边上的总作用力 G 与水平线的夹角。

通常定义孔隙水压力系数为

$$r_u=\frac{u}{\mathrm{d}W/\mathrm{d}x} \tag{1-57}$$

式中　u——条底中点的孔隙水压力。

式 1-50 和式 1-51 中包含一个未知数，即安全系数 F，它隐含在 φ'_e 和 c'_e 中，另外还包含一个变量 $\beta(x)$，Morgenstern 和 Price 假定其符合某一形状的分布，留下一个特定常数 λ 和 F 一起求解，即假定 $\tan\beta=\lambda f(x)$。

上述解法详见《碾压式土石坝设计规范》（SL 274—2001）。

b　Spencer 法

Spencer 法为本法的特例，即 $f(x)=1$，$\mathrm{d}\beta/\mathrm{d}x=0$，$\beta$ 为一待定的常量，故有

$$s(x)=\sec(\varphi'_e-\alpha+\beta) \tag{1-58}$$

式 1-50 和式 1-51 可简化为

$$\int_a^b p(x)\sec(\varphi'_e-\alpha+\beta)\mathrm{d}x=0 \tag{1-59}$$

$$\int_a^b p(x)\sec(\varphi'_e-\alpha+\beta)[(x-a)\sin\beta-(y-y_a)\cos\beta]\mathrm{d}x=M_e \tag{1-60}$$

式中　y_a——滑裂面顶部端点（$x=a$ 处）的 y 坐标。

考虑到式 1-49 已经成立，式 1-50 也可写成

$$\int_a^b p(x)\sec(\varphi'_e-\alpha+\beta)(x\sin\beta-y\cos\beta)\mathrm{d}x=M_e \tag{1-61}$$

D　Morgenstern-Price 法计算格式的改进

a　平衡方程建立

令条底水压力的合力为 U_i

$$U_i=u_ib_i\sec\alpha_i$$

$$S_i=(N'_i\tan\varphi'_i+c'_ib_i\sec\alpha_i)/F_s$$

式中　u_i——平均水压力；

N'_i——滑动面上有效法向力；

S_i——调用的抗剪强度；

F_s——安全系数；

z_i,z_{i-1}——分别为与底面的垂直距离；

$T_i=f_iE_i,T_{i-1}=\lambda f_{i-1}E_{i-1}$——条块间的剪切力。

现考察第 i 个条块的受力平衡。沿垂直于滑面方向将力进行分解，得

$$N'_i=(W_i+\lambda f_{i-1}E_{i-1}-\lambda f_iE_i+Q_i\cos\theta_i)\cos\alpha_i+(-K_cW_i+E_i-E_{i-1}+Q_i\sin\theta_i)\sin\alpha_i-U_i \tag{1-62}$$

式中　E_i，E_{i-1}——条块间法向力。

沿平行于滑面方向将力进行分解，得

$$(N'_i\tan\varphi'_i+c'_ib_i\sec\alpha_i)/F_s=(W_i+\lambda f_{i-1}E_{i-1}-\lambda f_iE_i+Q_i\cos\theta_i)\sin\alpha_i+(-K_cW_i+E_i-E_{i-1}+Q_i\sin\theta_i)\cos\alpha_i \tag{1-63}$$

将方程式 1-62 代入方程式 1-63 得到

$$E_i[(\sin\alpha_i - \lambda f_i\cos\alpha_i)\tan\varphi_i' + (\cos\alpha_i + \lambda f_i\sin\alpha_i)F_s]$$

$$= E_{i-1}[(\sin\alpha_i - \lambda f_{i-1}\cos\alpha_i)\tan\varphi_i' + (\cos\alpha_i + \lambda f_{i-1}\sin\alpha_i)F_s] + F_sT_i - R_i \tag{1-64}$$

式中

$$R_i = [W_i\cos\alpha_i - K_cW_i\sin\alpha_i + Q_i\cos(\theta_i - \alpha_i) - U_i]\tan\varphi_i' + c_i'b_i\sec\alpha_i \tag{1-65}$$

$$T_i = W_i\sin\alpha_i - K_cW_i\cos\alpha_i - Q_i\sin(\theta_i - \alpha_i) \tag{1-66}$$

实际上，R_i 是除条间力之外的条块上所有力所提供的抗剪力之和，T_i 是所有力的下滑力之和。式 1-64 可重写如下

$$E_i\Phi_i = \psi_{i-1}E_{i-1}\Phi_{i-1} + F_sT_i - R_i \tag{1-67}$$

式中

$$\Phi_i = (\sin\alpha_i - \lambda f_{i-1}\cos\alpha_i)\tan\varphi_i' + (\cos\alpha_i + \lambda f_{i-1}\sin\alpha_i)F_s \tag{1-68}$$

$$\Phi_{i-1} = (\sin\alpha_{i-1} - \lambda f_{i-1}\cos\alpha_{i-1})\tan\varphi_{i-1}' + (\cos\alpha_{i-1} + \lambda f_{i-1}\sin\alpha_{i-1})F_s \tag{1-69}$$

$$\psi_{i-1} = \frac{(\sin\alpha_i - \lambda f_{i-1}\cos\alpha_i)\tan\varphi_i' + (\cos\alpha_i + \lambda f_{i-1}\sin\alpha_i)F_s}{\Phi_{i-1}} \tag{1-70}$$

根据端部条件

$$E_0 = 0;\ E_n = 0$$

再由式 1-70 推导安全系数 F_s 表达式

$$F_s = \frac{\sum_{i=1}^{n-1}(R_i \cdot \prod_{j=1}^{n-1}\psi_j) + R_n}{\sum_{i=1}^{n-1}(T_i \cdot \prod_{j=1}^{n-1}\psi_j) + T_n} \tag{1-71}$$

式 1-71 为隐式方程，因为变量 F_s 在两边都出现，因此需要用迭代方法求解。

现在考虑第 i 个条块的力矩平衡，对条块基底中心取力矩

$$E_i\left(z_i - \frac{b_i}{2}\tan\alpha_i\right) = E_{i-1}\left(z_{i-1} + \frac{b_i}{2}\tan\alpha_i\right) - \lambda\frac{b_i}{2}(f_iE_i + f_{i-1}E_{i-1}) + K_cW_i\frac{h_i}{2} - Q_i\sin\theta_ih_i \tag{1-72}$$

设

$$M_i = E_iz_i,\ M_{i-1} = E_{i-1}z_{i-1} \tag{1-73}$$

M_i, M_{i-1} 称为条间力矩。

将式 1-73 代入式 1-72，得

$$M_i = M_{i-1} - \lambda\frac{b_i}{2}(f_iE_i + f_{i-1}E_{i-1}) + \frac{b_i}{2}(E_i + E_{i-1})\tan\alpha_i + K_cW_i\frac{h_i}{2} - Q_i\sin\theta_ih_i \tag{1-74}$$

同样有

$$M_0 = 0,\ M_n = 0$$

根据力矩平衡方程可以解出比例系数 λ

$$\lambda = \frac{\sum_{i=1}^{n} [b_i(E_i + E_{i-1})\tan\alpha_i + K_c W_i h_i - 2Q_i \sin\theta_i h_i]}{\sum_{i=1}^{n} [b_i(f_i E_i + f_{i-1} E_{i-1})]} \tag{1-75}$$

b 计算过程

上述安全系数计算过程按下面步骤进行:

(1) 划分条块。计算机编程时，可根据滑体长度划分等宽条块。

(2) 计算每个条块的下滑力 T_i 和抗剪力 R_i 。

(3) 选定条间力函数 $f(x)$ 。Spencer 法，取 $f(x) = 1$ ；Morgenstern-Price 法可取下式

$$f(x) = \sin^{\mu}\left[\pi\left(\frac{x-a}{b-a}\right)^{\nu}\right] \tag{1-76}$$

式中，a,b 为左右端横坐标；$\mu = 0 \sim 0.5$；$\nu = 0.5 \sim 2.0$ 。

(4) 设定安全系数 F_s 和待定系数 λ 的初始值。要实现推力有效传递，须满足

$$F_s > -\frac{\sin\alpha_i - \lambda f_i \cos\alpha_i}{\cos\alpha_i + \lambda f_i \sin\alpha_i}\tan\varphi' \tag{1-77}$$

一般可取 $F_s = 1$,$\lambda = 0$ 作为初始值。

(5) 计算传递系数 Φ_i , ψ_{i-1} 。

(6) 计算改进的安全系数 F_s。

(7) 应用改进后的 F_s ，再重新计算一次 Φ_i , ψ_{i-1} 。

(8) 再重新计算安全系数 F_s 。

(9) 计算条间推力 E_i 。

(10) 计算改进的待定系数 λ 。

(11) 重复过程 (5) ~ (10)，直至 F_s 和 λ 收敛至预定范围。

1.2 二维与三维滑移场方法确定边坡岩体危险滑面技术

1.2.1 概述

滑坡是自然界中主要的地质灾害之一，给人类生命财产造成频繁而巨大的损失。在矿山、水利、交通等领域都涉及大量的边坡稳定问题；目前，我国正处于各项工程建设高速发展的时期，滑坡灾害给水利、铁路、公路、矿山建设带来了巨大损失。人类一直在努力探索预防与治理滑坡，这些努力表现在认知滑坡机理，完善边坡稳定分析理论和方法、开发滑坡治理技术和滑坡预报等方面。然而对滑坡认识也依赖于对岩土力学、工程地质、数学、计算机等学科的发展，这些学科领域的发展进一步地带动了边坡研究领域的深化，只有如此，人类才能在滑坡防治方面取得更重大的进展。

目前，在我国各类深大露天矿山的开发与开采过程中，边坡岩体稳定与否是制约着矿山生产效益最主要的影响因素之一。因此，提高矿山的生产效益最关键的问题是既要增大坡角，又要确保边坡的稳定性，这是一对十分尖锐的矛盾，而边坡稳定性的评价是否准确，一是要看计算方法的完善程度，二是要看滑面位置确定是否准确及地质掌握程度。然而准确的临界滑移面的求解是非常困难的，经验试算法因人而异、又缺乏科学性；纯解析

法无法在实际工作中应用，动态规划法又受到各种条件限制；随机搜索法也带有盲目或半盲目性，优化法应用最为广泛，但无法克服局部极值等问题。因此，广大科技人员迫切希望能有一种近似解方法代替理论解，确保临界滑移面在理论解附近，误差能控制在一定的限度内。工程界也急需一种实用的计算方法，能迅速、准确达到工程许可的精度求解临界滑移面，并要求程序具有一定的实用性，解答稳定可靠，用户应用方便。由此人们开始并逐步研究和探索出临界滑移场理论方法，经过验证，效果满足实际工程的需求。临界滑移场的力学来源是条块间推力最大准则，其数学基础是最优控制理论的最优性原理，临界滑移场法抛弃以往试图从众多试算滑移面中搜索出临界滑面的模式，而是直接从整体出发，认为边坡体内任一点都存在滑移的可能，而且存在唯一最危险滑移方向与最不利推力，通过数值手段求出边坡体离散状态点的最危险滑移方向，形成离散的临界滑移场，再由插值理顺出连续的临界滑移场。边坡最小安全系数在这过程中自动得出。临界滑移场不仅含有形状任意的临界滑移面，而且包括众多危险滑移面，临界滑移场中的临界滑移面是整体的最优值，而且稳定生成，精度可充分接近理论解，能成功地解决复杂介质，不同条块间力假设条件下的临界滑移场求解问题，具有重要理论意义和实际工程价值，目前已有一些技术人员将该方法应用到实际工程中去。

1.2.2 任意滑移面边坡剩余推力法

Janbu 法和推力传递法均针对任意滑移面而提出。前者假定土条间合力作用点的位置，后者则假定土条间作用力平行于土条底面见图 1-11。以推力传递法为例，其推力公式如下。

$$P_i = F_s w_i \sin\alpha_i - (w_i \cos\alpha_i - P_{i-1}\sin\Delta\alpha_i)\tan\varphi_i - c_i l_i + P_{i-1}\cos\Delta\alpha_i \tag{1-78}$$

或简写为

$$P_i = F_s w_i \sin\alpha_i - w_i \cos\alpha_i \tan\varphi_i - c_i l_i + P_{i-1}\psi \tag{1-79}$$

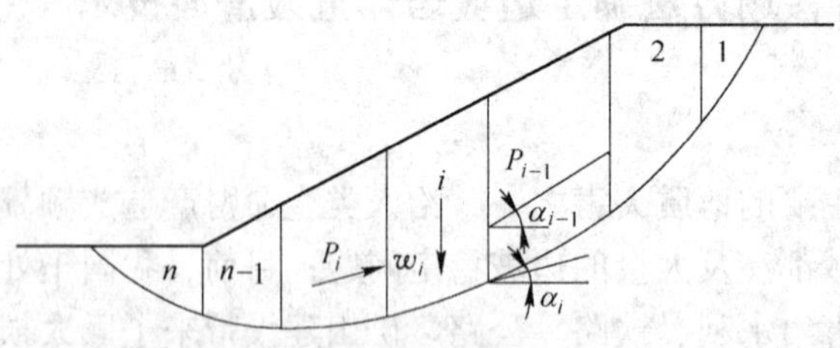

图 1-11 推力传递法

其中 $\psi = \cos\Delta\alpha_i + \sin\Delta\alpha_i \tan\varphi$ 被称为推力系数，$\Delta\alpha_i = \alpha_i - \alpha_{i-1}$。安全系数 F_s 通过迭代求出。最后满足 $P_{n+1} = 0$ 的 F_s 即为方程解。此时，从满足可动解的要求看，滑块底面及侧面均应是滑移面，然后按照滑块平衡法逐块进行分析。但是，无论是 Janbu 法还是推力传递法均认为土条侧面不是滑移面。按照推力传递法，只有当 $\alpha = \varphi$ 时恰好满足滑移条件，一般 α 均小于 φ，因而无法判定相应的解为可动解。而对于滑面端部 α 大于 φ 的土条，则又破坏了屈服条件。王元汉教授对此作了改进，假定土条件间切向力 T 和法向力 N 之间满足下式屈服条件

$$T = \frac{N\tan\varphi}{F_s} \tag{1-80}$$

经过式 1-80 的修正后，将保证所得的解为可动解。但是求可动解时是在求解不同滑移面安全系数的极小值。

1.2.3　边坡全局临界滑移场

朱大勇等学者认为临界滑移场方法应直接从整体出发，通过数值方法模拟出边坡体内任一点的危险滑移方向和条块间最不利推力，最终得到一簇任意形状危险滑移面的临界滑移场，其中一条为临界滑移面，其余的危险滑移面是次临界的破坏面，以剩余推力值表示其稳定程度。临界滑移场法求解方便可靠，所得临界滑移面能逼近解析解。

临界滑移场法成功地解决了求解边坡任意形状临界滑移面问题。在应用临界滑移场法进行大量边坡工程计算时，发现很多边坡不能用单一的临界滑移面及其安全系数全面评价边坡的稳定性，有些危险面的剩余推力值也相对接近零，而且潜在滑体更大或处在重要的工程部位，有必要对它们进行准确的稳定性计算。在常规边坡工程计算中，也常对边坡特殊部位进行单独验算，但计算工作量非常大，且过分依赖经验判断。临界滑移场中危险滑移面是在整体边坡临界状态下，对应于某一出口的剩余推力极值曲线，而并非是该出口的最危险滑移面，或称局部临界滑移面，因此直接利用临界滑移场中的危险滑面计算其安全系数是不合理的，为此便提出边坡全局临界滑移场理论。在临界滑移场方法的基础上进行改进，提出建立边坡全局临界滑移场的数值方法，将边坡所有出口的最危险滑移面即局部临界滑移面全部求出，并计算对应的安全系数。边坡的全局临界滑移场可以全面定量评价整体和局部的稳定性，从而更加有利于工程全面的判断与决策。

1.3　边坡临界滑移场的数值模拟方法

1.3.1　基本概念的提出

极限平衡理论的边坡稳定性计算方法很多，各种方法不同之处是条块间作用力方式假设不同。在此只考虑条块间的水平作用力，相当于简化 Janbu 法。即作以下简化假定：(1) 不考虑各块滑移体自身相互挤压作用；（2）不考虑各分块两侧面上的摩擦力；(3) 各段滑体上的推力作用方向水平；当滑移面已知时，边坡安全系数 F_s 用下式表示

$$F_s = \frac{\sum_1^n (c_i b_i + w_i \tan\varphi_i) \dfrac{\sec^2\alpha_i}{1 + \dfrac{\tan\alpha_i \tan\varphi_i}{F_s}}}{\sum_1^n w_i \tan\alpha_i} \tag{1-81}$$

式中　c_i，φ_i——第 i 条块底面凝聚力、内摩擦角；

α_i、b_i——分别为第 i 条块底面倾角、条块宽度；

w_i——第 i 条块重量。

式 1-81 为非线性函数式，可以通过对 F_s 进行迭代求解。但从另一个途径也能求解 F_s。即假定 F_s 初试值为 F'_s，可依次递推计算各条块间推力 $P_1 \rightarrow P_2 \rightarrow \cdots \rightarrow P_i \rightarrow$

$P_{i+1} \rightarrow \cdots \rightarrow P_{n+1}$（$P_1$ 为初始已知的）。

通过受力分析（如图 1-12），对任一土条，取垂直于平行土条底面方向力的平衡，得出

$$\begin{cases} N_i - w_i\cos\alpha_i - (P_{i+1} - P_i)\sin\alpha_i = 0 \\ T_i - w_i\sin\alpha_i + (P_{i+1} - P_i)\cos\alpha_i = 0 \end{cases} \tag{1-82}$$

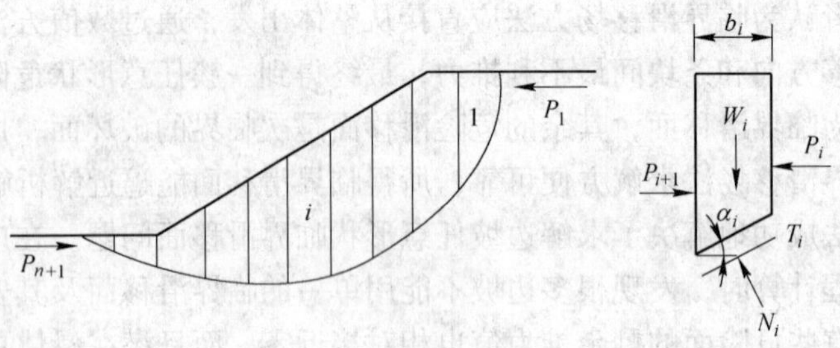

图 1-12　边坡受力机制分析

根据安全系数定义和摩尔-库仑破坏准则，得出

$$T_i = \frac{c_i \dfrac{b_i}{\cos\alpha_i} + N_i\tan\varphi_i}{F'_s} \tag{1-83}$$

联合解式 1-82 和式 1-83，消除 T_i，N_i，得

$$P_{i+1} = P_i + \frac{w_i(F'_s\tan\alpha_i - \tan\varphi_i) - c_i b_i \sec^2\alpha_i}{F'_s + \tan\alpha_i\tan\varphi_i} \tag{1-84}$$

在滑坡出口处 P_{n+1} 称为剩余推力。显然如果 $P_{n+1} > 0$ 则 $F'_s > F_s$；如 $P_{n+1} < 0$，则 $F'_s < F_s$，迭代 F'_s，使得 P_{n+1} 接近零，此时边坡处于临界状态或极限平衡状态，$F'_s = F_s$。当 $P_{max} = 0$ 时，边坡危险滑移场便成为临界滑移场。

上述过程与解式 1-81 是等效的，但更能把握滑移场力学机理，剩余推力物理意义明确。

当滑移面未知时，就需要寻找安全系数最小的滑移面即临界滑移面。传统的做法是计算每个试算滑移面的安全系数，然后比较出最小值 F_{min}。改变计算思路，计算一安全系数试算值 F'_s 下的所有试算滑移面的剩余推力，比较出最大剩余推力 P_{max}。根据 P_{max} 的正负判断 F'_s 的改进方向，迭代 F'_s 使 P_{max} 充分接近零，此时的 F'_s 即为 F_{min}。实际过程就是如何求解一定 F'_s 下最大剩余推力及其对应的危险滑移面。

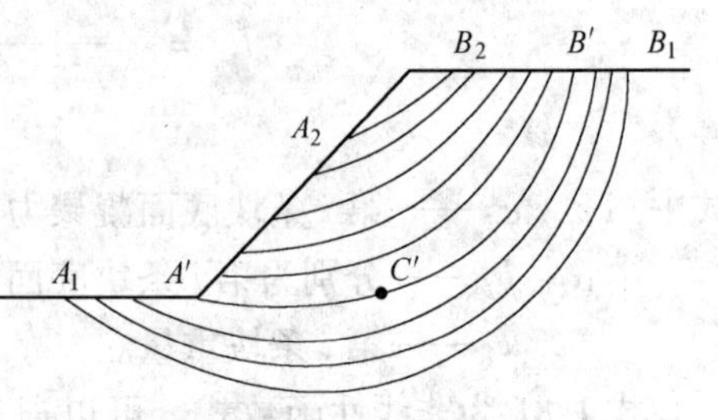

图 1-13　边坡危险滑移场示意图

求最大剩余推力 P_{max} 实际上是个最优控制问题。如图 1-13 所示边坡，规定滑移出口段范围 A_1A_2，入口段范围 B_1B_2，因此这是一个两端非固定的最优控制问题。根据最优控制论，边

坡体内应存在无数条剩余推力极值曲线，每条极值曲线对应出口处 P 为最大。这些极值曲线互不交叉，构成极值曲线场，命名边坡的剩余推力极值曲线场为危险滑移场。

1.3.2 临界滑移场的数值模拟

由于边坡最小安全系数未知，不可能一步到位确定临界滑移场，而需通过调整安全储备 F_s 计算逐一对应的危险滑移场来实现。取图 1-13 危险滑移场中某条危险滑移面 $A'B'$ 分析。对于固定出口点 A' 来说，$A'B'$ 是最优路径。即沿此路径滑移 A' 处剩余推力达到最大。在 $A'B'$ 中任取一点 C'，$C'B'$ 同样是最优路径即沿此路径滑移 C' 处推力达到最大，并且此时无需知道 A' 位置。这就是控制论中的最优性原理。它说明整体最优的控制，其局部必定是最优的。边坡体内任一点都唯一存在一条以它为终端的最优路径使其推力最大。也就是说边坡体内任一点均对应有最大推力及危险滑移方向，而且它们只与该点滑向后方的坡体有关。为此，将边坡体离散成众多状态点，每个状态点对应有两个相关的状态值即最大推力 P，危险滑移方向与水平线交角 α。通过计算每点状态值模拟边坡危险滑移场。

如图 1-14 所示边坡，所有潜在滑移面的范围在曲线 A_1B_1、A_2B_2 之间，将边坡体均匀分成 n 个条块，条宽为 b。定义条块间接触面为条块线，共有 $n+1$ 个条块线。再定义 B_1B_2 间条块为入口段，A_1A_2 间条块为出口段，A_2B_2 间条块为过渡段。潜在滑移面只在条块线上发生转折，而在每一条块内看成是直线，如果条宽 b 很小，可足以描述滑移面的弯曲变化。每个条块线再离散若干状态点，状态点编号 i、j，其中 i 为自上开始编号的状态点序号，j 为条块线编号。状态点 i、j 的两个状态值为 $P_{i,j}$、$\alpha_{i,j}$。状态点间距为 d，d 的大小由计算精度和费用权衡确定。如果限定潜在滑移面必须经过状态点，势必造成精度不如意或费用超出工程许可。允许滑移面穿过状态点之间任一点，条块线上状态值 P，$\tan\alpha$ 看成分段线性分布的。进一步分析可知，最大推力 P 相当于朗肯土压力，因此 P 从理论上讲大致呈二次函数分布。如果状态点较密，用分段线性分布代替二次分布，精度足够满足计算要求。

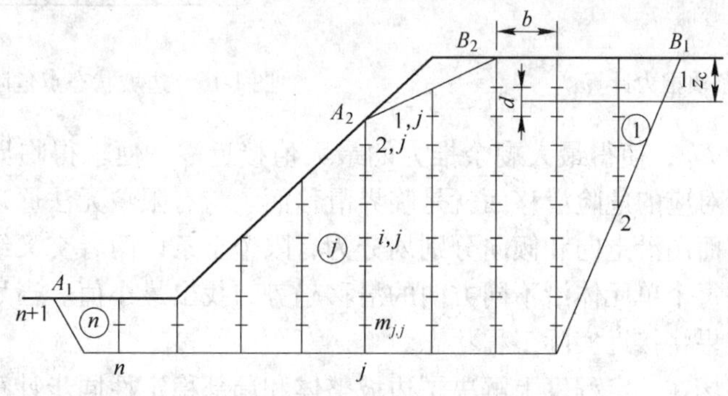

图 1-14 边坡体分条段示意图

边坡破坏可看成是上条块对下条块逐级推动所致，力学上不允许条块间传递拉力即负推力。若计算到第 i 土条，就出现剩余推力 $P_{i+1}<0$，这时可以有两种不同的处理方法，第一种方法称为分段平衡法，认为第 i 土条处于稳定平衡；把第 $i+1$ 土条作为第一个土条，重新开始向下计算；第二种方法称为总体平衡法；仍把负值 P_{i+1} 代入式 1-84 继续计

算。这样得出的最后剩余推力要比分段平衡法小，按总体平衡计算，实质上是认为土体在 P_{i+1} 处可以承受拉应力，这是不合理的，著者建议采用分段平衡法计算。

每个条块线的状态值只与上条块线的状态值及本条块的介质物理力学性质有关。现假定 j 条块线状态值 $P_{i,j}, \alpha_{i,j}(i=1, m_j)$ 已经算出，计算 $j+1$ 条块线状态值 $P_{i,j+1}$，$\alpha_{i,j+1}$。

设 $\alpha_{i,j+1}=\bar{\alpha}$，如图1-15所示。过状态点 $S(i, j+1)$，作倾角为 $\bar{\alpha}$ 的滑面 SK，K 点位于上条块线的两状态点 $R(l, j)$，$V(l+1, j)$ 之间。j 条块所受的上条块推力 P_K 为

$$P_K = P_{l,j} + \frac{\overline{KR}}{\overline{RV}}(P_{l+1,j} - P_{l,j}) \tag{1-85}$$

再由式1-84计算 $\bar{\alpha}$ 对应的 j 条块对下条块的推力 $\bar{P}$。调整 $\bar{\alpha}$，使 $\bar{P}$ 为最大，此时便得状态点 $i, j+1$ 的状态值 $P_{i,j+1}$，$\alpha_{i,j+1}$。以此类推可以计算所有状态点的状态值。

所有状态点的危险滑移方向便构成离散状态下边坡危险滑移方向场（DSDF）。从出口段边坡面状态点出发，顺着危险滑移方向逆向追踪滑移路径，形成完整的滑移面（见图1-16）；滑移面经过每个条块时，处于条块左侧两状态点滑移方向之间，且按比例均匀插值；到达入口段时，如果剩余推力 $P>0$ 则继续追踪，当剩余推力 $P\leqslant 0$ 时，就此中断追踪，定出滑移面入口。出口段边坡面所有状态点均对应有危险滑移面，这些滑移面就构成连续的危险滑移场。

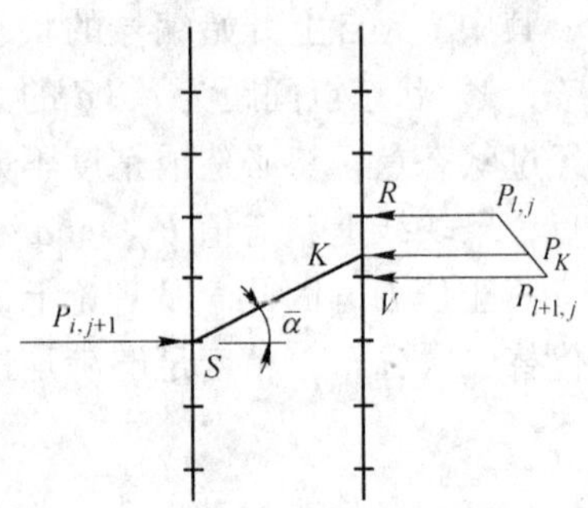

图1-15　条块推力计算

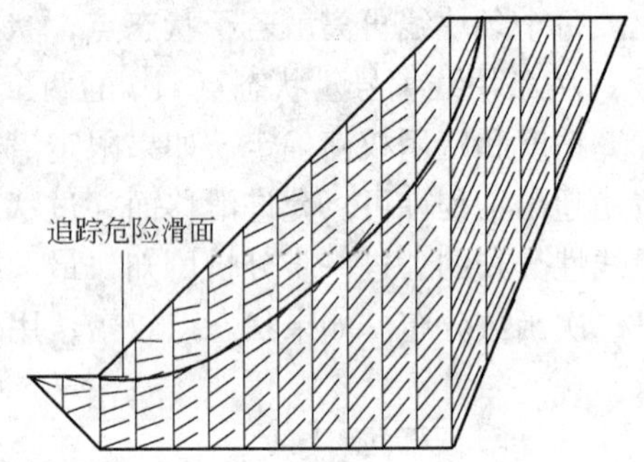

图1-16　边坡状态点危险滑移方向场

调整安全储备 F'_s，使得最大剩余推力的最大值接近零，便求得临界滑移场，接近零的最大剩余推力所对应的危险滑移面就是临界滑移面。与有限单元法原理类似，即：将拟研究的边坡岩体剖面图沿走向和倾向分别划分为有限个土条，两者交叉组合构成了有限个单元体，分别判别每个单元体沿不同方向的滑移趋势，找出最小值。当划分的单元体尺寸非常小时，计算结果将接近实际工程状态。

边坡临界滑移场在一定程度上解决了边坡整体和局部稳定性同步计算问题。临界滑移场中各出口的危险滑面是边坡在整体临界状态下（此时安全系数即为通常的最小安全系数）剩余推力极大的最优面。对于滑体体积与高度均接近的危险滑面而言，剩余推力值的大小可以反映危险滑面相对稳定性程度。

边坡全局临界滑移场是临界滑移场的延伸和发展，它是所有出口的局部临界滑移面组成的安全系数极值曲线场。临界滑移场是以最大的剩余推力等于零为目标求出边坡整体临界状态下的安全系数；全局临界滑移场依次从每个出口出发，使其对应的剩余推力均等于

零。要求解某出口的局部临界滑移面，只需先求解该出口剩余推力为零的危险滑移场。

1.4 对称破坏机制下的边坡岩体三维滑移场分析方法

目前，在边坡稳定分析领域中，二维方法是常用的手段，经过多年的研究和实践已经形成较为适用的方法。但对于边坡岩体而言，有3个基本事实：

（1）构成边坡的工程地质体，其力学、物理性质具有空间变异性，具有三维属性。

（2）边坡破坏过程的渐进性，一般从局部破坏开始，然后逐渐扩展，最终产生大规模破坏的渐进过程。这个过程是一个漫长、渐进损伤与破坏的过程，属于三维现象。

（3）任何边坡都是三维地质体，然而目前边坡计算中，常用方法是计算边坡一个或几个剖面的二维方法。从边坡实际破坏特点和破坏模式上看，三维分析将更符合实际、更趋完善；因此，越来越多的工程问题提出了建立三维边坡稳定分析的要求。

从边坡三维研究现状来看，已有众多文献介绍了边坡稳定三维分析方法的研究成果，其中具有代表性的成果是 Duncan 教授计算方法和陈祖煜教授的上、下限的分析方法等，初步形成了相对合理的计算理论和方法；但还有许多问题需要进一步的研究和探索。目前，工程上没有广泛应用和普及的主要原因之一是三维滑面如何确定问题，如何解决这一问题已成为三维分析中最关键的问题之一。

尽管滑移场技术已成功地应用到二维边坡滑面搜寻中，但如何将该技术方法推广应用到三维边坡稳定分析中去，使其分析因素更加全面、更加完善，将是本项目要解决的问题；与二维相比，从边坡体的滑移机制与作用属性来看，二维评价不考虑侧向约束关系的影响，计算结果使滑坡概率偏大，同时沿边坡走向各个剖面的边坡体变形与破坏特点也有较大的差别，因此，三维空间条件下边坡稳定性的评价存在许多技术难点，主要表现在：一是边坡沿走向的破坏范围如何确定，即沿走向的临界危险区域的界定技术。二是三维滑体的滑面形状如何，各个剖面的滑面是否同深度和相同形状，如要对滑体采取加固措施，是否可以优化，边坡三维分析条件下如何设计、如何找出最佳坡角，如果是加固治理，在边坡三维设计中如何找出最小的投资而又能满足工程安全的要求，这是广大科技人员追求的目标。

1.4.1 边坡稳定分析的理论基础

摩尔-库仑强度准则表达式为

$$\tau_f = c' + \sigma'\tan\varphi' = c' + (\sigma - u)\tan\varphi' \tag{1-86}$$

式中 c'——岩土的有效黏聚力；

φ'——岩土的有效内摩擦角；

u——孔隙水压力；

σ，σ'——分别表示破坏面上总应力和有效应力。

极限平衡分析方法的特点是只考虑静力平衡和岩土的摩尔-库仑破坏准则，是通过岩土体在破坏一瞬间力的平衡来求解的。但是，实际边坡问题往往是静不定的，针对这个矛盾，极限平衡分析方法采取的解决办法是引入了一些简化假定，这样处理虽然在严密性上受到了一定的影响，但是从工程角度出发，其计算结果对精度的影响不太大，但分析计算工作量减少许多，能够很好地符合实际工程的要求。因此，极限平衡分析法在工程中获得了广泛的应用。

1.4.2 剩余推力

边坡破坏一般是经历一个从局部破坏开始，然后逐点扩展，最终产生大规模破坏的渐进过程。由于边坡破坏具有渐进性，所以，可以把边坡体划分为若干个单元体，每个单元体都是一个研究对象，都存在着潜在滑移的可能，对所有单元进行计算和判别。

传统的研究方法是从整体出发，找出安全系数最小时的状态，或者求某个边坡剖面上的安全系数。首先假设每个单元都有可能破坏，根据每个单元上的受力情况，找出促使其下滑的所有力的合力（记为 $F_{下}$）和阻碍其下滑的力（记为 $F_{抗}$），两者之差就是所谓的剩余推力，记为 ΔF，即

$$\Delta F = F_{下} - F_{抗} \tag{1-87}$$

从上面的公式可以看出，某一点的 ΔF 值越大，该点滑移的可能性就越大，则可以求出对象中所有单元的最大剩余推力 ΔF_{max}。如果 $\Delta F = 0$，说明此时的土体单元处于极限平衡状态，是处于破坏和不破坏之间的临界状态。

1.4.3 临界滑移场

将边坡看作一个整体，认为边坡体内任何一点都有滑移的可能，且存在唯一最危险滑移方向和最不利剩余推力，然后以数值方法求解出边坡体离散状态点的最危险滑移方向，形成离散的临界滑移场，再利用插值的方法构建连续的临界滑移面，则边坡的最小安全系数也随之产生。临界滑移场不仅含有形状任意的临界滑移面，而且包含众多的危险滑移面。临界滑移场中临界滑移面是整体的最优值，且能够稳定快速的求得，精度也能够满足工程需求。

边坡岩体破坏是系统特征的宏观表现，在极限平衡法中可以用安全系数作为控制系统的特征值。为了求得安全系数，传统的方法试图直接建立安全系数的完整表达式。而在实际工程中，通过计算剩余推力来调整边坡的安全储备，使得边坡在指定的安全储备条件下达到一种极限平衡状态。采用这样的途径，力学机理更加明确，计算工作量也没有增加。

假定边坡有足够多的可能出口（见图1-17），每个出口又对应众多的危险滑移面，则每个滑移面都有与之对应的安全系数，这种局部最小安全系数对应的滑移面就是局部危险滑移面，在这些局部极小安全系数中的最小者，所对应的滑移面即是临界滑移面。因此，在分析过程中，先假定一个安全系数 F_0，再设法判断边坡在 F_0 状态下的稳定情况，对边坡坡面上的每个可能的滑移出口，也应该同样存在这样

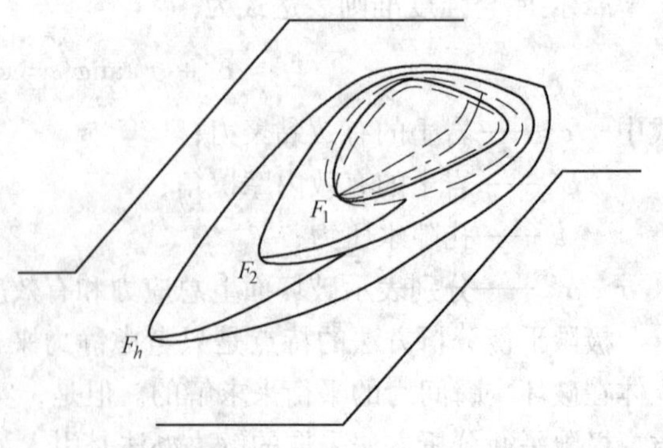

图1-17 局部三维危险滑移场

的危险滑移面，它所对应的剩余推力是该出口最大的，也即是局部最大（见图1-18），若剩余推力 P 为正，说明该出口潜在滑移面的安全系数小于 F_0，若剩余推力 P 为负，则说明安全系数大于 F_0；若所有剩余推力 P 均为负，说明整体边坡安全系数大于 F_0，只要存在一个正的剩余推力，则边坡安全系数便小于 F_0。若最大剩余推力为零或者充分接近零，边坡安全系数为 F_0，由此，通过调整安全系数使得最大剩余推力为零或者充分接近零，便可求出边坡最小安全系数及其对应的临界滑移面。由此就可以建立起以剩余推力为目标函数，来求解泛函的极大值。

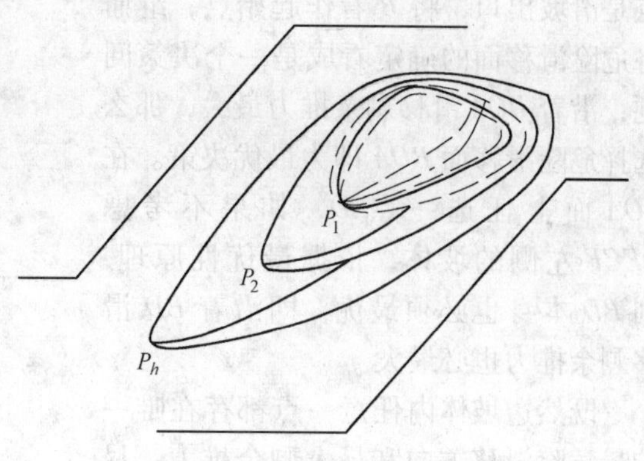

图1-18　滑移出口剩余推力

对于给定出口，剩余推力极大值是一个一端固定另一端非固定的变分问题；如果不限定出口，那么就是一个两端非固定的变分问题。根据变分学原理，在边坡体存在一族极值曲面场，这些极值在曲面场的内部互不相交，也就是场内每一点都存在且仅有一个极值曲面通过。这些极值曲面在出口处剩余推力均为局部最大。这些极值曲面场就是边坡岩体危险滑移场，场中曲面代表边坡岩体三维危险滑移面。每指定一个安全系数 F_s 对应该状态下的临界滑移场；每个临界滑移场中又包含无数个危险滑移面，每个危险滑移面则对应了剩余推力的局部极大值。如果取 $F_s=1$，就可以根据最大剩余推力值的正负作为判断边坡是否失稳。

$$P_{max}\begin{cases}<0\longrightarrow \text{稳定}\\=0\longrightarrow \text{极限平衡}\\>0\longrightarrow \text{不稳定}\end{cases}\tag{1-88}$$

当 $P_{max}=0$，边坡达到极限平衡状态，此时危险滑移场即为临界滑移场，其中最大剩余推力为零所对应的滑移面就是临界滑移面。

同时需要指出的是，临界滑移场在边坡体内是客观存在的，其求解不要求规范破坏模式，不限定滑移面的形状，临界场中的滑移面是任意形状的。

1.4.4　最优控制原理

经典的最优控制是按照被控对象的动态特性，找出一个容许控制方案，使被控对象按照性能要求运转，并最终使某一性能指标在某种意义下达到最优值。这种理论已成功地应用于各种领域，在搜索滑移面时，采用最优化控制理论能够计算出最危险滑移面，与传统试算搜索滑移面的方法相比，采用最优化控制理论寻找滑移面能够极大地提高计算效率。

建立起以剩余推力为目标函数的泛函后，求最大剩余推力 P_{max} 实际上是个最优控制问题，因为边坡总是沿着最终剩余推力最大的路径产生滑移。如图1-19所示，若边坡面上 A

点是滑坡出口，将 B 看作起始点，继而将危险滑移面的确定看成是一个决策问题，沿着 BOA 滑移剩余推力最大，那么选择危险滑移面 BOA 即为最优决策。在 BOA 面上任选一点 D，如果不考虑 $DECF$ 左侧的坡体，依据最优性原理，则 BD 本身也必须最优，即沿着 BD 滑移剩余推力也必最大。

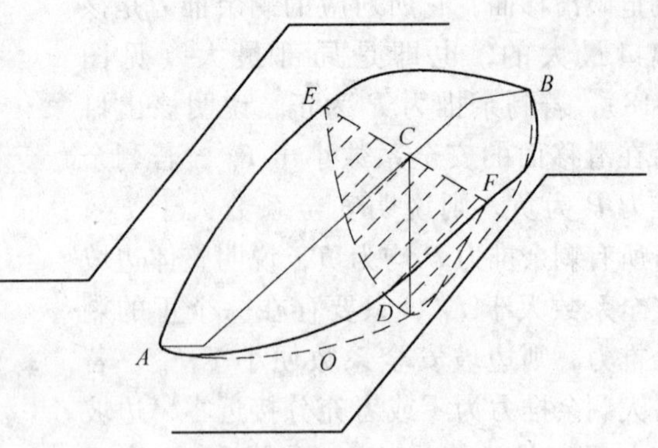

图 1-19　最优决策示意图

既然边坡体内任意一点都存在唯一的最危险滑移方向和最大剩余推力，尽管不能通过微分方程解出连续的危险滑移面，但是根据优化控制原理，可以将边坡进行离散，通过数值分析方法求得离散状态点的危险滑移方向和最大剩余推力，便可以通过插值的方法得到连续的危险滑移场。

1.4.5　基本原则

建立在极限平衡原理基础上的边坡稳定分析方法应该包含以下几个基本的原则。

1.4.5.1　安全系数的定义

岩土体沿着某一滑裂面滑移的安全系数 F 的定义为：将土的抗剪强度指标降低为 c'/F 和 $\tan\varphi'/F$，则土体沿此滑裂面处处达到极限平衡，即

$$\tau = c'_e + \sigma'_n \cdot \tan\varphi'_e \tag{1-89}$$

$$c'_e = c'/F \tag{1-90}$$

$$\tan\varphi'_e = \tan\varphi'/F \tag{1-91}$$

将强度指标的储备作为安全系数定义的方法是经过多年的实践被工程界广泛认可并使用的，采用这样的定义方法，在数值计算方面会增加一些迭代与收敛方面的问题。

1.4.5.2　摩尔-库仑强度准则

假定岩土体的一部分沿着某个滑裂面移动，那么在这个滑裂面上，土体处处达到极限平衡，即正应力 σ'_n 和剪应力 τ 满足摩尔-库仑强度准则。则有

$$\Delta T = c'_e \Delta x \sec\alpha + (\Delta N - u\Delta x \sec\alpha)\tan\varphi'_e \tag{1-92}$$

式中　N——土条底的法向力；

T——土条底的切向力；

α——土条底倾角，$\tan\alpha = \mathrm{d}y/\mathrm{d}x$；

u——孔隙水压力。

1.4.5.3　静力平衡条件

根据分析方法的不同，采用条分法及其衍生方法的边坡体，每个条块和整个滑体都要满足力或力矩的平衡。在静力平衡方程组中，未知数的数目超过了方程式的数目，解决这一静不定问题的方法通常是做不同的简化，使得剩下的未知数和方程数目相等来求解安全系数。

1.4.6　离散化与单元剖分

著者将整个边坡离散为垂直的棱柱形条块。坐标原点位于坡脚沿走向方向的中点，x 轴沿着宽度方向，y 轴是滑坡的主滑移方向，z 轴竖直向上，三者符合右手定则，如图 1-20 所示。

定义每一条块沿滑向的棱边为条块线，再在条块线上按照精度要求划分状态点进行计算，条块线与状态点划分如图 1-21 所示。

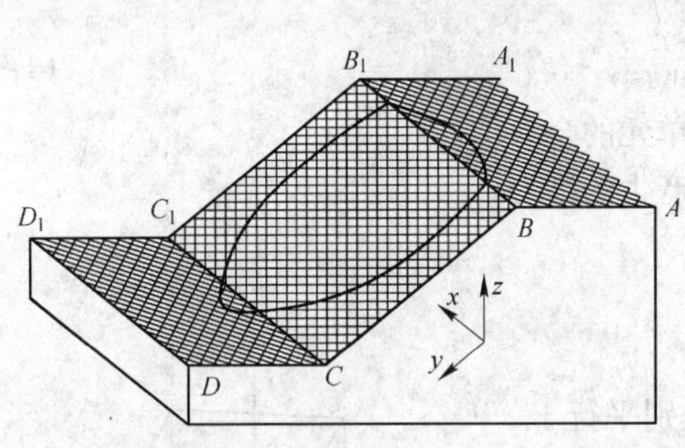

图 1-20　整体坐标系及单元剖分示意图

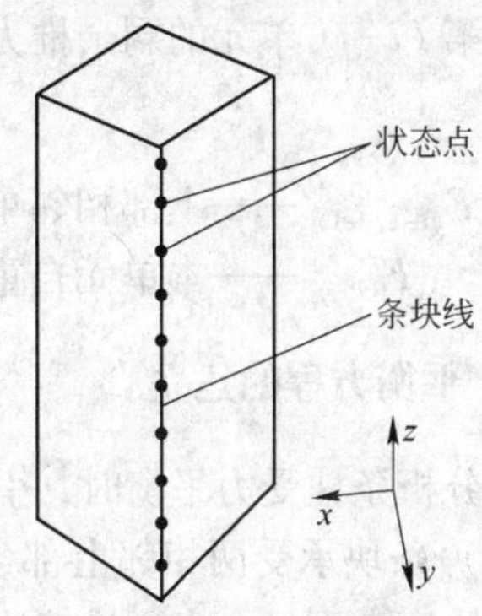

图 1-21　单元条块线和状态点

根据图 1-22 所示的推力传递机制，可以对计算条块和上部相邻条块的剩余推力关系进行推演，得出一般单元的推力传递关系。

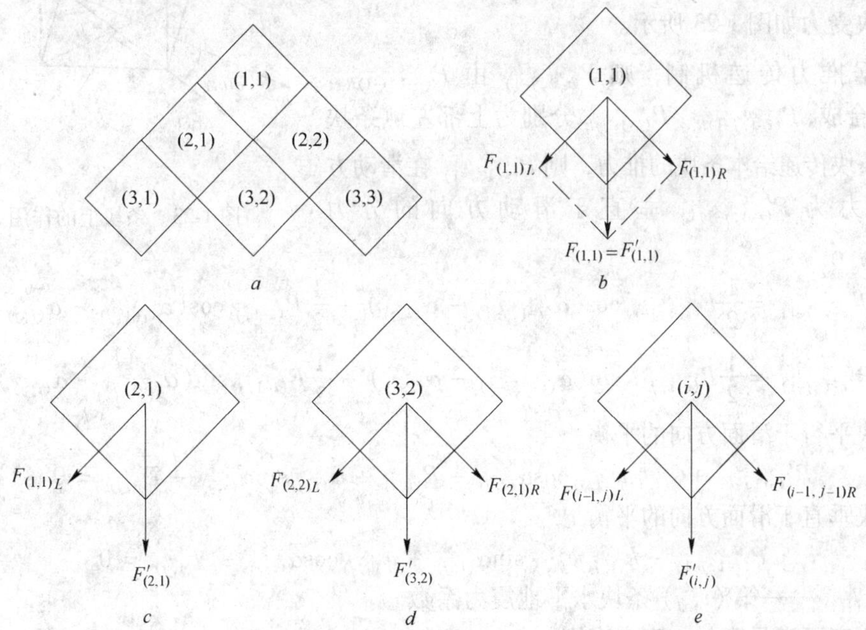

图 1-22　单元推力传递示意图

a—单元分布示意图；b—第一单元推力示意图；c—单元（2，1）推力示意图；d—单元（3，2）推力示意图；e—单元（i，j）推力示意图

其中第 (i, j) 单元受上部相邻条块的推力合力为 $\hat{F}_{(i-1, j-1)}$，由 $F_{(i-1, j-1)R}$，$F_{(i-1, j)L}$ 合成，$F_{(i-1, j-1)R}$，$F_{(i-1, j)L}$ 分别为上部右侧条块和左侧条块传递给本条块的推力，则

$$\begin{aligned}\hat{F}_{(i-1, j-1)} &= \frac{\sqrt{2}}{2}F_{(i-1, j-1)R} + \frac{\sqrt{2}}{2}F_{(i-1, j)L} \\ &= \frac{1}{2}F_{(i-1, j-1)} + \frac{1}{2}F_{(i-1, j)}\end{aligned} \tag{1-93}$$

式中 $F_{(i-1, j-1)}$——上部相邻单元作用于本单元的合力。

则第 (i, j) 单元的剩余推力为

$$F_{(i, j)} = \hat{F}_{(i-1, j-1)} + F'_{(i, j)} \tag{1-94}$$

式中 $\hat{F}_{(i-1, j-1)}$——上部相邻单元作用于本单元的合力；

$F'_{(i, j)}$——本单元自重及其他荷载产生的推力。

1.4.7 平衡方程的建立

在分析条柱受力平衡时，引入下列假定：

（1）条块承受两相邻上部条块的推力分别平行于上部条块底滑面且合力通过棱边向下传递。

（2）所有条柱的底滑面均处于极限平衡状态，满足摩尔-库仑准则。

（3）主滑方向平行于 yoz 平面，临界滑移面由单元体底滑面拟合。

条块受力如图 1-23 所示。

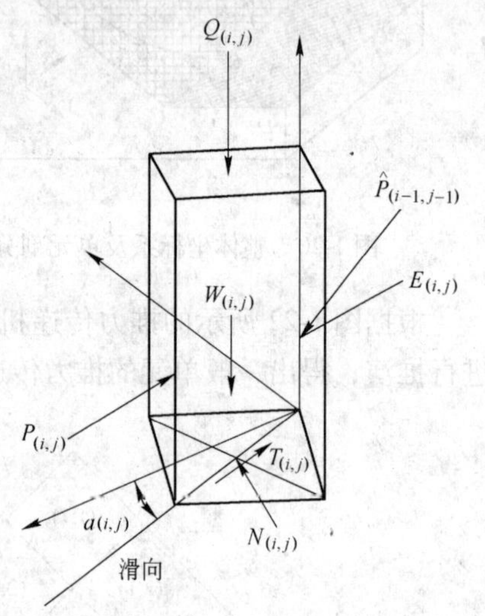

图 1-23 条块上的作用力

根据推力传递机制，则 $\hat{P}_{(i-1, j-1)}$ 由 $P_{(i-1, j-1)R}$，$P_{(i-1, j)L}$ 合成，$P_{(i-1, j-1)R}$，$P_{(i-1, j)L}$ 分别为上部左侧条块和右侧条块传递给本条块的推力，则 $\hat{P}_{(i-1, j-1)}$ 在滑动方向的分力为 $P'_{(i-1, j-1)}$，垂直于滑动方向的分力为 $P^*_{(i-1, j-1)}$

$$P'_{(i-1, j-1)} = \frac{1}{2}P_{(i-1, j-1)}\cos(\alpha_{(i-1, j-1)} - \alpha_{(i, j)}) + \frac{1}{2}P_{(i-1, j)}\cos(\alpha_{(i-1, j)} - \alpha_{(i, j)}) \tag{1-95}$$

$$P^*_{(i-1, j-1)} = \frac{1}{2}P_{(i-1, j-1)}\sin(\alpha_{(i-1, j-1)} - \alpha_{(i, j)}) + \frac{1}{2}P_{(i-1, j)}\sin(\alpha_{(i-1, j)} - \alpha_{(i, j)}) \tag{1-96}$$

条块平行于滑面方向的平衡

$$P'_{(i-1, j-1)} + k_{(i, j)}w_{(i, j)}\cos\alpha_{(i, j)} - P_{(i, j)} + w_{(i, j)}\sin\alpha_{(i, j)} - T_{(i, j)} = 0 \tag{1-97}$$

条块垂直于滑面方向的平衡

$$P^*_{(i-1, j-1)} - k_{(i, j)}w_{(i, j)}\sin\alpha_{(i, j)} + w_{(i, j)}\cos\alpha_{(i, j)} - N_{(i, j)} = 0 \tag{1-98}$$

式中 $k_{(i, j)}$——第 (i, j) 条块水平地震力系数。

条块底面满足摩尔—库仑准则

$$T_{(i, j)} = \frac{\dfrac{c_{(i, j)}A_{(i, j)}}{\cos\alpha_{(i, j)}} + \left(N_{(i, j)} - \dfrac{u_{(i, j)}A_{(i, j)}}{\cos\alpha_{(i, j)}}\right)\tan\varphi_{(i, j)}}{F'_{\mathrm{s}}} \tag{1-99}$$

联立式 1-96，式 1-97，式 1-98 可解得

$$P_{(i,j)} = P'_{(i-1,j-1)} + (k_{(i,j)}\cos\alpha_{(i,j)} + \sin\alpha_{(i,j)})w_{(i,j)} - \frac{c_{(i,j)}A_{(i,j)}}{F'_s\cos\alpha_{(i,j)}} - \left[P^*_{(i-1,j-1)} + (\cos\alpha_{(i,j)} - k_{(i,j)}\sin\alpha_{(i,j)})w_{(i,j)} - \frac{u_{(i,j)}A_{(i,j)}}{\cos\alpha_{(i,j)}}\right]\frac{\tan\varphi_{(i,j)}}{F'_s} \quad (1\text{-}100)$$

式中 F'_s ——稳定系数；

$u_{(i,j)}$ ——孔隙水压系数。

若不考虑地震力和孔隙水压力的影响，则式 1-100 回归为

$$\begin{aligned}P_{(i,j)} &= P'_{(i-1,j-1)} + \sin\alpha_{(i,j)}w_{(i,j)} - \frac{c_{(i,j)}A_{(i,j)}}{F'_s\cos\alpha_{(i,j)}} - [P^*_{(i-1,j-1)} + \cos\alpha_{(i,j)}w_{(i,j)}]\frac{\tan\varphi_{(i,j)}}{F'_s} \\ &= P'_{(i-1,j-1)} + \sin\alpha_{(i,j)}w_{(i,j)} - \frac{1}{F'_s}[c_{(i,j)}A_{(i,j)}\sec\alpha_{(i,j)} - P^*_{(i-1,j-1)}\tan\varphi_{(i,j)} + \\ &\quad \cos\alpha_{(i,j)}\tan\varphi_{(i,j)}w_{(i,j)}]\end{aligned} \quad (1\text{-}101)$$

在式 1-100，式 1-101 中，对于给定的 F'_s，调整 $\alpha_{(i,j)}$ 使得 $P_{(i,j)}$ 达到最大，然后比较 $P_{(i,j)}$ 的正负，采用三维剩余推力法迭代求解。

1.4.8 临界滑移场的搜寻技术

当滑移面未知时，需要寻找安全系数最小的滑移面。传统的做法是计算每个试算滑移面的安全系数，然后比较出最小值 F_{min}。著者认为计算一个安全系数试算值 F'_s 的所有可能滑面出口的剩余推力，求出最大剩余推力 P_{max}。根据 P_{max} 的正负判断 F'_s 的改进方向，迭代 F'_s 使 P_{max} 为零或充分接近零，此时的 F'_s 即为 F_{min}。

迭代公式为

$$F^3_s = F^1_s - p_1\frac{F^2_s - F^1_s}{p_2 - p_1} \quad (1\text{-}102)$$

式中 p_1，p_2 ——前两次迭代的出口最大剩余推力值；

F^1_s，F^2_s ——前两次迭代的采用的安全系数。

由此，求解三维临界滑移面和三维危险滑移场的问题转化为求解一定安全系数 F 下出口最大剩余推力问题。

求最大剩余推力 P_{max} 实际上是个最优控制问题。取边坡体中的一列滑块，如图 1-24

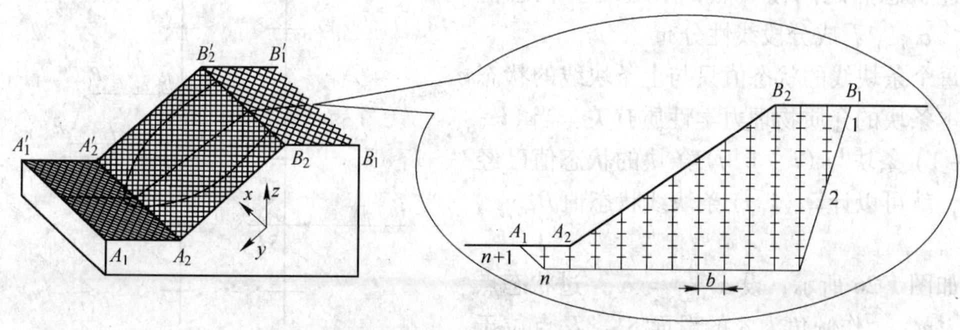

图 1-24 边坡体状态单元划分示意图

所示，规定滑移面出口区范围 $B_2'B_2A_2A_2'$ 与 $A_2'A_2A_1A_1'$，入口区范围 $B_1B_1'B_2'B_2$，因此这是一个两端非固定的最优控制问题。

根据最优控制论，边坡体内应存在无数个剩余推力极值曲面，每个极值曲面对应出口处 P 为最大。这些极值曲面互不交叉，构成极值曲面场，即危险滑移场。当 $P_{\max} = 0$（或其相对值充分接近零），此时边坡危险滑移场即为临界滑移场。

1.4.9 临界滑移场的数值模拟

从理论上讲，临界滑移场是存在的，但完全通过解变分法的欧拉方程确定临界滑移场是不现实的，必须另寻数值方法解决。

由于边坡最小安全系数未知，很难一次就能确定临界滑移场，而是需要通过调整安全储备 F_s 逐一计算对应的危险滑移场来实现。取图 1-25 危险滑移场中某条危险滑移面 $AEBF$ 分析。对于固定出口点 A 来说，$AEBF$ 是最优路径。即沿此路径滑移 A 处剩余推力达到最大。在 $AEBF$ 面上任取一点 C，$CEBF$ 同样是最优路径即沿此路径滑移 C 处推力达到最大，并且此时无需知道 A 位置，说明整体最优的控制，其局部必定是最优的。边坡体内任一点都唯一存在一个以它为终端的最优路径使其推力最大。也就是说边坡体内任一点均对应有最大推力及危险滑移方向，而且它们只与该点滑动方向后方边坡岩体有关。

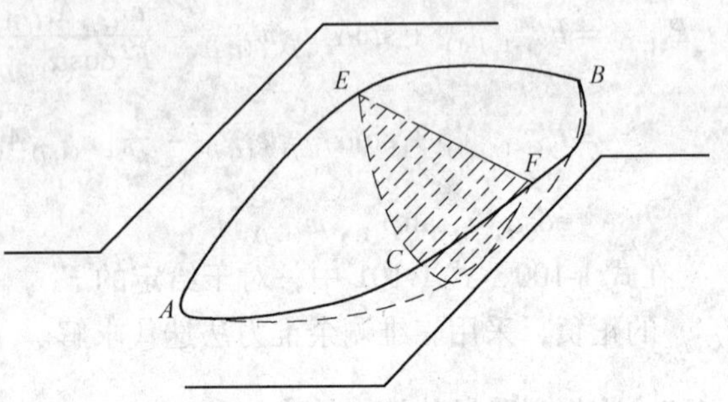

图 1-25 边坡危险滑移场示意图

需要将边坡体离散成众多状态点，每个状态点对应有两个相关的状态值即最大剩余推力 $P_{(i,j)}$，危险滑移方向与水平线交角 $\alpha_{(i,j)}$，通过计算各点状态值模拟边坡危险滑移场。

如图 1-24 所示，在入口区域 $B_1B_1'B_2'B_2$ 与出口区域 $A_1A_1'A_2'A_2$ 之间是所有潜在滑移面通过的范围。将边坡体均匀划分成众多棱柱形条块。潜在滑移面只在条块线上发生转折，在每一条块内看成是直线，如果条块很小，则可以连接成连续的滑移曲面。

通常做法是将每个条块线离散为若干状态点，状态点编号 i, j, k，其中 k 为自每一条块顶端开始编号的状态点序号，i, j 为条块编号。状态点 i, j, k 的两个状态值为剩余推力 $P_{i,j}$ 和方向 $\alpha_{i,j}$。状态点间距为 d，允许滑移面穿过状态点之间任一点，条块线上状态值 $P_{(i,j)}$，$\alpha_{(i,j)}$ 看成分段线性分布。

每个条块线的状态值只与上条块线的状态值及本条块的介质物理力学性质有关。当 $(i-1, j-1)$ 条块与 $(i-1, j)$ 条块的状态值已经算出，就可以计算 (i, j) 条块线状态值 $P_{(i,j)}$，$\alpha_{(i,j)}$。

如图 1-26 所示，设 $\alpha_{(i,j)} = \bar{\alpha}$，过状态点 $S(i, j, m)$，作倾角为 $\bar{\alpha}$ 的滑面 SK，K 点位于上条块线的两状态点 $P(i-1, j-1, k-1)$，

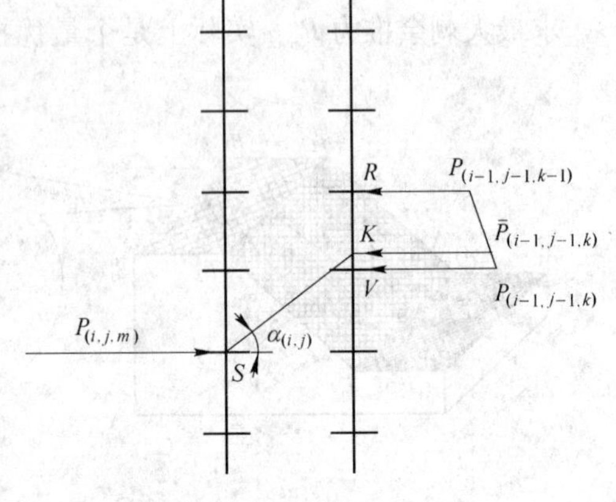

图 1-26 条块推力计算简图

$V(i-1,j-1,k)$ 之间。$(i-1,j-1)$ 条块所受的上条块推力 $\overline{P}_{(i-1,j-1,K)}$ 为

$$\overline{P}_{(i-1,j-1,k)} = P_{(i-1,j-1,k-1)} + \frac{\overline{KR}}{\overline{RV}}(P_{(i-1,j-1,k)} - P_{(i-1,j-1,k-1)}) \tag{1-103}$$

再由式 1-100 或式 1-101 计算 $\alpha_{(i,j)}$ 对应的 (i,j) 条块对下条块的推力 $\overline{P}$。调整 $\overline{\alpha}$，使 $\overline{P}$ 为最大，此时便得状态点 (i,j,m) 的状态值 $P_{(i,j)}$，$\alpha_{(i,j)}$。以此类推可以计算所有状态点的状态值。

调整安全储备 F'_s，使得各个出口的最大剩余推力中的最大值接近零，便求得临界滑移场，最大剩余推力为零的出口所对应的危险滑移面就是临界滑移面。至此，离散的边坡危险滑移场各状态点的状态值均已经计算得出，继而就可以逆向搜索连续的临界滑移面：从出口点出发，向滑体后方追踪危险面路径。滑移面经过某条块时，必位于上下两状态点滑向之间或与其中之一点重合，且按比例线性分布，直至到达入口区域，定出滑移面入口，形成一个完整的连续滑移面。

1.4.10 滑坡实例验证分析

某露天矿 E1000 地区于 1986 年 3 月 30 日发生一起大型滑坡，实测滑坡范围是 E928 ~ E1096、N1087 ~ N1197、标高 +75 ~ +34.7，滑体沿滑向长约 110m，高差 41.3m，滑坡平面位置如图 1-27 所示，滑体体积为 $6.8\times10^4\mathrm{m}^3$，并由此而严重地影响到矿山的安全生产。

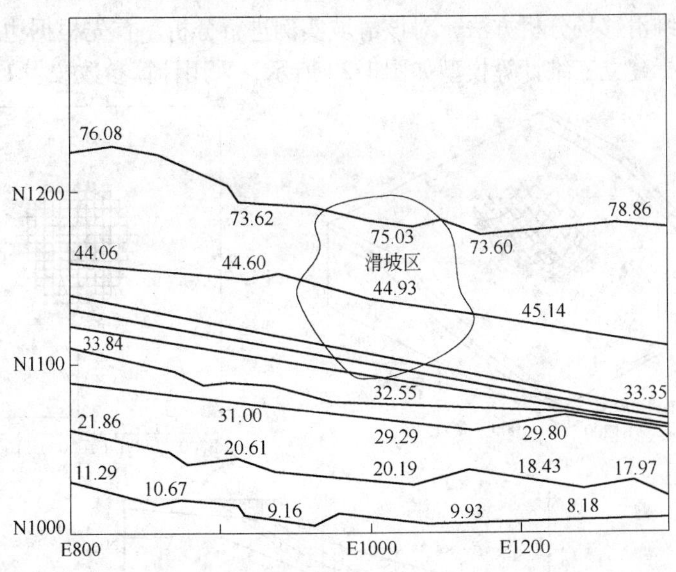

图 1-27 滑坡平面位置分布

滑坡发生在第四纪表土层及第三系绿色泥岩岩层内，其中夹杂着 12m 厚的风化页岩。表土层厚 8 ~ 11m，绿色泥岩与页岩呈层状岩体构造。滑区内层理发育，其边坡岩土层构造如图 1-28 所示，各层岩土体的强度指标见表 1-1。

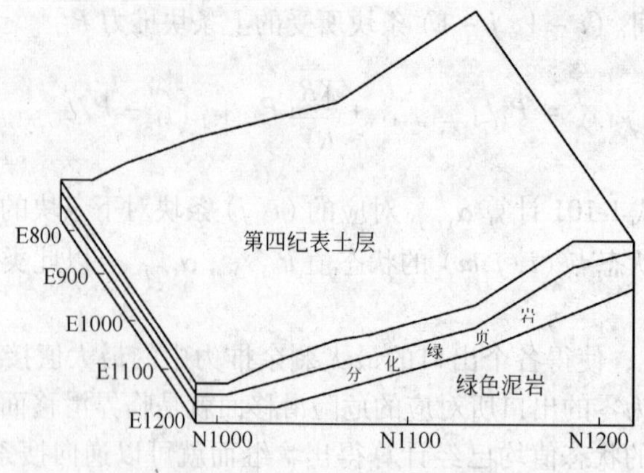

图 1-28 边坡地层构造分布

表 1-1 岩体力学参数

岩 性	厚度/m	黏聚力/kPa	摩擦角/(°)	体积密度/kg·cm^{-3}
第四纪表土层	10	3.069	11	1.88×10^3
分化绿页岩	12	3.942	11.78	2.00×10^3
绿色泥岩		5.011	24.6	2.07×10^3

自1982年以来，该边坡区段逐年向到界边坡推进，1986年废除4-28段干线，7-28段干线北移。由于露天采掘和推进，上部坡角增大，并由此对上部坡体的稳定性产生严重的影响，最终诱发了滑坡灾害。

采用边坡三维滑移场分析方法，对该滑坡实例进行分析。首先根据边坡地层产状及岩土体力学强度指标建立三维计算模型如图1-29所示，采用计算参数按表1-2选取。由此搜

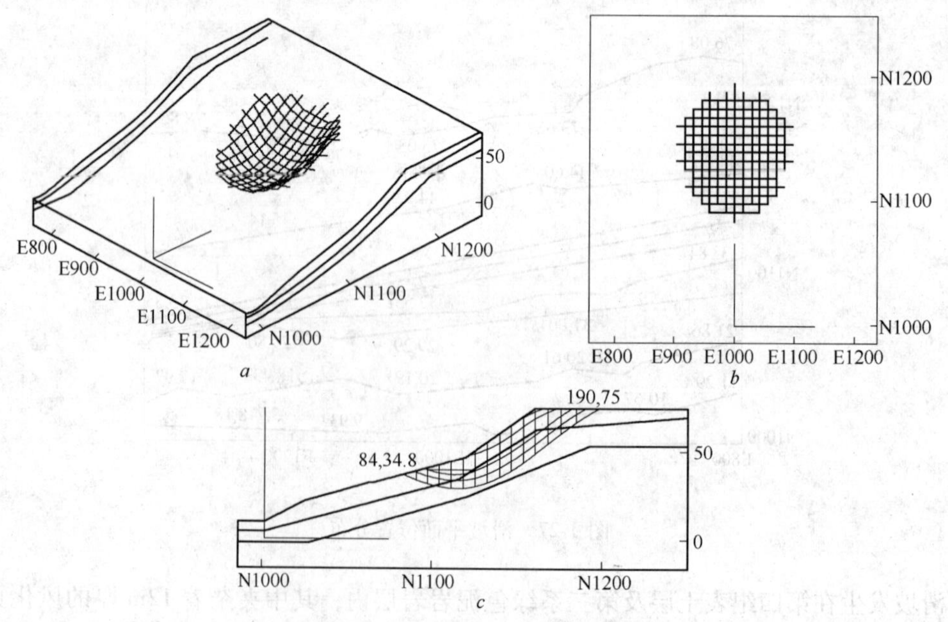

图 1-29 滑坡三维分析结果示意图

a—临界滑动面三维图；*b*—临界滑动面俯视图；*c*—临界滑动面剖面图

出的滑体如图 1-29 所示，求解出的安全系数为 0.954。

表 1-2　模型尺寸及划分精度

计算范围	计算宽度/m	坡角以下计算深度/m	网格尺寸/m×m	深度步长/m	倾角变化幅度/(°)	备　注
N985～N1210	240	30	7×7	4	0.1	

从图 1-29 可以看出，由于发生滑坡的第四纪表土层和风化绿页岩的力学强度指标相差不大，滑移面剖面呈圆弧状，这也符合理论和工程实际。运用三维滑移场分析求出的滑体标高为 +75～+34.8，滑体沿倾向长约 106m，与实测相差 3.64%；高差 40.2m，与实测相差 2.73%，结果与实测基本一致，计算得出了安全系数为 0.954，边坡已经发生滑坡灾害，且该滑面与实测比较吻合。

1.5　排土场边坡智能匹配优化设计技术

1.5.1　排土场边坡智能匹配优化设计的学术思想

对于露天矿山边坡而言，边坡角大小是影响边坡稳定性的主要因素之一，设计安全而又合理的边坡角，不但能够保证露天矿的安全生产，而且能够提高矿山企业的经济效益。一般在已采露天矿中，坡角在 30°～60°范围内，坡角每增加 1°，则剥离量将减少3.43%～3.91%，每减缓 10°剥离量将增加 1～1.1 倍。对于排土场而言恰好相反，坡角每增大 1°则堆排量将增加 3.43%～3.91%；由此可见，如果边坡角设计过小，将增加征地面积，既浪费土地资源，同时又影响矿山的经济效益；但堆排坡角过大时，则又有可能造成边坡的失稳或产生滑坡的风险。从而严重地影响到矿山的正常生产。因此，边坡的优化设计，既要保证边坡的稳定性，又要提高经济效益。

传统的边坡角设计方法主要是极限平衡分析与数值模拟法。著者提出一种新的边坡角优化设计的方法，是基于滑移场理论的反分析方法。由滑移场理论可知，通过改变安全系数 f_s 的大小，可以找出与 f_s 相对应的最大剩余推力；当最大剩余推力 $P_{max}=0$ 时，搜寻出的滑面即为该储备系数条件下的极限状态。由此可以先设定安全系数，即 f_s 取 1.3～1.5，此时如果能够搜寻出该储备系数条件下极限状态滑移面，则代表在此安全系数条件下，边坡角所允许的最大坡角，即规定安全储备系数条件下的极限状态。如果没有出现滑移面，则代表边坡角设计偏于保守，可以适当提高边坡角（如图 1-30 所示）。通过系统地增大坡角微小量并进行搜寻，就可以求出在给定安全储备系数条件下的最大坡角，即给定工程地质条件限定安全储备系数及相应地层力学参数条件下所允许的最大边坡角度。据此，可以

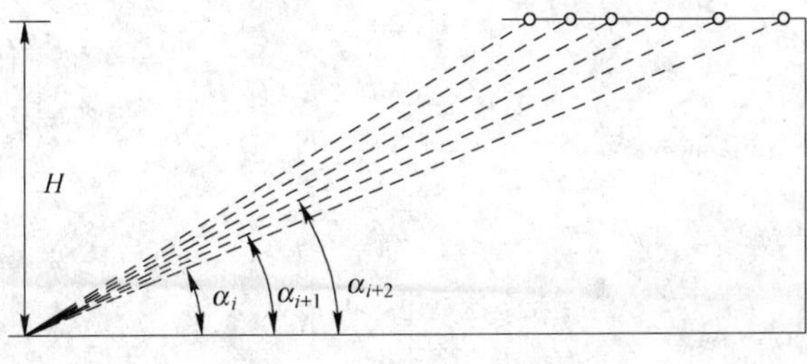

图 1-30　边坡角优化示意图

确定最佳坡角的设计值，从而实现边坡的智能优化设计。据此原理，可以实现排土场坡角的优化设计，从而为资源有效利用提供技术保障。

1.5.2 排土场边坡智能匹配优化设计的理论基础

依据 Janbu 法和剩余推力传递法可以实现滑移面确定；假定土条间作用力平行于土条底面（见图 1-31）。以推力传递法为例，其推力公式为

$$P_i = F_s w_i \sin\alpha_i - (w_i \cos\alpha_i - P_{i-1}\sin\Delta\alpha_i)\tan\varphi_i - c_i l_i + P_{i-1}\cos\Delta\alpha_i \tag{1-104}$$

或简写为

$$P_i = F_s w_i \sin\alpha_i - w_i \cos\alpha_i \tan\varphi_i - c_i l_i + P_{i-1}\psi \tag{1-105}$$

式中 $\psi = \cos\Delta\alpha_i + \sin\Delta\alpha_i \tan\varphi$ 称为推力系数，$\Delta\alpha_i = \alpha_i - \alpha_{i-1}$。安全系数 F_s 通过迭代得出。最后满足 $P_{n+1} = 0$ 的 F_s 即为方程解。此时，如果取 F_s 为 1.3 ~ 1.5，假定土条间切向力 T 和法向力 N 之间满足平衡条件

$$T = \frac{N\tan\varphi}{F_s} \tag{1-80}$$

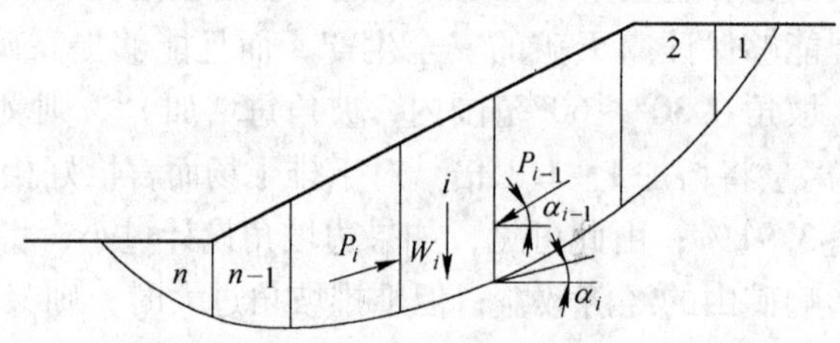

图 1-31 推力传递法

这样修正后，求解出最后满足 $P_{n+1} = 0$ 的 F_s 即为安全储备系数满足规范规定要求的方程解。而这个安全系数就是既满足安全储备要求，又能搜寻出在坡角为 α_i 条件下的滑面，则所求坡角即为最优化设计坡角。如果没有搜寻出滑面，则依次增大坡角，直至达到搜寻出滑面为止，从而求解出满足某个安全储备条件下的坡角。具体搜寻过程与前述方法一致。

2　边坡滑移变形预测技术

边坡变形预测技术，从传统的单个监测点变形分析发展到整个边坡三维变形的特征研究，在整体边坡三维空间角度总结了边坡变形总体趋势与规律。为边坡预测模型研究提供了实证条件。边坡变形监测和分析的中心问题在于预报，对未来可能的变形进行预报，目的是防灾减灾为工程设计提供依据。边坡体的变形涉及各种内外因素的复杂影响，准确进行变形预测或灾害预报将是一个永恒的课题。通过对边坡变形分析得知，边坡危险区域变形主要体现在水平方向的变形，因此本章重点讨论边坡水平位移变形的预测问题。

2.1　边坡滑移变形系统模型描述

2.1.1　边坡滑移变形系统

从系统工程角度分析，边坡是一个复杂非线性动态系统，是由若干相互联系和相互作用的部分所构成的具有特定功能的一个边坡整体。对边坡动态系统的描述可用图 2-1 所示的因果关系来表示。在边坡动态变形分析中，边坡的变形是在各种荷载和环境因子作用下的动态连续过程，边坡变形体是具有惯性和记忆的动态系统，其中输入信号是作用在变形体上的各种荷载，输出信号则是通过系统能量的转移、变化的传递过程所产生的边坡变形值。

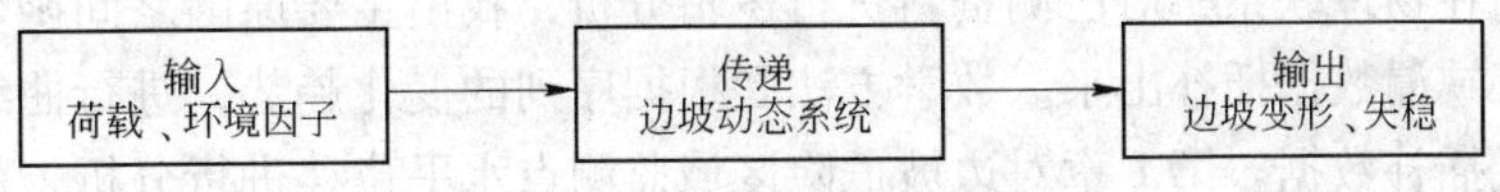

图 2-1　边坡动态系统的因果关系

对边坡系统动态的定量分析和预测，建立系统的模型是深入研究的前提和基础。因为模型是系统或过程的一种简化、抽象和类比表示，是进行系统分析、系统综合的有效工具。

2.1.2　边坡变形系统模型

依据是否利用系统的内部结构和物理规律等知识来分，边坡变形系统模型大体上可分为三类模型：黑箱系统模型、白箱系统模型和灰箱系统模型。

在黑箱系统模型中，系统被视为一个内部结构和物理结构规律完全未知或不需要确切知道的黑箱系统，模型反映的是根据观察资料建立的系统的输入—输出关系。因此，它对应于系统的输入—输出模型描述，常见的模型有：统计回归模型、时间序列分析模型、神经网络模型等。在白箱系统模型中，系统的内部结构和物理规律，尤其是系统的动力学规律被认为是已知的，又称为非参数模型或确定函数法，如常见的有限元法和动力学法。部分结构已知、部分结构未知的系统称为灰箱系统。灰色系统理论对灰箱系统建模问题作出了详尽的研究，如 GM 模型。

从理论角度看，可以将上述各种方法大致分为确定性分析法、数理统计分析法、模糊集理论分析法、灰色系统模型法和突变论等非线性理论方法。它们构成了变形分析与变形预报的理论模式。确定性分析法从已知的系统结构与物理性质直接导出确定性的模型；随机理论运用数理统计和随机过程来研究非确定性系统；模糊数学运用模糊集理论，用隶属函数研究概念的量化；灰色系统理论运用灰关联空间和灰色模型等一套理论来处理非确定性系统的分析、建模与预测；突变论则研究了不连续现象的定量描述与解释。

从边坡变形模型应用研究与实践看，单一的研究途径和方法不再适合于复杂的变形分析与预报，多种理论和方法的有机结合与综合比较将是正确分析和解决问题的有效途径。

2.2　变形数据预处理

大型边坡变形监测一般每月一次，由于各种因素影响少数监测点在某个月或连续两个月未进行测量，使原始观测数据不是等间隔数据。一般预测模型要求变形数据是等间隔的，因此在预测模型建立之前需要对原始观测数据进行插补，以便得到等间隔数据序列。

另外，边坡变形时间序列有时会受异常事件干扰或误差的影响，导致观测值的反常态势，以致与时间序列中大多数观测值不一致。边坡变形分析实践表明，利用含有异常值的变形序列建立的预测模型，其预测误差较大，因此还必须在建模前对变形序列的异常值进行剔除和修正。

2.2.1　获取等间隔变形数据

对原始观测数据进行等间隔插值计算的方法，有物理方法和数学方法之分。物理方法就是按变形内在物理联系，对已测资料进行逻辑分析，找出主要原因之间函数关系，再利用这种关系将缺漏数据插补出来。数学方法是根据序列的变化趋势，进行曲线拟合，然后再用拟合曲线插补数据。第 1 章对边坡危险区域监测点水平位移进行分析，位移序列为趋势序列，变形值不断增大，序列局部具有线性特征，在此对水平位移序列缺失数据采取线性插补的方法获取。

2.2.1.1　两个实测值之间内插一个观测值

设 $\{x_i,\ i=1,\ 2,\ \cdots,\ n\}$ 是某监测点变形序列，x_{i-1}是序列第 $i-1$ 项变形值，x_{i+1}是第 $i+1$ 项变形值，则插值计算第 i 项变形值 x_i 的计算公式为

$$x_i = \frac{x_{i-1} + x_{i+1}}{2} \tag{2-1}$$

2.2.1.2　两个实测值之间内插两个观测值

设第 $i-2$ 项，$i+1$ 变形值为实际观测值，需要插值第 $i-1$ 项变形值 x_{i-1}和第 i 项变形值 x_i，则计算公式为

$$x_{i-1} = x_{i-2} + \frac{x_{i+1} - x_{i-2}}{3} \tag{2-2}$$

$$x_i = x_{i-2} + \frac{x_{i+1} - x_{i-2}}{3} \times 2 \tag{2-3}$$

上面只给出两种情况的插值计算公式，其他情况线性内插计算依此类推。按此方法对某矿边坡变形数据进行插值计算。

2.2.2　奇异数据点的检测与修正

获得等间隔变形数据后，还要进行奇异数据的检测与修正。时间序列的观测值有时会受异常事件干扰或误差的影响，导致观测值的反常态势，以致与时间序列中大多数观测值不一致。这些非正常观测值可以称之为异常值或奇异数据点。奇异数据是序列中对统计推断有特殊影响的可疑数据，表现为突然增大或减小的数据，即奇异数据是指在数据集中明显与众不同的数据，使人怀疑这些数据是由不同的机制产生的，而非随机偏差。

边坡变形奇异数据的产生有多种原因，有的是雨季的降水量的影响，有的是开采震动的影响，有的是数据采集过程中粗差。

在时间序列中异常值的存在会对时间序列的分析过程产生很大影响，如样本的自相关和偏相关的分析、模型参数的估计、最终的预测结果，有时甚至影响到模型的识别。忽视时间序列中的异常值，会使资料分析出现较大的偶然性，并极大地影响预测结果的可用性，实践表明剔除奇异数据点可提高变形预测精度。

预测模型 ARIMA 将粗糙集和小波变换用于时间序列奇异数据检测中。边坡变形的平稳序列对应的监测点处于边坡安全区域，对其深入变形分析和变形预测显得无意义，因此本法针对边坡危险区域变形不断递增的趋势序列进行变形分析与预测。危险区域监测点水平位移序列一般情况下是序列值不断增加，若出现后一项比前一项小，则可认为此项为奇异数据。对边坡水平变形的趋势序列，设计了滑动平均检测法，进行奇异数据点监测。设 $\{x_i,\ i=1,\ 2,\ \cdots,\ n\}$ 是某监测点变形序列，剔除奇异数据的具体方法步骤是：

（1）计算变形序列相邻两项的平均值。$\bar{x}_i$ 是相邻两项平均值，则

$$\bar{x}_i = \frac{x_{i-1} + x_{i+1}}{2} \tag{2-4}$$

（2）计算变形波动范围允许值 m_i

$$m_i = \left| \frac{x_{i+1} - x_{i-1}}{2} \right| \tag{2-5}$$

（3）计算 x_i 的波动值 Δ_i

$$\Delta_i = x_i - \bar{x}_i \tag{2-6}$$

（4）若 $|\Delta_i| > m_i$，则认为 x_i 为异常值，需要对其进行调整。调整后的取值，当 $\Delta_i > 0$ 时，为

$$\hat{x}_i = \bar{x}_i + m_i \tag{2-7}$$

当 $\Delta_i < 0$ 时，x_i 的调整值为

$$\hat{x}_i = \bar{x}_i - m_i \tag{2-8}$$

（5）若$|\Delta_i| \leqslant m_i$，则认为x_i为正常值，不需要进行调整。

2.3 多项式回归模型

回归分析是边坡变形预测中应用最为广泛的统计方法。回归分析法是通过分析所观测的变形和外因之间的相关性，来建立变形——自变量之间关系的数学模型。经过显著性检验，若回归效果显著，则可将所建立的模型用于预测。传统的回归分析有一元和多元之分，又有线性与非线性之分。实际工作中，很多非线性回归可以通过变量变换转化成线性回归。

由于条件限制，边坡变形观测时，只采集边坡监测点的三维坐标数据和观测时间，对影响边坡变形的荷载、含水量、温度、采矿等因素，没有进行系统测量。因此，回归分析选择观测时间为变量的一元回归模型。前文对边坡变形进行了详细的分析，根据位移历时曲线趋势特征，一元回归模型宜采用非线性的曲线模型。曲线拟合常用光滑的曲线来近似描述边坡变形发展的基本趋势。一般曲线模型有多项式趋势模型、对数趋势模型、幂函数趋势模型、指数函数趋势模型、双曲线趋势模型。

多项式模型具有普适性，可以模拟任何曲线，因此本研究选择多项式趋势模型对边坡变形进行分析和预测。

2.3.1 多项式回归模型建立

设边坡变形因变量为y_t，时间自变量为等间隔观测周期序号t，$t=1$，2，…，n。则多项式回归模型为

$$y_t = \beta_0 + \beta_1 t + \cdots + \beta_m t^m + \varepsilon_t \tag{2-9}$$

式中 $\beta_0, \beta_1, \cdots, \beta_m$——回归系数；

ε_t——遵从正态分布$N(0,\sigma^2)$的随机误差，又称误差估计或称为残差。

建立多项式回归模型的一般方法是：

（1）将多项式回归模型转化为多元线性回归模型。设$x_1=t$，$x_2=t^2$，…，$x_m=t^m$，则多项式回归模型转化为线性模型

$$y_t = \beta_0 + \beta_1 x_1 + \cdots + \beta_m x_m + \varepsilon_t \tag{2-10}$$

（2）确定回归系数。首先初步确定多项式指数m，根据有关文献可以初步定为$m=7$。通过边坡变形值，运用最小二乘法原理求出回归系数β_0，β_1，…，β_m的估计值b_0，b_1，…，b_m，得到y_t对t的线性回归模型

$$\hat{y}_t = b_0 + b_1 x_1 + \cdots + b_m x_m \tag{2-11}$$

式中 $\hat{y}_t$——y_t的估计。

（3）回归模型显著性检验。

（4）自变量作用显著性检验。

（5）利用回归模型进行预报。

2.3.1.1 回归系数的最小二乘法估计

根据最小二乘法，要选择这样的回归系数 b_0，b_1，…，b_m，使

$$Q = \sum_{t=1}^{n} \varepsilon_t^2 = \sum_{t=1}^{n} (y_t - \hat{y}_t)^2 = \sum_{t=1}^{n} (y_t - b_0 - b_1 x_{1t} - \cdots - b_m x_{mt})^2 \tag{2-12}$$

达到极小。为此，将 Q 分别对 b_0，b_1，…，b_m 求偏导数，并令 $\frac{\partial Q}{\partial b_i}=0$，经化简整理可以得到 b_0，b_1，…，b_m，必须满足下列正规方程组：

$$\begin{cases} S_{11}b_1 + S_{12}b_2 + \cdots + S_{1m}b_m = S_{1y} \\ S_{21}b_1 + S_{22}b_2 + \cdots + S_{2m}b_m = S_{2y} \\ \quad\vdots \qquad \vdots \qquad\qquad \vdots \\ S_{m1}b_1 + S_{m2}b_2 + \cdots + S_{mm}b_m = S_{my} \end{cases} \tag{2-13}$$

$$b_0 = \bar{y} - b_1\bar{x}_1 - b_2\bar{x}_2 - \cdots - b_m\bar{x}_m \tag{2-14}$$

其中

$$\bar{y} = \frac{1}{n}\sum_{t=1}^{n} y_t \tag{2-15}$$

$$\bar{x}_i = \frac{1}{n}\sum_{t=1}^{n} x_{it} \qquad i = 1,2,\cdots,m \tag{2-16}$$

$$S_{ij} = S_{ji} = \sum_{t=1}^{n} (x_{it} - \bar{x}_i)(x_{jt} - \bar{x}_j) \sum_{t=1}^{n} x_{it}x_{jt} - \frac{1}{n}(\sum_{t=1}^{n} x_{it})(\sum_{t=1}^{n} x_{jt}) \quad i = 1,2,\cdots,m \tag{2-17}$$

$$S_{iy} = \sum_{t=1}^{n} (x_{it} - \bar{x}_i)(y_t - \bar{y}) = \sum_{t=1}^{n} x_{it}y_t - \frac{1}{n}(\sum_{t=1}^{n} x_{it})(\sum_{t=1}^{n} y_t) \quad i = 1,2,\cdots,m \tag{2-18}$$

解线性方程组（2-13），即可求得回归系数 b_i，将 b_i 代入方程式 2-14 可求常数项 b_0。

一般情况下，用矩阵来研究多元线性回归更便利，令

$$Y = \begin{bmatrix} y_1 \\ y_2 \\ \vdots \\ y_n \end{bmatrix}, X = \begin{bmatrix} 1 & x_{11} & x_{12} & \cdots & x_{1m} \\ 1 & x_{21} & x_{22} & \cdots & x_{2m} \\ \vdots & \vdots & \vdots & & \vdots \\ 1 & x_{n1} & x_{n2} & \cdots & x_{nm} \end{bmatrix}, \boldsymbol{\beta} = \begin{bmatrix} \beta_0 \\ \beta_1 \\ \vdots \\ \beta_m \end{bmatrix}, \boldsymbol{\varepsilon} = \begin{bmatrix} \varepsilon_1 \\ \varepsilon_2 \\ \vdots \\ \varepsilon_n \end{bmatrix}, b = \begin{bmatrix} b_0 \\ b_1 \\ \vdots \\ b_m \end{bmatrix} \tag{2-19}$$

多元线性回归模型式 2-19 可以写为矩阵形式

$$Y = X\boldsymbol{\beta} + \boldsymbol{\varepsilon} \tag{2-20}$$

正规方程组的矩阵形式则为

$$(X^T X)b = X^T Y \tag{2-21}$$

因而回归系数的最小二乘法估计为

$$b = (X^T X)^{-1} X^T Y \tag{2-22}$$

回归系数向量 b 的数学期望为

$$E(b) = \beta \tag{2-23}$$

回归系数向量 b 的协方差阵为

$$E[(b-\beta)(b-\beta)^T] = \sigma^2 (X^T X)^{-1} \tag{2-24}$$

可见，估计值 b 是参数 β 的无偏估计。

2.3.1.2 回归模型效果的检验

如前所述，是在假定 y 与 x_1，x_2，…，x_m 具有线性关系的条件下建立线性回归方程的。究竟 y 与 x_i 之间的线性关系是否显著？所建立的回归方程效果如何？这些需进行统计检验来回答。

(1) 方差分析及 F 检验：检验回归方程效果的优劣及其预测精度可以通过方差分析来实现。

将 y 的总离差平方和 S_{yy} 分解为

$$S_{yy} = U + Q \tag{2-25}$$

其中

$$S_{yy} = \sum_{t=1}^{n} (y_t - \bar{y})^2 \tag{2-26}$$

$$U = \sum_{t=1}^{n} (\hat{y}_t - \bar{y})^2 \tag{2-27}$$

$$Q = \sum_{t=1}^{n} (y_t - \hat{y}_t)^2 \tag{2-28}$$

式中，U 称为回归平方和，在与误差相比意义下，它的大小反映了自变量的重要程度；Q 称为残差平方和，它的大小反映了试验误差对结果的影响。它们的自由度分别为 $f_{yy} = n - 1$，$f_U = m$，$f_Q = n - m - 1$。可以利用 U 和 Q 的相对大小来衡量回归效果，即检验所建回归方程是否有意义。

构造统计量

$$F = \frac{U/m}{Q/(n-m-1)} \tag{2-29}$$

原假设 H_0：$\beta_1 = \beta_1 = \cdots = \beta_m = 0$。若 H_0 成立，则认为回归方程无意义。可以证明，当 H_0 为真时，统计量 F 遵从自由度为 m 和 $n-m-1$ 的 F 分布。给定显著性水平 α，若计算值 $F > F_\alpha$，则在显著性水平 α 上拒绝原假设，认为回归方程有显著意义。

(2) 复相关系数。回归方程效果的好坏亦可通过复相关系数来进行衡量。一个变量 y 与若干变量 x_i 之间的线性关系可以由一个多元线性回归方程表示。因此，复相关系数是衡量 y 与估计值 $\hat{y}$ 之间线性关系的一个量。复相关系数表示为

$$R = \frac{\sum_{t=1}^{n}(y_t - \bar{y})(\hat{y}_t - \bar{y})}{\sqrt{\sum_{t=1}^{n}(y_t - \bar{y})^2 \sum_{t=1}^{n}(\hat{y}_t - \bar{y})^2}} \tag{2-30}$$

可以证明，复相关系数为

$$R = 1 - \frac{Q}{S_{yy}} \tag{2-31}$$

R 的绝对值越大，表示回归效果越好。

2.3.1.3　自变量作用的显著性检验

上述利用方差分析和复相关系数检验回归方程的总体效果，并不能说明每个自变量 x_i 都有效果。检验各个自变量对 Y 的作用是否显著，需要逐一对自变量进行检验。

原假设 H_0：$\beta_i = 0$，$i = 1, 2, \cdots, m$

构造统计量

$$F_i = \frac{b_i^2/C_i}{Q(n-2)},\quad i = 1,2,\cdots,m \tag{2-32}$$

其中

$$C_i = \left[\sum_{t=1}^{n}(x_{it} - \bar{x}_i)\right]^{-1} \tag{2-33}$$

Q 为残差平方和，由方程式2-28 求出。统计量 F_i 遵从分子自由度为1，分母自由度为 $n-2$ 的 F 分布。若 $F_i > F_\alpha$，则拒绝原假设，认为 x_i 在显著性水平上对 y 的作用是显著的。

2.3.1.4　利用回归模型进行预测

将给定的样本值 x_{1t+1}，x_{2t+1}，…，x_{mt+1} 代入回归方程，即可得到一步预测

$$\hat{y}_{t+1} = b_0 + b_1 x_{1t+1} + \cdots + b_m x_{mt+1} \tag{2-34}$$

实际使用时，应该给出 $\hat{y}_{t+1}$ 给定显著性水平的置信区间。当样本量 n 较大且 x_{it+1} 接近于 $\bar{x}_i$ 时，则可以近似地认为

$$y_{t+1} = \hat{y}_{t+1}$$

遵从 $N(0,\sigma)$。给定显著性水平 $\alpha = 0.05$，则

$$P(\hat{y}_{t+1} - 1.96\sigma \leqslant y_{t+1} \leqslant \hat{y}_{t+1} + 1.96\sigma) = 0.95 \tag{2-35}$$

其中，σ 未知，用下面公式估算

$$S_y = \sqrt{\frac{Q}{n-1}} \tag{2-36}$$

因此，y_{t+1} 的显著水平 $\alpha = 0.05$ 的置信区间为

$$(\hat{y}_{t+1} - 1.96S_y,\ \hat{y}_{t+1} + 1.96S_y) \tag{2-37}$$

通过大量预测计算分析，发现建立多项式回归模型时，所用已知观测数据越多，预测

精度越低。

2.3.2 多项式移动拟合法

2.3.1 节详细探讨了传统的多项式建模进行边坡变形预测分析的方法。多项式拟合模型用多项式函数来逼近形式未知的变量函数关系，一般能做出较好的逼近。预测实践和许多文献说明，在实际拟合曲线时，多项式的指数一般不能超过 5，次数再高，预测精度反而下降，出现过度拟合现象。通过对边坡水平位移进行大量预测计算以及统计检验，表明多项式指数 m 取 2 比较合适。

一般的多项式拟合所用建模数据是当前变形观测的所有数据。通过变形预测实验发现，随着建模所用数据增多，预测精度不会提高反而有时会明显下降。可能的原因是，边坡变形系统在 t 时刻的变形 x_t 仅与其以前时刻的变形 x_{t-1}，x_{t-2}，…，x_{t-k} 有关，而与 x_{t-k} 以前时刻进入系统的变形扰动无关。

基于此认识，建立多项式回归模型时，建模数据选取 t 时刻之前 k 项数据，即移动选取 k 项数据建立多项式模型，然后利用模型进行 1 步变形预测。考虑多项式模型系数计算时对观测值个数的要求，当多项式指数为 2 时，k 值至少为 4。k 值的确定采用预测值相对残差平均值最小法，即选取 k 值使预测值平均相对残差

$$M = \frac{1}{n-k}\sum_{t=k+1}^{n}\left|\frac{y_t - \hat{y}_t}{y_t}\right| = \min, \quad k = 4,5,\cdots,n-1 \tag{2-38}$$

式中 y_t——变形实测值；

$\hat{y}_t$——变形预测值；

n——实测值总长度。

拟合多项式模型时，对建模项数 k，采用填项法确定。具体做法从 $k=4$ 开始，逐次升高，每添一项，拟合一次多项式，估计出回归系数和变形预测值残差平均值，选择最小预测值残差平均值对应的建模数据项数作为最优项数，其对应的回归模型也为最优多项式模型。

2.3.3 实例预测与分析

对某矿北帮 jn2 监测线 1 号监测点水平位移发展趋势采用移动拟合残差最小法进行预测。建模数据分别取 4，5，6，7，8，变形预测结果见表 2-1。按照残差平均值最小原则，取建模观测值长度 $k=7$ 时所建立的一系列多项式模型为最优模型群，其对应预测变形值为最优结果，平均相对残差值为 6.5%。

多项式回归模型用多项式函数来逼近形式未知的变量函数关系，一般能做出较好的拟合。所以在通常比较复杂的实际问题中，可以不问边坡变形因变量与时间自变量的关系如何，而用多项式进行分析计算。由于建模过程简单，拟合效果良好，故在变形分析中经常用到。

通过实例发现，多项式回归模型作内插预报精度较高，而作为外推性预报精度不稳定，所以要谨慎使用外推性预测结果。当多项式指数 $m>2$，预测精度与指数大小相关性不大，主要取决于模型是否能较好地代表后续变形发展趋势。

表 2-1 jn2-1 监测点水平位移预测值

时间	周期	实测值/mm	预测值/mm					相对残差				
			K=4	K=5	K=6	K=7	K=8	K=4	K=5	K=6	K=7	K=8
2005-04	1	5. 672										
2005-05	2	12. 981										
2005-06	3	21. 855										
2005-07	4	32. 64										
2005-08	5	49. 067	52. 6					-0. 193				
2005-09	6	106. 106	63. 8	66. 5				0. 398	0. 373			
2005-10	7	120. 152	170	154. 8	144. 3			-0. 415	-0. 28	-0. 2		
2005-11	8	135. 912	152. 4	166. 9	169. 2	167. 6		-0. 165	-0. 228	-0. 244	-0. 233	
2005-12	9	151. 671	119. 9	153. 5	167. 4	175. 9	179. 9	0. 209	-0. 012	-0. 103	-0. 16	-0. 186
2006-01	10	167. 976	162. 7	142. 7	161. 2	173. 4	183. 5	-0. 004	0. 15	0. 04	-0. 032	-0. 092
2006-02	11	174. 197	184. 4	185. 2	163. 7	174. 1	183. 8	-0. 058	-0. 063	0. 06	0. 0003	-0. 055
2006-03	12	185. 866	172. 3	182. 8	186. 5	170. 4	177. 9	0. 04	0. 016	-0. 003	0. 083	0. 043
2006-04	13	197. 726	191. 4	190. 7	192. 2	194. 7	180. 7	0. 032	0. 035	0. 028	0. 015	0. 085
2006-05	14	212. 166	213. 7	206. 8	204. 3	204. 1	205. 4	0. 02	0. 052	0. 063	0. 064	0. 058
2006-06	15	236. 996	240. 9	240. 3	233. 1	222. 6	226. 2	-0. 016	-0. 013	0. 016	0. 035	0. 045
2006-07	16	243. 648	261. 8	261. 4	262. 1	256. 7	252. 1	-0. 074	-0. 072	-0. 075	-0. 053	-0. 034
2006-08	17	272. 637	246. 1	256. 9	262	266. 4	264. 6	0. 116	0. 077	0. 059	0. 044	0. 05
2006-09	18	272. 637	311. 5	299. 7	299	292. 7	299. 8	-0. 118	-0. 075	-0. 072	-0. 071	-0. 076
2006-10	19	324. 227	291. 2	295. 3	295. 3	299. 2	302. 2	0. 101	0. 089	0. 089	0. 077	0. 067
2006-11	20	342. 516	354. 9	356. 7	350. 3	344	342. 8	-0. 018	-0. 023	-0. 005	0. 012	0. 016
2006-12	21	357. 38	401. 6	383. 4	386. 8	383	377. 9	-0. 123	-0. 072	-0. 082	-0. 071	-0. 057

续表 2-1

时间	周期	实测值/mm	预测值/mm					相对残差				
			$K=4$	$K=5$	$K=6$	$K=7$	$K=8$	$K=4$	$K=5$	$K=6$	$K=7$	$K=8$
2007-01	22	372. 011	346. 5	383. 9	382	390. 5	391. 9	0. 068	-0. 032	-0. 026	-0. 049	-0. 053
2007-02	23	390. 511	376. 6	363. 5	387	387. 9	397	0. 035	0. 069	0. 008	0. 006	-0. 016
2007-03	24	402. 407	42. 2	402. 5	387. 4	401. 8	402	-0. 014	0. 014	0. 051	0. 016	0. 015
2007-04	25	424. 82	429	432. 2	424. 1	409. 9	419. 1	-0. 009	-0. 017	0. 001	0. 035	0. 013
2007-05	26	481. 514	440. 5	443. 5	447. 4	442	429. 5	0. 085	0. 078	0. 07	0. 082	0. 108
2007-06	27	529. 81	547. 1	522. 9	519. 1	52. 3	504. 1	-0. 032	-0. 054	0. 02	0. 029	0. 048
2007-07	28	572. 055	606. 1	603	593	584. 5	572. 5	-0. 059	0. 153	-0. 036	-0. 021	-0. 011
2007-08	29	749. 327	606. 6	634. 6	642. 2	640. 3	636. 2	0. 19	-0. 021	0. 142	0. 145	0. 151
2007-09	30	872. 438	955. 7	890. 9	871. 5	853. 5	834. 6	-0. 095	-0. 145	0. 001	0. 021	0. 043
2007-10	31	946. 051	1083. 2	1083. 7	1054. 7	1042	1026. 1	-0. 144	-0. 1097	-0. 114	-0. 101	-0. 084
2007-11	32	971. 553	966. 8	1072. 1	1119. 6	1124. 2	1130. 6	0. 004	0. 052	-0. 152	-0. 157	-0. 163
2007-12	33	996. 965	948	944. 5	1035. 9	1094. 4	1122. 1	0. 049	0. 072	-0. 039	-0. 097	-0. 125
2008-01	34	1039. 516	986. 4	963. 9	946. 3	1013. 4	1070. 8	0. 051	0. 013	0. 089	0. 025	-0. 03
2008-02	35	1064. 505	1086. 1	1049. 8	1015. 1	983. 8	1027. 5	-0. 02	-0. 027	0. 046	0. 075	0. 034
2008-03	36	1073. 623	1092. 1	1103. 2	1079. 3	1046. 4	1011. 1	-0. 022	-0. 002	-0. 005	0. 025	0. 058
2008-04	37	1082. 741	1065. 8	1085. 7	1097. 4	1083. 2	1055. 3	0. 015	0. 054	-0. 013	-0. 0004	0. 025
2008-05	38	1133. 066	1080. 1	1071. 9	1083. 4	1094. 1	1084	0. 046	0. 131	0. 043	0. 034	0. 043
2008-06	39	1342. 641	1193. 5	1165. 5	1143	1139. 7	1141	0. 111	0. 058	0. 148	0. 151	0. 15
2008-07	40	1641. 677	1622. 7	1545	1477	1419. 6	1384. 7	0. 011	0. 373	0. 1	0. 135	0. 156
平均相对残差值								0. 088	0. 078	0. 066	0. 065	0. 068

2.4 时间序列分析法

2.3 节讨论了多项式回归模型，用时间效应自变量多项式函数来拟合监测变形值，效果良好，拟合残差可以达到很小。但是作为外推预测变形值时，精度不稳定，有时较大。无论是按时间序列排列的观测数据还是按空间位置顺序排列的观测数据，数据之间都或多或少地存在统计自相关现象。多项式回归模型虽然考虑不同时间变形值自相关性，但不是直接描述不同时间变形值之间相关关系，而是用时间作为自变量间接描述。实际上，某些随机过程与另一些变量取值的随机关系往往根本无法用任何函数关系来描述。这时需要采用随机过程本身的观测数据之间的依赖关系来揭示这个随机过程的规律性。因此有必要采用时间序列分析等方法来研究边坡变形预测。本节先对 ARMA 模型时间序列传统分析法进行回顾分析，然后提出基于残差方差最小的时间序列建模法，并进行实例应用研究。

从统计意义上讲，所谓时间序列就是将某一个指标在不同时间上的不同数值，按照时间的先后顺序排列而成的数列。时间序列是所研究系统的历史行为的客观记录，因而它包含了系统结构特征及其运行规律。所以可以通过对时间序列的研究来认识所研究系统的结构特征（如周期波动的周期、振幅、趋势的种类等）；揭示其运行规律，进而用以预测、控制其未来行为；修正和重新设计系统（如改变其周期、参数），使之按照新的结构运行。

时间序列根据所研究的依据不同，可有不同的分类：

（1）按所研究的对象多少划分，有一元时间序列和多元时间序列；

（2）按时间的连续性可将时间序列分为离散时间序列和连续时间序列两种；

（3）按序列的统计特性划分，有平稳时间序列和非平稳时间序列两类；

（4）按序列的分布规律来分，有高斯型（Gaussian）时间序列和非高斯型（Non-Gaussian）时间序列。

时间序列包含了产生该序列的系统的历史行为的全部信息，揭示所研究现象的动态规律性。问题在于怎样才能根据这些时间序列，较精确地找出相应系统的内在统计特性和发展规律性，尽可能多地从中提取出所需要的准确信息。用来实现上述目的的整个方法称为时间序列分析。它是一种根据动态数据揭示系统动态结构和规律的统计方法，是统计学科的一个分支。其基本思想是根据系统的有限长度的运行记录，建立能够比较精确地反映时间序列中所包含的动态依存关系的数学模型，并借以对系统的未来行为进行预报。

时间序列分析是一种动态数据处理方法。其特点在于逐次的观测值通常是不独立的，且分析必须考虑到观测资料的时间顺序，当逐次观测值相关时，未来数值可以由过去的观测资料来预测，可以利用观测数据之间的自相关性建立相应的数学模型来描述客观现象的动态特征。

对于一个平稳、零均值的时间序列 $\{x_t\}$，$t=1, 2, \cdots, N$，一定能对它拟合一个如下形式的随机差分方程

$$x_t = \varphi_1 x_{t-1} + \varphi_2 x_{t-2} + \cdots + \varphi_n x_{t-n} + a_t - \theta_1 a_{t-1} - \theta_2 a_{t-2} - \cdots - \theta_m a_{t-m} \tag{2-39}$$

式中，x_t 为时间序列 $\{x_t\}$ 在 t 时刻的元素；φ_i（$i=1, 2, \cdots, n$）为自回归（Autoregressive）参数；θ_j（$j=1, 2, \cdots, m$）为滑动平均（Moving Average）参数；序列 $\{a_t\}$ 为残差序列，当这一方程正确地揭示了时序的结构与规律时，则 $\{a_t\}$ 应为白噪声，即 $a_t \sim$

$NID(0,\sigma_{\alpha}^2)$。显然，式 2-39 左边为一个 n 阶差分多项式，称为 n 阶自回归部分；右边为一个 m 阶差分多项式，称为 m 阶滑动平均部分。式 2-39 称为 n 阶自回归 m 阶滑动平均模型，记为 ARMA（n，m）模型，$\{x_t\}$ 也称为 ARMA 时序或 ARMA 过程。

在式 2-39 中，当 $\theta_j=0$ 时，模型中没有滑动平均部分，称为 n 阶自回归模型，记为 AR（n）。其形式为

$$x_t = \sum_{i=1}^{n} \varphi_i x_{t-i} + a_t \tag{2-40}$$

在式 2-39 中，当 $\varphi_i=0$ 时，模型中没有自回归部分，称为 m 阶滑动平均模型，记为 MA（m）。其形式为

$$x_t = a_t + \sum_{j=1}^{m} \theta_j a_{t-j} \tag{2-41}$$

2.4.1　时间序列的传统建模方法

ARMA(n,m)模型是时间序列分析中最具代表性的一类线性模型。建模步骤一般为：数据获取与预处理，模型结构初步选择（即模型识别），模型参数估计，模型适应性检验，模型修正，模型预测。下面以 Box-Jenkins 建模方法为例，介绍建立平稳时间序列 ARMA(n,m)模型的传统方法与步骤。

2.4.1.1　模型识别

对一个平稳时间序列 $\{X_t\}$，建立其适合模型的第一步就是模型识别，即判断该序列所适合的模型类型。如果一个时间序列是由某一类模型所生成，理论上它就应该具有相应的自相关特征，因而可以计算出平稳时间序列的样本自相关函数和样本偏自相关函数，将其特性与不同类型序列的理论自相关函数和偏自相关函数的特性进行比较，进而初步判断序列 $\{X_t\}$ 所适合的模型类型。掌握了平稳时间序列自相关和偏自相关函数的这些统计特性，我们就可依据这些性质来初步确定时间序列模型的类型。可以依据表 2-2 初步判别模型类别。

表 2-2　模型识别

类　别	模　　型		
	AR(n)	MA(m)	ARMA(n,m)
模型方程	$\varphi(B)x_t=a_t$	$x_t=\theta(B)a_t$	$\varphi(B)x_t=\theta(B)a_t$
自相关函数	拖　尾	截　尾	拖　尾
偏相关函数	截　尾	拖　尾	拖　尾

2.4.1.2　模型定阶

确定了时间序列适合的模型类型之后，还需知道模型的阶数。模型定阶的主要方法有：残差方差图定阶法、F 检验定阶法和准则函数定阶法。这些方法用于判断单纯的 AR 或 MA 模型的阶次还是比较有效的，但是要判断混合的 ARMA 模型的阶次却是不大方便的。

2.4.1.3　模型参数估计

对一组样本数据序列 X_1，X_2，X_3，…，X_N 所适合的 ARMA 模型进行初步识别后，接

下来就需要估计出其中的参数（包括μ，φ，θ，σ_α^2），以便进一步识别和应用模型。主要的参数估计方法有矩估计法、最小二乘估计法和极大似然估计法等。在 ARMA 模型参数的三种估计方法中，矩估计法相对简单，计算量小，但精度低，只宜作为初估计。但对于 AR 模型，当样本容量充分大时，三种估计结果十分接近。最小二乘估计和极大似然估计精度高，一般称之为模型参数的精估计，但计算量较大，计算复杂。另外，极大似然估计需要知道样本数据的分布类型。

2.4.1.4　模型的适应性检验

完成模型的识别、定阶和参数估计后，剩下的问题就是判断这个模型用于描述时间序列是否恰当，也就是模型的适应性检验。所谓模型的适应性是指一个时间序列模型解释系统动态性（即数据序列的相关性）的程度。一个时间序列的适合模型应该完全或基本上解释了系统的动态性（即数据序列的相关性），从而模型中残差序列 $\{a_t\}$ 应该是白噪声序列。模型的适应性检验实质上就是检验 $\{a_t\}$ 序列是否为白噪声序列。其中最主要的是 $\{a_t\}$ 序列的独立性检验。可以通过相关函数法进行检验。

相关函数法是通过计算并考察 $\{\hat{a}_t\}$ 的自相关函数来判断残差序列的独立性。设 $\hat{\rho}_k$ 表示 $\{\hat{a}_t\}$ 序列的自相关函数，即

$$\hat{\rho}_k = \frac{\sum_{t=1}^{N-k} \hat{a}_t \hat{a}_{t+k}}{\sum_{t=1}^{N} \hat{a}_t^2} \tag{2-42}$$

如果残差序列 $\{\hat{a}_t\}$ 为白噪声序列，可以证明，样本个数 N 充分大时，$\hat{\rho}_k$ 是互不相关的，且近似于正态分布，即 $\hat{\rho}_k \sim N(0, 1/N)$。因此，如果 $|\hat{\rho}_k| \leqslant 1.96/\sqrt{N}$就可以在 0.05 的显著性水平下接受 $\rho_k = 0$ 的假设，认为 $\{a_t\}$ 是独立的。

上面是对 $\{a_t\}$ 的自相关函数 ρ_k 单个进行检验。在有些情况下，由于偶然因素，可能有个别的 $\hat{\rho}_k$ 不满足 $|\hat{\rho}_k| \leqslant 1.96/\sqrt{N}$，此时也可以将自相关函数 ρ_k 放在一起采用χ^2 法整体进行检验。

2.4.2　基于残差方差最小原则的建模思路

前面介绍的 Box-Jenkins 建模方法是以时间序列的自相关函数、偏自相关函数的统计特性为依据的，但是，在建模之前无法知道时间序列的理论自相关（偏自相关）函数。用样本自相关函数、偏自相关函数作为近似不可避免地会产生一定的误差。在 Box-Jenkins 方法的基础上，经过实践和进一步发展，提出了一种系统建模的新方法——基于残差方差最小原则的建模，该方法不用通过计算样本（偏）自相关函数进行模型识别，主要是根据残差方差最小原则来确定模型阶数。它是基于如下认识：任一平稳序列总可以用一个 ARMA$(n,n-1)$模型来表示，而 AR(n)，MA(m)以及 ARMA$(n,m)$$(m \neq n-1)$都是 ARMA$(n,n-1)$模型的特例。其建模思想可概括为：逐渐增加模型的阶数，拟合较高阶 ARMA$(n,n-1)$模型，直到再增加模型的阶数而剩余残差方差 σ_a^2 不再显著减小为止。

主要建模步骤如下：

（1）对时间序列进行零均值平稳化处理。变形时间序列一般可分为平稳时间序列和趋

势性序列。时间序列的趋势又分为线性趋势和非线性趋势。若变形时间序列为非平稳序列，具有向下或向上的趋势，建模之前需要进行序列平稳化处理，即零均值化、平稳化处理。平稳化处理的详细方法在后面叙述。

（2）$n=1$ 开始，逐渐增加模型阶数，拟合 ARMA($n,n-1$)模型，即一阶、一阶增加模型阶数，模型参数采用非线性最小二乘法估计，具体算法采用最速下降法。选择残差序列最小方差对应的模型作为初选模型。

（3）模型适应性检验。模型适应性检验的采用前面详细阐述的相关函数法，这里不再重复。

（4）求最优模型。系统意义上的最优模型不仅是一个适应模型，而且是一个经济的模型。因此还需要检验模型是否包含小参数，若有，可用 F 检验判断是否可以删去，拟合较低阶模型，进而得到系统意义上的最优模型。

（5）变形时间序列预测。变形时间序列建模的主要目的是对变形序列未来取值进行预测，预测详细方法在后面叙述。

2.4.3 边坡变形序列平稳化方法

在边坡变形实际问题中，当取得某监测点位移随机时间序列的样本序列时，首要的问题是判断它是平稳的还是带有趋势性或其他一些性质。在前面章节已经叙述了变形序列的趋势判断方法，在此重点讨论变形序列的平稳化方法。

一般边坡变形序列具有向上的趋势，在具有趋势性的时间序列中，又可分为方差平稳的时间序列和方差不平稳的时间序列。方差计算公式为：

$$m_k = \frac{1}{k-1}\sum_{i=1}^{k}(x_i - \bar{x})^2, k = 2,3,\cdots,N \tag{2-43}$$

针对方差这两种不同的情况，在分析的过程中需要采用不同的处理方式。

2.4.3.1 方差平稳的情况

时间序列的趋势有确定性和非确定性两种。对于确定性趋势的消除方法，既可以用最小二乘法，也可以用差分的方法。最小二乘法的作用主要是求出趋势方程，例如，求出线性趋势方程

$$\hat{x}_t = a + bt \tag{2-44}$$

则将原序列 x_t 减去趋势值 $\hat{x}_t$，得到一个没有趋势变化的新序列

$$Z_t = x_t - \hat{x}_t \tag{2-45}$$

对于非确定趋势的序列，由于它是一个慢慢地向上或向下漂移的过程，要判断这种序列的趋势是随机性的还是确定性的是十分困难的。在这种情况下，使用最小二乘法就不合适了。基于这种原因，博克斯和詹金斯提出使用差分的方法去消除趋势，其效果是很好的。

设原序列为 x_t，称

$$\nabla x_t = x_t - x_{t-1} \tag{2-46}$$

为序列的一阶差分。称

$$\nabla^2 x_t = \nabla \nabla x_t = x_t - 2x_{t-1} + x_{t-2} \tag{2-47}$$

为序列的二阶差分。一般称

$$\nabla^d x_t = \nabla \nabla^{d-1} x_t \tag{2-48}$$

为序列的 d 阶差分。∇称为差分算子。通过对原序列的差分运算，可以消除序列的趋势。一般说来，一阶差分可消除线性趋势，二阶差分可消除二次曲线趋势。线性趋势的情况，若趋势方程为

$$x_t = a + bt \tag{2-49}$$

则通过一阶差分，得到

$$\nabla x_t = x_t - x_{t-1} = a + h - [a + b(t-1)] = b \tag{2-50}$$

消去了线性趋势。再来分析二次曲线的情况，若趋势方程为

$$x_t = a + br + ct^2 \tag{2-51}$$

通过二阶差分，得到

$$\begin{aligned}\nabla^2 x_t &= \nabla \nabla x_t = \nabla[x_t - x_{t-1}] = \nabla[a + br + ct^2 - a - b(t-1) - c(t-1)^2] \\ &= \nabla[b - c + 2ct] \\ &= 2c\end{aligned} \tag{2-52}$$

消去了二次曲线趋势。由此可见，通过二阶差分，消除了序列的趋势。实际上，利用差分的方法，可以消除很多曲线的趋势。比如对于有指数曲线的趋势，可先进行对数变换，然后再进行一阶差分，便可消去趋势。

2.4.3.2 方差不平稳的情况

时间序列的不平稳性，也表现在时间序列方差的不平稳上，很多的时间序列随时间的推移，方差不断增加。消除方差的不平稳性对时间序列的影响，通常是通过变量替换的方法来实现的。一般来说，若序列的方差同序列的发展水平成比例，则采用对数变换的方法，即对原序列 Y_t 作对数变换。即取

$$Z_t = \lg x_t \tag{2-53}$$

这种变换有时候对某些序列可能产生过度的修正数据，因而又常常采用平方根变换，即取

$$Z_t = \sqrt{x_t} \tag{2-54}$$

在实际的数据处理中，取对数变换还是取平方根变换，视具体序列而定。

2.4.4 边坡变形预测原理

当用变形序列 $\{x_i\}$，$i=1, 2, \cdots, t$ 建立 ARMA 模型之后，边坡变形预测要解决的问题是在时刻 t 用 x_t，x_{t-1}，x_{t-2}，…，对 $x_{t+l}(l>0)$ 的取值进行预测，这种预测成为 t 为原点，向前步长为 l 的预测，预测值记为 $\hat{x}_t(l)$。而 $x_{t+l}(l>0)$ 是一个未知的随机变量，由于 x_i 之间具有相关性，$x_{t+l}(l>0)$ 的概率分布是有条件的，即在 x_t，x_{t-1}，x_{t-2}，…，已给定的条件下。在正态性假定下有

$$(x_{t+l} \mid x_t, x_{t-1}, x_{t-2}, \cdots) \sim N(E(x_{t+l}), \mathrm{var}(x_{t+l})) \tag{2-55}$$

x_{t+l}的期望也是有条件的，一个直观的想法就是用 x_{t+l}的条件期望值作为 x_{t+l}预测值 $\hat{x}_t(l)$，即

$$\hat{x}_t(l) = E(x_{t+l} \mid x_t, x_{t-1}, x_{t-2}, \cdots,) \tag{2-56}$$

为了利用条件期望计算预测值，需要先了解有关时间序列 x_t 和随机扰动 a_t 的条件期望所具有的性质：

（1）常量的条件期望是其本身。对 ARMA 序列而言，现在时刻与过去时刻的观测值及扰动的条件期望是其本身，即

$$E(x_k \mid x_t, x_{t-1}, x_{t-2}, \cdots) = x_k \quad (k \leqslant t) \tag{2-57}$$

$$E(a_k \mid x_t, x_{t-1}, x_{t-2}, \cdots) = a_k \quad (k \leqslant t) \tag{2-58}$$

（2）未来扰动的条件期望为零，即

$$E(a_{t+l} \mid x_t, x_{t-1}, x_{t-2}, \cdots) = 0 \quad (l > 0) \tag{2-59}$$

（3）未来取值的条件期望为未来取值的预测值，即

$$E(x_{t+l} \mid x_t, x_{t-1}, x_{t-2}, \cdots) = \hat{x}_{t+l} \quad (l > 0) \tag{2-60}$$

ARMA 模型的有三种表示形式：差分方程形式、传递形式和逆转形式。与之相对应，模型预测也有三种形式。下面利用差分方程形式设计了变形时间序列的预测方法，该法计算简单，可以证明，该法的预测误差的均方值达到最小。

由 ARMA 模型一般形式可将 x_{t+l}表示为

$$x_{t+l} = \varphi_1 x_{t+l-1} + \varphi_2 x_{t+l-2} + \cdots + \varphi_n x_{t+l-n} + a_{t+l} - \theta_1 a_{t+l-1} - \theta_2 a_{t+l-2} - \cdots - \theta_m a_{t+l-m} \tag{2-61}$$

利用条件期望的性质对式 2-61 求条件期望，当 $l \leqslant n$ 时，有

$$\begin{aligned} \hat{x}_t(l) &= \hat{x}_{t+l} = E(x_{t+l} \mid x, x_{t-1}, x_{t-2}, \cdots) \\ &= \varphi_1 \hat{x}_{t+l-1} + \varphi_2 \hat{x}_{t+l-2} + \cdots + \varphi_n \hat{x}_{t+l-n} - \theta_1 a_{t+l-1} - \theta_2 a_{t+l-2} - \cdots - \theta_m a_{t+l-m} \\ &= \sum_{k=1}^{n} \varphi_k \hat{x}_{t+l-k} - \sum_{j=1}^{m} \theta_j a_{t+l-j} \end{aligned} \tag{2-62}$$

残差序列 $\{a_i, i=1, 2, \cdots, t\}$ 的值采用递推法计算，对式 2-62 进行移项，获得残差计算公式如下

$$\begin{aligned} a_i &= x_i - \varphi_1 x_{i-1} - \varphi_2 x_{i-2} - \cdots - \varphi_k x_{i-k} \cdots - \varphi_n x_{i-n} + \\ &\quad \theta_1 a_{i-1} + \theta_2 a_{i-2} + \cdots + \theta_j a_{i-j} + \cdots + \theta_m a_{i-m} \\ &= x_i - \sum_{k=1}^{n} \varphi_k x_{i-k} + \sum_{j=1}^{m} \theta_j a_{i-j} \\ & i = 1,2,\cdots,t;\ k = 1,2,\cdots,n;\ j = 1,2,\cdots,m \end{aligned} \tag{2-63}$$

式中，当 $i-k \leqslant 0$ 时，$x_{i-k}=0$；当 $i-j \leqslant 0$ 时，$a_{i-j}=0$。

式 2-62 和式 2-63 是边坡变形序列步长为 l 的预测公式。显然随着步长 l 的增大，边坡变形预测精度降低。为了确保预测精度，要结合实际工程提出：只进行 1 步变形预测，当

有了新的观测值，利用新的观测值再进行下一项变形预测，这种方法称为新息动态预测。因此 ARMA 模型预测法，称之为基于残差最小的新息动态 ARMA 模型。

2.4.5　实例预测与分析

以边坡 Jn2-1 地表监测点水平位移预测为例，说明基于残差最小的新息动态 ARMA 模型的应用。Jn2-1 地表监测点水平位移预测步骤如下。

2.4.5.1　变形时间序列趋势判断与平稳化处理

利用序列图判断变形时间序列趋势。将边坡水平位移时间序列数据绘成序列图（见图 2-2），观察位移过程，可以认为时间序列包含线性向上趋势。因此采用线性拟合方法，获得趋势直线，将原始变形值 $x_0(t)$ 中直线趋势去除，获得新的序列 $x_1(t)$，即 $x_1(t)=x_0(t)-x(t)$。再计算新序列 $x_1(t)$ 的平均值 $mean(x_1(t))$，然后将新序列中去除均值，又得到另一个新序列，即 $x_2(t)=x_1(t)-mean(x_1(t))$，此时 $x_2(t)$ 已是平稳序列。至此序列平稳化处理结束。后面的变形序列研究是基于 $x_2(t)$。

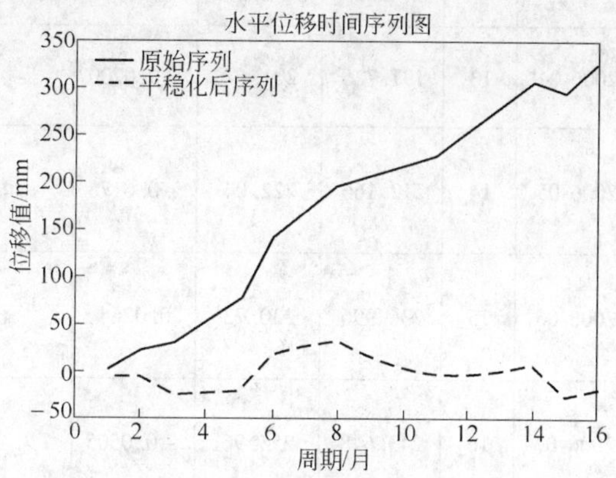

图 2-2　水平位移时间序列及其平稳化后序列

2.4.5.2　模型初步建立

从阶数 $n=1$ 开始，逐渐增加模型的阶数，拟合 ARMA$(n,n-1)$模型，模型参数采用非线性最小二乘法估计，具体算法是利用 Matlab 工具采用最速下降法。

根据残差方差最小原则确定模型阶数，监测点水平位移预测值与实测值比较见表 2-3。

表 2-3　jn2-1 监测点水平位移预测值与实测值比较

时间/年-月	周期	实测值/mm	预测值/mm	相对残差	ARMA 模型结构$(n,n-1)$	模型参数	
						φ_i	θ_i
2005-04	1	5.672					
2005-05	2	12.981					
2005-06	3	21.855					
2005-07	4	32.640					
2005-08	5	49.067					
2005-09	6	106.106					
2005-10	7	120.152					
2005-11	8	135.912	130.71	0.0383	1，0	0.5280	0
2005-12	9	151.671	150.51	0.0076	1，0	0.5353	0
2006-01	10	167.976	162.28	−0.0018	2，1	1.2635，−0.4384	1.0085
2006-02	11	174.197	186.21	−0.0690	2，1	1.1480，−0.4725	1.0099
2006-03	12	185.866	201.98	−0.0867	3，2	0.5815，0.8668，−1.1371	0.0311 0.9887

续表 2-3

时间/年-月	周期	实测值/mm	预测值/mm	相对残差	ARMA 模型结构$(n,n-1)$	模型参数	
						φ_i	θ_i
2006-04	13	197.726	201.67	-0.0200	3, 2	0.1981, 0.3229, -0.8950	0.1096 0.9079
2006-05	14	212.166	222.04	-0.0178	3, 2	0.2254, 0.5342, -0.8932	0.0963 0.9223
2006-06	15	236.996	230.73	0.0264	3, 2	0.5826, 0.7888, -0.9687	0.0975 0.9214
2006-07	16	243.648	255.96	-0.0505	3, 2	0.7111, 0.6742, -0.7823	0.1572 0.8612
2006-08	17	272.637	262.68	-0.0040	3, 2	0.8798, 0.4763, -0.6758	0.3193 0.6974
2006-09	18	272.637	279.91	-0.0046	2, 1	1.6023, -0.7835	1.0099
2006-10	19	324.227	296.45	0.0857	3, 2	0.8463, 0.4595, -0.6879	0.3815 0.6347
2006-11	20	342.516	325.51	0.0660	5, 4	-0.2117, 1.1884, -0.0887, -0.6783, 0.0911	-0.3775 1.2635 0.5768 -0.4425
2006-12	21	357.38	363.05	-0.0159	3, 2	0.7884, 0.4868, -0.6923	0.2782 0.7389
2007-01	22	372.011	371.49	0.0014	3, 2	0.6900, 0.6332, -0.6566	0.1630 0.8554
2007-02	23	390.511	392.77	-0.0058	5, 4	0.9522, 0.1088, -0.4112 0.2170, -0.2709	0.3237 0.6184 0.0485 0.0272
2007-03	24	402.407	406.98	0.0035	5, 4	1.1423, -0.0212, -0.5587, 0.4436, -0.2393	0.5418 0.6042 -0.1190 -0.0138
2007-04	25	424.82	424.71	0.0003	6, 5	1.6720, -1.2116, 0.1321, 0.9323 -1.0759, 0.3223	1.0815 -0.3558 -0.0807 0.7511 -0.3842
2007-05	26	481.514	440.59	0.0850	3, 2	1.7541, -1.0945, 0.2018	1.2057 -0.1977

续表 2-3

时间/年-月	周期	实测值/mm	预测值/mm	相对残差	ARMA 模型结构$(n,n-1)$	模型参数	
						φ_i	θ_i
2007-06	27	529.810	487.03	0.0807	3,2	2.2434,-1.8009,0.5350	1.6392 -0.6355
2007-07	28	572.055	534.39	0.0658	3,2	2.0482,-1.5942,0.5196	1.1263 -0.1175
2007-08	29	749.327	585.80	0.2182	6,5	1.3701,1.1034,-2.0852, -0.1012,1.0600,-0.3832	0.0718 1.6836 0.2622 -0.9165 -0.1416
2007-09	30	872.438	822.00	0.0509	5,4	1.8751,-1.4750,1.7841, -1.8024,0.4886	0.6312 -0.5785 1.0902 -0.2106
2007-10	31	946.051	949.48	-0.0036	5,4	1.3291,-0.6480,1.4511, -1.1069,-0.2380	-0.1394 -0.4303 0.6161 0.3743
2007-11	32	971.553	999.07	-0.0283	3,2	2.3111,-1.6308,0.2862	0.8608 0.1451
2007-12	33	996.965	1005.28	0.0083	4,3	1.4252,-0.0932, -0.2182,-0.1757	0.0147 0.4934 0.5170
2008-01	34	1039.516	1013.83	0.0247	3,2	2.2689,-1.6063,0.3236	0.8785 0.1326
2008-02	35	1064.505	1066.08	-0.0015	3,2	2.1506,-1.3674,0.2009	0.7595 0.2529
2008-03	36	1073.623	1079.06	-0.0051	3,2	2.0189,-1.1562,0.1084	0.7000 0.3127
2008-04	37	1082.741	1086.37	-0.0033	3,2	2.2066,-1.4964,0.2760	0.8287 0.1828
2008-05	38	1133.066	1100.42	0.0288	3,2	2.3455,-1.7304,0.3769	0.8807 0.1305
2008-06	39	1342.641	1170.32	0.1283	3,2	2.2561,-1.5586,0.2936	0.8313 0.1804
2008-07	40	1641.677	1457.46	0.1122	3,2	2.266,-1.5753,0.2971	0.7802 0.2320
平均相对残差				0.0409			

2.4.5.3 模型适应性检验

模型适应性检验主要是残差序列 $\{a_t\}$ 的独立性检验。模型适应性检验的采用前面详细阐述的相关函数法。首先计算相关系数限差 $\rho_m = \frac{1.96}{\sqrt{t}}$，$t$ 建模所用观测数据长度，然后计算相关系数 ρ_k。判断当 $k>1$ 时自相关系数满足是否满足 $|\rho_k| \leqslant \rho_m$ 条件。经过比较显示相关系数均满足此条件，所以，可以认为残差序列项相互独立的，第 2 步中所建模型为合适模型。预测模型的残差序列自相关函数如图 2-3 所示。

2.4.5.4 边坡水平位移预测

边坡水平位移序列建模的主要目的是对变形序列的未来取值进行预测。根据前述的预测公式，做 1 个步长的新息动态预测，建模数据长度最小取 7。首先，根据预测公式计算平稳序列的预测值，然后加上序列平均值和趋势值。预测值与观测值对比，如图 2-4 所示，预测值拟合观测值效果较好。预测结果见表 2-3，平均相对残差为 4.09%，具有较高的预测精度。

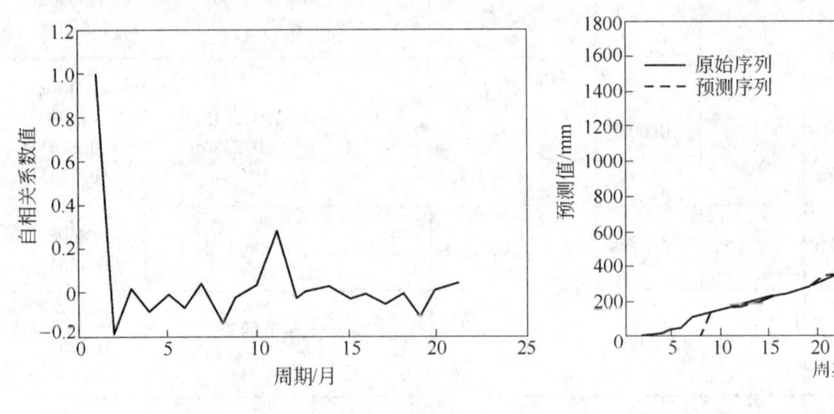

图 2-3 残差序列自相关函数

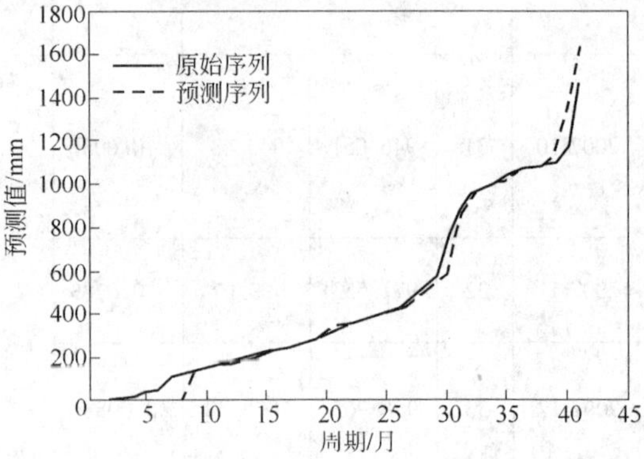

图 2-4 预测值与观测值对比

实践表明，提出的模型使用简便，变形预测精度高于多项式回归模型，是边坡变形预测中优先使用的方法。虽然提出的模型在一定程度上简化了 ARMA 模型预测步骤，但该模型数学基础和建模过程仍较为复杂。

2.5 灰色预测模型

边坡变形是一个复杂的系统，研究人员通过对边坡变形监测网进行长期、不间断观测，获取实测的时间序列数据资料信息，建立变形预测的数学模型，从而对边坡变形破坏进行预测。由于边坡变形与稳定的高度非线性特征和影响因素的模糊不确定性，灰色理论在边坡变形预测方面得到广泛应用。

灰色系统是指部分信息明确，部分信息不明确的系统。灰色系统理论是 20 世纪 80 年代由我国邓聚龙教授提出，用来解决信息不完备系统的数学方法，它把控制论的观点和方法延伸到复杂的大系统中，将自动控制与运筹学的数学方法相结合，用独树一帜的有效方法和手段，研究了广泛存在于客观世界中具有灰色性的问题。在短短的时间里，灰色系统理论有了飞速的发展，它的应用已渗透到自然科学和社会经济等许多领域，显示出这门学科的强大生命力，具有广阔的发展前景。

系统分析的经典方法是将系统的行为看作是随机变化的过程，用概率统计方法，从大量历史数据中寻找统计规律。这对于统计数据量较大情况下的处理较为有效，但对于数据量少的贫信息系统的分析则较为棘手。

灰色系统理论研究的是贫信息建模，它提供了贫信息情况下解决系统问题的新途径。它把一切随机过程看作是在一定范围内变化的，与时间有关的灰色过程，对灰色量不是寻找统计规律的角度，通过大样本进行研究，而是用数据生成的方法，将杂乱无章的原始数据整理成规律性强的生成数列再作研究。灰色理论认为系统的行为现象尽管是朦胧的，数据是杂乱无章的，但它毕竟是有序的，有整体功能的，此杂乱无章的数据后面，必然潜藏着某种规律，灰数的生成，是从杂乱无章的原始数据中去开拓、发现、寻找这种内在规律。

影响边坡岩体变形的因素中有很多因素都具有不确定性，边坡岩体变形过程是一个灰色系统，可以利用灰色系统理论中数列预测 GM(1,1) 模型对布沼坝煤矿的西帮及西北帮进行预测分析。

2.5.1 GM(1,1)模型

2.5.1.1 灰模型 GM(1,1) 的定义

设等间隔数列

$$x^{(0)} = \{x^{(0)}(1), x^{(0)}(2), \cdots, x^{(0)}(n)\} \tag{2-64}$$

为原序列，n 为序列长度。对 $x^{(0)}$ 进行一次累加生成，即可得到一个生成序列

$$x^{(1)} = \{x^{(1)}(1), x^{(1)}(2), \cdots, x^{(1)}(n)\} \tag{2-65}$$

即 $x^{(1)} = AGOx^{(0)}$。$X^{(1)}$ 是 $x^{(1)}$ 的等间隔子序列集，在 $X^{(1)}$ 上模仿白微分方程

$$\frac{\mathrm{d}x}{\mathrm{d}t} + ax = b \tag{2-66}$$

的灰微分方程为

$$x^{(0)}(k) + az^{(1)}(k) = b \tag{2-67}$$

式中

$$z^{(1)}(k) = 0.5x^{(1)}(k) + 0.5x^{(1)}(k-1) \tag{2-68}$$

$$x^{(1)}(k) = \sum_{m=1}^{k} x^{(0)}(m) \tag{2-69}$$

称 $x^{(0)}(k) + az^{(1)}(k) = b$ 为灰模型 GM(1,1) 的定义型，记为 GM(1,1,D)。GM(1,1) 的含义为1阶(Order)，1个变量（Variable）的灰（Grey）模型（Model）。a 称为发展系数，其符号和大小，反映了 $x^{(0)}$ 的发展态势；b 称为灰作用量，其内涵为系统的作用量，是具有灰信息覆盖的作用量，但不是可以直接观测的。$z^{(1)}(k)$ 称为白化背景值，是 $x^{(1)}(k)$ 与 $x^{(1)}(k-1)$ 的平均值，故记为 $z^{(1)}$ 为 $MEANx^{(1)}$，即

$$z^{(1)} = MEANx^{(1)} \tag{2-70}$$

$x^{(0)}(k)$为系统行为，是可观测的量，具有白信息覆盖，而且它是系统的“果”，故为白果。又由于 b 为系统的输入，是因，而且 b 为灰作用量，具有灰信息覆盖，是灰因。因此 GM(1,1)符合灰因白果律。

灰模型 GM(1,1)的白化模型为

$$\frac{\mathrm{d}x^{(1)}}{\mathrm{d}t} + ax^{(1)} = b \tag{2-71}$$

GM(1,1)白化模式的响应式为

$$\begin{aligned} \hat{x}^{(1)}(k+1) &= \left(x^{(0)}(1) - \frac{b}{a}\right)e^{ak} + \frac{b}{a} \\ \hat{x}^{(0)}(k+1) &= \hat{x}^{(1)}(k+1) - \hat{x}^{(1)}(k) \end{aligned} \tag{2-72}$$

对上式整理并进行变量替换，则

$$\hat{x}^{(0)}(k) = (1 - e^{a})\left(x^{(0)}(1) - \frac{b}{a}\right)e^{-a(k-1)} \tag{2-73}$$

GM(1,1)的白化模型是真正的微分方程，其响应式是微分方程

$$\frac{\mathrm{d}x^{(1)}}{\mathrm{d}t} + ax^{(1)} = b \tag{2-74}$$

在初始条件为 $x^{(0)}$ (1) 时的解。

从式 2-73 可以看出，GM(1,1)的实质就是指数函数作为拟合函数对等时距数据序列进行拟合的。

2.5.1.2　灰模型 GM(1,1)参数辨识

设 $x^{(0)}$ 为原始序列，$x^{(1)} = AGOx^{(0)}$，$z^{(1)} = MEANx^{(1)}$，即

$$x^{(0)} = [x^{(0)}(1), x^{(0)}(2), \cdots, x^{(0)}(n)]$$

$$x^{(1)}(k) = \sum_{m=1}^{k} x^{(0)}(m) \tag{2-75}$$

$$x^{(1)} = [x^{(1)}(1), x^{(1)}(2), \cdots, x^{(1)}(n)]$$

$$z^{(1)}(k) = 0.5x^{(1)}(k) + 0.5x^{(1)}(k-1)$$

$$z^{(1)} = [z^{(1)}(2), z^{(1)}(3), \cdots, z^{(1)}(n)]$$

又令 $x^{(0)}$ 的 GM(1,1)定义型为

$$x^{(0)}(k) + az^{(1)}(k) = b$$

则其参数

$$P = \begin{bmatrix} a \\ b \end{bmatrix}$$

在最小二乘准则下有矩阵算式如下

$$P = \begin{bmatrix} a \\ b \end{bmatrix} = (B^T B)^{-1} B^T Y_N \tag{2-76}$$

$$B = \begin{bmatrix} -z^{(1)}(2) & 1 \\ -z^{(1)}(3) & 1 \\ \vdots & \vdots \\ -z^{(1)}(n) & 1 \end{bmatrix}, \quad Y_N = \begin{bmatrix} x^{(0)}(2) \\ x^{(0)}(3) \\ \vdots \\ x^{(0)}(n) \end{bmatrix}$$

3 个数据的序列 $x^{(0)}$

$$x^{(0)} = (x^{(0)}(1), x^{(0)}(2), x^{(0)}(3)) \tag{2-77}$$

只有唯一解，无合理解。为了获得合理解，作 GM(1,1) 建模的序列 $x^{(0)}$，要求至少有 4 个数据，即

$$x^{(0)} = (x^{(0)}(1), x^{(0)}(2), x^{(0)}(3), x^{(0)}(4)) \tag{2-78}$$

求出参数 a，b 后代入式 2-73，当 $k < n$ 时，称 $\hat{x}^{(0)}(k)$ 为模型模拟值，当 $k = n$ 时，称 $\hat{x}^{(0)}(k)$ 为模型滤波值；当 $k > n$ 时，称 $\hat{x}^{(0)}(k)$ 为模型预测值。

2.5.1.3 灰模型 GM(1,1) 预测可信度检验

因为 GM(1,1) 模型的数据允许少到 4 个，所以具有 4 个以上数据的序列，可以通过滚动检验来检验预测模型的可信度。

滚动检验是指用前面的数据建模，预测后面一个数据，如此一步一步地向前滚动。而预测值与实际值的残差，便反映了预测模型的可信度。残差越小，可信度越大。

2.5.2 GM(1,1)模型建立的条件

GM(1,1) 模型是针对符合光滑离散函数的一类数列建模。令 $x^{(0)}$ 为原始序列

$$x^{(0)} = [x^{(0)}(1), x^{(0)}(2), \cdots, x^{(0)}(n)]$$

$$\forall x^{(0)}(k) \in x^{(0)} \Rightarrow k \in K = \{1, 2, \cdots, n\}$$

令 $\sigma^{(0)}(k)$ 为 $x^{(0)}$ 的级比

$$\sigma^{(0)}(k) = \frac{x^{(0)}(k-1)}{x^{(0)}(k)} \tag{2-79}$$

若满足

界区： $\sigma^{(0)}(k) \in (e^{-\frac{2}{n+1}}, e^{\frac{2}{n+1}})$，或

平滑区： $\sigma^{(0)}(k) \in (1-\varepsilon, 1+\varepsilon)$，$\varepsilon$ 为指定值

则称 $x^{(0)}$ 为平滑序列。

定量预测以惯性为基础。序列中数据变化体现惯性的大小。数据变化小，则惯性大。具体来说，序列的级比 $\sigma^{(0)}(k)$ 满足

$$\sigma^{(0)}(k) \in (0.1353, 7.389)$$

表示序列 $x^{(0)}$ 的惯性达到了可作灰预测的地步，而且 $\sigma^{(0)}(k)$ 越靠近 1，则惯性越大。

$\sigma^{(0)}(k)$ 值越接近1，说明 $x^{(0)}$ 序列光滑性越好，建立的模型精度也就越高。

原始数据往往含有随机干扰的成分，光滑性差，但采用累加生成（AGO）处理方法，一般可得到平滑数列。

2.5.3　GM(1,1)模型精度评定

对模型模拟精度即模型拟合程度评定的方法有三种，即残差大小检验、关联度检验和后验差检验。残差大小检验是对模型值和实际值的误差进行逐点检验；关联度检验是考察模型值与建模序列曲线的相似程度；后验差检验是对残差分布的统计特性进行检验，它由后验差比值 C 和小误差概率 P 共同描述。

2.5.4　最佳维数灰色模型

应用灰色模型进行边坡变形预测实践中，发现虽然预测模型精度较高，但变形预测精度较低，因此，有必要开展灰色模型的优化研究。

(1) GM(1,1)模型群构建。

(2) 设原始数列为 $x^{(0)}$，有拓扑空间 $(x^{(0)},J)$，J 为 $x^{(0)}$ 上的拓扑。令 $x^{(0)}(n)$ 为现实数据，构造现实数据的邻域族为

$$x_2^{(0)} = \{x^{(0)}(2), x^{(0)}(3), \cdots, x^{(0)}(n)\}$$

$$x_i^{(0)} = \{x^{(0)}(i), x^{(0)}(i+1), \cdots, x^{(0)}(n)\} \tag{2-80}$$

由 $x_i^{(0)}$ $(i=1, 2, \cdots, n-3)$ 建立的模型集合称为 $x^{(0)}$ 的 GM(1,1) 模型群。倘若在 $x^{(0)}(n)$ 的邻域族中，由模型 i: $\mathrm{GM}_i = \mathrm{GM}(\{x^{(0)}(i), x^{(0)}(i+1), \cdots, x^{(0)}(n)\})$ 所得到的曲线构成邻域族 GM(1,1) 的上界，由模型 j: $\mathrm{GM}_j = \mathrm{GM}(\{x^{(0)}(j), x^{(0)}(j+1), \cdots, x^{(0)}(n)\})$ 所得到的曲线构成邻域族 GM(1,1) 的下界，则 GM_i 与 GM_j 构成模型群预测值的上下界平面(灰平面)，见图2-5。各个未来时刻的预测值均包含在此平面内。

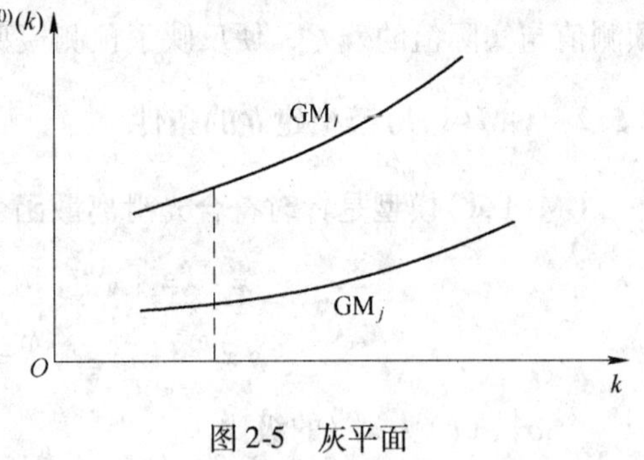

图2-5　灰平面

(3) GM(1,1)模型优化研究。预测实践表明，模型群中每个模型的预测效果并不相同，大多数模型预测精度较低。对此诸多文献进行了深入研究，邓聚龙等人提出基于新陈代谢子列族和拓扑子列族的滚动建模。

设 $x^{(0)}$ 为原始序列

$$x^{(0)} = [x^{(0)}(1), x^{(0)}(2), \cdots, x^{(0)}(n)]$$

令 $x^{(0)}(1,k)$ 为 $x^{(0)}$ 的子列

$$x^{(0)}(1,k) = [x^{(0)}(1), x^{(0)}(2), \cdots, x^{(0)}(k)]$$

则

称 $x^{(0)}(1,k)$ 为 $x^{(0)}$ 的 k 维子列。

称 $x_{met}^{(0)}$

$$x_{met}^{(0)} = [x^{(0)}(1,4),x^{(0)}(2,5),\cdots,x^{(0)}(n-4,n-1)] \tag{2-81}$$

为4维新陈代谢子列族。

称 $x_{top}^{(0)}$

$$x_{top}^{(0)} = [x^{(0)}(1,4),x^{(0)}(1,5),\cdots,x^{(0)}(1,n-1)] \tag{2-82}$$

为拓扑子序族。

称 $x_{met}^{(0)}$ 和 $x_{top}^{(0)}$ 的 GM(1,1) 建模

$$\mathrm{GM}(1,1)_{\Sigma} = [\mathrm{GM}(1,1)_4,\mathrm{GM}(1,1)_5,\cdots,\mathrm{GM}(1,1)_{n-1}] \tag{2-83}$$

为滚动建模。

称 $\mathrm{GM}(1,1)_i$ 算出的模型值 $\hat{x}^{(0)}(i+1)$ 为滚动预测值，称

$$\hat{x}^{(0)} = [\hat{x}^{(0)}(5),\hat{x}^{(0)}(6),\cdots,\hat{x}^{(0)}(n)] \tag{2-84}$$

滚动预测序列。

称 $e(i+1)$ 为 $i+1$ 点滚动残差

$$e(i+1) = \frac{x^{(0)}(i+1) - \hat{x}^{(0)}(i+1)}{x^{(0)}(i+1)} \tag{2-85}$$

称 $e(avg)$ 为平均滚动残差

$$e(avg) = \frac{1}{n-4}\sum_{k=5}^{n}|e(k)| \tag{2-86}$$

尹晖等人提出灰数模型：在进行长期预测时，在无已知信息的情况下，用灰色信息来淡化灰平面的灰度，即用预测出的变形值参与建模，再用新模型预测下一个变形值。叶斌提出灰色线性组合、灰色神经网络等组合模型方法，从模型组合角度研究提高灰色预测精度的可能性。李克钢从等时距序列与不等时距序列二者的关系出发，建立了不等时距 GM(1,1) 预测模型。赵静波采用以季节分段的时间序列预测方法，预测结果与边坡季节性变化特点较为吻合，为灰色预测理论研究探索一种新的研究思路。这些方法在一定程度上改进了灰色模型预测精度。孙世国、陈路良等人对边坡变形采用灰色模型预测理论进行深入研究与实践，取得较好的效果。何习平提出加权多点灰色预测模方法，可以实现多个监测点变形的整体预测，从改进背景值的计算方法角度进行研究，提高灰色预测的精度。

边坡变形预测实践表明，邓聚龙提出的基于新陈代谢子列族的滚动建模预测精度优于其他方法。但新陈代谢子列族的维数不同，预测效果也不同。因此在新陈代谢滚动建模的基础上重点研究模型的最佳维数，即研究 GM(1,1) 的最佳维数建模法。

对于一个边坡系统而言，随着时间的推移，系统受干扰的因素不断变化，系统状态也不断变化。若应用全部实测数据直接套用 GM(1,1) 模型进行预测，一方面由于建模数据过长，系统受干扰因素增多，易使模型精度降低。另一方面模型未能侧重反映出系统的变化，对新信息利用不够，其预测可信度下降。因此，必须减少建模数据的长度，减少系统

的干扰。建模数据的长度即建模序列的维数确定，采用预测精度最高即预测残差最小的原则。

设 $x^{(0)}$ 为变形原始序列

$$x^{(0)} = [x^{(0)}(1), x^{(0)}(2), \cdots, x^{(0)}(n)] \tag{2-87}$$

称 $x_m^{(0)}$

$$x_m^{(0)} = [x^{(0)}(1,m), x^{(0)}(2,m+1), \cdots, x^{(0)}(n-m,n-1)] \tag{2-88}$$

为 m 维新陈代谢子列族。

称 $x_m^{(0)}$ 的 GM(1,1)建模

$$\mathrm{GM}(1,1)_\Sigma = [\mathrm{GM}(1,1)_m, \mathrm{GM}(1,1)_{m+1}, \cdots, \mathrm{GM}(1,1)_{n-1}] \tag{2-89}$$

为滚动建模。

称 $\mathrm{GM}(1,1)_i$ 算出的模型值 $\hat{x}^{(0)}(i+1)$ 为滚动预测值，称

$$\hat{x}^{(0)} = [\hat{x}^{(0)}(m+1), \hat{x}^{(0)}(m+2), \cdots, \hat{x}^{(0)}(n)] \tag{2-90}$$

为滚动预测序列。

称 $e(i+1)$ 为 $i+1$ 点滚动残差

$$e(i+1) = \frac{x^{(0)}(i+1) - \hat{x}^{(0)}(i+1)}{x^{(0)}(i+1)} \tag{2-91}$$

称 $e(avg)_m$ 为平均滚动残差

$$e(avg)_m = \frac{1}{n-m}\sum_{k=m+1}^{n} |e(k)| \tag{2-92}$$

设 $m=4, 5, \cdots, n-1$,应用上述计算方法计算平均滚动残差序列 $e(avg)$。其中最小平均滚动残差 $e(avg)_{\min}$ 对应的 m 值为最佳建模维数,记为 m_0。m_0 对应的模型群称为最佳模型群。利用最佳模型群对于现实数据 $x^{(0)}(n)$ 的一步预测，称为最佳维数灰色模型预测。

模型预测可信度检验，最小平均滚动残差 $e(avg)_{\min}$ 表明预测误差，所以模型群预测可信度 p_r 定义为

$$p_r = 1 - \varepsilon(avg)_m \tag{2-93}$$

2.5.5　实例预测与分析

以边坡变形监测点 jn2-1 的水平位移预测为例，讨论最佳模型群应用方法和效果。观测数据长度为 $n=40$，具体数值见表 2-4。预测步骤如下。

(1) 级比平滑检验。

对观测数据进行线性插值和奇异数据检查后得到等间隔数据序列 $x^{(0)}$，对等间隔数列 $x^{(0)}$ 进行级比平滑检验，以判断是否适合灰色建模，首先计算级比值。

因 $\sigma^{(0)}(k) = \dfrac{x^{(0)}(k-1)}{x^{(0)}(k)}$,则

$$\sigma^{(0)} = (\sigma^{(0)}(2), \sigma^{(0)}(3), \cdots, \sigma^{(0)}(40))$$
$$= (0.43, 0.59, 0.56, 0.78, 0.46, 0.88, 0.88, \cdots, 0.81)$$

$\sigma^{(0)}(k) \in (0.1353, 7.389)$表明序列是 $x^{(0)}$ 是平滑的，可作数列灰色预测。

(2) 级比界区检验。

已知目前观测序列长度 $n=40$，有

界区：$(e^{-\frac{2}{n+1}}, e^{\frac{2}{n+1}}) = (0.9523, 1.0499)$

级比区：$\sigma^{(0)}(k) \in (0.43, 0.99)$，部分落在界区范围内。前 6 项数据级比值在 0.43 和 0.78 之间，落在界区外，偏离 1 较大，因此用前 6 项观测值进行预测，精度会较低。若级比区在界区以内，可以获得精度较高的 GM(1,1)模型。

(3) 模型精度评定。

对模型拟合精度采用残差大小检验法。对于滚动建模预测来说，每个建模维数 m 下一般会有 $n-m$ 个 GM(1,1)模型，构成模型群 $GM_m(1,1)$。计算每个模型群的模拟值平均相对残差

$$\varepsilon(avg)_m = \frac{1}{n-m}\sum_{i=1}^{n-m}\sum_{k=i}^{m+i-1} |\varepsilon^{(0)}(k)| \quad (m = 4,5,\cdots,n-1) \tag{2-94}$$

(4) GM(1,1)建模及最佳建模维数确定。

采用新陈代谢滚动建模法，建模维数 $m=4$，5，…，$n-1$，计算预测值平均滚动残差

$$e(avg)_m = \frac{1}{n-m}\sum_{k=m+1}^{n} |e(k)| \tag{2-95}$$

获得平均滚动残差序列

$$e(avg) = (e(avg)_4, e(avg)_5, \cdots)$$
$$= (0.077, 0.079, 0.085, 0.098, 0.104, \cdots)$$

式中，$e(avg)_4 = 0.077$ 为最小，所以最佳模型维数 $m_0=4$。4 维新陈代谢滚动预测模型是最优模型群。因此，对于 41 期以后的变形值预测，新陈代谢滚动预测模型维数应取 4 为宜。

(5) 模型 GM(1,1)预测可信度检验。模型预测可信度为 $p_r = 1 - e(avg)_4 = 1 - 0.077 = 92.3\%$。

计算结果表明模型预测具有 92.3% 可信度，具有较高的预测精度。详细预测结果见表 2-4，m 是滚动建模数列长度。预测结果表明，参与建模数据列越长，预测精度越低。其原因是建模数据多，干扰因素增多，新信息作用下降导致四维新陈代谢滚动预测模型是最优模型群。变形序列第 5、6、7 和 8 项变形值预测精度较低，主要是前 6 项数据不够平滑造成。依据级比值大小从第 7 项数据开始用于建模，可以提高预测可信度，预测精度为 95.05%。

最佳维数建模法与拓扑子列族的滚动建模法预测结果比较见表 2-5。从表 2-5 中可以看出，最佳维数建模法预测值平均相对残差为 7.7%，即预测精度为 92.3%；拓扑子列族滚动建模法预测值平均相对残差为 22.9%，即预测精度为 77.1%。前者与后者相比，具有较高的预测精度。

表 2-4 jn2-1 监测点水平位移值预测

时 间	周期	实测值/mm	预测值/mm					相对残差				
			$m=4$	$m=5$	$m=6$	$m=7$	$m=8$	$m=4$	$m=5$	$m=6$	$m=7$	$m=8$
2005-04	1	5.672										
2005-05	2	12.981										
2005-06	3	21.855										
2005-07	4	32.640										
2005-08	5	49.067	62.13					-0.266				
2005-09	6	106.106	70.94	75.22				0.331	0.291			
2005-10	7	120.152	165.50	153.86	143.55			-0.377	-0.281	-0.195		
2005-11	8	135.912	172.62	183.22	191.60	202.94		-0.314	-0.348	-0.410	-0.493	
2005-12	9	151.671	153.56	183.4	194.52	202.97	227.88	-0.012	-0.209	-0.282	-0.378	-0.493
2006-01	10	167.976	170.36	171.07	194.65	207.22	223.2	-0.014	-0.018	-0.159	-0.234	-0.378
2006-02	11	174.197	186.65	182.04	189.11	209.01	221.85	-0.071	-0.079	-0.086	-0.200	-0.234
2006-03	12	185.866	182.12	192.44	195.90	192.54	216.33	-0.012	-0.035	-0.054	-0.068	-0.200
2006-04	13	197.726	194.73	192.66	202.54	206.23	209.37	0.015	-0.005	-0.024	-0.043	-0.068
2006-05	14	212.166	210.65	202.2	210.77	22.13	217.73	0.034	0.046	0.034	0.018	-0.043
2006-06	15	236.996	235.22	232.87	229.35	230.2	232.44	0.008	0.017	0.032	0.029	0.018
2006-07	16	243.648	259.68	256.95	254.74	251.23	251.24	-0.066	-0.055	-0.046	-0.031	0.029
2006-08	17	272.637	259.29	265.41	266.41	266.36	264.47	0.069	0.047	0.044	0.044	-0.031
2006-09	18	272.637	292.33	295.59	296.78	295.89	294.68	-0.071	-0.061	-0.065	-0.062	0.044
2006-10	19	324.227	302.98	301.61	303.37	306.55	307.5	0.066	0.07	0.064	0.055	-0.062
2006-11	20	342.516	343.56	347.29	341.86	340.32	341.14	0.014	0.004	0.019	0.024	0.055
2006-12	21	357.380	392.29	377.54	379.57	374.89	372.93	-0.098	-0.056	-0.062	-0.049	0.024

续表 2-4

时间	周期	实测值/mm	预测值/mm					相对残差				
			$m=4$	$m=5$	$m=6$	$m=7$	$m=8$	$m=4$	$m=5$	$m=6$	$m=7$	$m=8$
2007-01	22	372. 011	377. 54	395. 77	391. 11	395. 40	393. 57	-0. 015	-0. 064	-0. 051	-0. 063	-0. 049
2007-02	23	390. 511	383. 47	389. 97	405. 41	404. 61	409. 97	0. 018	0. 001	-0. 038	-0. 036	-0. 063
2007-03	24	402. 407	407. 66	403. 76	407. 59	420. 38	421. 05	0. 002	0. 011	0. 002	-0. 029	-0. 036
2007-04	25	424. 820	422. 05	426. 92	423. 65	426. 24	437. 14	-0. 008	-0. 005	0. 003	-0. 003	-0. 029
2007-05	26	481. 514	443. 35	444. 86	444. 61	442. 18	444. 3	0. 079	0. 076	0. 077	0. 082	-0. 003
2007-06	27	529. 810	517. 47	504. 89	492. 23	492. 97	487. 17	0. 023	0. 047	0. 060	0. 07	0. 082
2007-07	28	572. 055	592. 57	577. 28	564. 60	555. 49	547. 72	-0. 036	-0. 009	0. 013	0. 029	0. 07
2007-08	29	749. 327	624. 35	635. 35	627. 40	617. 63	609. 09	0. 167	0. 152	0. 163	0. 176	0. 029
2007-09	30	872. 438	877. 58	835. 48	812. 25	794. 51	772. 48	-0. 006	0. 042	0. 062	0. 089	0. 176
2007-10	31	946. 051	1076. 76	1041. 80	1009. 51	989. 68	962. 76	-0. 138	-0. 101	-0. 067	-0. 046	0. 089
2007-11	32	971. 553	1062. 63	1134. 72	1132. 90	1119. 80	1109. 59	-0. 100	-0. 168	-0. 166	-0. 153	-0. 046
2007-12	33	996. 965	1032. 43	1080. 49	1147. 88	1165. 91	1169. 80	-0. 036	-0. 084	-0. 151	-0. 169	-0. 153
2008-01	34	1039. 516	1023. 50	1049. 53	1093. 76	1157. 80	1185. 00	0. 015	-0. 010	-0. 052	-0. 114	-0. 169
2008-02	35	1064. 505	1072. 67	1067. 54	1085. 30	1123. 25	1181. 94	-0. 008	-0. 003	-0. 020	-0. 055	-0. 114
2008-03	36	1073. 623	1102. 76	1100. 93	1092. 49	1113. 64	1147. 82	-0. 027	-0. 025	-0. 023	-0. 037	-0. 055
2008-04	37	1082. 741	1093. 67	1102. 48	1112. 77	112. 36	1129. 53	-0. 010	-0. 024	-0. 028	-0. 029	-0. 037
2008-05	38	1133. 066	1091. 98	1100. 13	112. 04	1120. 94	1125. 09	0. 036	0. 029	0. 017	0. 011	-0. 029
2008-06	39	1342. 641	1157. 59	1143. 63	1141. 93	1149. 28	1153. 46	0. 138	0. 148	0. 149	0. 144	0. 011
2008-07	40	1641. 677	1475. 47	1396. 09	1343. 35	1312. 71	1292. 76	0. 101	0. 150	0. 182	0. 200	0. 144
平均滚动残差								0. 077	0. 079	0. 085	0. 098	0. 104

表 2-5 最佳维数建模法与拓扑子列族的滚动建模法预测比较

时间	周期	实测值/mm	预测值/mm		相对残差	
			最佳维数建模法	拓扑子列族滚动建模法	最佳维数建模法	拓扑子列族滚动建模法
2005-04	1	5. 672				
2005-05	2	12. 981				
2005-06	3	21. 855				
2005-07	4	32. 640				
2005-08	5	49. 067	62. 13	62. 13	-0. 266	-0. 266
2005-09	6	106. 106	70. 94	75. 22	0. 331	0. 291
2005-10	7	120. 152	165. 50	143. 55	-0. 377	-0. 195
2005-11	8	135. 912	172. 62	202. 94	-0. 314	-0. 493
2005-12	9	151. 671	153. 56	227. 88	-0. 012	-0. 502
2006-01	10	167. 976	170. 36	243. 81	-0. 014	-0. 451
2006-02	11	174. 197	186. 65	252. 87	-0. 071	-0. 486
2006-03	12	185. 866	182. 12	264. 79	-0. 012	-0. 425
2006-04	13	197. 726	194. 73	272. 09	0. 015	-0. 376
2006-05	14	212. 166	210. 65	280. 69	0. 034	-0. 287
2006-06	15	236. 996	235. 22	295. 90	0. 008	-0. 249
2006-07	16	243. 648	259. 68	313. 96	-0. 066	-0. 289
2006-08	17	272. 637	259. 29	326. 95	0. 069	-0. 173
2006-09	18	272. 637	292. 33	351. 64	-0. 071	-0. 262
2006-10	19	324. 227	302. 98	366. 83	0. 066	-0. 131
2006-11	20	342. 516	343. 56	396. 72	0. 014	-0. 138
2006-12	21	357. 380	392. 29	427. 56	-0. 098	-0. 196
2007-01	22	372. 011	377. 54	452. 63	-0. 015	-0. 217
2007-02	23	390. 511	383. 47	475. 74	0. 018	-0. 218
2007-03	24	402. 407	407. 66	492. 86	0. 002	-0. 221
2007-04	25	424. 820	422. 05	521. 75	-0. 008	-0. 228
2007-05	26	481. 514	443. 35	543. 95	0. 079	-0. 130
2007-06	27	529. 810	517. 47	579. 22	0. 023	-0. 093
2007-07	28	572. 055	592. 57	622. 00	-0. 036	-0. 087
2007-08	29	749. 327	624. 35	662. 83	0. 167	0. 107
2007-09	30	872. 438	877. 58	756. 64	-0. 006	0. 133
2007-10	31	946. 051	1076. 76	854. 26	-0. 138	0. 097
2007-11	32	971. 553	1062. 63	944. 91	-0. 100	0. 027
2007-12	33	996. 965	1032. 43	1033. 78	-0. 036	-0. 037
2008-01	34	1039. 516	1023. 50	1130. 56	0. 015	-0. 088
2008-02	35	1064. 505	1072. 67	1235. 01	-0. 008	-0. 160
2008-03	36	1073. 623	1102. 76	1343. 11	-0. 027	-0. 251
2008-04	37	1082. 741	1093. 67	1446. 97	-0. 010	-0. 336
2008-05	38	1133. 066	1091. 98	1539. 52	0. 036	-0. 359
2008-06	39	1342. 641	1157. 59	1625. 83	0. 138	-0. 211
2008-07	40	1641. 677	1475. 47	1741. 11	0. 101	-0. 061
平均相对残差					0. 077	0. 229

图 2-6 所示为最佳维数建模法与拓扑子列族滚动建模法预测结果比较，从图 2-6 中也可以直观地看出最佳维数建模法预测精度较高。虽然拓扑子列族滚动建模法预测精度较低，但对边坡水平位移变形大趋势的表达比较准确。因此，综合利用两种方法的优点可以定性和定量地判断边坡变形未来的走势。

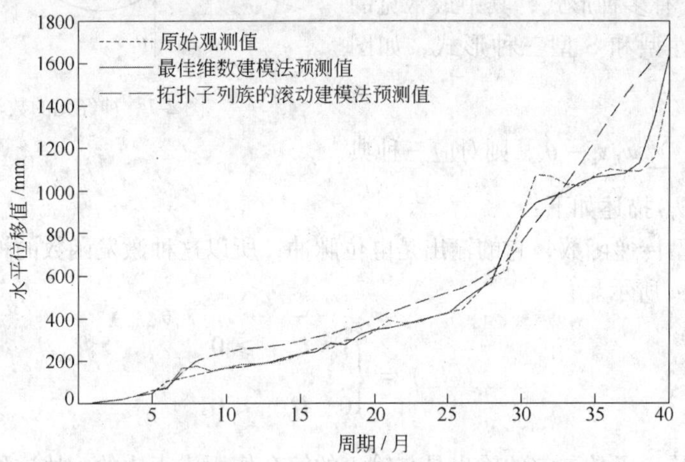

图 2-6　最佳维数建模法与拓扑子列族滚动建模法预测结果比较

用本节 GM(1,1)的最佳维数建模法、多项式移动拟合法和基于残差方差最小原则的时间序列法 jn2-1 点水平位移进行预测，预测值平均相对残差分别为 7.7%、6.5% 和 4.1%，预测精度分别为 92.3%、93.5% 和 95.9%。由此可见灰色建模预测精度最低，时间序列法预测精度较高，但预测精度均在 92% 以上，预测精度都在良好范围内。但是灰色模型的优势是建模所需数据只要 4 个就可以建模，建模数据可以很短，适合于观测数据较少的情况。

2.6　神经网络预测模型

2.6.1　神经网络概述

神经网络（Neural Networks，NN）是由大量的、简单的处理单元（称为神经元）广泛地互相连接而形成的复杂网络系统，它反映了人脑功能的许多基本特征，是一个高度复杂的非线性动力学系统。神经网络具有大规模并行、分布式存储和处理、自组织、自适应和自学习能力，特别适合处理需要同时考虑许多因素和条件的、不精确和模糊的信息处理问题。神经网络的发展与神经科学、数理科学、认知科学、计算机科学、人工智能、信息科学、控制论、机器人学、微电子学、心理学、光计算、分子生物学等有关，是一门新兴的边缘交叉学科。

神经网络的基本组成单元是神经元。神经元是一个多输入单输出的信息处理单元，而且，它对信息的处理是非线性的。根据神经元的特性和功能，可以把神经元抽象为一个简单的数学模型。工程上的神经元模型如图 2-7 所示。

在图 2-7 中，x_1，x_2，…，x_n 是神经元的输入，即是来自前级 n 个神经元的轴突的信息；θ_i 是 i 神经元的阈值；w_{1i}，w_{2i}，…，w_{ni} 分别是 i 神经元对 x_1，x_2，…，x_n 的权值连

接，即突触的传递效率；y_i 是 i 神经元的输出；f 是传递函数，决定 i 神经元受到输入 x_1，x_2，…，x_n 的共同作用达到阈值时以何种方式输出。

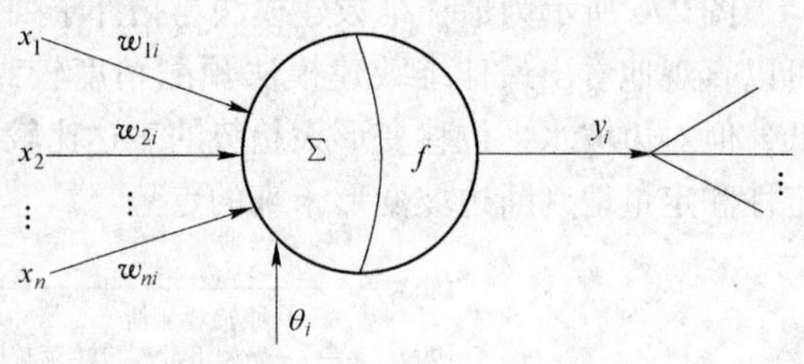

图 2-7　神经元的数学模型

传递函数 f 有多种形式，其中最常见的有阶跃型、线性型和 S 型三种形式，如图 2-8 所示。

假设 $U_i = \sum_{j=1}^{n} w_{ji}x_j - \theta$，则对应三种典型传递函数 $f(U_i)$ 描述如下：

（1）阶跃型传递函数，它的输出是电位脉冲，所以这种激发函数的神经元称离散输出模型，如图 2-8*a* 所示。

$$f(U_i) = \begin{cases} 1 & U_i \geqslant 0 \\ 0 & U_i < 0 \end{cases} \tag{2-96}$$

（2）线性传递函数，它的输出是与输入的综合作用成正比的，故这种神经元称线性连续型模型，如图 2-8*b* 所示。

$$f(U_i) = KU_i \tag{2-97}$$

（3）S 型传递函数，它的输出是非线性的，故这种神经元称非线性连续型模型。如图 2-8*c* 所示。

$$f(U_i) = \frac{1}{1 + \exp(-U_i)} \tag{2-98}$$

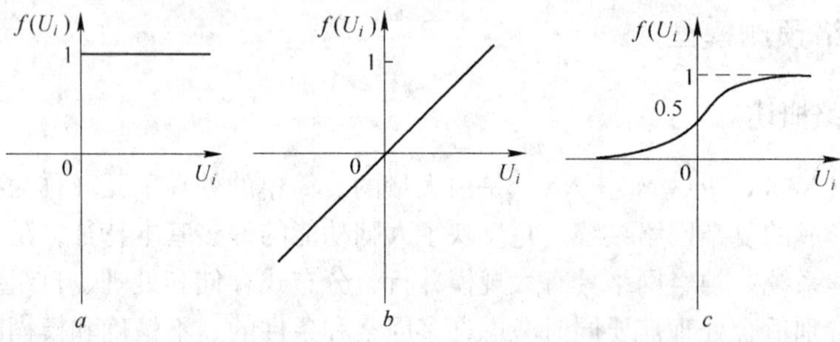

图 2-8　典型传递函数

上面所叙述的是最广泛应用且为人们最熟悉的神经元数学模型，也是历史最长的神经元模型。神经元和神经网络的关系是元素与整体的关系。神经元的结构很简单，工作机理也不深奥，但是用神经元组成的神经网络就非常复杂。

目前神经网络已有几十种不同的模型：线性神经网络、径向基函数网络等。BP 算法是一个很有效的算法，在人工神经网络的实际应用中，绝大部分模型是采用 BP 网络及其变化形式。BP 模型已成为神经网络的重要模型之一。因此本研究主要应用 BP 网络。

2.6.2　神经网络 BP 算法

2.6.2.1　BP 算法的思路

BP 网络是一种多层前馈型神经网络，其神经元的传递函数是 S 型函数，输出量为 0 ~1之间的连续量，它可以实现从输入到输出的任意非线性影射。由于权值的调整采用反向传播（Back Propagation）学习算法，因此，也常称其为 BP 网络。该网络主要应用在函数逼近、模式识别、分类、数据压缩等方面。

BP 网络模型结构如图 2-9 所示，网络不仅有输入层节点，输出层节点，而且有隐含层节点（隐含层可以是一层或多层）。对于输入信号，要先向前传播到隐含节点，经过激活函数后，再把隐含节点的输出信息传播到输出节点，最后给出输出结果。节点的激活函数通常选取标准 Sigmoid 型函数。

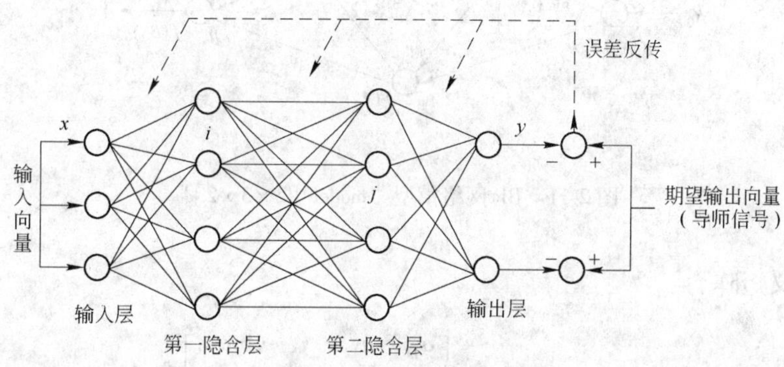

图 2-9　BP 网络模型结构

BP 算法的主要思想是把学习过程分为两个阶段：

第一阶段（正向传播过程）　给出输入信息，通过输入层，经隐含层逐层处理并计算每个单元的实际输出值。

第二阶段（反向传播过程）　若在输出层未能得到期望的输出值，则逐层递归地计算实际输出与期望输出之差值（即误差），以便根据此差调节权值。具体地说，就是可对每一个权重计算出接收单元的误差值与发送单元的激活值的积。因为，这个积和误差对权重的微商成正比（又称梯度下降算法），把它称作权重误差微商。权重的实际改变可由权重误差微商按各个模式分别计算出来。

这两个过程的反复运用，使得误差信号最小。实际上，误差达到人们所希望的要求时，网络的学习过程就结束。BP 算法程序如图 2-10 所示。

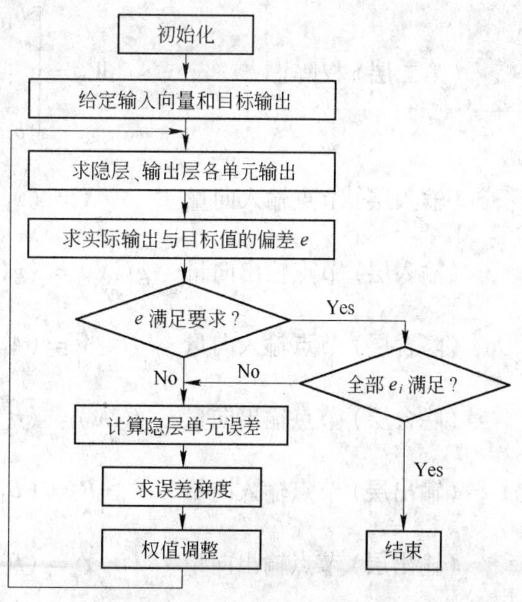

图 2-10　BP 算法的程序

2.6.2.2 BP 网络的计算步骤

图 2-11 所示为“model [2×3×2]”BP 网络结构，目的是了解 BP 计算公式中各符号的含义。为更具一般性，设输入层节点数为 n，隐含层节点数为 P，输出层节点数为 m。下面总结一下常规 BP 算法的一般计算公式和步骤。

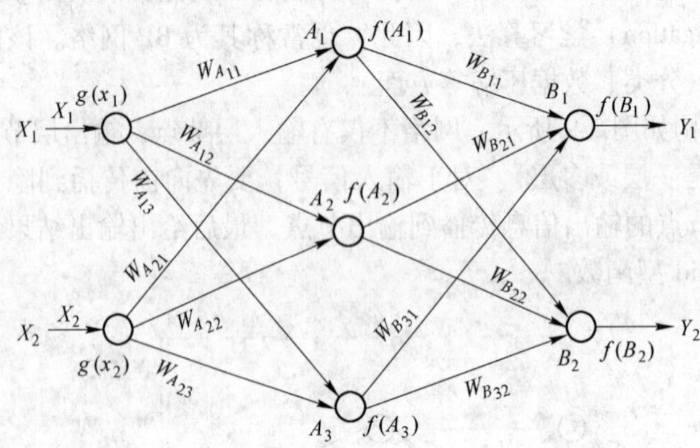

图 2-11 BP 网络模型“model [2×3×2]”

（1）定义矩阵。

（第一层）权阵
$$\underset{n\times p}{W_A}=\begin{bmatrix} a_{11} & a_{12} & \cdots & a_{1P} \\ \vdots & & & \vdots \\ a_{n1} & a_{n2} & \cdots & a_{np} \end{bmatrix} \tag{2-99}$$

（第二层）权阵
$$\underset{p\times m}{W_B}=\begin{bmatrix} b_{11} & b_{12} & \cdots & b_{1m} \\ \vdots & & & \vdots \\ b_{p1} & b_{P2} & \cdots & b_{Pn} \end{bmatrix} \tag{2-100}$$

（输入层）节点输入向量
$$\underset{n\times 1}{X}=(x_1,x_2,\cdots,x_n)^T \tag{2-101}$$

（输入层）节点输出向量
$$g(\underset{n\times 1}{X})=(g(x_1),\cdots,g(x_n))^T \tag{2-102}$$

（隐含层）节点输入向量
$$\underset{p\times 1}{A}=(A_1,A_2,\cdots,A_p)^T \tag{2-103}$$

（隐含层）节点输出向量
$$f(\underset{p\times 1}{A})=(f(A_1),\cdots,f(A_p))^T \tag{2-104}$$

（输出层）节点输入向量
$$\underset{m\times 1}{B}=(B_1,B_2,\cdots,B_m)^T \tag{2-105}$$

（输出层）节点输出向量
$$\underset{m\times 1}{Y}=(f(B_1),f(B_2),\cdots,f(B_m))^T \tag{2-106}$$

（2）定义激活函数。

$$g(x) = x \tag{2-107}$$

$$f(x) = \frac{1}{1 + e^{-x}} \tag{2-108}$$

（3）正向传播计算公式。

$$A = W_A^T \cdot g(X) = W_A^T \cdot X \tag{2-109}$$

$$B = W_B^T \cdot f(A) \tag{2-110}$$

$$Y' = f(B) \tag{2-111}$$

（4）误差计算与判断。

$$\Delta Y = D - Y' \tag{2-112}$$

式中 D——样本值（期望输出值）；

Y'——网络实际输出值。

$$E_k = \frac{1}{2}\sum_{j=1}^{m}(d_{jk} - y'_{jk})^2 \tag{2-113}$$

式中 k——样本序号；

m——输出层节点数。

若 $E_k \leqslant \varepsilon$，表示该样本学习训练误差满足要求，则结束对该样本的学习训练。若 $E_k > \varepsilon$，表示该样本学习训练误差不符合要求，则要进行步骤（5）反向传播计算，修正权值。

（5）反向传播计算公式。

1）输出层反向传播

$$\delta B_j = -(d_j - y'_j)f'(B_j)(j = 1,2,\cdots,m) \tag{2-114}$$

$$\Delta W_{B_{ij}} = \delta B_j O_{A_i} = \delta B_j f(A_i)(i = 1,2,\cdots,P;\ j = 1,2,\cdots,m) \tag{2-115}$$

$$W_{B_{ij}}^{(t+1)} = W_{B_{ij}}^{(t)} - \eta\Delta W_{B_{ij}} + \alpha\Delta W_{B_{ij}}^{(t-1)} \tag{2-116}$$

$$\Delta W_{B_{ij}}^{(t-1)} = W_{B_{ij}}^{(t)} - W_{B_{ij}}^{(t-1)} \tag{2-117}$$

式中 η——学习速率；

α——动量系数；

t——迭代次数序号。

2）隐含层反向传播

$$\delta A_i = \sum_{j=1}^{m}(W_{B_{ij}} \cdot \delta B_j)f'(A_i) \quad (i = 1,2,\cdots,p) \tag{2-118}$$

$$\Delta W_{A_{ij}} = \delta A_j g(x_i) = \delta A_j x_i \quad (i = 1,2,\cdots,n;\ j = 1,2,\cdots,p) \tag{2-119}$$

$$W_{A_{ij}}^{(t+1)} = W_{A_{ij}}^{(t)} - \eta\Delta W_{A_{ij}} + \alpha\Delta W_{A_{ij}}^{(t-1)} \tag{2-120}$$

$$\Delta W_{A_{ij}}^{(t-1)} = W_{A_{ij}}^{(t)} - \Delta W_{A_{ij}}^{(t-1)} \tag{2-121}$$

(6) 权阵 W_A 和 W_B 经反向传播修正后，再进行步骤(3) ~ 步骤(5)。不断迭代计算，直至该样本收敛（学习训练误差满足要求）。该样本收敛后，在对其他样本进行迭代计算，直至所有样本收敛。

2.6.2.3 BP 算法理论解析

BP 模型把一组样本的 I/O 问题变为一个非线性优化问题，使用了优化中最普通的梯度下降法。用迭代运算求解权相应于学习记忆问题，加入隐含层节点使优化问题的可调参数增加，从而可得到更精确的解。如果把这种神经网络看成一从输入到输出的映射，则这个映射是一个高度非线性的映射。如果输入节点数为 n，输出节点数为 m，则网络是从 R^n 到 R^m 的映射，即有

$$F:R^n \to R^m \quad Y = F(X) \tag{2-122}$$

对于样本集合 X 和输出 Y，可认为存在某一映射 G，使

$$y_k = G(x_k) \quad k = 1,2,\cdots,S \tag{2-123}$$

式中，S 是样本个数。现欲求出一个映射 F，使得在某种意义下，F 是 G 的最佳逼近。数学中首先给出 F 的一含参数的表达方法，然后求出参数。通常的做法是选择一组基函数，把 F 表达成基函数的线性组合，可以通过最小二乘法（或者其他的方法）确定基函数前的系数，从而得到 G 的一种逼近。对于低维或者较简单的 G 函数，这种方法还能解决一些问题。对于复杂映射，面临如何选取基函数，以及求解系数等困难，故这种映射表示方法有其局限性。

神经网络是另一种映射表示方法，这是对简单的非线性函数进行复合，经过少数几次复合后，则可实现复杂的函数。神经网络 BP 算法的实质是通过迭代，产生一个映射序列 $\{f_n\}$，然后求出一个映射 F，使 F 是映射 G 的最佳逼近。

BP 模型虽然从各个方面都有其重要的意义，但它存在不少问题，如存在有局部极小问题、学习算法的收敛速度很慢、网络的隐含层节点个数选取尚无理论上的指导、对新加入的样本会影响到已经训练好的网络、刻画每个输入样本的特征的数目要求必须相同等。

BP 网络的 I/O 关系可以看成是一映射关系。从系统观点看，这一映射是一高度非线性的映射。它的信息处理能力也来自于简单的非线性函数的多次复合。

2.6.3 实例预测与分析

前面已经介绍过，BP 网络有很强的映射能力，利用 BP 网络通过函数逼近的方式研究边坡变形预测问题。选择露天矿北坡 jn2-1 监测点变形观测数据作为研究对象，实测数据见表 2-6。

2.6.3.1 网络结构设计

根据工程特点，构造了三层 BP 神经网络结构，如图 2-12 所示。BP 网络由输入层、隐含层和输出层构成。输入层神经单元数目为 5，即输入向量设计成五维。隐含层层数设为 1，神经元数目通过试算定为 20。输出层有 1 个神经元，即输出向量为一维。

2.6.3.2 训练样本数据及预测样本数据的准备

训练样本数据见表 2-6。取第 1 周期 ~ 第 10 周期数据构成 5 组输入向量，每组向量的元素个数为 5。输出向量为 5 组，每组向量个数为 1。

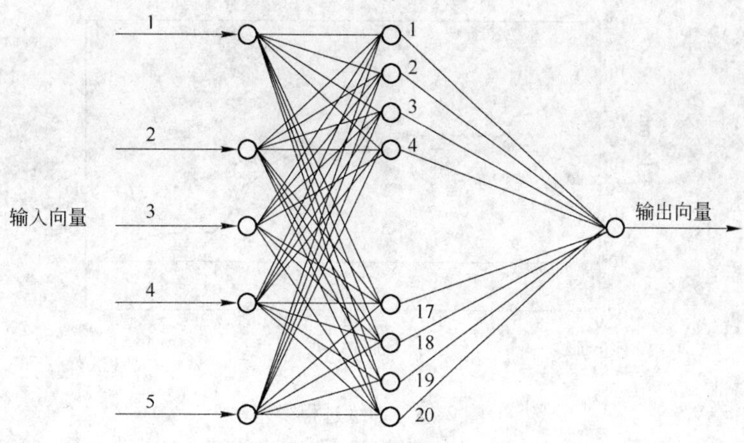

图 2-12　BP 神经网络结构

表 2-6　训练样本数据

训练输入向量/mm					期望输出向量/mm
5. 6720	12. 9810	21. 8550	32. 6400	49. 0670	106. 1060
12. 9810	21. 8550	32. 6400	49. 0670	106. 1060	120. 1520
21. 8550	32. 6400	49. 0670	106. 1060	120. 1520	135. 9120
32. 6400	49. 0670	106. 1060	120. 1520	135. 9120	151. 6710
49. 0670	106. 1060	120. 1520	135. 9120	151. 6710	167. 9760

用于预测的输入向量和输出向量，见表 2-7。输入向量为 5 组，每组元素为 5 个。输出向量为 5 组，每组向量元素个数为 1。

表 2-7　预测样本数据

T 预测输入向量/mm					期望输出向量/mm
106. 1060	120. 1520	135. 9120	151. 6710	167. 9760	174. 1970
120. 1520	135. 9120	151. 6710	167. 9760	174. 1970	185. 8660
135. 9120	151. 6710	167. 9760	174. 1970	185. 8660	197. 7260
151. 6710	167. 9760	174. 1970	185. 8660	197. 7260	212. 1660
167. 9760	174. 1970	185. 8660	197. 7260	212. 1660	236. 9960

2. 6. 3. 3　网络建立与训练

这里应用 Matlab 软件建立神经网络，并进行训练和预测，具体应用采用 M 文件编程方式实现。学习误差取 1mm，循环次数不超过 50000 次。网络训练后误差变化如图 2-13 所示。

2. 6. 3. 4　网络测试与变形预测

网络训练合格后进行测试，先计算模拟值，对模型精度进行检验。模拟值、模拟值残差及相对残差见表 2-8。模型模拟值平均相对残差不超过 1%，模型精度为一级，认为合

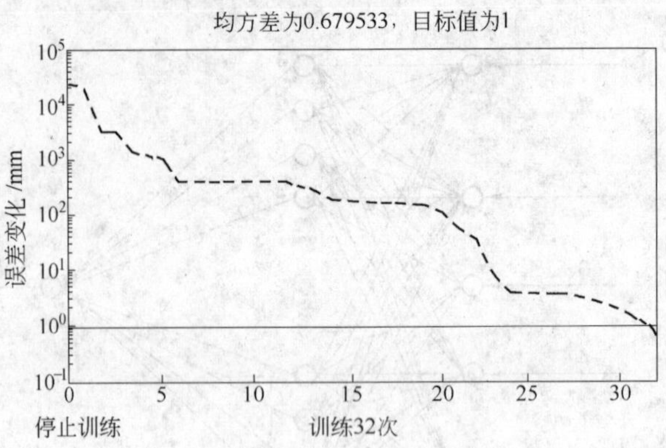

图 2-13 训练过程误差

实线—训练误差曲线；虚线—目标线

格。检验合格后进行预测值计算。预测值、预测值残差及相对残差见表 2-9。

表 2-8 模拟值、模拟值残差及相对残差

观测时间/年-月	观测值/mm	模拟值/mm	残差/mm $\Delta = y - \hat{y}$	相对残差 $e = (y - \hat{y})/y$
2005-09	106. 106	106. 2764	-0. 1704	-0. 0016
2005-10	120. 152	120. 2156	-0. 0636	-0. 0005
2005-11	135. 912	135. 4275	0. 4845	0. 0036
2005-12	151. 671	151. 3313	0. 3397	0. 0022
2006-01	167. 976	162. 1580	-0. 1820	-0. 0011
			平均相对残差 $\Sigma(\lvert y - \hat{y} \rvert / y)/m$	9. 0234e - 004

表 2-9 预测值、预测值残差及相对残差

观测时间/年-月	观测值/mm y	预测值/mm $\hat{y}$	残差/mm $\Delta = y - \hat{y}$	相对残差 $e = (y - \hat{y})/y$
2006-02	174. 1970	162. 1580	6. 0390	0. 0347
2006-03	185. 8660	162. 1580	17. 7080	0. 0953
2006-04	197. 7260	162. 1580	29. 5680	0. 1495
2006-05	212. 1660	162. 1580	50. 0080	0. 2292
2006-06	236. 9960	162. 1580	62. 8380	0. 2905
			平均相对残差 $\Sigma(\lvert y - \hat{y} \rvert / y)/m$	0. 1598

2. 6. 3. 5 结论与分析

从表 2-9 中可以看到，2006 年 2 月第 11 周期变形预测值的相对残差为 3. 47%，精度较高，即 1 步预测精度较高；超过 1 步预测，精度迅速下降。因此神经网络适合于变形值的短期预测，长期预测慎重使用。

由于使用 Matlab 的 newff( )函数建立网络时，权值和阀值的初始化是随机的，所以网络每次运行输出结果有所不同，有时函数逼近效果会很差。解决此现象的方法是反复运行程序，进行多次试算。BP 网络隐层神经元的数目，对函数逼近效果也有一定影响，一般来说，神经元数目越多，逼近非线性函数功能越强，但网络训练时间要长一些，具体取值可以通过试算解决。

训练精度可以根据变形值大小来确定，一般来说，取值在测量误差范围内就可以满足预测目的。通过网络训练研究，发现对于一定的观测数据列，其对应的神经网络有一定的收敛精度。因此，网络训练精度若设置太小，也不会影响网络的建立。

为了提高预测精度，仿照上一节灰色新陈代谢滚动建模方法，进行滚动建模研究：建模数据始终取 10 个周期，不断向前滚动建模和 1 步预测。采用此法预测 jn2-1 监测点变形值预测结果见表 2-10，预测值平均相对残差 12%，预测精度较低。

表 2-10　水平位移预测值、残差及相对残差

观测时间/年-月	观测值/mm y	预测值/mm $\hat{y}$	残差/mm $\Delta=y-\hat{y}$	相对残差 $e=(y-\hat{y})/y$
2006-02	174. 197	162. 1580	6. 0390	0. 0347
2006-03	185. 866	172. 6908	13. 1752	0. 0709
2006-04	197. 726	185. 7369	11. 9891	0. 0606
2006-05	212. 166	202. 7029	15. 4631	0. 0709
2006-06	236. 996	217. 9976	12. 9984	0. 0802
2006-07	243. 648	235. 7482	7. 8998	0. 0324
2006-08	272. 637	202. 5340	70. 1030	0. 2516
2006-09	272. 637	226. 9091	51. 7279	0. 1856
2006-10	324. 227	212. 3059	105. 9211	0. 3267
2006-11	342. 516	243. 1106	105. 4054	0. 3024
2006-12	357. 380	243. 9267	113. 4533	0. 3175
2007-01	372. 011	393. 0952	−21. 0842	−0. 0567
2007-02	390. 511	371. 3360	19. 1750	0. 0491
2007-03	402. 407	390. 4070	12. 0000	0. 0441
2007-04	424. 820	406. 8834	17. 9366	0. 0422
2007-05	481. 514	424. 7165	56. 7975	0. 1180
2007-06	529. 810	402. 5989	121. 2111	0. 2288
2007-07	572. 055	522. 6087	43. 4463	0. 0759
2007-08	749. 327	572. 5009	176. 8261	0. 2360
2007-09	872. 438	742. 8939	123. 5441	0. 1416

续表 2-10

观测时间/年-月	观测值/mm y	预测值/mm $\hat{y}$	残差/mm $\Delta = y - \hat{y}$	相对残差 $e = (y - \hat{y})/y$
2007-10	946.051	872.0394	74.0116	0.0782
2007-11	971.553	909.2445	62.3085	0.0641
2007-12	996.965	971.4607	25.5043	0.0256
2008-01	1039.516	749.4996	290.0164	0.2790
2008-02	1064.505	1039.2000	25.3441	0.0238
2008-03	1073.623	1064.4000	9.2411	0.0086
2008-04	1082.741	1071.9000	10.8806	0.0100
2008-05	1133.066	1059.2000	73.8421	0.0652
2008-06	1342.641	1001.9000	340.7289	0.2538
2008-07	1641.677	1341.4000	300.2362	0.1829
			平均相对残差 $\Sigma(\lvert y - \hat{y}\rvert/y)/m$	0.1202

2.7　组合预测模型

边坡是较为复杂的工程系统，有多种错综复杂的因素对其产生影响。有些是基本因素，有些是偶然因素。在边坡变形时间序列预测实践中，对于变形时间序列预测问题，可用各种预测模型进行预测。一般来说，采用预测模型不同，预测结果也不尽相同。主要是因为各种模型的建模机理各不相同，都存在一定的局限；每种预测方法利用的数据不尽相同，不同的数据从不同的角度提供各方面有用的信息。显然，不同的预测模型方法各有其优点和缺点，它们之间并不是相互排斥，而是相互联系、相互补充。由于在预测的过程中，如果想当然的认为某个单项预测方法的预测误差较大，就把该种预测方法弃之不用，这可能造成部分有用的信息丢失。一种更为科学的做法是，将不同的预测方法进行适当的组合，这就是组合预测方法。因此，Bates 和 Granger 于 1969 年首次提出一个合理的做法，即综合考虑各单项预测方法的特点，将不同的单项预测方法进行组合，提出组合预测方法的概念。也就是说，即使一个误差较大的预测方法，如果它包含系统独立的信息，当它与一个预测误差较小的预测方法组合后，完全有可能增加系统的预测性能。

若预测者只用一种预测方法进行预测，则这种预测方法的选择是否适当就显得很重要。如果预测者选择预测方法不当，就可能要冒一定决策失误的风险。在预测实践中，若把多种单项预测方法正确地结合起来使用，则会使得组合预测结果对某单个较差的预测方法不太敏感。因此，组合预测一般能提高预测的精确度和可靠度。

2.7.1　组合预测方法研究现状

组合预测就是设法把不同的预测模型组合起来，综合利用各种预测方法所提供的信息，以适当的加权平均形式得出组合预测模型。组合预测最关心的问题就是如何求出加权平均系数，使得组合预测模型更加有效地提高预测精度。

现有的组合预测方法根据单项预测方法的种类不同而赋予不同的加权平均系数，其特点是同一个单项预测方法在各个时点的加权平均系数是相同的。然而，实际的情况是同一个单项预测方法在不同时刻的表现并不相同，即在某个时点上预测精度较高，而在另一时点上预测精度较低，有必要讨论有序加权几何平均的新的组合预测模型，新模型赋权的基本思想是依据每个单项预测方法在各个时点的拟合精度的高低进行有序赋权。

2.7.2 组合预测的分类

组合预测集结各单项预测方法的特点，可以从不同的角度进行分类。根据其目标和特点不同，大体上可从如下几个角度分类：

(1) 按组合预测与各单项预测方法的函数关系，组合预测可以分成线性组合预测和非线性组合预测。

设预测对象存在 m 个单项预测方法，利用这 m 个单项预测方法得到的第 i 个单项预测方法的预测值为 f_i，$i=1$，2，…，m。

若组合预测值，满足 $f=l_1f_1+l_2f_2+\cdots+l_mf_m$，则称该组合预测为线性组合预测，其中 l_1，l_2，…，l_m 为各种预测方法的加权系数，一般 $\sum_{i=1}^{m} l_i = 1, l_i \geqslant 0, i = 1,2,\cdots,m$。

若组合预测值，满足，$f=\varphi$ $(f_1,\ f_2,\ \cdots,\ f_m)$，其中 φ 为非线性函数，则称该组合预测为非线性组合预测。

常见的非线性组合预测形式有

$$f = \prod_{i=1}^{m} f_i^{l_i} \tag{2-124}$$

式 2-124 称为加权几何平均组合预测模型。

$$f = \frac{1}{\sum_{i=1}^{m} \frac{l_i}{f_i}} \tag{2-125}$$

式 2-125 称为加权调和平均组合预测模型。

(2) 按组合预测加权系数计算方法的不同，组合预测方法可以分为最优组合预测方法和非最优组合预测方法。

最优组合预测方法的基本思想就是根据某种准则构造目标函数，在一定的约束条件下求得目标函数的最大值或最小值，从而求得组合预测方法加权系数。最优组合预测方法一般可以表示成如下数学规划问题

$$\max(\min) Q = Q(l_1, l_2, \cdots, l_m)$$

$$\text{s. t.} \begin{cases} \sum_{i=1}^{m} l_i = 1 \\ l_i \geqslant 0, i = 1,2,\cdots,m \end{cases} \tag{2-126}$$

其中，$Q(l_1,\ l_2,\ \cdots,\ l_m)$ 为目标函数；l_1，l_2，…，l_m 为各种单项预测方法加权系数，加权系数可以考虑允许负和非负两种情形。

在求解一些最优组合预测模型时可能出现组合预测的权系数为负的现象，而负的组合

预测的权系数没有实际的意义。非最优正权组合预测方法正好可以克服这个不足之处。

非最优正权组合预测方法就是根据预测学的基本原理，并力求简便的原则来确定组合预测的权系数的一种方法。具体地说，就是根据各个单项预测模型预测误差的方差和其权系数成反比的基本原理，给出组合预测的权系数的计算公式。显然，非最优正权组合预测方法目标函数值一般要劣于最优正权组合预测方法目标函数值。

(3) 按组合预测加权系数是否随时间变化，组合预测方法可以分为不变权组合预测方法和可变权组合预测方法。

不变权组合预测方法就是通过最优化规划模型或其他方法计算出各个单项预测方法在组合预测中的权系数。假定它们不变，并用这个权系数进行预测。然而在预测实践中，就每一个单项预测方法而言，它经常出现对同一预测对象的不同时间上预测精度的不一致性，也就是说，有些时点上预测精度好，有些时点上预测精度差。所以不变权组合预测方法显然没有可变权组合预测方法科学。

可变权组合预测方法就是组合预测加权系数随时间变化而变化。目前可变权组合预测方法比较复杂，因此，可变权组合预测方法的研究成果并不多见。变权组合预测方法有待于进一步研究，这也是组合预测方法今后重要的研究方向之一。

(4) 从某个准则的结果优劣程度来看，组合预测方法可以分为非劣性组合预测和优性组合预测。

按某个准则，把组合预测的结果和各个单项预测方法的结果进行对比。若组合预测的结果介于各个单项预测方法结果“最差”和“最好”之间，则称该组合预测为非劣性组合预测。若组合预测的结果比各个单项预测方法结果“最好”的还要“好”，则称该组合预测为优性组合预测。

(5) 区域综合组合预测模型。按照单项预测值处理方式不同，又可分为两种综合类型：一种是权系数组合；另一种是区域综合。前面四种方法均属于权系数组合方法。区域综合组合预测模型求的是多种预测值置信区间的交集。设 J 种预测值有置信区间

$$\{\hat{X}_j(t) \pm \delta_j(t)\} \quad j = 1,2,\cdots,J \tag{2-127}$$

则 $\hat{x}_{n+1}$ 的置信区间是这个区间的交集

$$(\hat{X}(t) \pm \delta(t)) = \bigcap_{j=1}^{J} \{\hat{X}_j(t) \pm \delta_j(t)\} \tag{2-128}$$

若式 2-128 是空集，则依次排除最大与最小的预测值置信区间，若剩余的模型超过半数仍由上式进行区域预测，否则重新建模。

2.7.3 滚动组合预测模型

根据 ARMA 模型和灰色系统模型等预测研究结果分析，拟采用预测误差平方和达到最小的最优线性组合预测模型。

2.7.3.1 模型建立

设对边坡变形序列 $\{x_t, t=1, 2, \cdots, N\}$，存在 m 种单项无偏预测方法对其进行预测，设第 i 种单项预测方法在第 t 时刻的预测值为 x_{it}，$i=1, 2, \cdots, m$，$t=1, 2, \cdots, N$，称 $e_{it}=(x_t - x_{it})$ 为第 i 种单项预测方法在第 t 时刻的预测误差，m 是单项预测模型总数，N 是建模序列长度。

设 l_1，l_2，…，l_m 分别为 m 种单项预测方法的加权系数，为了使组合预测保持无偏性，加权系数应满足

$$l_1 + l_2 + \cdots + l_m = 1 \tag{2-129}$$

设 $\hat{x}_t$ 为 x_t 的组合预测值，设 e_t 为组合预测在第 t 时刻的预测误差，则有

$$e_t = x_t - \hat{x}_t \tag{2-130}$$

$$\hat{x}_t = l_1 x_{1t} + l_2 x_{2t} + \cdots + l_m x_{mt} \tag{2-131}$$

设 J 表示组合预测误差平方和，则有 $J = \sum_{t=1}^{N} e_t^2$，由此可得以预测误差平方和为准则的线性组合预测模型为下列最优化问题

$$\begin{cases} \min J = \sum_{t=1}^{N} e_t^2 \\ \text{s. t.} \sum_{i=1}^{m} l_i = 1 \\ l_1, l_2, \cdots, l_m > 0 \end{cases} \tag{2-132}$$

记 $\hat{X} = \begin{bmatrix} \hat{x}_{11} & \hat{x}_{12} & \cdots & \hat{x}_{1m} \\ \hat{x}_{21} & \hat{x}_{22} & \cdots & \hat{x}_{2m} \\ \vdots & \vdots & \vdots & \vdots \\ \hat{x}_{N1} & \hat{x}_{N2} & \cdots & \hat{x}_{Nm} \end{bmatrix}$，$L = \begin{bmatrix} l_1 \\ l_2 \\ \vdots \\ l_m \end{bmatrix}$，$X = \begin{bmatrix} x_1 \\ x_2 \\ \vdots \\ x_m \end{bmatrix}$，$R = \begin{bmatrix} 1 \\ 1 \\ \vdots \\ 1 \end{bmatrix}$，

$$E = \begin{bmatrix} -1 & & & \\ & -1 & & \\ & & \vdots & \\ & & & -1 \end{bmatrix}$$

则式 2-132 可以写为

$$\begin{cases} \min\limits_{L} J = \sum_{t=1}^{N} e_t^2 = \frac{1}{2} \| \hat{X}L - X \|_2^2 \\ EL \leqslant 0 \\ R^T L = 1 \end{cases} \tag{2-133}$$

式中，$\hat{X}$ 为单项预测值矩阵，即 $\hat{x}_{ij}$ 表示第 j 个单项模型的第 i 周期的预测值。X 为观测值向量，$N \times m$，即 x_i 为某监测点第 i 周期变形观测值。L 是单项模型组合权系数向量，$m \times 1$。0 是零向量，$m \times m$。

从数学规划角度来看，上面求解的 L 是带约束的线性最小二乘问题的计算。可以应用 Matlab 软件解算。

Matlab 软件优化函数工具箱中，提供了求解函数 lsqlin( )。具体调用格式为：

$$[\mathbf{L}, RESNORM, RESIDUAL, EXITFLAG, OUTPUT] = LSQLIN(\hat{\mathbf{X}}, \mathbf{X}, \mathbf{E}, 0, \mathbf{R}^{\mathrm{T}}, 1,) \tag{2-134}$$

式中　**L**——返回权系数向量；
RESNORM——返回残差的平方范数；
RESIDUAL——返回残差；
EXITFLAG——返回迭代收敛状况，等于 1 时，说明收敛到最优解；
OUTPUT——返回优化结构参数，包括迭代次数等。

2.7.3.2　滚动预测设计

解算出权系数之后，代入式 2-131 就可以计算组合模型值。当 $t \geqslant N$ 时为预测值，当 $t \leqslant N$ 时是拟合值。在实际预测中要考虑参与建模的序列长度 N 如何确定，当组合模型系数个数为 2 时，参与建模的项数必须大于 3 才有合理解。实际上当 N 取不同值进行建模时，构造了一个模型群。

设原始数列为 x_t，有拓扑空间 (x_t, J)，J 为 x_t 上的拓扑。令 $x(i)$ 为现实数据，构造现实数据的邻域族为

$$x(i,k) = \{x(i), x(i+1), \cdots, x(k)\}, i = 1,2,\cdots,N; k = 1,2,\cdots,N \tag{2-135}$$

令 $x(1,k)$ 为 x_t 的子列

$$x(1,k) = (x(1), x(2), \cdots, x(k)) \tag{2-136}$$

则称 $x(1,k)$ 为 x_t 的 k 维子列

$$x_{top} = (x(1,3), x(1,4), \cdots, x(1,N-1)) \tag{2-137}$$

为拓扑子序族。

称 x_{top} 的组合建模

$$M_{\Sigma} = (M_3, M_4, \cdots, M_{N-1}) \tag{2-138}$$

为滚动建模。

称 M_i 算出的模型值 $\hat{x}(i+1)$ 为滚动预测值，称

$$\hat{x} = (\hat{x}(4), \hat{x}(5), \cdots, \hat{x}(N)) \tag{2-139}$$

为滚动预测序列。

称 $e(i+1)$ 为 $i+1$ 点滚动相对残差

$$e(i+1) = \frac{x^{(0)}(i+1) - \hat{x}^{(0)}(i+1)}{x^{(0)}(i+1)} \tag{2-140}$$

称 $e(avg)$ 为平均滚动残差

$$e(avg) = \frac{1}{N-3}\sum_{k=4}^{n} |e(k)| \tag{2-141}$$

2.7.4　实例预测与分析

边坡 jn5-3 监测点有 28 期水平位移变形数据，采用基于残差方差最小原则的 ARMA 模型和最佳维数灰色模型，对 21 期 ~28 期水平位移进行单项模型预测，预测结果见表 2-11 和表 2-12。单项模型预测值共有 8 期。

采用滚动建模预测法，k 值从 3 开始取到 7，只做一步预测，组合预测结果见表 2-13。

表 2-11 ARMA 模型预测结果

观测时间/年-月	观测周期	观测值/mm	预测值/mm	残差/mm	相对残差	
2006-12	21	395. 272	385. 1550	10. 1170	0. 0256	平均相对残差为 0. 0281
2007-01	22	415. 582	410. 4758	5. 1062	0. 0123	
2007-02	23	439. 825	425. 9507	13. 8743	0. 0315	
2007-03	24	465. 404	459. 2777	6. 1263	0. 0132	
2007-04	25	485. 385	482. 7151	2. 6699	0. 0055	
2007-05	26	537. 247	502. 0451	29. 2019	0. 0544	
2007-06	27	587. 490	550. 6507	36. 8393	0. 0627	
2007-07	28	620. 548	602. 2712	12. 2768	0. 0198	

表 2-12 灰色系统模型预测结果

观测时间/年-月	观测周期	观测值/mm	预测值/mm	残差/mm	相对残差	
2006-12	21	395. 272	411. 27	-16. 0014	-0. 0405	平均相对残差为 0. 0319
2007-01	22	415. 582	442. 89	-27. 3083	-0. 0657	
2007-02	23	439. 825	460. 15	-20. 3236	-0. 0462	
2007-03	24	465. 404	464. 49	0. 9133	0. 0020	
2007-04	25	485. 385	489. 35	-3. 9621	-0. 0082	
2007-05	26	537. 247	513. 42	23. 8318	0. 0444	
2007-06	27	587. 490	562. 44	25. 0486	0. 0426	
2007-07	28	620. 548	624. 32	-3. 7694	-0. 0061	

表 2-13 组合预测结果

观测时间/年-月	观测周期	观测值/mm	预测值/mm	残差/mm	相对残差	
2007-03	24	465. 404	460. 9016	4. 5024	0. 0097	平均相对残差为 0. 0249
2007-04	25	485. 385	484. 8354	0. 5496	0. 0011	
2007-05	26	537. 247	509. 7693	27. 4777	0. 0511	
2007-06	27	587. 490	555. 0125	32. 4775	0. 0553	
2007-07	28	620. 548	616. 1651	4. 3829	0. 0071	

见表 2-11 和表 2-12，采用单项模型预测 21 期至 28 期变形值，ARMA 模型预测值平均相对残差为 2. 81%，灰色系统模型预测值平均相对残差为 3. 19%。

表 2-13 组合预测结果显示，组合预测平均相对残差为 2. 49%，预测精度较理想。

表 2-13 和图 2-14 所示表明，组合预测的精度介于两个单项预测的精度之间，显然组合预测并没有提高预测的精度。

组合预测方法是建立在充分利用已知信息基础上的，它集结各个单项预测方法所包含的信息进行组合。虽然有时组合预测并不能提高预测精度，但通过组合预测可以达到提高预测结果可靠性、改善预测结果的目的。

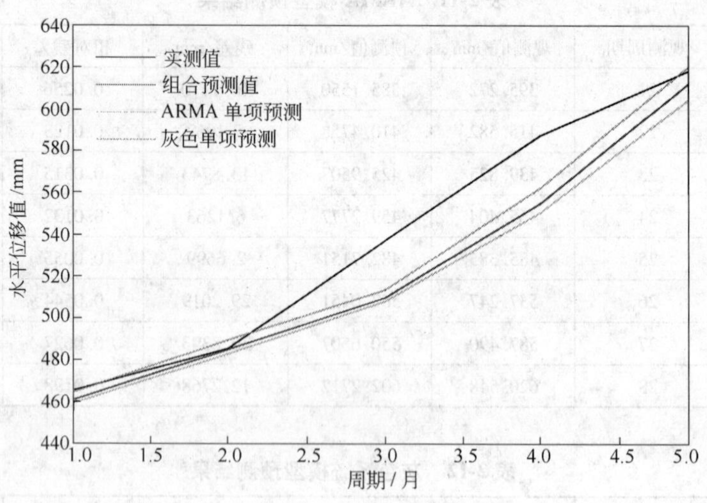

图 2-14 预测值与实测值对比

2.8 边坡长期变形预测

如何根据历史资料来对系统的未来作出长期预测，这是一个古老而重要的科学问题。在露天煤矿中开展长期变形预测研究还很少。由于缺少长期预测有效手段，给露天煤矿安全连续生产带来很大障碍。边坡治理常常处于被动状态，当通过变形监测发现边坡滑移剧烈后才开始采取防治措施。因此，开展露天煤矿边坡变形长期预测是很有意义的。

在天气预报中，一般把提前 2 个星期至 1 个月的预报称为长期预报。在露天煤矿边坡、自然山坡及水坝等变形监测中，还没有长期变形预测的准确定义。在露天煤矿中，一般边坡变形观测周期为 1 个月。在此定义一个观测周期长度的预测称之为短期预测，超过一个观测周期的变形预测为长期预测。即 1 步预测为短期预测，2 步或以上的预测为长期预测。显然长期预测分为 2 步，3 步，4 步，……等一系列时间长度的预测。

在前面的变形预测研究中，采用了灰色系统模型、时间序列 ARMA 模型等方法，实践表明，短期预测精度较为理想，相对残差一般在 5% 以内；而长期预测精度迅速下降，预测误差较大。因此长期预测需要采用与前述不同的方法进行研究，才会有理想的效果。

气象预报中林振山提出长期预报的相空间理论和模式，但由于边坡系统和天气系统存在本质上的巨大差别，如气温存在周期性趋势等，因此，不能直接采用该法进行长期预报。应用混沌理论、相空间理论、分形理论，从系统科学角度对边坡变形系统进行分析，设计了边坡变形长期预测的方法。下面对相空间等理论进行简单阐述。

2.8.1 长期变形预测的理论基础

2.8.1.1 混沌

3 个变量以上的自治动力系统或两个以上变量的自治动力系统或一个以上变量的延时动力系统可以出现不确定行为。把确定性非线性耗散动力的不确定行为（即混沌）称为类随机行为或动力系统的内在随机或简称为动力随机。这种动力随机（混沌）与传统的随机现象的主要区别在于：混沌在高层次上是有序、有结构和自相似的。

混沌系统的最大特点就是对初值的极其敏感，巴西的一只蝴蝶拍拍翅膀，就可能导致美国得克萨斯州的一场龙卷风。而马蹄铁效应的故事则说明了一个坏的马蹄铁可以导致一个国家的灭亡。

混沌现象的发现，说明了确定性动力系统的行为不仅仅是定常、周期和准周期的，而更普遍的则是无序的混沌。混沌架起了从确定性论到概率论的桥梁。混沌使我们认识客观世界由单一到多样由简单到复杂，由和谐到奇异，由静态美到动态美。

混沌是令人振奋的，它开启了简化复杂现象的可能性。混沌是迷人的，它体现了数学与技术的相互作用。然而混沌是令人忧虑的，它导致了对传统建模的新怀疑。

2.8.1.2 分形

在 1980 年美国 IBM 研究中心的 B. B. Mandelbrot 提出分形理论前，我们所熟悉的数学体系属于数度体系，而自分形理论的提出，数学家就开辟了标度体系的研究。

分形的含义是不规则、破碎和具有一定的层次性。例如，Mandelbrot 所提出的“英国海岸线有多长”这个问题就涉及海岸线的不规则、破碎和测量尺度的层次性。

事实上，由于海岸线具有一定的复杂的结构，可以推测“长度”显然不是海岸线的最好或较好的定量特征。用不同形状的尺子去量的结果与用直尺度量的结果是不一样的，就是用直尺测量，其结果也会因尺子的“度”（如公里尺、百米尺、米尺）的不同而不同。

另外，不同领域、不同性质的一些现象则可能具有相同的结构，这就为研究复杂现象提供了很好的方法和工具。也许，世界本身就不像我们所想象的那么复杂。例如，美国纽约的经济走势可能与美国棉花期货的走势或小鹿觅食路线相似。

2.8.1.3 相空间的重构

相空间是研究具有混沌现象系统的有利工具。相空间指的是用状态变量支撑起来的抽象的物理空间，也称为 Hirbert 空间。它不同于真实的三维位置空间，以及真实的四维时间—空间，主要差别在于相空间是想象和抽象的，是非现实的，它的维数可以是有限的 n 维（即所研究的对象有 n 个变量）或无维。此外，相空间的坐标还可以代表任意一个状态变量或状态参量的某个分量。因而，相空间的含义就更为广义了。

构成相空间的状态变量是任意的，可以是位置、速度、温度、海拔高度、生殖率、降水，也可以是人口密度、经济增长率、资金、企业生产等。引入相空间的目的就是为了能直观描写状态的运动和系统的拓扑结构。

在许多实际的地学问题里，我们所面临的往往是一个变量的时间序列。很显然，系统的非线性特征信息就蕴涵在这些序列里，这就提出了如何从实际的时间序列里提取非线性特征物理量的科学问题。为解决该问题，Packara 于 1980 年提出了用时间序列来重构可以容纳吸引子的相空间。

对 n 个变量的动力系统可通过变换，使其成为一个 n 阶非线性微分方程变换后，系统的新轨迹为可通过变换，使其成为一个 n 阶非线性微分方程

$$x^{(n)} = f(x, x', x^{n}, \cdots, x^{(n-1)}) \tag{2-142}$$

变换后，系统的新轨迹为

$$\boldsymbol{x} = f(x(t), x'(t), x^{n}(t), \cdots, x^{(n-1)}(t)) \tag{2-143}$$

式 2-143 描写了同样的动力学，它在由坐标 $x(t)$ 加上其（$n-1$）阶导数所形成的相空间中演变。

因为导数

$$x' = \frac{dx}{dt} \approx \frac{\Delta x}{\Delta t} = \Delta x \qquad (\Delta t = 1)$$

可以考虑用不连续的时间序列和它的（$n-1$）时滞位移来替代式 2-143。如

$$\boldsymbol{x} = \{x(t), x(t+\tau), x(t+2\tau), \cdots, x[t+(n-1)\tau]\} \tag{2-144}$$

将时滞 τ 选作时间序列的长时间尺度，将会保证延滞坐标线性无关。τ 足够大时，时间序列的自相关等于零，意味着正交（独立）性。但在实际运用时，τ 的选取往往不会达到正交（独立）性的要求，而只能以自相关最小为准。

综上所述，可以将时间序列（$\{x_{t_i}\}$，$i=1$，2，…，n）延拓成 m 维相空间的一个相型分布

$$\begin{array}{lllll}
\text{第一维：} & x(t_1) & x(t_2), & \cdots, x(t_i), & \cdots, x[t_n-(m-1)\tau] \\
\text{第二维：} & x(t_1+\tau), & x(t_2+\tau), & \cdots, x(t_i+\tau), & \cdots, x[t_n-(m-2)\tau] \\
\text{第三维：} & x(t_1+2\tau), & x(t_2+2\tau), & \cdots, x(t_i+2\tau), & \cdots, x[t_n-(m-3)\tau] \\
\vdots & \vdots & \vdots & \vdots & \vdots \\
\text{第 } m \text{ 维：} & x[t_1+(m-1)\tau], & x[t_2+(m-1)\tau], & \cdots, x[t_i+(m-1)\tau], & \cdots, x(t_n) \\
 & X(t_1), & X(t_2), & \cdots, X(t_i), & \cdots, X[t_n-(m-1)]
\end{array} \tag{2-145}$$

这里的 $\tau = k\Delta t (k = 1,2,3,\cdots)$ 为延滞时间。相空间式 2-145 里的每一列构成 m 维相空间中的一个相点 $X(t_i)$，任一相点 $X(t_i)$ 有 m 个分量

$$\begin{array}{l}
x(t_i) \\
x(t_i+\tau) \\
x(t_i+2\tau) \\
\cdots \\
x[t_i+(m-1)\tau]
\end{array}$$

这 $n'=n-(m-1)$ 个相点在 m 维相空间里构成一个相型，而相点间的连线描述了系统在 m 维相空间中的演化轨迹。

为保证上述各个坐标分量之间的线性独立性，τ 的取值必须足够大，并使得各分量的相关最小。

2.8.2　长期变形预测的方法设计

混沌理论已经指出，确定性系统（非线性）的行为也可具有随机性，即内在随机性。从偏微分方程组解的角度出发，有理由认为，时间序列是确定性动力系统在不同时刻、不同条件下的一系列特解的集合，而从这些特解（即时间序列）来建立描写原系统的动力方程，在理论上是可行的。当然，这仍然存在着方法论的问题。复杂性理论还指出，时间序

列不仅包含系统所有变量的过去信息（在允许误差的精度内），还蕴含着大量关于系统演化（未来）的信息。即混沌时间序列不仅从某一角度真实地刻划了系统的动力学行为，还包含着某些简单的确定关系。

露天煤矿边坡是一个复杂的系统，系统内部存在着非线性的相互作用，主要是岩性、重力、含水量等，使边坡变形产生类随机现象，即混沌现象，可以将监测点变形观测值看成混沌时间序列。因此，可以从建立边坡变形序列相空间入手，研究边坡变形长期预测方法。

将边坡变形时间序列$\{X(t_i),i=1,2,\cdots,n\}$分为$X(t_1)\sim X(t_m)$和$X(t_{m+1})\sim X(t_n)$两段，前段排成以下相型（重构相空间），后段留作检验用。后段一般很短，只需几个。

$$
\begin{array}{ccccccccc}
X(t_m) & & X(t_{m-1}) & \cdots & X(t_i) & \cdots & X[t_1+(d-1)\tau] \\
X(t_m-\tau) & & X(t_{m-1}-\tau) & \cdots & X(t_i-\tau) & \cdots & X[t_1+(d-2)\tau] \\
X(t_m-2\tau) & & X(t_{m-1}-2\tau) & \cdots & X(t_i-2\tau) & \cdots & X[t_1+(d-3)\tau] \\
X(t_m-3\tau) & & X(t_{m-1}-3\tau) & \cdots & X(t_i-3\tau) & \cdots & X[t_1+(d-4)\tau] \\
\vdots & & \vdots & & \vdots & & \vdots \\
X[t_m-(d-1)\tau] & & X[t_{m-1}-(d-1)\tau] & \cdots & X[t_i-(d-1)\tau] & \cdots & X(t_1) \\
Y(T_m) & & Y(T_{m-1}) & \cdots & Y(T_i) & \cdots & Y(T_1)
\end{array}
\tag{2-146}
$$

式2-146是对应于$\tau=k\Delta t(k=1,2,3,\cdots)$延滞时间的$d$维相空间一个相型。从系统论角度出发，可以将边坡变形看成由若干子变形系统组成，相空间中的每个相型就是一个子系统，这些子系统构成了整个边坡变形系统。

对各个子系统的变形进行绘图等分析，可以观察到它们具有结构上的相似性、层次性，本质区别只是观察的时间间隔“尺度”（τ）不一样，具有分形特征。因此，长期变形预测问题，变成增大延滞时间构造新相形、重构新序列、对新序列（相点）进行短期预测的研究，从而可以指望能提高其预测期限和预报准确率。

假设参考相点是$Y(T_m)$，经过时间t后演化为$Y(T_m+t)$，设$t=\tau$，则预报对象$Y(T_m+t)$序列只有其第一分量$X(t_m+t)$是未知，这正是我们作一步预测的对象。若τ较大，超过原始观测周期，则这种预测就是长期预测。因此，长期预测和短期预测并无本质区别，短期预测是长期预测的特殊情况。长期预测可以采用短期预测中的方法，但延滞时间要大于原始观测周期。如某露天矿每月对边坡变形观测一次，原始观测周期为1个月，即$\Delta t=1$个月，那么要进行提前3个月的变形预报，只要取$\tau=3\Delta t=3$个月，进行短期预测就可以。

由于相空间重构后，序列长度较小，因此，以灰色系统模型来进行长期预测，具体步骤与短期预测基本相同，这里不再赘述。

2.8.3 实例预测与分析

以布沼坝边坡监测点jn2-1为例，采用灰色系统模型研究长期预测效果。监测点变形观测周期为1个月，即$\Delta t=1$个月，从2005年4月~2008年7月，共有40期观测数据，即$n=40$。在原始变形序列中，每4项连续数据分为一组，即取迟滞时间$\tau=4\Delta t=4$，相空间的相点个数为即为4，设相空间维数d，有

$$t_n - (d-1)\tau = \tau \tag{2-147}$$

$$d = \mathrm{int}(t_n / \tau) \tag{2-148}$$

将 $t_n = n = 40$，$\tau = 4$，代入式 2-148 得 $d = 10$，因此新序列的维数等于 10。这 4 个新相点（序列）构成一个相型，监测点 jn2-1 水平位移重构相空间的一个相型见表 2-14。新序列中前 8 项用于建模，后两项用于检查预测精度。

表 2-14　jn2-1 监测点变形序列空间重构

周期序号	新序列 1	周期序号	新序列 2	周期序号	新序列 3	周期序号	新序列 4
1	5. 672	11	174. 197	21	357. 380	31	946. 051
2	12. 981	12	185. 866	22	372. 011	32	971. 553
3	21. 855	13	197. 726	23	390. 511	33	996. 965
4	32. 640	14	212. 166	24	402. 407	34	1039. 516
5	49. 067	15	236. 996	25	424. 820	35	1064. 505
6	106. 106	16	243. 648	26	481. 514	36	1073. 623
7	120. 152	17	261. 142	27	529. 810	37	1082. 741
8	135. 000	18	272. 637	28	572. 055	38	1133. 066
9	151. 671	19	324. 227	29	749. 327	39	1342. 641
10	167. 976	20	342. 516	30	872. 438	40	1641. 677

在 2. 5 节中，对等维新陈代谢滚动预测灰色模型进行了介绍，提出最佳维数建模法。该法具有较好的预测效果，因此，本节仍采用此法。通过试算，最佳维数定为 8，预测结果和精度见表 2-15。33 期 ~40 期步长为 4 的长期预测平均相对残差为 9. 68%，2. 5 节灰色模型短期预测平均相对残差 4. 63%。两者相比，长期预测精度较低，但平均相对残差仍小于 10%，况且是用当前实测值预测 4 个月之后的边坡变形值，时间跨度较大，因此，预测精度是在可接受范围内，完全能够满足边坡治理规划的要求。重构序列后，由于多数序列级比值较小，序列不够光滑，所以重构序列应用灰色模型预测时，精度略有降低。

表 2-15　jn2-1 监测点变形预测结果

观测时间/年-月	周期序号	实测值/mm	预测值/mm	残差/mm	相对残差
2007-12	33	996. 965	973. 75	23. 2107	0. 0232
2008-01	34	1039. 516	1000. 06	39. 4548	0. 0379
2008-02	35	1064. 505	1091. 35	-26. 8451	-0. 0252
2008-03	36	1073. 623	1140. 24	66. 6143	-0. 0620
2008-04	37	1082. 741	1285. 90	-203. 1611	-0. 1876
2008-05	38	1133. 066	1416. 51	-283. 4420	-0. 2501
2008-06	39	1342. 641	1489. 82	-147. 1794	-0. 1096
2008-07	40	1641. 677	1511. 90	129. 7767	0. 0790
平均相对残差					0. 0968

由于原始观测数据长度较短，当迟滞时间大于4周期时，重构的新序列较短，无法保证预测准确性。只有当历史观测数据较长时，可以做更大时间跨度的长期预测。

总之，通过增加迟滞时间，选取新的建模数列，就可以达到长期预测的目的。实际上长期预测与短期预测是一个时间尺度问题，可以相互转化。当将观测数据时间间隔人为增大，长期变形预测就变成短期预测。利用这个关系设计长期预测方法，但前提是需要有大量的、长期的观测数据。

截止2008年7月，边坡变形监测点大部分已经被破坏，矿方停止监测，开始着手进行新的监测点布设工作，因此，对未来边坡的变形预测非常重视。根据2008年7月份及历史变形数据，采用上述方法对边坡危险区域内监测线上典型监测点水平位移分别进行了迟滞时间为1、2、3、4、5个月的长期预测，用历史数据预测值的平均相对残差作为长期预测值精度评定指标。监测线上典型监测点预测结果见表2-16，图2-15所示为监测线典型监测点水平位移值历时曲线，图2-16所示为水平位移速度值历时曲线，41期~45期是预测值。水平位移速度通过水平位移预测值计算获得。

表2-16 监测线上典型监测点变形长期预测结果

监测点号	jn2-2				
预测时间/年-月	2008-08	2008-09	2008-10	2008-11	2008-12
预测值/mm	4521.462	4975.012	4739.237	5475.025	5705.564
平均相对残差	0.0838	0.145	0.1394	0.1616	0.1847
监测点号	jn5-2				
预测时间/年-月	2008-08	2008-09	2008-10	2008-11	2008-12
预测值/mm	2262.003	2082.454	2461.03	2775.694	3044.156
平均相对残差	0.0837	0.1206	0.1349	0.1556	0.0782
监测点号	jn6-4				
预测时间/年-月	2008-08	2008-09	2008-10	2008-11	2008-12
预测值/mm	2384.051	2172.983	2592.253	2792.504	2959.281
平均相对残差	0.0814	0.1253	0.1354	0.1399	0.065
监测点号	jw340-2				
观测时间/年-月	2008-08	2008-09	2008-10	2008-11	2008-12
预测值/mm	422.385	385.503	461.368	493.177	532.248
平均相对残差	0.1145	0.1622	0.1074	0.141	0.1219
监测点号	jw342-7				
观测时间/年-月	2008-08	2008-09	2008-10	2008-11	2008-12
预测值/mm	1856.714	1552.014	1797.958	2042.415	1975.275
平均相对残差	0.0797	0.1254	0.097	0.117	0.0806
监测点号	jw344-3				
观测时间/年-月	2008-08	2008-09	2008-10	2008-11	2008-12
预测值/mm	1433.18	1189.148	1401.319	1619.888	1532.392
平均相对残差	0.0917	0.1356	0.1217	0.128	0.1253

续表 2-16

监测点号	jw346-5				
观测时间/年-月	2008-08	2008-09	2008-10	2008-11	2008-12
预测值/mm	4102.346	3274.132	3949.903	4569.577	4697.919
平均相对残差	0.0848	0.1483	0.1279	0.1515	0.1663
监测点号	jw342-3				
观测时间/年-月	2008-08	2008-09	2008-10	2008-11	2008-12
预测值/mm	3631.552	2972.688	3592.498	4124.37	4286.656
平均相对残差	0.0785	0.1455	0.1256	0.1447	0.1741
监测点号	jw350-1				
观测时间/年-月	2008-08	2008-09	2008-10	2008-11	2008-12
预测值/mm	2473.127	2060.874	2462.236	2835.191	2927.266
平均相对残差	0.0697	0.1369	0.131	0.1488	0.1685

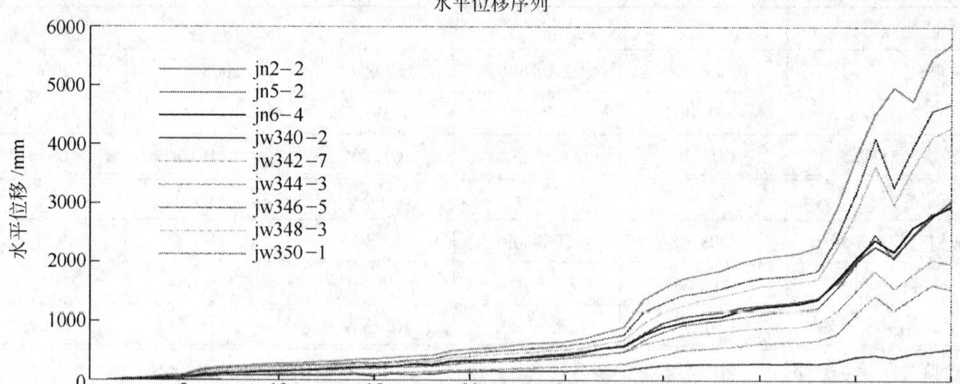

图 2-15　水平位移预测值历时曲线

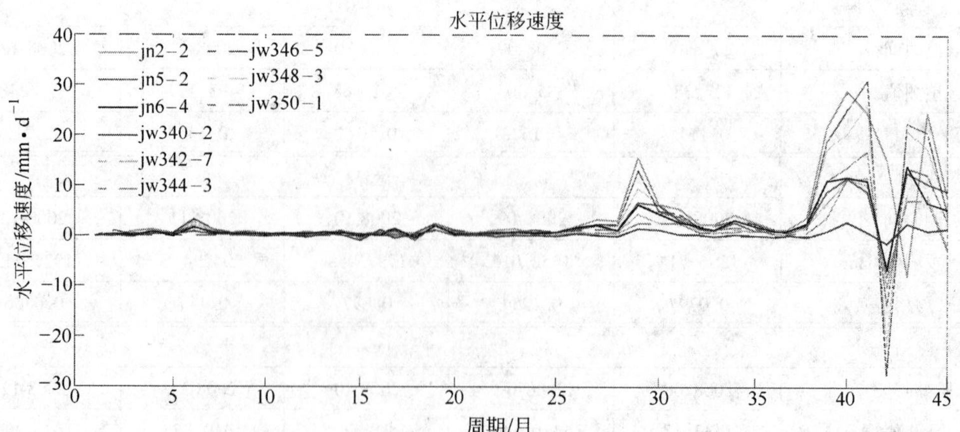

图 2-16　水平位移速度预测曲线

结果表明，虽然预测步长越大预测精度越低，但5个月长期预测的最大平均相对残差为12.47%，最小平均相对残差为6.5%，平均相对残差为10%，说明长期预测具有较高的预测精度。监测点中jn2-2点累计水平位移预测值最大，达到5705mm。虽然累计水平位移预测值较大，但从水平位移速度预测曲线中可以看出，2008年7月~12月变形速度显著下降，到12月恢复正常变形速度范围，边坡滑移变形由雨季型加速蠕变阶段回到稳定蠕变阶段，说明边坡变形还处于稳定阶段。预测结果为边坡治理提供了重要依据。

从2005年4月开始，每月观测一次，截至2008年7月，共有40期水平位移观测数据。在13条监测线51个监测点中选择有代表性的jn2-1点，对2008年7月之后水平位移累计值进行长期预测；预测结果见表2-17，预测曲线如图2-17所示，按原开采设计方案边坡岩体变形值比较大。

表2-17　jn2-1点长期预测结果

序　号	时间/年-月	预测值/mm	序　号	时间/年-月	预测值/mm
1	2008-11	1649.8	7	2010-11	3764.2
2	2009-03	1942.7	8	2011-03	4362.6
3	2009-07	2202.3	9	2011-07	5100.7
4	2009-11	2510.5	10	2011-11	6022.6
5	2010-03	2859.9	11	2012-03	7186.8
6	2010-07	3272.0	12	2012-07	8669.9

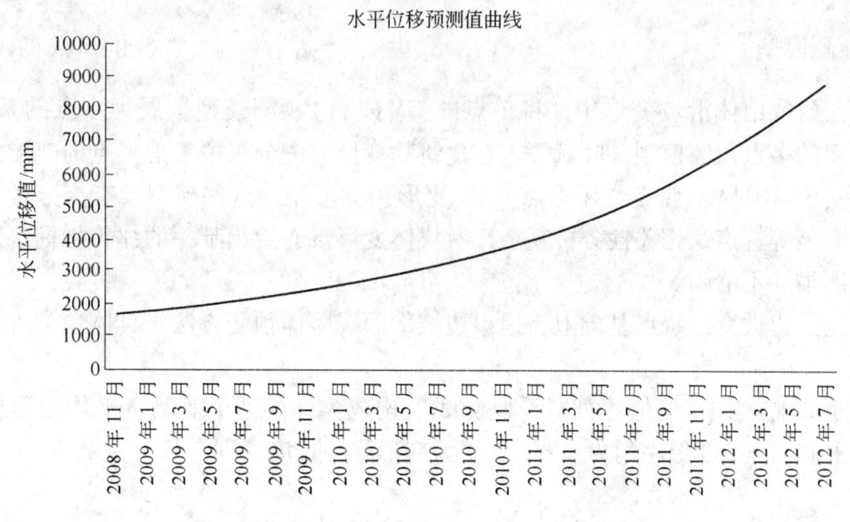

图2-17　边坡三维实体变形中jn2-1点长期预测曲线

2.9　边坡监测线整体变形预测

在边坡变形监测中，通常按某一个特征地质剖面布置监测点，形成一条监测线，几条监测线对某区域边坡构成整体监测系统。目前存在的问题是，对变形资料研究和处理的各类方法大多只针对单点甚至单方向时间序列的研究。而事实上，监测线上各监测点相互影响、彼此关联，单点的处理没有利用监测点间相互关联的信息，不足以反映边坡的整体变形趋势和变形规律。因此，对监测线变形预测模型研究很有必要。

由于监测线上各点在地质环境和岩性等方面具有许多相似性，因此单个监测点的变形与所在的监测线其他点的变形存在密切的相关性。单监测点的变形时间序列都可以视为所在监测线多维 $\{x_t\}$ 时间序列的分量，描述多维时间序列 $\{x_t\}$ 的特性不仅包括每个分量序列 $\{x_{ti}\}$ 的序列相依性，而且包括不同分量序列 $\{x_{ti}\}$ 和 $\{x_{tj}\}$ 之间的相依性。对某条监测线变形进行整体预测分析，可以完整全面地反应监测线剖面变形趋势，是对该区域边坡整体变形和滑坡预测的有利手段，与单点变形分析比较有了本质上的提高。

2.9.1 监测线上测点聚类分析

监测线包括多个监测点，多点预测模型首先要解决的问题是，哪些点纳入多点模型中？显然，应该将彼此关联性强的点纳入多点模型中。在变形监测线中各监测点的关联性与它们之间距离有关，与点所处位置的岩性结构有关，比如，同一块体上的点，彼此的关联性就要比不在同一块体上的点强。但问题是怎样判断哪些监测点在同一块体上？尹晖等人在研究山体滑坡变形中，提出灰关联聚类分析法，能很好解决监测点分类问题。但在实际使用上此法过于复杂，没有考虑到露天边坡区域滑移明显的特性。

在前面章节中开展了监测点聚类分析，主要是依据序列相关函数对监测点进行相关分析，将监测点分为危险点和安全点，危险点构成危险区域。经过第 4 章分析得知，危险区域与某条监测线的空间交集得到的各监测点具有高度相关性。可以认为监测线上危险区域内的监测点是在同一滑移块体。

2.9.2 预测模型

尹晖在研究山体滑坡变形中，将单点的 GM(1,1) 预测模型扩展为多点的系统模型，建立了空间的多点预测模型。叶斌等人在建筑物变形监测分析中考虑多点的变形之间的相互影响，基于 ARMA 模型建立了多点 CAR 变形预测模型。这些模型没有充分考虑边坡监测点滑移明显等特点，相关性分析复杂，对块体变形没有给出唯一的评价指标，对边坡整体变形预测描述不清晰。

在研究了边坡变形特点基础上，提出边坡剖面线整体预测方法。具体预测方法是如下所述。

(1) 获取监测线平均值序列：设监测线上构成整体的 k 个监测点平均变形值序列为 $\{x_t\}$，其中监测点 i 变形序列为 $\{x_{ti}\}$，n_1 为变形序列长度，则

$$x_t = \frac{1}{k}\sum_{i=1}^{k} x_{ti} \qquad t = 1,2,\cdots,n_1 \tag{2-149}$$

(2) 获取平稳序列：作图判断平均值序列趋势，若是直线，去除直线趋势；若是曲线，采用差分法去除趋势；在去除趋势后计算平均值序列的平均值，再去除平均值，最终获得平均值平稳序列。

(3) 对平稳序列建立适用的 ARMA 模型：建立方法与单点预测模型一样。

(4) 模型预测：若模型合格，计算变形预测值。先计算平稳序列预测值，然后计算趋势序列及平均序列，平均值序列预测值 = 平稳序列预测值 + 趋势序列预测值 + 均值。

(5) 评定预测值精度：先计算预测值残差，再计算相对残差和相对残差平均值。

（6）绘制观测值与预测值对比图：通过绘图直观分析监测线整体变形预测精度效果和变形规律。

以上是对平均值序列的建立预测模型，从而获得平均值平稳序列的预测值、平均值序列预测值。平均值序列预测值代表了监测线整体变形未来趋势。

以下开始计算各监测点的变形预测值，对每个监测点变形值进行预测。思路是先求平稳序列，也就是原始序列减去趋势序列和平均值之后便成为平稳序列。某监测点变形预测值 = 平均值平稳序列预测值 + 该监测点变形序列趋势序列值 + 该监测点变形序列去除趋势之后的平均值。这里认为“平均值平稳序列”是综合了各监测点的特征，是各监测点平稳序列的典型代表，用此序列建立的预测模型也是各监测点的平稳序列预测模型，用“此模型计算出的平均值平稳序列预测值，也是各监测点的平稳序列预测值”。即认为由于监测点的高度相关性，监测线各点变形时间序列的平稳序列预测模型是相同的，就是平均值序列的平稳序列对应的预测模型。在此基础上加上个监测点自己的线性趋势或曲线趋势和平均值，即可得到各监测点的变形预测值。试验结果表明，3 个预测步长以内的预测精度较高，相对残差绝对值一般小于 5%。3 个步长以上的预测值精度较低，超过 10%。

多点分析与预测，由于使用了多点变形信息，使用信息更为全面，削弱了个别监测点变形异常值对预测模型的影响，从而可以提高预测的可靠程度和精度。平均值序列的预测值，可以作为整个边坡剖面未来变形预测值，是对边坡整个剖面线未来变形进行描述的指标。

2.9.3 应用实例预测与分析

露天矿 jn5 剖面监测线共有 4 个监测点，2005 年 4 月 ~2007 年 8 月共 29 期数据，监测数据见表 2-18，水平位移时间序列如图 2-18 所示。用前 20 期观测值建立动态预测模型，后 9 个周期变形观测值用于预测精度检查。

表 2-18 jn5 剖面线 4 个监测点观测值

观测时间/年-月	观测周期	jn5-1 观测值/mm	jn5-2 观测值/mm	jn5-3 观测值/mm	jn5-4 观测值/mm
2005-04	1	3.324	11.157	2.452	1.811
2005-05	2	11.853	9.473	2.439	21.623
2005-06	3	7.782	22.724	25.321	22.297
2005-07	4	21.926	33.305	32.330	51.690
2005-08	5	12.166	51.261	62.080	75.378
2005-09	6	60.902	102.941	115.511	136.916
2005-10	7	62.117	113.567	136.387	167.752
2005-11	8	52.222	131.49	159.248	196.434
2005-12	9	67.785	152.824	174.718	207.615
2006-01	10	80.355	160.781	183.720	216.741
2006-02	11	83.048	166.040	199.251	222.701
2006-03	12	82.975	181.124	204.707	251.567
2006-04	13	94.375	190.308	223.048	280.955
2006-05	14	106.024	213.065	244.839	306.808

续表 2-18

观测时间/年-月	观测周期	jn5-1 观测值/mm	jn5-2 观测值/mm	jn5-3 观测值/mm	jn5-4 观测值/mm
2006-06	15	109. 834	219. 632	242. 505	296. 141
2006-07	16	113. 151	236. 002	262. 014	324. 152
2006-08	17	119. 869	240. 232	281. 115	347. 067
2006-09	18	126. 586	244. 462	290. 019	356. 060
2006-10	19	161. 310	302. 766	351. 287	422. 622
2006-11	20	169. 782	326. 796	376. 969	452. 762
2006-12	21	183. 672	344. 233	395. 272	481. 015
2007-01	22	182. 498	367. 653	415. 582	505. 159
2007-02	23	203. 482	393. 792	439. 825	539. 026
2007-03	24	255. 380	429. 591	465. 404	569. 525
2007-04	25	233. 313	450. 988	485. 385	586. 988
2007-05	26	283. 750	492. 457	537. 247	644. 059
2007-06	27	346. 709	555. 467	587. 490	694. 001
2007-07	28	390. 867	589. 681	620. 548	734. 010
2007-08	29	575. 833	789. 221	795. 184	917. 393

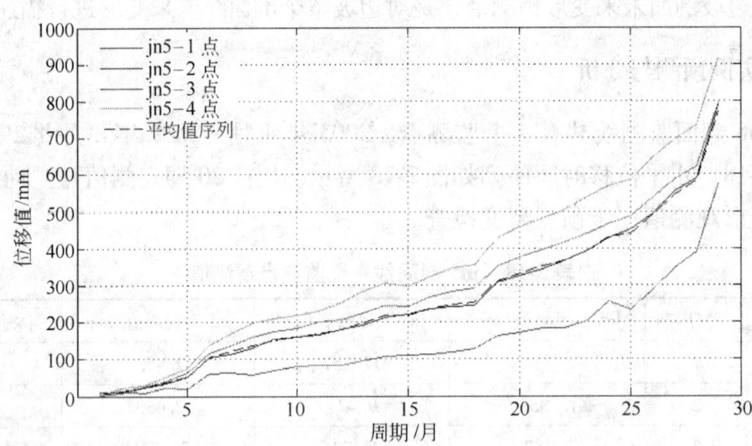

图 2-18　水平位移时间序列

2. 9. 3. 1　监测点间变形序列相关分析

对 jn5 剖面线的 4 个监测点进行相关分析，相关系数见表 2-19，相关系数均大于 0. 9。结果表明 4 个监测点的变形存在紧密相关性，可以作为一个变形整体进行变形分析。

表 2-19　测点间相关系数

相关系数	jn5-1	jn5-2	jn5-3	jn5-4
Jn5-1	1. 0000	0. 9826	0. 9685	0. 9604
Jn5-2	0. 9826	1. 0000	0. 9974	0. 9946
Jn5-3	0. 9685	0. 9974	1. 0000	0. 9993
Jn5-4	0. 9604	0. 9946	0. 9993	1. 0000

2.9.3.2 对平均值序列进行预测

预测结果见表2-20和图2-19。

表2-20 平均值序列预测结果

观测时间/年-月	观测周期	平均值/mm	预测值/mm	残差/mm	相对残差	平均相对残差
2006-12	21	351.0480	337.8091	13.2389	0.0377	0.0583
2007-01	22	367.7230	362.0572	5.6658	0.0154	
2007-02	23	394.0313	382.2490	11.7822	0.0299	
2007-03	24	429.9750	410.4990	19.4760	0.0453	
2007-04	25	439.1685	443.3959	-4.2274	-0.0096	
2007-05	26	489.3782	461.6493	27.7290	0.0567	
2007-06	27	545.9167	497.1301	42.7866	0.0894	
2007-07	28	583.7765	569.9739	13.8026	0.0236	
2007-08	29	769.4078	602.3442	167.0636	0.2171	

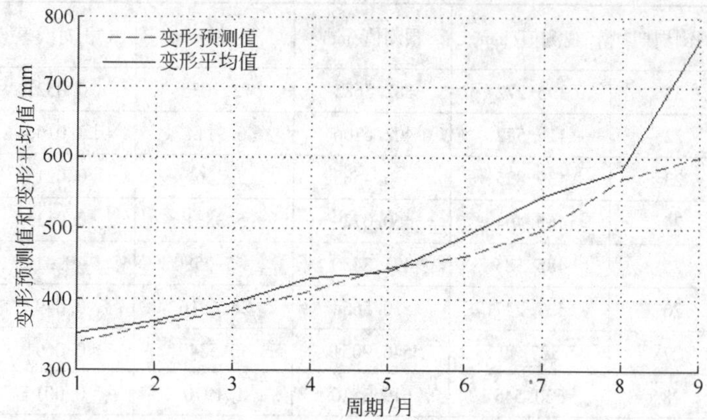

图2-19 平均值序列与预测值序列对比

2.9.3.3 对4个监测点的变形进行预测

预测结果见表2-21～表2-24和图2-20。

表2-21 jn5-1监测点变形预测值

观测时间/年-月	观测周期	观测值/mm	预测值/mm	残差/mm	相对残差	平均相对残差
2006-12	21	183.672	171.5419	12.1301	0.0660	0.1147
2007-01	22	182.498	187.4551	-4.9571	-0.0272	
2007-02	23	203.482	192.4062	5.0758	0.0249	
2007-03	24	255.380	217.8405	37.5395	0.1470	
2007-04	25	233.313	247.7803	-2.4673	-0.0620	
2007-05	26	283.750	257.1346	26.6154	0.0938	
2007-06	27	346.709	285.3695	61.3395	0.1769	
2007-07	28	390.867	353.1176	37.7494	0.0966	
2007-08	29	575.833	381.5350	194.2980	0.3374	

表 2-22 jn5-2 监测点变形预测值

观测时间/年-月	观测周期	观测值/mm	预测值/mm	残差/mm	相对残差	平均相对残差
2006-12	21	344.233	332.1382	12.0948	0.0351	0.0682
2007-01	22	367.653	356.4932	11.1598	0.0304	
2007-02	23	393.792	377.2109	16.5811	0.0421	
2007-03	24	429.591	406.4875	23.1035	0.0538	
2007-04	25	450.988	439.8682	11.1198	0.0247	
2007-05	26	492.457	461.2996	31.1574	0.0633	
2007-06	27	555.467	497.9393	57.5277	0.1036	
2007-07	28	589.681	572.5604	17.1206	0.0290	
2007-08	29	789.221	605.9046	183.3164	0.2323	

表 2-23 jn5-3 监测点变形预测值

观测时间/年-月	观测周期	观测值/mm	预测值/mm	残差/mm	相对残差	平均相对残差
2006-12	21	395.272	382.5685	12.7035	0.0321	0.0440
2007-01	22	415.582	402.6706	6.9114	0.0166	
2007-02	23	439.825	430.4583	9.3667	0.0213	
2007-03	24	465.404	460.0729	5.3311	0.0115	
2007-04	25	485.385	491.3430	-5.9580	-0.0123	
2007-05	26	537.247	510.5654	26.6816	0.0497	
2007-06	27	587.49	546.9051	40.5849	0.0691	
2007-07	28	620.548	619.3510	1.1970	0.0019	
2007-08	29	795.184	650.7151	144.4689	0.1817	

表 2-24 jn5-4 监测点变形预测值

观测时间/年-月	观测周期	观测值/mm	预测值/mm	残差/mm	相对残差	平均相对残差
2006-12	21	481.015	464.9879	16.0271	0.0333	0.0410
2007-01	22	505.159	495.6097	9.5493	0.0189	
2007-02	23	539.026	522.9206	16.1054	0.0299	
2007-03	24	569.525	557.5952	11.9298	0.0209	
2007-04	25	586.988	594.5922	-7.6042	-0.0130	
2007-05	26	644.059	617.5977	26.4613	0.0411	
2007-06	27	694.001	652.3067	35.6943	0.0514	
2007-07	28	734.010	734.8664	-0.8564	-0.0012	
2007-08	29	917.393	771.2220	146.1710	0.1593	

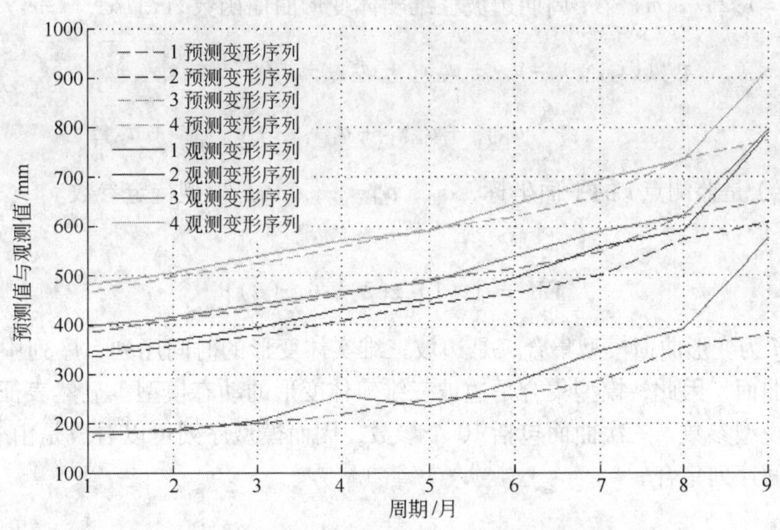

图 2-20　观测值与预测值对比

2.9.3.4　结果分析

用剖面监测线变形平均值作为剖面整体变形指标，可以对剖面所在边坡区域的变形进行整体评价，监测线各点变形平均值的预测值可以作为边坡整体变形的未来预测，为边坡整体治理和防止滑坡提供决策依据。边坡变形整体预测比单点变形预测具有更高的可靠性，当某监测点变形值出现数据异常时，整体变形可以削弱单点变形值的影响。从以上计算结果中可以看出，整体预测与单点预测比较具有较高的精度，说明该法可行。

2.10　边坡三维实体变形预测

2.9 节对整条监测线变形预测进行了研究，从地质剖面监测线角度反应了变形体的未来变形趋势，是属于二维变形预测分析。该法还不能充分和直观地反应边坡三维实体变形状况。有些文献采用灰关联原理开展了多点预测方法，是属于相关点局部变形预测，还不能表达整个边坡变形发展趋势。因此开展边坡三维实体变形预测研究是非常必要的。

2.10.1　三维实体变形预测原理

通过前面章节中边坡三维实体变形分析，可以看出边坡变形主要集中在西北帮，越接近坡脚处变形越大。从映射角度来看，变形值是位置坐标的函数，即变形值是因变量，初始坐标（x，y）是自变量。变形函数曲面反应了变形值在空间区域上变化的特征，揭示了变形总体规律。根据监测点变形值，拟合一个数学曲面，用该曲面来反映空间分布的变化情况。由于变形值在边坡平面上变化较大，因此，选用三次曲面对监测点历史变形值进行拟合。通过拟合可以获得西北边坡三维实体表面一系列变形模型，某个模型属于静态模型，是某个时刻的变形值数学模型。

设边坡上有 m 个监测点，每个监测点观测 n 个周期。监测点 i 的变形序列为$\{z_{ti}\}$，$t=$

$1,2,\cdots,n$; $i=1,2,\cdots,m$, 第 t 周期边坡三维实体变形曲面函数 $z(t)(x_i, y_i)$ 为

$$z(t)(x_i,y_i) = a_{t0} + a_{t1}x_i + a_{t2}y_i + a_{t3}x_i^2 + a_{t4}x_iy_i + a_{t5}y_i^2 + a_{t6}x_i^3 + a_{t7}x_i^2y_i + a_{t8}x_iy_i^2 + a_{t9}y_i^3 \tag{2-150}$$

式中,(x_i, y_i) 是监测点 i 的平面坐标,a_{t0}, a_{t1}, …, a_{t9}是模型待定参数。

设

$$VM = \{z(1),z(2),\cdots,z(n)\} \tag{2-151}$$

则称 VM 为变形曲面模型集合,是边坡三维实体变形的时间序列,序列中的项是变形模型或变形曲面,因此,模型集合是边坡三维实体变形的动态模型。显然表征变形模型个体的指标是模型参数,三次曲面包括 10 个参数,因而模型序列可以看成是由 10 个参数数列构成的时间序列集合。

设

$$M_k = \{a_{1k},a_{2k},\cdots,a_{nk}\};\ k = 0,1,2,\cdots,9 \tag{2-152}$$

称 M_k 为第 k 个模型参数的时间序列。则曲面模型集合等价于模型参数序列集合

$$M = \{M_0,M_1,M_2,\cdots,M_9\} \tag{2-153}$$

对模型参数时间序列 M_k 进行分析,发现具有趋势性和规律性。因此,通过对参数序列的预测可以达到对模型序列预测的目的,从而可以对边坡三维实体变形进行预测,具体到边坡上某点的变形值预测是属于曲面插值问题。边坡上 i 点第 t 周期的变形模拟值 $\hat{z}(t)(x_i, y_i)$ 或预测值为

$$\hat{z}(t)(x_i,y_i) = \hat{a}_{t0} + \hat{a}_{t1}x_i + \hat{a}_{t2}y_i + \hat{a}_{t3}x_i^2 + \hat{a}_{t4}x_iy_i + \hat{a}_{t5}y_i^2 + \hat{a}_{t6}x_i^3 + \hat{a}_{t7}x_i^2y_i + \hat{a}_{t8}x_iy_i^2 + a_{t9}y_i^3 \tag{2-154}$$

式中,$\hat{a}_{t0}$, $\hat{a}_{t1}$, …, $\hat{a}_{t9}$是 a_{t0}, a_{t1}, …, a_{t9}的估值或预测值。n 为参与建模的变形序列长度,当 $t>n$ 时,$\hat{z}(t)(x_i, y_i)$为预测值,当 $t\leqslant n$ 时为模型模拟值,(x_i, y_i)是第 i 点坐标。

2.10.2 模型精度与预测精度评定

对于一般变形序列的预测模型而言,预测模型精度即模型拟合程度评定的方法有三种,即残差大小检验、关联度检验和后验差检验。但对于模型序列来说,预测结果是参数集合,模型值是模型参数集合对应的变形曲面变形值。因此不能简单地采用上述三种方法,而采用模型值的相对中误差评定精度更为合适。计算中误差时,分母取所有监测点变形值的平均值。

设 $\nu(t)(x_i, y_i)$为 t 周期 $i(x_i, y_i)$点变形模型值的残差

$$\nu(t)(x_i,y_i) = z(t)(x_i,y_i) - \hat{z}(t)(x_i,y_i) \tag{2-155}$$

则 t 周期模型值中误差为

$$M(t) = \pm \sqrt{\frac{\sum_{i=1}^{m} \nu^2(t)(x_i, y_i)}{m-1}} \tag{2-156}$$

设监测点实测变形值的平均值为 $\bar{z}(t)$

$$\bar{z}(t) = \frac{\sum_{i=1}^{m} z(t)(x_i, y_i)}{m} \tag{2-157}$$

则 t 周期模型值相对中误差为

$$\tilde{M}(t) = \frac{M(t)}{\bar{z}(t)} \tag{2-158}$$

当 $t > n$ 时，$M(t)$ 为模型预测值相对中误差，当 $t \leqslant n$ 时为模型模拟值相对中误差。

2.10.3　实例预测与分析

露天矿西帮和北帮剖面监测线共有 13 个，危险区域监测点共有 51 个，2005 年 4 月～2008 年 7 月共 40 期观测数据。随着时间的推移，其中部分监测点由于变形较大等原因被破坏。根据边坡治理工程的需要，分别进行边坡三维实体变形的短期预测和长期预测，进行三维实体变形短期预测详细步骤如下。

2.10.3.1　模型参数序列计算

根据 40 期水平位移监测数据，用三次曲面拟合边坡监测点变形值，采用最小二乘法对模型参数进行估值，结果见表 2-25，数据量较大只列出两个周期的拟合曲面的函数参数。

2.10.3.2　对模型参数序列 M_k 进行预测

每个模型有 10 个参数，因此模型集合包括 10 个参数序列。根据模型参数序列，采用本研究提出的基于残差方差最小原则的 ARMA 模型动态建模法对模型参数进行预测。模型参数预测值见表 2-26，由于篇幅限制，只列出两个周期曲面模型参数预测值。

表 2-25　拟合曲面模型参数

观测时间/年-月	模型参数		观测时间/年-月	模型参数	
2006-07	a_0	−394.010347767884	2006-08	a_0	−415.259773734585
	a_1	−26.1852014598662		a_1	−22.4329521511819
	a_2	−2.09521097083039		a_2	−9.02619310949850
	a_3	−0.302759554796955		a_3	0.331961724581453
	a_4	−0.192077542699617		a_4	−0.212946459104122
	a_5	−2.15896656271942*E*-02		a_5	−3.24360371096966*E*-02
	a_6	−4.4012499716805*E*-04		a_6	−5.19117250986829*E*-04
	a_7	−2.15230722756126*E*-03		a_7	−2.30335947571917*E*-03
	a_8	3.32794454187709*E*-04		a_8	2.85973406408782*E*-04
	a_9	7.81885104749446*E*-05		a_9	4.42584269261798*E*-05

表 2-26 模型参数预测值

观测时间/年-月	模型参数		观测时间/年-月	模型参数	
2006-11	$\hat{a}_0$	-682.0923709	2006-12	$\hat{a}_0$	-705.5835590
	$\hat{a}_1$	-42.31294736		$\hat{a}_1$	-43.76745283
	$\hat{a}_2$	-11.08662677		$\hat{a}_2$	-11.67717102
	$\hat{a}_3$	-0.503911584		$\hat{a}_3$	-0.520728614
	$\hat{a}_4$	-0.263839812		$\hat{a}_4$	-0.274414988
	$\hat{a}_5$	1.28*E*-02		$\hat{a}_5$	0.01091246
	$\hat{a}_6$	-9.64*E*-04		$\hat{a}_6$	-9.90*E*-04
	$\hat{a}_7$	-3.27*E*-03		$\hat{a}_7$	-3.36*E*-03
	$\hat{a}_8$	9.52*E*-04		$\hat{a}_8$	9.33E-04
	$\hat{a}_9$	3.82*E*-04		$\hat{a}_9$	3.93*E*-04

2.10.3.3 边坡三维实体变形预测

根据预测得到的模型参数，对曲面模型进行插值计算，从而得到变形区域范围内任意一点的变形预测值。以 2006 年 11 月各监测点变形预测值计算为例，计算结果见表 2-27，变形预测值相对中误差为 ±3.01%。边坡三维实体变形预测值与实测值对比，如图 2-21 所示。

表 2-27 边坡监测点变形预测值

T 监测点号	观测值/mm	预测值/mm	残差/mm
jn2-1	342.516	343.749	4.7671
jn2-2	522.660	426.172	102.487
jn2-3	469.069	449.437	19.632
jn2-4	420.971	432.596	-11.624
jn5-1	169.782	272.750	-102.967
jn5-2	326.796	365.546	-32.750
jn5-3	376.969	396.207	-19.237
jn5-4	452.762	374.055	84.707
jn6-1	9.601	42.424	-32.823
jn6-2	247.146	195.576	51.570
jn6-3	332.822	249.930	82.892
jn6-4	2.007	24.647	-10.640
jn2-1	20.450	87.751	-67.301
jn2-2	27.123	143.656	-116.532
jn2-3	13.601	104.428	-90.827
jn2-4	17.393	-81.119	92.512
jn9-1	36.162	11.457	24.705
jn9-2	51.019	54.688	-3.668

续表 2-27

T 监测点号	观测值/mm	预测值/mm	残差/mm
jn9-3	55. 327	7. 416	47. 911
jn9-4	141. 483	145. 952	-4. 469
jw340-2	163. 239	152. 635	4. 604
jw340-3	125. 604	9. 867	115. 737
jw342-3	73. 905	160. 688	-86. 782
jw342-4	182. 673	283. 564	-100. 891
jw342-7	345. 942	272. 749	67. 192
jw344-2	142. 224	84. 001	64. 223
jw344-3	173. 849	219. 804	-45. 955
jw344-4	325. 178	362. 318	-43. 139
jw344-6	435. 674	450. 769	-15. 095
jw346-1	12. 524	-0. 843	13. 366
jw346-2	205. 065	171. 270	33. 795
jw346-3	212. 900	292. 042	-85. 141
jw346-4	421. 506	410. 140	11. 366
jw346-5	459. 555	439. 855	19. 699
jw342-2	2. 193	223. 309	-215. 116
jw342-3	400. 732	290. 792	109. 940
jw342-4	439. 911	302. 568	131. 343
jw342-5	32. 963	290. 811	24. 152
jw350-1	297. 608	172. 621	112. 986
jw350-2	10. 604	121. 670	-111. 065
jw350-3	2. 073	31. 635	-17. 562

2. 10. 3. 4 结果分析

预测计算结果显示，采用三维实体变形预测法，可以达到边坡三维实体整体预测目的。该法是静态建模与动态建模巧妙的结合，解决了边坡三维实体整体预测的难点。二次曲面没有三次曲面拟合效果好，因此采用三次拟合曲面。图 2-21 所示中变形观测值与预测值等值线对比表明，整体变形预测值具有较高的精度和可靠性，能够表达边坡三维变形未来变化趋势，可以为矿方在边坡治理和滑坡防治方面提供完整的边坡变形未来信息。与监测线整体变形预测法和单点变形预测法相比，在方法和理论上有较大提高；与监测线变形预测、单点变形预测、组合预测结合使用，可以对边坡从局部变形到整体变形趋势有一个详细准确的认识，在边坡治理中发挥了很好的作用。

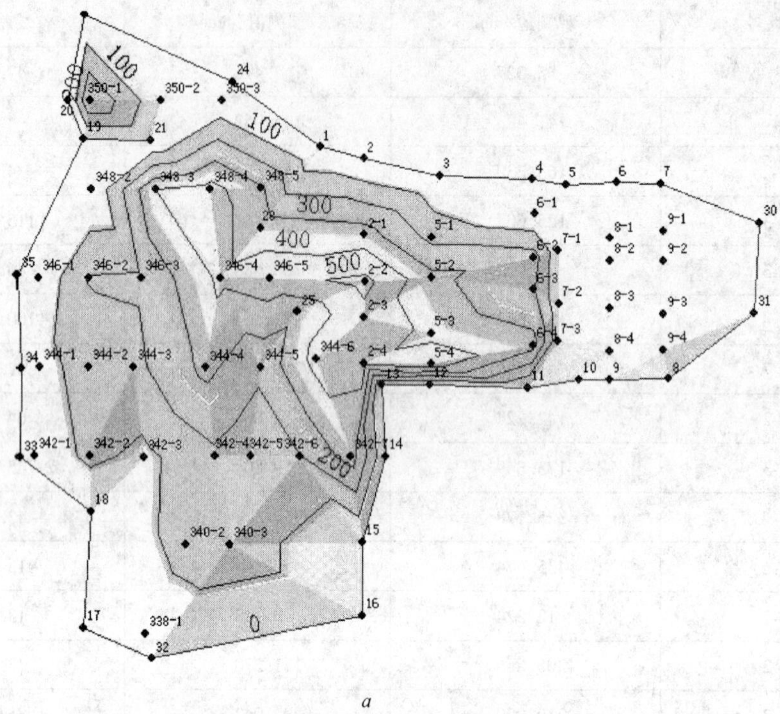

a

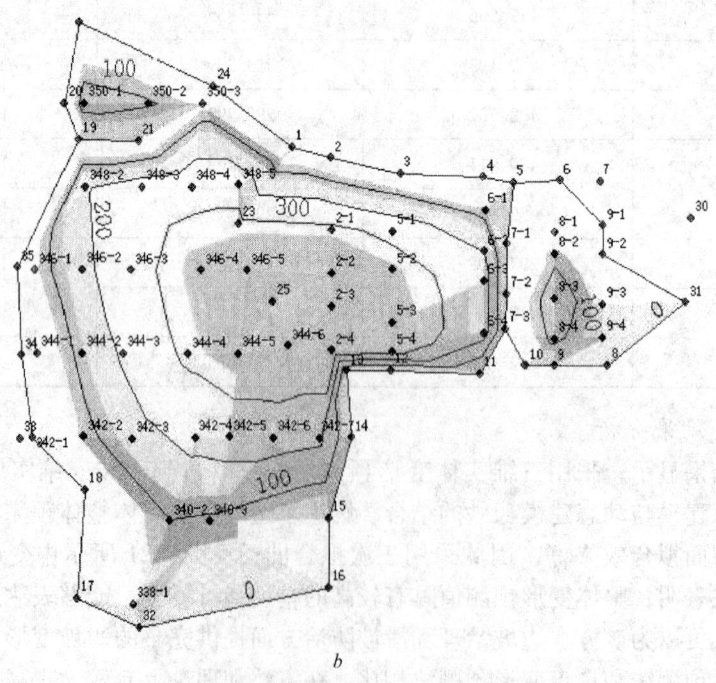

b

图 2-21 2006 年 11 月边坡变形观测值与预测值对比

a—边坡变形实测值等值线；*b*—边坡变形预测值等值线

2.11 边坡三维实体变形长期预测综合

2.11.1 前期预测

在前面几节中，首先进行了单项预测模型的研究。为了利用各种单项预测模型的优点和提高预测精度和可靠度，对单项模型开展了组合预测的研究；为了解决矿山企业对边坡未来变形趋势的把握，又开展了长期变形预测研究；为了从宏观角度掌握边坡整体变形演变规律，在边坡三维实体变形预测研究方面也取得了实质性的成果。

本节拟将前述几种研究方法综合起来，对边坡三维实体变形进行长期预测，实质是将边坡三维实体变形预测、长期预测、单项模型预测和滚动组合预测四种方法结合起来综合运用，即边坡三维实体变形预测 + 长期预测 + 单项预测 + 滚动组合预测。

对边坡实体基于2005年4月~2007年7月的水平位移历史数据开展长期预测，使用的历史观测数据共有28期（2005年4月~2007年7月），对2005年4月~2007年3月数据用于建模，2007年4月~2007年7月数据用于检查预测精度。三维实体变形长期预测的具体步骤如下：

（1）边坡三维实体模型参数序列计算。根据28期水平位移监测数据，用三次曲面拟合边坡监测点变形值，采用最小二乘法对模型参数进行估值，获取拟合曲面的函数参数序列，此步与边坡三维实体变形短期预测中方法相同。

（2）对边坡三维实体模型参数序列 M_k 进行预测。每个模型有10个参数，因此模型集合包括10个参数序列。对模型参数序列 M_k，应用最佳维数灰色模型动态建模法和ARMA模型预测法对模型参数进行滚动组合长期预测。迟滞时间分别取1、2、3、4个周期，构建序列相空间相型，以边坡变形观测时间2007年3月（第24周期）为时间原点，分别预测2007年4月、5月、6月、7月模型参数，即预测步长分别为一步、二步、三步和四步，见表2-28。

（3）边坡三维实体变形长期预测。根据预测得到的曲面模型参数，对曲面模型进行插值计算，从而得到变形区域范围内任意一点的变形预测值。各监测点变形预测值计算结果

表2-28 模型参数预测值

观测时间/年-月	模型参数		观测时间/年-月	模型参数	
2007-04	a_0	-852.56540116	2007-05	a_0	-978.14540365
	a_1	-53.78595484		a_1	-61.60805709
	a_2	-2.46881051		a_2	-15.47282484
	a_3	-0.63100816		a_3	-0.74334464
	a_4	-0.34954831		a_4	-0.37162208
	a_5	0.00804224		a_5	0.01639542
	a_6	-0.00103272		a_6	-0.00142708
	a_7	-0.00439586		a_7	-0.00479895
	a_8	0.00115743		a_8	0.00148280
	a_9	0.00042383		a_9	0.00047201

续表 2-28

观测时间/年-月	模型参数		观测时间/年-月	模型参数	
2007-06	a_0	-1007.36277433	2007-07	a_0	-1097.08190193
	a_1	-63.56208210		a_1	-68.86523791
	a_2	-16.84942813		a_2	-17.8142483
	a_3	-0.75399696		a_3	-0.81843098
	a_4	-0.39470496		a_4	-0.43170886
	a_5	0.00798760		a_5	0.01775665
	a_6	-0.00129720		a_6	-0.00142159
	a_7	-0.00508025		a_7	-0.00557507
	a_8	0.00147598		a_8	0.00163804
	a_9	0.000498		a_9	0.00057782

见表 2-29，一步、二步、三步和四步变形预测的预测值中误差分别为 ±100.888mm、±107.590mm、±119.158mm 和 ±136.218mm。边坡三维实体变形长期预测值等值线如图 2-22 所示。

表 2-29　边坡监测点变形预测值

监测点号	预测值/mm			
	2007-04	2007-05	2007-06	2007-07
jn2-1	454.945	495.179	533.521	561.930
jn2-2	560.853	613.350	657.987	696.132
jn2-4	567.292	616.551	663.033	702.099
jn5-1	373.334	406.090	437.998	460.826
jn5-2	483.872	529.427	567.384	600.604
jn5-3	520.542	568.239	608.696	645.328
jn5-4	489.148	532.081	570.642	604.372
jn6-1	77.971	81.232	87.412	91.048
jn6-2	265.493	289.596	305.613	326.875
jn6-4	327.489	353.047	372.714	398.592
jn8-1	40.934	44.327	35.4	48.177
jn8-2	121.059	131.343	127.021	147.036
jn8-3	189.078	201.233	201.549	226.534
jn8-4	131.778	132.038	129.291	147.153
jn9-1	17.000	13.932	15.165	23.945
jn9-2	2.904	15.124	29.83	16.358
jn9-3	65.530	61.656	44.874	69.608
jn9-4	55.840	51.725	65.800	61.184
jw340-2	220.741	195.734	213.218	228.917

续表 2-29

监测点号	预测值/mm			
	2007-04	2007-05	2007-06	2007-07
jw340-3	216.761	208.353	222.709	239.188
jw342-2	91.546	22.556	40.39	26.126
jw342-3	261.778	229.559	258.964	266.042
jw342-4	394.786	398.088	435.67	459.086
jw342-5	358.404	382.695	413.574	435.57
jw344-2	166.649	135.662	147.07	137.297
jw344-3	326.835	322.118	347.602	356.78
jw344-4	501.072	527.221	568.273	597.709
jw344-6	593.556	642.970	691.793	732.371
jw346-1	51.742	35.430	13.883	11.439
jw346-2	256.877	266.039	267.443	270.377
jw346-3	408.614	436.858	456.334	476.388
jw346-4	543.261	589.471	626.668	661.397
jw346-5	578.88	630.736	673.954	712.578
jw348-2	310.634	341.398	336.414	353.894
jw348-3	388.884	423.227	437.264	462.403
jw348-4	408.375	441.632	466.487	492.747
jw348-5	384.995	413.412	443.586	466.741
jw350-1	260.451	274.515	269.172	295.376
jw350-2	179.629	171.098	181.745	196.215
jw350-3	61.885	32.154	48.997	48.284

a

监测点位
水平位移等值线
600-700
500-600
400-500
300-400
200-300
100-200
0-100
测定点位
预测值等值线
600-700
500-600
400-500
300-400
200-300
100-200
0-100
监测点位
水平位移等值线
700-800
600-700
500-600
400-500
300-400
200-300
100-200
0-100

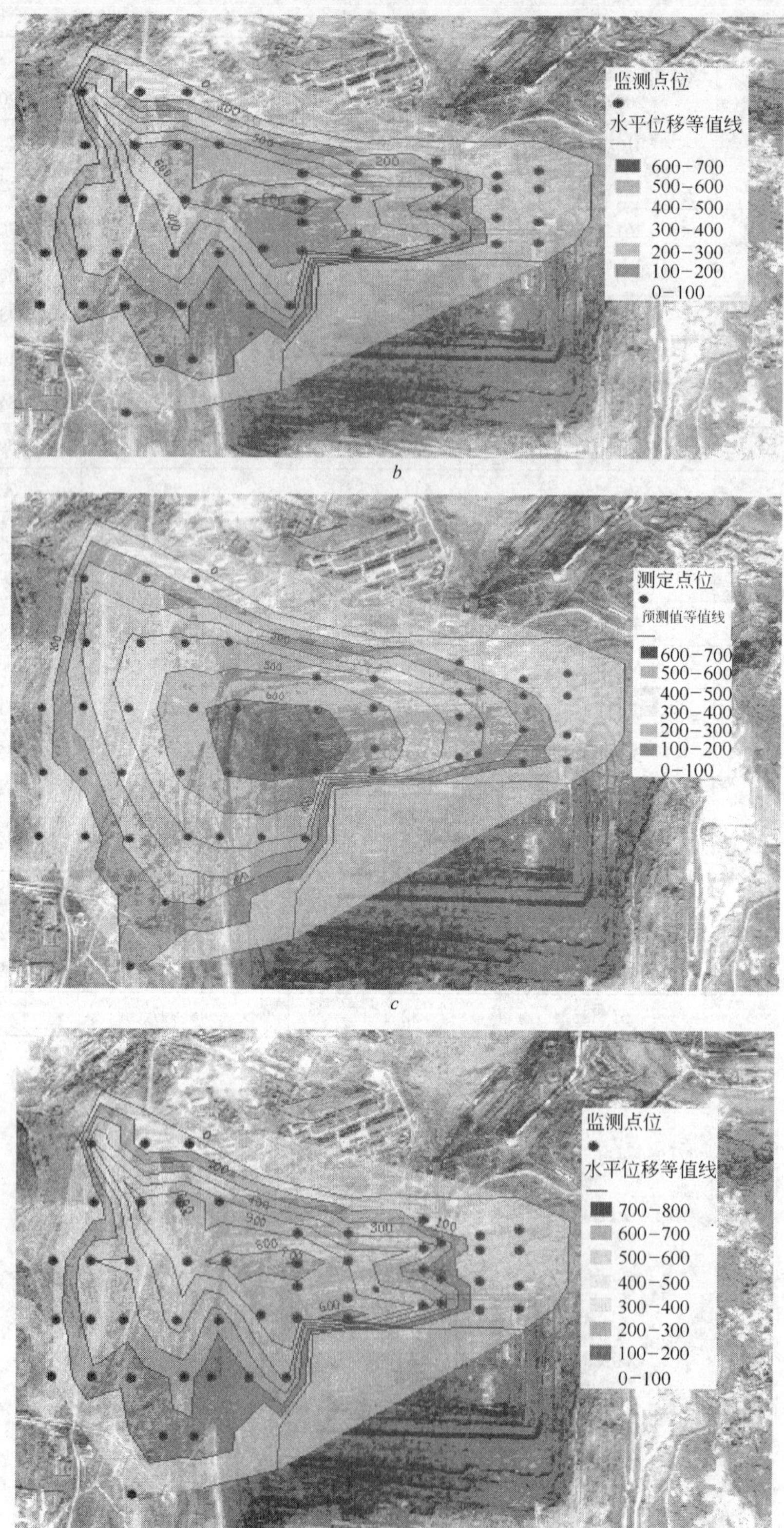

b

c

d

监测点位
预测值等值线
600-700
500-600
400-500
300-400
200-300
100-200
0-100

e

监测点位
水平位移等值线
800-900
700-800
600-700
500-600
400-500
300-400
200-300
100-200
0-100

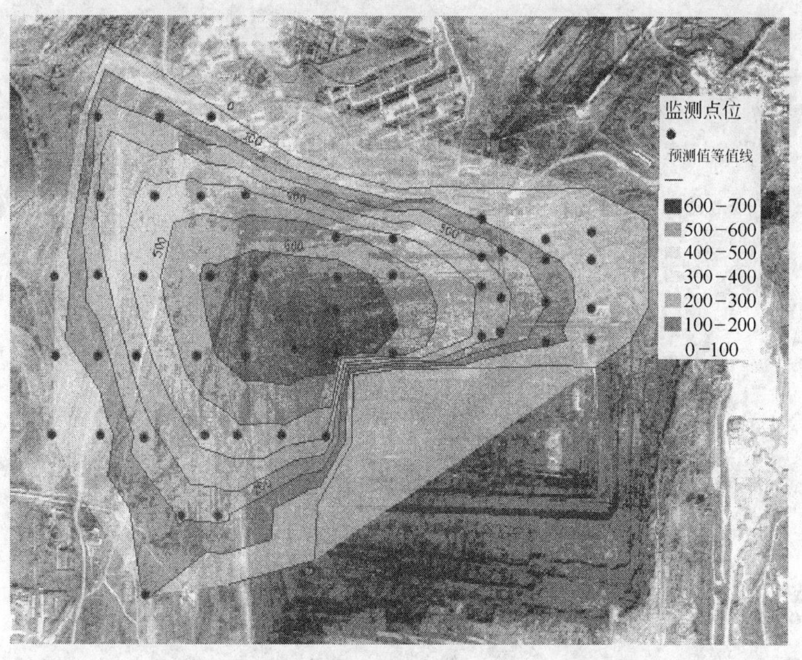

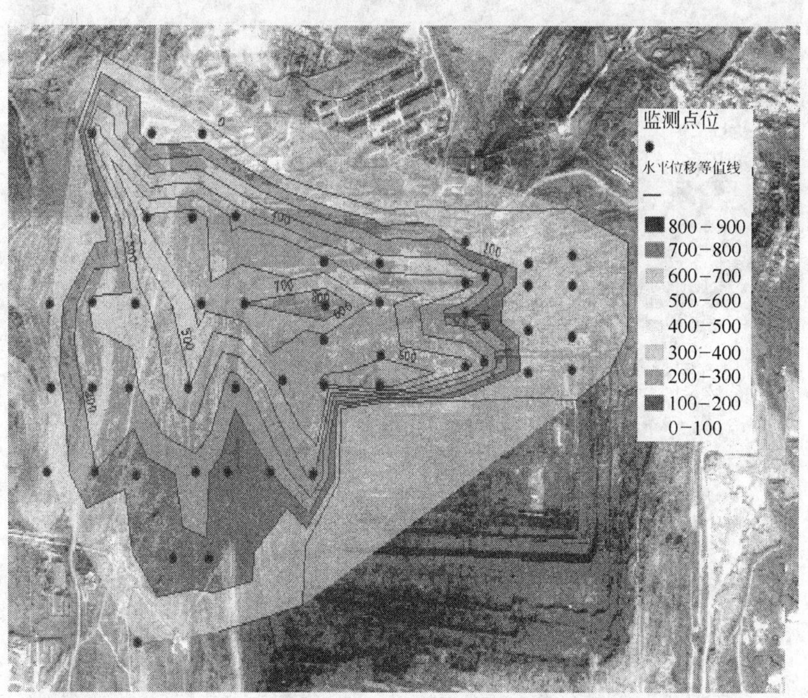

f

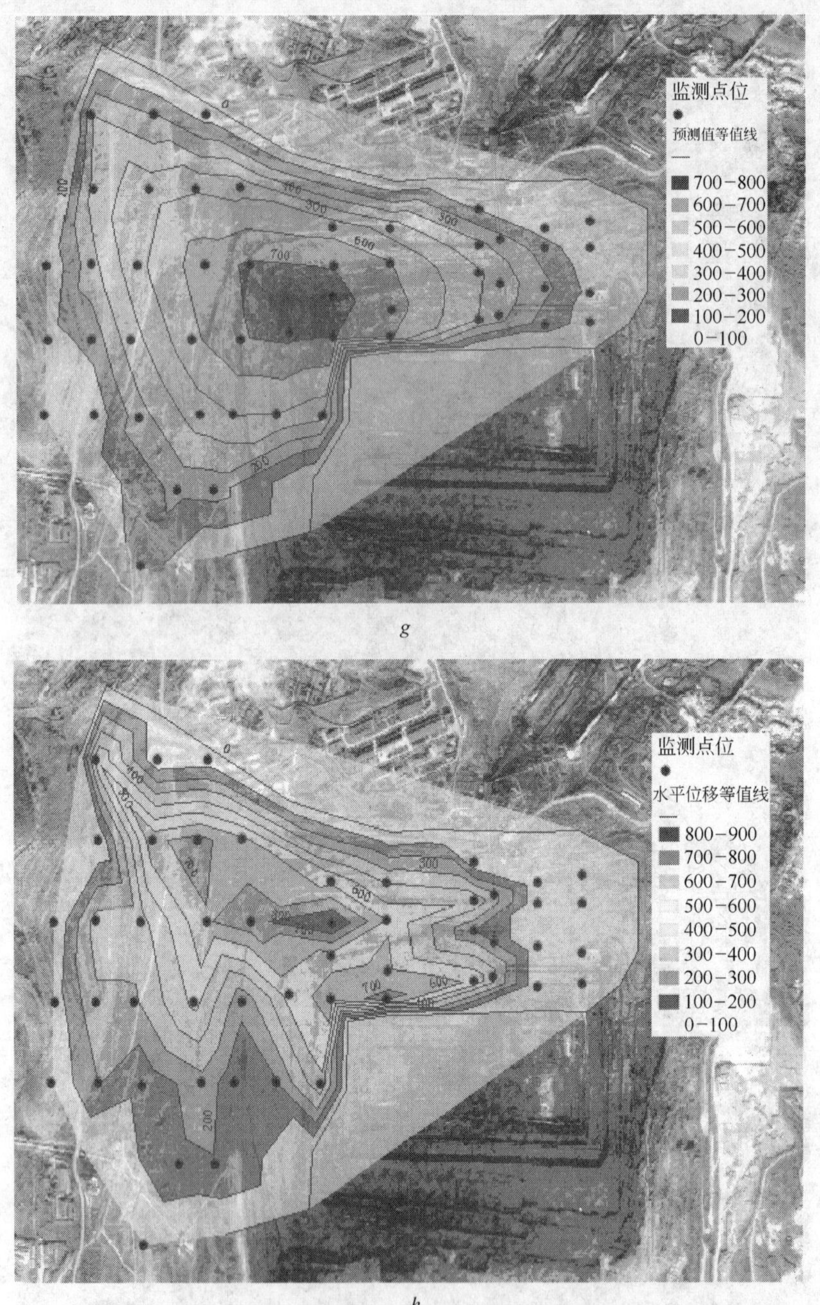

图 2-22　边坡三维实体变形预测值与实测值的等值线对比

a—2007 年 4 月水平位移预测值等值线；*b*—2007 年 4 月水平位移实测值等值线；
c—2007 年 5 月水平位移预测值等值线；*d*—2007 年 5 月水平位移实测值等值线；
e—2007 年 6 月水平位移预测值等值线；*f*—2007 年 6 月水平位移实测值等值线；
g—2007 年 7 月水平位移预测值等值线；*h*—2007 年 7 月水平位移实测值等值线

结果分析：从预测值中误差上看，一步预测、二步预测、三步预测和四步预测值误差，随着步长的增加而增大，但增幅不是很大，说明此法长期预测具有较高精度。将预测值等值线和实测值等值线比较，两者数值非常相近，图形相似，说明预测结果具有很高的可靠性，可以作为边坡治理的科学依据。

2.11.2　后期预测

对边坡三维实体变形进行长期预测，实质是将边坡三维实体变形预测、长期预测、单项模型预测和滚动组合预测四种方法结合起来综合运用，即边坡三维实体变形预测＋长期预测＋单项预测＋滚动组合预测。作者对边坡实体基于2005年3月～2008年7月的水平位移历史数据开展长期预测研究，使用的历史观测数据共有40期（2005年3月～2008年7月）。三维实体变形长期预测的具体步骤如下：

（1）边坡三维实体模型参数序列计算。根据40期水平位移监测数据，用三次曲面拟合边坡监测点变形值，采用最小二乘法对模型参数进行估值，获取拟合曲面的函数参数序列。

（2）对边坡三维实体模型参数序列 M_k 进行预测。每个模型有10个参数，因此模型集合包括10个参数序列。对模型参数序列 M_k，应用ARMA模型预测法对模型参数进行滚动组合长期预测。迟滞时间取4个周期，构建序列相空间相型，以边坡变形观测时间2008年7月为时间原点，分别预测2009年7月、2010年7月、2011年7月、2012年7月，即预测步长为四步。

（3）边坡三维实体变形长期预测。根据预测得到的曲面模型参数，对曲面模型进行插值计算，从而得到变形区域范围内任意一点的变形预测值。边坡三维实体变形长期预测值等值线如图2-23所示。

a

2010年7月位移值
= 监测点
位移等值线
2010年7月
4813.076 - 5414.71
4211.441 - 4813.076
3609.807 - 4211.441
3008.172 - 3609.807
2406.538 - 3008.172
1804.903 - 2406.538
1203.269 - 1804.903
601.634 - 1203.269
0 - 601.634

b

2011 年 7 月位移值
= 监测点
2011 年 7 月
6438.595-7243.42
5633.771-6438.595
4828.947-5633.771
4024.122-4828.947
3219.298-4024.122
2414.473-3219.298
1609.649-2414.473
804.824-1609.649
0-804.824

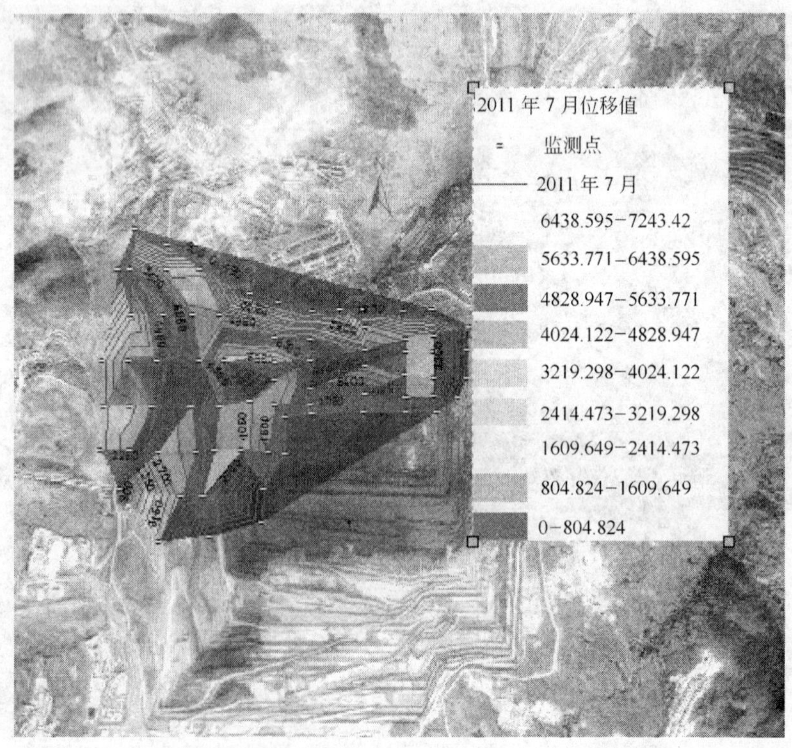

c

d

图 2-23　边坡三维实体长期变形预测值

a—2009 年 7 月水平位移预测值等值线；*b*—2010 年 7 月水平位移预测值等值线；
c—2011 年 7 月水平位移预测值等值线；*d*—2012 年 7 月水平位移预测值等值线

第二篇　稀湿物料排弃物堆排过程安全控制技术

某些煤矿排土场排弃物的含水量超过塑限，部分排弃物含水量超过液限，自然安息角仅为3°~5°，采取何种堆排工艺能够保证安全是一个非常重要的难题；其二是煤矿排弃物中土的含量远大于废石的含量，由此造成堆排段高、总体坡角不能太大；另外多数排土场基底属于软弱型，再加上排弃物料强度低，造成了如何控制排土场安全就成了主要问题，因此，排土场安全控制技术与方法是必须要解决的问题。本篇以小龙潭矿务局龙桥排土场为例，就堆排工艺与安全评价方法及其相关控制措施进行了总结。

3　排土场边坡工程地质条件

3.1　地形特征

3.1.1　基底地形特征

龙桥排土场地处盆地西南侧斜坡地带，距布沼坝露天采场1km。设计场地坡顶高程1525m，坡脚高程1220m，相对高差305m。地形北西高、南东低，整体向南东方向倾斜，地形坡度陡缓不一，一般下部较缓，坡度0°~8°，中部较陡，坡度12°~16°，局部20°~30°，上部又变缓，坡度5°~15°，局部20°，整体平均坡度13°~15°，顺坡向冲沟或溶蚀沟槽发育。现状斜坡1375m高程以上为自然斜坡，1375m以下坡段为排弃物料填埋。

3.1.2　排土场边坡地形特征

龙桥排土场处于溶蚀构造中下部，为布沼坝露天矿现在使用排土场，目前排土场顶部排弃水平高程1350~1375m，坡底排弃水平高程1220~1230m，呈不规则长方形，东西宽约1000m，南北长约2100m，面积2.01km^2，排土场堆填高度已达150m，坡面形成9~11级台阶，台阶高10~15m，排土台阶坡面角5°~6°，总体坡面向南东方向倾斜，工作平盘宽度50~300m，坡底部分到界台阶坡面角15°，平盘宽度15~20m（见图3-1）。

图3-1　排土场前缘边坡外景

3.2 排土场基底特征

3.2.1 排土场基底地形特征

龙桥排土场基底地貌形态属中高山类型，为岩溶侵蚀疏立峰林台地地貌。沟谷发育成V形。沟缘明显，沟底坡度较陡，并有陡坎出现。

排土场基底表土不整合覆于三叠统个旧组岩层上。个旧组岩层岩性以中等风化-微风化的灰岩为主，与强风化的砂岩、泥岩、泥灰岩等成互层相间出现。表土成因主要为残坡积。在沟谷地形低凹处，坡脚为坡积锥、坡积裙；在平缓山坡、山顶、台地以残积为主成片状分布；灰岩出露地段，经红土化作用普遍见有红色黏土。表土主要由褐黄、褐红色黏土组成，夹少量灰岩、泥岩、粉砂岩碎块，块度2~5cm不等，含量一般5%~10%。表土呈可塑~硬塑状态。地表及浅部多为耕植土，含植物根系，结构疏松。表土厚度变化大，在沟谷地带较厚，最厚达19.40m，在山脊较薄，仅0.15m。

残坡积层表土为透水不含水层，雨季大气降水通过此层向下渗透，补给基岩中地下水，局部地段含孔隙水。

在排土场境界内，有 S_3、S_4 两个泉眼，旱季勘察时测得涌水量分别为6.79L/s及1.70L/s。夏季现场所见，S_3 泉水由1号挡土坝下游埋设的涵管流出，经三岔沟底，又经2号挡土坝的涵洞流出，流量较大。

表土层上植被较发育，有松木、果树、灌木丛。

排土场基底地形坡度不一，变化为0°~30°左右之间，个别地段超过30°，一般下部较缓，接近0°，中部较陡，至上部又变缓，平均坡度13°~15°。

3.2.2 基底岩土工程地质特征

排土场基底土层为第四系残坡积层黏土、粉质黏土，呈片状不整合覆于三叠系中统个旧组岩层上，多分布于平缓山坡、山顶、台地、冲沟等地形低凹处，厚度一般变化于0.5~3.5m。基底个旧组地层岩性以灰岩为主，呈石芽状大面积裸露。表土层上植被以生长杂草为主，局部农耕地，覆盖区表土层多含植物根系。基底岩土物理力学性质指标见表3-1和表3-2。

表3-1 龙桥排土场第四系表土的物理力学参数

埋深 /m	重度 γ /kN·m^{-3}	孔隙比 e	天然含水量 W /%	液限 W_L/%	塑限 W_P/%	塑性指数 I_P	液性指数 I_L	渗透系数 K/m·s^{-1}	压缩系数 $a_{1\sim2}$ /MPa^{-1}	抗剪强度参数	
										C/kPa	ϕ/(°)
0~5	18.8	1.115	31.6	53.2	28.7	24.5	0.22	4.87×10^{-10}	0.500	53.97	19.8
5~10	18.4	1.190	36.5	59.0	30.0	25.2	0.17		0.389	63.28	16.9
10~15	18.8	1.184	37.4	60.1	39.0	27.2	0.071	2.26×10^{-10}	0.330	74.42	18.1
15~20	19.3	1.556	36.9	56.8	32.2	34.6	0.43		0.800	37.86	13.2
20~25	19.0	0.846	25.9	36.6	21.5	15.2	0.39	20.3×10^{-9}	0.550	39.6	9.2
>25	18.6	0.920	27.9	42.6	25.4	17.2	0.20		0.204	85.5	22.4

表 3-2　基底岩石物理力学性质指标统计

岩性	密度 /g·cm^{-3}	体积密度/g·cm^{-3}		饱和吸水性 /%	气孔率 /%	岩石单轴抗压强度/MPa	
		风干	饱和			风干	饱和
砂　岩	2.720	2.658	2.681	0.858	2.727	1.655	1.086
泥质粉砂岩	2.75	2.52	2.53	6.61	13.45	6.9	6.2
灰　岩	2.73	2.66	2.67	0.98	2.98	36.1	36.9

3.2.2.1　残坡积层（Q^{el+dl}）

岩性以黏土为主，褐红，褐黄色，含水量大，塑性指数大，为高塑性黏土，塑性状态由可塑-坚硬不等，属中-高压缩性土，具膨胀性，饱和度较高，失水收缩则较大，按自由膨胀率其膨胀潜势弱-中等。由表 3-1 中数据对比可知，填土区基底土层与未填土区土层物理力学性质差异性不大，填土区土层经压密后压缩系数略小。

表 3-1 中数据反映出，排土场基底土层的含水量大，塑性指数大，渗透系数小，属不透水的高塑性黏土，塑性状态由软塑至坚硬不等，属中等压缩性土，物理力学性质具高度变异性。

基底土层抗水性能差，浸水饱和后其力学强度明显降低，构成软弱结构层（面）。此外基底坡面植被生长有灌木、杂草，排土堆填后易形成软弱面，对排土场边坡稳定性不利。

3.2.2.2　基底为三叠系中统个旧灰岩组（T_zg、T_2^1）

岩性以蠕虫状灰岩，白云质灰岩为主，部分地段与泥质粉砂岩，砂岩呈互层状相间分布。灰岩呈灰、深灰色，中-厚层状，坚硬，性脆，中等-弱风化，溶（裂）隙发育，浅部具层状碎裂结构，强度高。

砂岩、泥质粉砂岩呈褐黄、灰绿色，薄层状，岩石质软，抗风化能力差，地表强风化，呈碎裂状，强度较低。表土下基岩的物理力学性质较好，勘察报告中对承载力取用经验值，为 300～500kPa。可认为基岩自身的强度不影响排土场的稳定性。

3.3　排弃物料性质

3.3.1　剥离土岩的含水特征

水文地质中，按地层的渗透系数 K 值，将黏土、亚黏土划为隔水层（$K<0.001\mathrm{m/d}$），轻亚黏土为弱透水层（$K=0.1\sim0.001\mathrm{m/d}$），粗砂、中砂、石灰岩、圆砾、砾砂、卵石为透水层（$K>0.1\mathrm{m/d}$）。总体上，将第四系的主要含水层划分为上、中、下三层，分别以 A、B、C 表示。它们被连续的黏土、亚黏土层所分隔，但在大区域内，局部地区层与层之间有沟通现象。此外对第四系表层黏土、亚黏土中的含水划为上层滞水。A、B、C 三个含水层和上层滞水都是非均质含水体。其中 B 含水层分布范围大，厚度大，是多层次透镜体构成均质含水层，其连续性好，有统一的地下水位。A、C 两层呈透镜，缺乏连续性，厚度不大。A 层为潜水层，B、C 为承压水层。含水降雨、田灌、岩溶水、渠系等补给。

在露天采场表土台阶坡面，局部能见到含水层的渗水现象。说明剥离表土仍处于饱和状态，渗水可混入剥离物中。

泥灰岩属隔水层。因此，采场表土层疏干程度如何，直接影响到排弃物的含水状况，并影响到其物理力学性质与排土场的稳定性。

3.3.2 剥离土岩的物理力学性质

黏土、亚黏土、轻亚黏土、粉砂等的部分物理力学性质试验数据见表3-3。从表3-3中可知，黏土多属硬塑、可塑状态+亚黏土属硬塑、可塑、软塑状态，轻亚黏土属可塑、软塑及流塑状态。此外，按仅有的5个轻亚黏土试样颗粒分析结果，其黏粒含量平均为15%，说明黏粒含量较多，影响其透水性。

表3-3 不同土的部分物理力学性质试验数据

性质	黏土	亚黏土	软亚黏土	粉砂
饱和度 Sr/%	100~90 97	98~91 95	99~80 93	87
孔隙比 e	1.36~0.72 0.97	1.04~0.61 0.78	1.09~0.68 0.84	1.05
密度 G/g·cm^{-3}	2.81~2.64 2.73	2.76~2.60 2.72	2.71~2.65 2.68	2.69
天然体积密度/t·m^{-3}	2.03~1.71 1.88	2.09~1.79 1.95	2.05~1.68 1.89	1.76
天然含水量 W/%	49~24 33.83	36~21 27.46	37~22 29.13	34
液限 w_L/%	67~40 50	40~30 34	35~23 29	
塑限 w_P/%	34~20 26.22	23~15 19.34	28~18 21.87	
塑性指数 I_P	33~19 23.29	17~11 14.7	10~4 7.27	
液性指数 I_L	0.67~0.00 0.32	1.00~0.06 0.56	1.83~0.40 1.03	
渗透系数 K/m·d^{-1}	0.0029~0.000022 0.001	0.0048~0.000015 0.0013	0.37~0.0095 0.0095	0.864
压缩系数 a_{1-2}/MPa^{-1}	0.73~0.06 0.25	0.024~0.39 0.26	0.26~0.10 0.17	

3.3.3 稀湿物料及其排弃后的一般特性

稀湿物料，即剥离表土在运输过程中形成的能流动的黏稠物料。它们在排弃过程中自高处向低处漫流，前缘呈3°~5°的缓坡，不能堆积成形，表面不能承重，因而影响排土场建设，或威胁下部场地、设备、建筑物的安全。在运输过程中，有的物料还颠滚成小球状，沿倾斜的胶带下滚，影响其运输。

稀湿物料的形成主要是采场剥离表土的含水量大，连续工艺剥离物粒度小，含水层的渗水易混入，运输过程中胶带特别是转载机强烈振动所致。按水文地质报告中的试验数据整理所得表土试样的塑性状态及不同状态所占比例见表3-4。

表 3-4　按液性指数 I_L 划分土的塑性状态及不同状态所占比例

岩　性	试样总数	按 I_L 划分的土的塑性状态及不同状态所占比例				
		坚硬 $I_L<0$	硬　塑 $I_L=0\sim0.25$	可　塑 $I_L=0.25\sim0.75$	软　塑 $I_L=0.75\sim1.0$	流塑 $I_L>0$
黏　土	35	0	$\frac{16}{0.46}$	$\frac{19}{0.54}$	0	0
亚黏土	22	0	$\frac{5}{0.23}$	$\frac{11}{0.50}$	$\frac{4}{0.18}$	$\frac{2}{0.09}$
轻亚黏土	15	0	0	$\frac{3}{0.20}$	$\frac{4}{0.27}$	$\frac{8}{0.53}$

如按土样的平均液性指数，则划分的土的塑性状态见表 3-5。从表 3-4 可知，采场的轻亚黏土试样，处于流态（流塑状态）的已过半（53%）。表 3-4 中可见亚黏土中也含有流态物料（9%）。物料处于流态，即在自重作用下不经振动自身就能流动。

表 3-5　按试样的平均 I_L 值划分的土的塑性状态

岩　性	I_L 平均值	塑性状态
黏　土	0.23	可　塑
亚黏土	0.56	可　塑
轻亚黏土	1.032	流　塑

从表 3-4 中可知，处于软塑状态的轻亚黏土、亚黏土也占一定比例，分别为 27% 和 18%，它们的含水量是相当大的。处于可塑状态的黏土、亚黏土、轻亚黏土也占一定比例。

综上所述，如采场疏干不良，则采掘过程中还可能有地表水、含水层的渗水等混入土中而增大土的含水量，从而促使流态稀湿物料的形成。

高含水量、粒径小（小于 0.01mm）、胶粒（粒径小于 0.001mm）含量多的黏性土有触变特性。即在振动或搅拌等外力作用下，其黏粒外的结合水转化为自由水而使黏性土液化。因而高含水量的黏性土，即使其含水量尚未达到流态含水量，剥离后也会因胶带运输机系统的振动而可能产生触变作用形成稀湿物料。

此外，饱水的砂土，特别如粉细砂或黏砂土，在振动作用本身具有液化的特性。振动强度越大，振动时间越长，饱水砂土越易液化。胶带运输系统具有高强度持续的振动作用，促使运输中稀湿物料的形成。

饱和砂土与黏性土混合剥离时，运输过程中砂土泄出的水分混入黏性土中，也促使原含水较少的黏性土形成稀湿物料。因而疏干含水的砂土层有助于减少稀湿物料的形成。

由上分析，当前采场的一些剥离土层，在运输中形成稀湿物料是必然的。此外，由于土的性质、土层结构、土层埋藏特征、含水层特征等的复杂性，因而准确区分形成或不形成稀湿物料的土进行开采运输是十分困难的。

3.3.4 泥灰岩排弃物的一般特性

据地质勘察报告，泥灰岩结构致密均一，普氏系数不大于2，其抗压强度为1400～4100kPa。泥灰岩“剥离后堆放在排土场，能较长时间透水不崩解，自然安息角为37°，即使刚下过雨走在上面也不湿鞋。”排土场工程地质勘察报告的排弃物钻孔柱状描述中，普遍有泥灰岩碎块的记述。采场所见，泥灰岩台阶的边坡稳定性好，能保持高倾角，无塌滑现象，坡底风化物甚少。采场泥灰岩台阶平盘的水沟内流水清澈，沟底泥灰岩碎块一般坚硬。据了解有的水沟已经使用数年，其中碎块未见崩解，但部分碎块已软化。总体说，泥灰岩剥离物排弃后其渗水性好，承载力高，能承受排土设备及上部排弃物外载的压力。其沉降变形也能适应排土设备的要求。所以在可能条件下，应尽量将泥灰岩排弃在排土场下部，以提高排土场的透水性和承载力。

3.3.5 排弃物的物理力学性质

排土场工程地质勘察报告中关于土质排弃物（素填土）试样的试验数据见表3-6。

表3-6 排土场土质排弃物试样试验数据（平均值）

埋深/m	重度 γ/kN·m^{-3}	孔隙比 e	天然含水量 W/%	液限 W_L/%	塑限 W_P/%	塑性指数 I_P
0～5	19.0	0.904	30.2	39.4	22.8	16.6
5～10	18.7	0.860	25.2	40.9	23.1	17.8
10～15	18.5	0.947	28.0	44.7	25.1	19.7
15～20	19.6	0.885	24.6	36.7	18.7	22.0
20～25	19.0	0.846	25.9	36.6	21.5	15.2
>25	18.6	0.920	27.9	42.6	25.4	17.2

表3-6中数据与原岩试验数据相比，排弃土的液性指数 I_L 总体上有所减小，试样土大部分处于硬塑状态，小部分处于可塑、软塑状态。相应天然含水量 W 也有所减小，说明排弃土与采场原状土比水分有所蒸发或渗出。压缩系数普遍增大，说明排弃土不如采场原状土密实，其中大部分属接近高压缩性的中压缩性土，少量属高压缩性土，说明当上部排弃物增高时，下部排弃土还可压密。

表3-6中试样的渗透系数较小，普遍小于采场轻亚黏土试样的试验值（1.4×10^{-4}～1.1×10^{-6}cm/s），属不透水或弱透水的。分析试样成分中黏土、亚黏土较多，或轻亚黏土混入了较多的黏粒所致。排弃物中有泥灰岩碎块，夹煤屑、石灰华等，物性差异大。因而排弃物不同部分透水情况不同，整体而言应是透水的，因此，所有排弃物钻孔中均未见地下水位。这在一定程度上有利于排土场的稳定。

3.4 排弃物料空间分布特征

3.4.1 空间分布特征

龙桥排土场自1985年开始排土至2009年，排土堆填年限24年。其排弃物是采场岩土经轮斗挖掘机挖掘、胶带运输机运输、排土机排卸或是单斗挖掘机汽车运输方式，最后推土机推土堆积形成的。排弃物堆填厚度变化与基底地形及排土台阶高度有关。排弃物料在采、运、排放过程中，排弃物料有的是单一性质的土、泥灰岩碎块，夹矸等，也有混合物料；由不同土与岩体组成的土或土与泥灰岩、砾砂、夹矸、煤渣等组成混合物料。然而，不同性质物料或混合体在水平方向和垂直方向厚度及压密度分布极不均匀，没有一定规律性。局部也有某种单一物料较集中，分布于一定空间。在平面上，野外工程地质测绘时对以黏性土、粉土为主要成分及其泥灰岩、黏性土混合物料分布进行了区划分区。在排土场大部分范围分布着泥灰岩、黏性土混合物料。西南侧边界（三岔沟）及北东侧排土边界地表排土台阶分布黏性土、粉土为主。

3.4.2　排弃物含水性及地下水特征

3.4.2.1　排弃物料含水性

排弃物料有的是混合物料，也有的是单一性质物料，其在空间上分布无规律性。由单一性质物料泥灰岩碎块中间空隙较大；而煤层中夹矸混煤渣、砾砂分布地段，碎块、颗粒间孔隙大；这两者透水性好，富水性强。粉土混砾砂分布地段，粉土中含粘粒，颗粒间孔隙一般较大，透水性中等，富水性中等偏强。但黏土、粉质黏土分布地段，透水性差，富水性弱。而混合物料主要以泥灰岩碎块、黏土相混，其透水性、富水性不等。经野外现场试坑注水试验（见图 3-2）部分物料渗透性见表 3-7，排弃物不同物料，不同部位透水情况不同，整体排弃物属透水的。

图 3-2　现场重度、渗水试验

基底表土为第四系 Q^{el+dl} 黏土，渗透系数为 $(4.87 \sim 8.93) \times 10^{-8}$ cm/s，属不透水或弱透水性的高塑性黏土。土质排弃物料现场注水试验结果见表 3-7。

表 3-7　排弃物料现场注水试验结果

岩　性	渗透系数 $C/\mathrm{m \cdot s^{-1}}$	透水性等级
混合土	0.003 ~ 0.071	中等-强透水性
砂　土	0.001 ~ 0.006	中等透水性
黏性土	$(4.30 \sim 20.3) \times 10^{-7}$	透水性弱

3.4.2.2　地下水特征

排土场坡体赋存松散层孔隙水，不具统一连续地下水位，属局部上层滞水。野外工作时，正逢 7 ~ 10 月份雨季季节，钻探揭露地下水位埋深 4.50 ~ 56.10m，相邻钻孔中未见地下水位或地下水位埋深变化很大，在不同高程排土台阶边坎见季节性泉水流出，一般旱季干涸，雨季流出。累计发现泉水点 8 个，泉口高程 1239 ~ 1342m 不等，其

2004 年 7 月流量 0. 02 ~ 0. 05L/s，说明排土场不具统一、连续的地下水位。在 B2-2、B6-3 钻孔旁泉水点在 12 月份尚见有流出，但流量减小，说明在排弃物料内局部含水丰富，且滞留时间较长（见图 3-3）。在排土场北侧 806 胶带机旁见到常年不干涸泉水出流，致使排土平盘上较大面积形成常年积水塘或湿地（见图 3-4）。排弃物料中孔隙是地下水的主要运移通道及储存空间；其补给来源主要包括：（1）排弃物料本身含水，其中黏土平均含水量 28. 23%、泥灰岩平均含水量 33. 99%、粉土平均含水量 19. 5%；（2）大气降水补给；（3）基岩裂隙水补给。最终排泄途径是：（1）沿排土工作表面顺坡（沟）流出境界外，（2）沿排弃物料渗出境界外或垂直渗入补给基岩，（3）滞留在排弃物料内，（4）蒸发失去一部分。

图 3-3 排土场台阶边泉水出流点

图 3-4 排土平台常年积水塘

排土场基底是三叠系个旧组，灰岩溶裂隙发育，赋存丰富岩溶裂隙水，补给区面积大，且径流途径长，溶裂隙、溶洞是地下水的主要运移通道及储存空间，受灰岩中夹层砂岩、泥质粉砂岩相对隔水层阻隔，在排土场内三岔沟有泉水流出。采用沟底暗涵将水引出排土场外，2004 年 12 月沟口流量 1. 83L/s。在排土场境界边缘有 S_{113} 泉，2004 年 10 月测泉水流流量 13. 8L/s；S_{114} 泉水流量为 54. 2L/s；S_{115} 泉水流量 6. 2L/s；S_{116} 泉水流量 11. 2L/s。富水性强。主要由大气降水与上覆孔隙水下渗补给，多形成地表水流排泄至南盘江，泉流量受大气降水影响显著（见图 3-5）。

排土场基底冲沟有利于水流汇集，为排土场内地下水运移与相对富集地段。大气降水一方面形成地表水浸泡、冲刷坡体，尤其暴雨冲刷、掏蚀易形成坡面侵蚀沟；另一方面地表水入渗、软化坡体物质，降低土体力学强度，并增加排弃物重度，从而增大边坡变形和破坏的动力。地下水的运移与相对汇集，将产生侧向孔隙压力，尤其在排土场坡脚和基底为冲沟口地段，软化土体易形成软弱滑移面（带）。因此，水的作用是排土场边坡变形或破坏

图 3-5 S_{114} 岩溶泉水暗涵出口

的直接诱发因素，对排土场稳定威胁非常大。

3.4.3 排弃物密实程度划分及物理力学特征

3.4.3.1 排弃物密实程度划分

根据高密度电法剖面测试及钻孔自然伽玛和密度测井资料，结合不同性质排弃物料组成及物理力学指标。按排弃物料相对密实情况，大体上将排土场排弃物料划分为三层，即：(1) 相对松散层；(2) 相对中密层；(3) 相对密实层。根据钻孔综合柱状图的统计资料，由于排弃物料中不同岩性分布不均匀性，相邻钻孔纵横向剖面不能划分岩性段。各层不同分层岩性段仅在单孔综合柱状图上予以划分，以便统计分析。

图 3-6 B5-4 钻孔岩芯

根据实际勘察 36 个钻孔的柱状统计（钻孔岩芯照片如图 3-6 所示），再结合物理勘探结果，各层物料中各层不同物料的岩性比例见表 3-8。

表 3-8 钻孔中各层不同物料的岩性比例

分层	亚层号	岩性	钻孔岩性分层累加厚度/m	各种土的百分比/%	备注
相对松散层①	$①_1$	粉质黏土、黏土	338.1	56.4	由于钻孔局限性，且泥灰岩泥化程度高呈黏土状。经地面测绘，采掘场剥离情况有关资料分析，整体排土场各组分比例泥灰岩碎石土约占 52%，粉质黏土、黏土约占 33%，粉土、粉砂、砾砂含量占 15%
	$①_2$	碎石土	194.4	32.4	
	$①_3$	粉土、粉砂	35.7	6.0	
	$①_4$	砾砂	31.3	5.2	
相对中密层②	$②_1$	粉质黏土、黏土	146.4	37.3	
	$②_2$	碎石土	152.2	38.7	
	$②_3$	粉土、粉砂	54.5	13.9	
	$②_4$	砾砂	39.9	10.1	
相对密实层③	$③_1$	粉质黏土、黏土	156.5	66.2	
	$③_2$	碎石土	53.5	22.6	
	$③_3$	粉土、粉砂	11.7	4.9	
	$③_4$	砾砂	14.8	6.3	

A 相对松散层

分布于排土场表层，排弃物料中粉质黏土与黏土占 56.4%，泥灰岩碎石土占 32.4%，粉土与粉砂 6%，砾砂占 5.2%。粉质黏土与黏土呈硬塑状。粉土、粉砂、砾砂一般呈松至稍密状。泥灰岩碎石土中碎块含量 40% ~60%，其间充填黏性土、砂土，碎块径一般 2 ~7cm，最大 30 ~50cm，具架空结构，松散至稍密状。不同岩性厚度分布无规律性。物探密度测井测的体积密度值 $\rho_V = 1.6 \sim 1.88 g/cm^3$，堆填物密实程度相对松散。该层厚度 1.0 ~39.0m，平均厚度 17.3m。

B　相对中密层

分布于排土场中深部；排弃物料中粉质黏土与黏土占37.3%；碎石土占38.7%；粉土与粉砂占13.9%；砾砂占10.1%。粉质黏土与黏土一般呈硬塑状，少数呈可塑状；泥灰岩碎石土中碎石含量为40%～60%；其中间充填黏性土，粒径一般3～5cm，大者7～8cm，呈稍密至中密状；粉土、粉砂与砾砂呈稍密状。不同岩性厚度分布无规律性。物探密度测井所测体积密度值 $\rho_V=1.75\sim2.1\mathrm{g/cm^3}$，堆填物密实程度中等。该层厚度2～33.2m，平均14.7m。

C　相对密实层

分布于排土场深部；排弃物料中粉土与黏土占66.2%；碎石土占22.6%；粉土与粉砂占4.9%；砾砂占6.3%。粉质黏土与黏土呈可塑至坚硬状，少数可塑状；泥灰岩碎石泥化呈黏土较多。泥灰岩碎石土含量一般为50%～60%，其中间充填黏性土，粒径一般2～5cm，呈中密状。粉土、粉砂、砾砂等呈稍密至中密状。不同岩性厚度分布无规律性。物探测井所测体积密度值 $\rho_V=2.1\sim2.4\mathrm{g/cm^3}$，堆填物相对密实。该层厚度2.0～42.0m，平均厚度10.3m。

3.4.3.2　排弃物物理力学特征

A　排弃物料一般特征

排弃物料为泥灰岩碎块时，其结构一般比较致密均一，能较长时间透水不崩解；从露天采场平盘数年水沟揭露出来岩层来看，沟底泥灰岩一般硬度中等，未崩解，仅部分泥质含量高泥灰岩有软化现象。但根据暴露于排土场地表泥灰岩碎块来看，大约3个月开始沿裂隙呈网格状裂开，一年后泥灰岩多风化呈2～6cm碎石状。探槽揭露地表1m以下泥灰岩碎块则不易风化，能保持较高强度，岩块单轴饱和抗压强度平均值为1.7MPa。总体排弃后泥灰岩渗水性好，承载力较高。

排弃物料为黏土时，一般遇水软化，经现场饱水试验，大约5h开始软化崩解；8～10h完全崩解呈流塑状，而风干后易裂开；槽探壁观察30h风干后，网格状裂隙发育。

排弃物料为粉土时，经现场饱水试验1～3min充分吸水、3～6min完全崩解，粉土、砂性含高黏土含钙粒，一般风干后固结，具有一定强度。

由于黏土与粉土抗水性能差，较集中堆放地段易形成相对软弱结构面（带），对边坡稳定性不利，为边坡失稳主控因素之一。

B　排弃物料物理力学性质

土质排弃物料渗透参数变化可见表3-7；对不同深度、不同年限的土质排弃物料的岩性比例见表3-8；原位动力触探结果见表3-9。

表3-9　排弃物料原位动力触探结果汇总

分　层	平均值	
	动探锤击数	标贯锤击数
相对松散层①	3.9	6.6
相对中密层②	4.6	10.5
相对密实层③	5.1	

根据排弃物物理力学性质指标统计结果，排弃物具有以下特征：

（1）排弃物为粉质黏土、黏土液性指数整体上随深度增加有所减小，压缩系数也有所减小；上表层土多呈可塑-硬塑状，属中压缩性土，少量属高压缩性土。深部土多呈硬塑-坚硬状，属中压缩性土。试验数据均说明整体排弃物下部压密程度好于上部。随着排弃物增高，排弃物还存在自重作用下逐渐压密。

（2）由于不同性质物料厚度及压密度分布不均匀性，其物理力学性质变异性较高。

（3）由现场原位动力触探及原位大面积剪切试验结果均反映出泥灰岩为主物料力学强度高于黏土、砾砂等物料。

（4）排弃物料中不同深度存在有膨胀性土分布，自由膨胀率20% ~52%，为弱-中等膨胀性土。

（5）排弃物料现场直接剪切试验成果分析。

1）现场直接剪切试验：同时进行固结、原位和残余剪切试验各3组。由于试坑开挖岩性组成主要由黏性土及泥灰岩碎块组成。

从抗剪强度来看，内摩擦角为 $\phi = 15.9° \sim 16.1°$，平均值 16°，黏聚力 13.47 ~ 49.04kPa，平均值 31.25kPa。

2）现场原位快剪试验分析：抗剪强度指标内摩擦角 $\phi = 19.7° \sim 22.16°$，平均值为 20.9°，黏聚力 $C = 24.24 \sim 47.06$kPa，平均值为 35.65kPa。

3）现场残余强度试验分析：抗剪强度指标，其中内摩擦角 $\phi = 15.9° \sim 18.8°$，平均值为 17.35°。黏聚力 $C = 4.5 \sim 49.0$kPa，平均值为 26.77kPa。

3.4.4 排土场力学参数的确定

影响排土场稳定性计算结果准确性的因素很多，对于由细粒土与粗粒岩块混杂的不均质排弃物而言，确定排弃物的抗剪强度指标 C、ϕ 值非常困难。

龙桥排土场的排弃物是由采场不同性质的剥离物即黏土、亚黏土、轻亚黏土、砂土、碎石以及泥灰岩碎块等混杂而成，其中包括有稀湿物料。不同物料的混合比例很难预测，它们在排土场的分布无一定规律性。此外，该种排弃物料因降水、蒸发、负荷条件的变化，其 C、ϕ 值的变化也是大的。因此需要取样数量大，再结合前期勘察试验结果确定其 C、ϕ 值。

考虑到龙桥排土场排弃物料的实际情况，在稳定性计算时除取用排弃物钻孔试样的试验值外，还考虑部分滑坡反分析结果。

取全部试样试验结果的平均值，并考虑试样饱和度 S_r 较大时的低值，得试验数据见表3-10。排土场基底土层试样绝大部分取自未覆盖排弃物的钻孔中，试样的含水量是自然蒸发条件下的含水量。当基底上覆盖排弃物后，土层原有的径流，蒸发条件恶化，表层土的原有结构也会扰动，因而土层的含水量特别是表层土的含水量将会增加，使土的 C、ϕ 值特别是表层土的 C、ϕ 值比试验值要小，计算中应考虑该因素。

表 3-10 试验结果

项 目	平均值		低 值		
	C/kPa	ϕ/(°)	C/kPa	ϕ/(°)	饱和度 S_r/%
排弃物	88.67	22	88	9.1	95
			35	11.1	87
基底表土	75	15.57	73	6.8	92
			48	14.6	97

3.5　稀湿物料对排土场稳定性的影响

3.5.1　稀湿物料的特点

布沼坝露天主要剥离物为第三系地层泥灰岩和第四系表土层。露天开采的主要剥离物泥灰岩是煤层的直接顶板，致密均一，贝壳状断口，泥质胶结，属不坚固岩石，天然状态下因含水而表现较软，风化后变硬。第四系表土层占剥离物的比例仅次于泥灰岩，其主要特征是地层均一性差，分选不良，有不规则的交错层理，内有亚黏土、轻亚黏土、黏土及砾石层等，在结构上多表现为孔隙较大。其中轻亚黏土具有中等渗透性，呈饱和状态，具有可塑至软塑，黏聚力很低，其强度随含水率的大小有明显变化。第四系下部多数为粉砂、中砂等松散的含水量较大的岩土。

第四系表土层成分复杂,层次多变,富水。除上部接近地表处有少量硬质钙华层外,一般为黏土、亚黏土及轻亚黏土等松软土,其天然含水量多超过塑限值,有些接近液限值。多呈软塑状态。剥离物中的饱和轻亚黏土经过挖掘、转载及胶带运输机长距离的运送过程,对物料形成长时间的冲击和振动，从而产生液化，稀湿状排弃物在排土场产生大面积流淌，自然安息角仅为3°~4°，排土设备在其上面无法行走。但生产实践证明，此种排弃物当堆放一定时间以后，可产生固化，其固化程度完全可以满足排土场作业设备的作业要求。如在1986年工业试验期间，因物料过稀，排弃物不能形成设计台阶，只能勉强堆几个高度不大的锥体。

影响龙桥排土场边坡稳定的主要物料是第四系排弃物，其中最主要的是稀湿状物料。而第四系层最厚处可达50m，一般30m左右；由此对排土场边坡稳定非常不利。

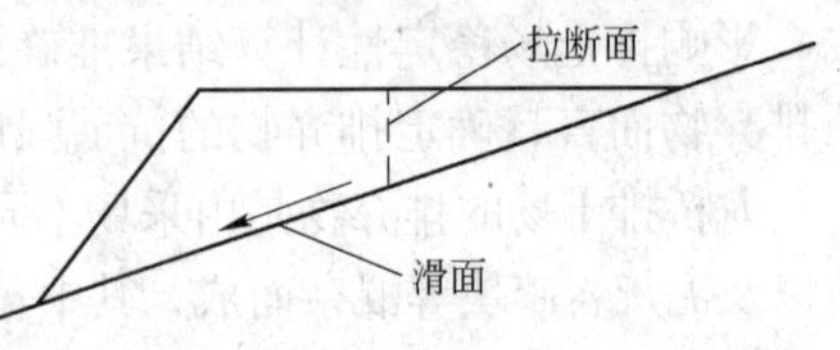

图 3-7　沿地形表面滑坡形式

3.5.2　稀湿物料的滑坡类型分析

就排土场整体边坡而言，滑坡类型可以有如下三种情况，即：（1）沿原始地形表面滑坡（见图3-7）；（2）沿基底弱层滑坡（见图3-8）；（3）沿排弃物自身滑坡及排弃物自身与基底或基底弱层复合型滑坡（见图3-9）。

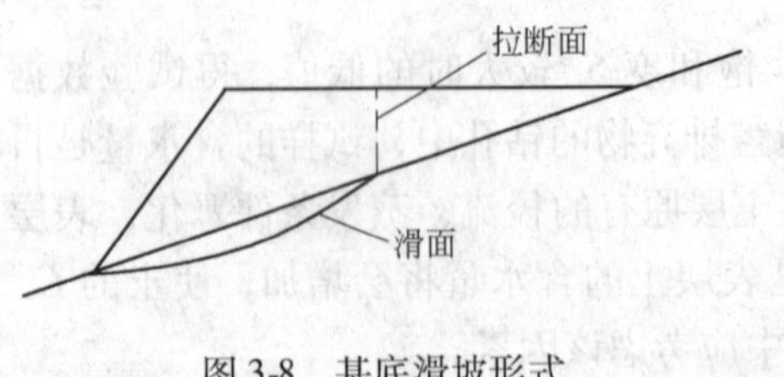

图 3-8　基底滑坡形式

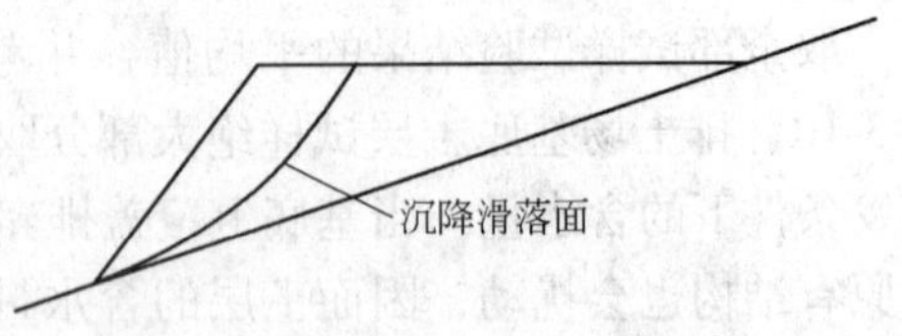

图 3-9　排弃物自身滑坡形式

在龙桥排土场，如果原始地形表面覆盖上一层稀湿状排弃物，而上面又覆盖上其他剥离物时，由于排土场基底涌水和上层排弃物的渗水，排土场将产生顺地形表面或基底滑坡。对基底产生的滑坡问题，由于龙桥排土场的基底大部分是石灰岩，出现此种滑坡的现象只有在三岔沟沟底部位可能存在。对排弃物料自身滑坡问题，此种滑坡方式主要是由于物料（岩体）的自身重力和力学指标的影响造成的。当力学指标一定时，堆积物料体的高度越大，产生滑坡的可能性就越大；构成的坡面角越陡，产生滑坡的危险性就越大。

4 排土场边坡安全性综合评价

4.1 排弃物的物理力学参数及堆排现状

4.1.1 排弃物的物理力学参数

排土场基底土层为第四系残坡积层黏土、粉质黏土，厚度为0.5～3.5m。基底属于个旧组地层，岩性以灰岩为主，呈石芽状大面积裸露。表土层上植被以生长杂草为主，局部农耕地，覆盖区表土层多含植物根系。排土场排弃物料来源于布沼坝露天采掘的剥离物。主要剥离物料为第四系坡积、冲洪积、湖沼积层黏土、含炭黏土、粉质黏土、砾砂、粉土、钙化层等表土及其下部新第三系上中新统泥灰岩、少量煤层中泥岩夹矸。

排土场边坡由单一性质或混合物料堆积而成，其抗剪强度指标中的黏聚力、内摩擦角采用天然状态现场原位直接剪切试验，排弃物料为混合土试样。结合工程勘察中所提供的数据，考虑到排弃物中含有泥灰岩、砂土等物料，最终各岩土层取用计算参数见表4-1。

表4-1 现状边坡各岩土层计算参数统计

分　层	天然重度 γ/kN·m^{-3}	黏聚力 C/kPa	内摩擦角 ϕ/(°)	土层厚度 h/m
排弃物料(Q^{ml})	18.9	35.7	20.9	1.0～114.2
残坡积层(Q^{el+dl})				
未填土区	17.0	65.8	5.9	0.5～3.5
填土区	18.1	72.7	15.1	
基岩(T_2^1)	26.1	承载力标准值为300～3000kPa		

天然重度值选用野外现场重度测定结果算术平均值，排弃物与基底间接触面的指标取基底表土残坡积层的抗剪强度指标。

4.1.2 堆排现状

截止到2006年排土场顶部排弃水平高程1350～1375m，坡底排弃水平高程1220～1230m，呈不规则长方形，东西宽约300m，南北长约230m，面积2.1km^2，排土场堆填高度已达150m，坡面形成9～11级台阶，台阶高3～15m，排土台阶坡面角25°～26°，总体坡面向南东方向倾斜。现状边坡1375m高程以上为自然斜坡，1375m以下坡段为排弃物料填埋。按照规划，排土场最终排弃高程为1525m，在高程1525m以下尚有排土容量为347.69×10^{6}m^3，总堆填高度将达到300m，设计到界边坡角度为15°。

根据排土场边坡工程地质情况，选取垂直或者近于垂直边坡（排土工作线）走向的1—1′剖面、2—2′剖面、3—3′剖面为边坡稳定性计算断面。各剖面平面位置如图4-1所示，

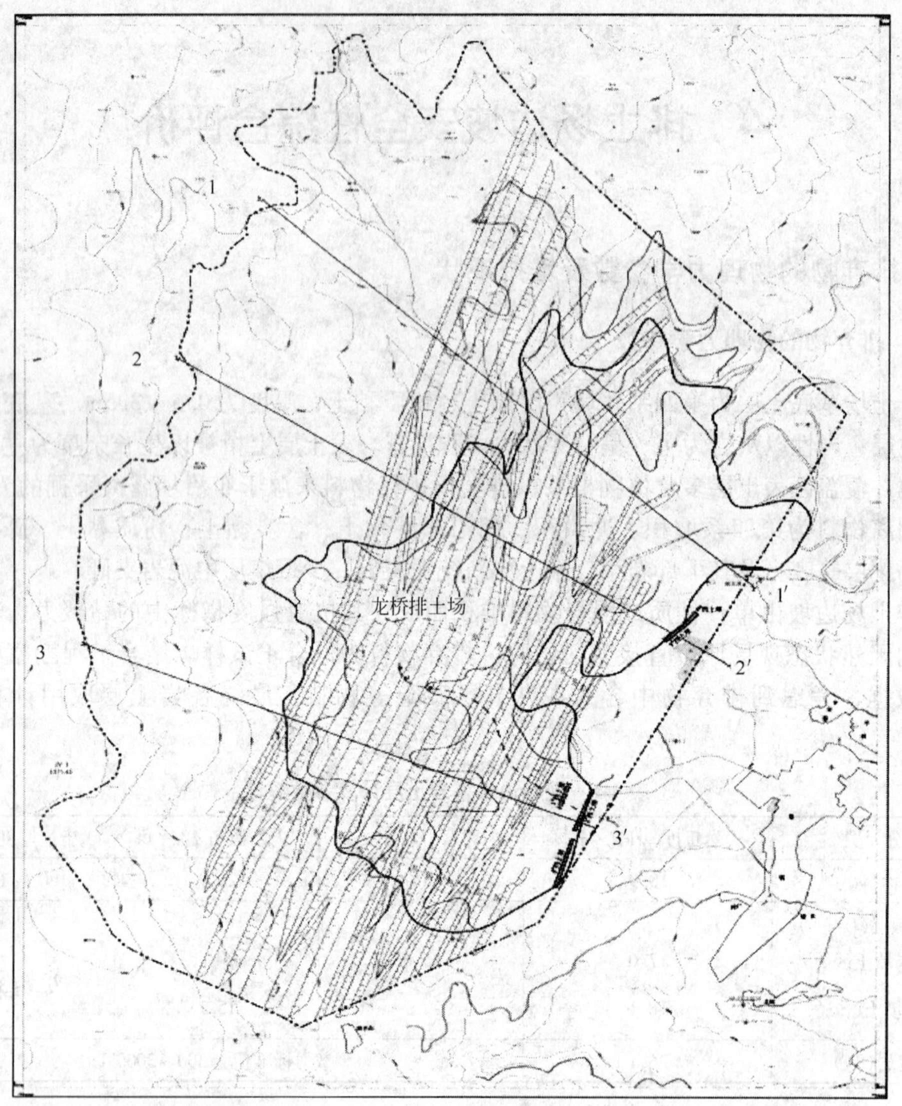

图 4-1　计算剖面位置示意图

现状边坡与到界边坡剖面轮廓图如图 4-2 ~ 图 4-7 所示。

4.1.3　评价范围与评价模型的确定

由于排土场下部有当地农民居住区和集市区存在，因此，排土场安全与否不仅关系到矿山的安全和经济效益，还关系到当地居民安危和环境的安全；所以必须保证排土场的安全。为此评价涉及的内容主要是现状边坡安全程度及可靠性；同时还要考虑在确保安全的前提下排土场最终到界边坡的安全及最终坡角的确定。图 4-1 所示为排土场平面位置分布及各个剖面位置分布图；图 4-2 ~ 图 4-4 所示为排土场 1—1′剖面、2—2′剖面和 3—3′剖面排土现状分布图；图 4-5 ~ 图 4-7 所示为排土场 1—1′剖面、2—2′剖面和 3—3′剖面原设计到界后排土状况分布；评价内容着重分析和研究上述两种条件下边坡岩体的安全状况与可靠性。

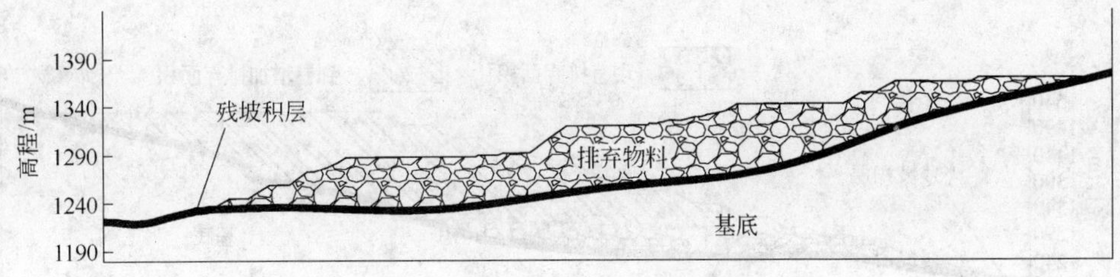

图 4-2 1—1′ 剖面现状边坡轮廓

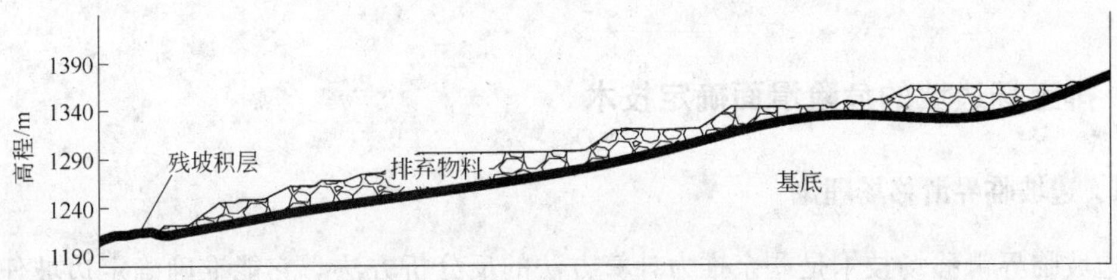

图 4-3 2—2′现状边坡剖面轮廓

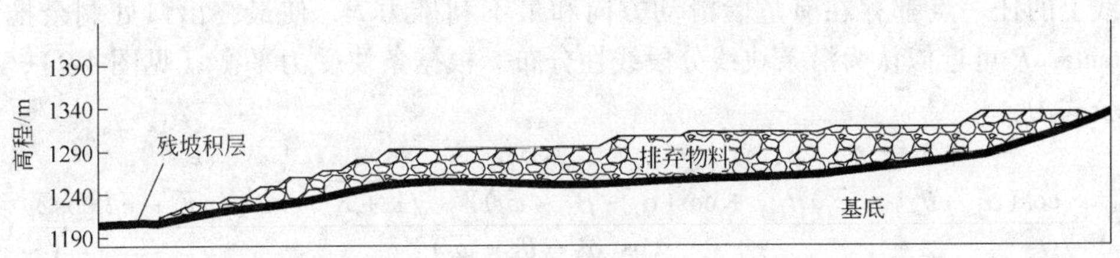

图 4-4 3—3′现状边坡剖面轮廓

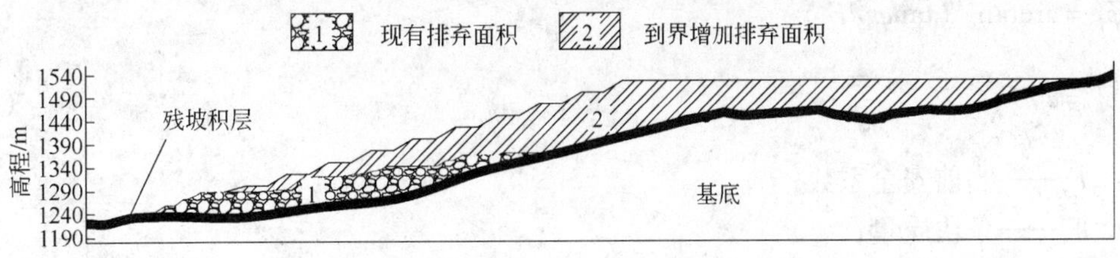

图 4-5 1—1′到界边坡剖面轮廓

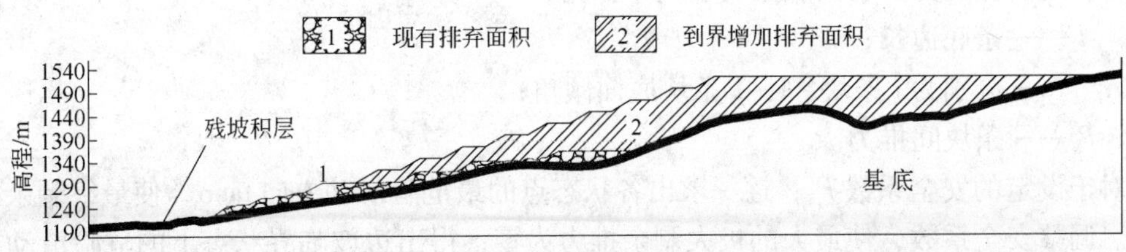

图 4-6 到界边坡 2—2′剖面轮廓

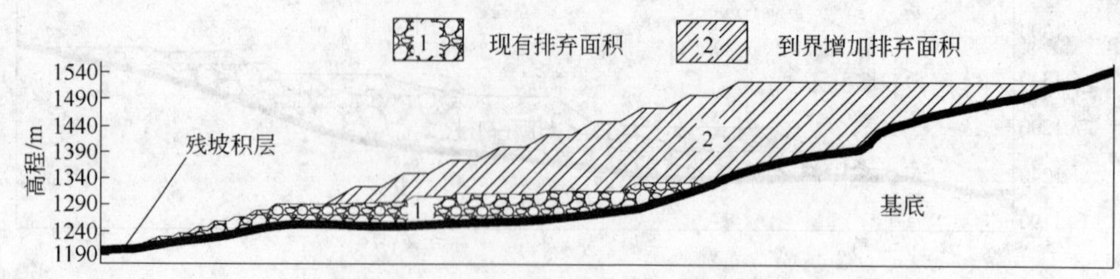

图4-7 到界边坡3—3′剖面轮廓

4.2 排土场边坡的危险滑面确定技术

4.2.1 边坡临界滑移场理论

边坡临界滑移场技术是剩余推力计算方法的反分析方法。它能准确确定边坡任意形状临界滑移面，全面评价边坡整体和局部稳定性等。首先将边坡体划分成多个条块，再将条块间分成众多状态单元与状态点（见图4-8）。在给定的安全储备系数条件下，过条块线上的任一点都存在有危险滑动方向和最不利推力 P，使最终出口处剩余推力最大。$\tan\alpha$，P 可近似认为沿条块线分段线性分布。根据条块受力平衡（见图4-9），推力计算公式为：

$$P_i = \frac{\cos(\alpha_i - \theta_{i-1} - \overline{\varphi}_i)P_{i-1} + \cos(\alpha_i - \beta_o - \overline{\varphi}_i)W_i\sqrt{1+K_o^2} + u_i l_i \sin\overline{\varphi}_i - \bar{c}_i l_i \cos\overline{\varphi}_i}{\cos(\alpha_i - \theta_i - \overline{\varphi}_i)} \tag{4-1}$$

$$\beta_o = \arctan(1/K_o) \tag{4-2}$$

$$\overline{\varphi}_i = \arctan^{-1}(\tan\varphi_i/F_s) \tag{4-3}$$

$$\overline{c}_i = c_i/F_s \tag{4-4}$$

式中 F_s——当前安全系数；

W_i——条块质量；

u_i——条底空隙水压力；

K_o——地震影响系数；

c_i，φ_i——分别为剪切面黏聚力、内摩擦角；

l_i——条底边长；

α_i，α_{i-1}——分别为 i 条块、$i-1$ 条块底面倾角；

P_{i-1}，P_i——条块间推力。

对于设定的安全系数 F_s，逐一求出各状态点的最危险滑动方向 $\tan\alpha$，使最终剩余推力极大。调整安全系数，使最大的极大剩余推力为零，得出边坡临界状态下的危险滑动方向场如图4-10所示；进而在此基础上追踪出的临界滑移场如图4-11所示。

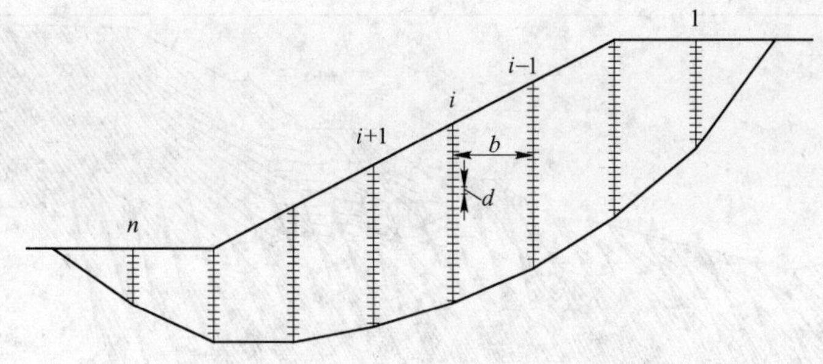

图 4-8　边坡条块划分与状态点离散

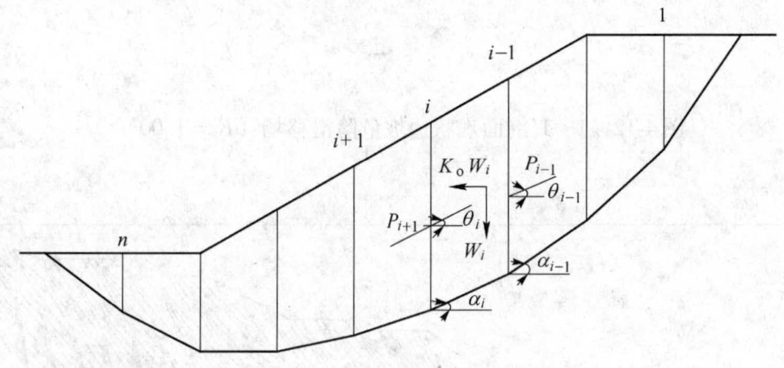

图 4-9　边坡条块受力示意图

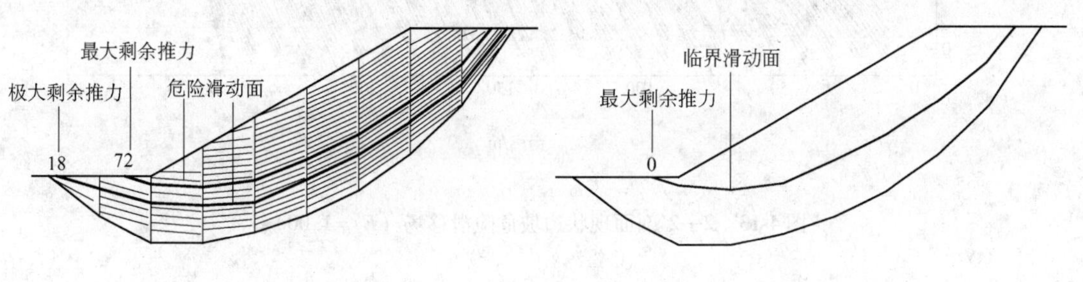

图 4-10　边坡状态点危险滑动方向场　　图 4-11　边坡临界滑移场（CSF）

4.2.2　排土场边坡临界滑移场法与极限平衡法评价结果

边坡临界滑移面搜寻思想是先计算某一假定安全系数 F_s，求解该安全系数下所有滑移面的极大剩余推力，比较出其中最大的剩余推力，再根据其中最大剩余推力 P'_{max} 的大小以及滑移面的出现情况判断 F_s 的改进方向，循环迭代 F_s 使 P'_{max} 等于零。在实际运行过程中，当 P'_{max} 充分接近于零时，所对应的边坡危险滑移场便是边坡给定安全系数条件下的临界滑移场，而此时假定的安全系数便是边坡的实际安全稳定系数。

（1）首先取边坡安全系数 $F_s=1.00$，现状边坡与到界边坡危险滑移场搜寻结果可参见图 4-12 ~ 图 4-17。

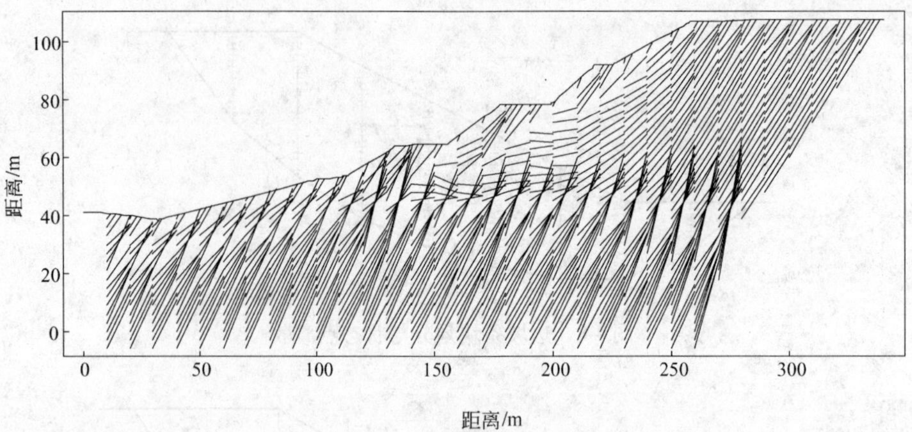

图 4-12　1—1′剖面现状边坡危险滑移场（$F_s = 1.00$）

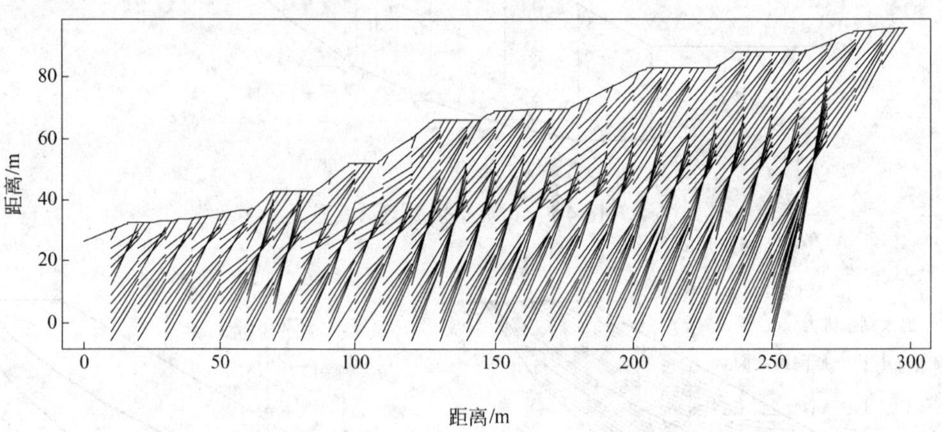

图 4-13　2—2′剖面现状边坡危险滑移场（$F_s = 1.00$）

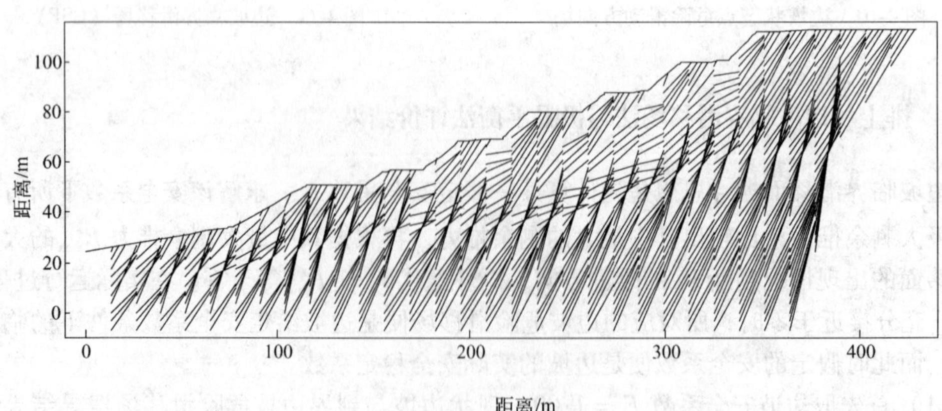

图 4-14　3—3′剖面现状边坡危险滑移场（$F_s = 1.00$）

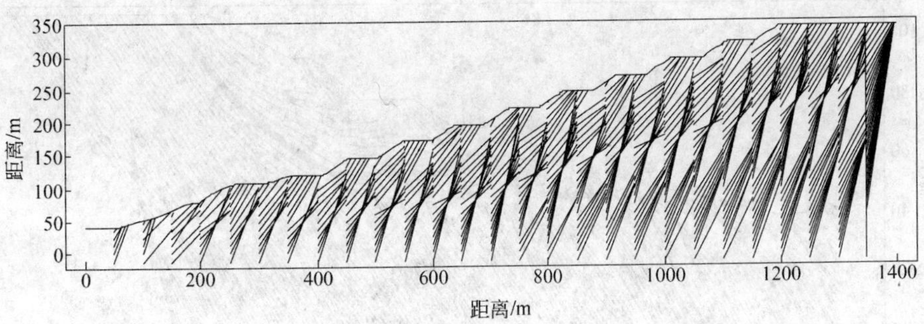

图 4-15　1—1′剖面现状边坡危险滑移场（$F_s=1.00$）

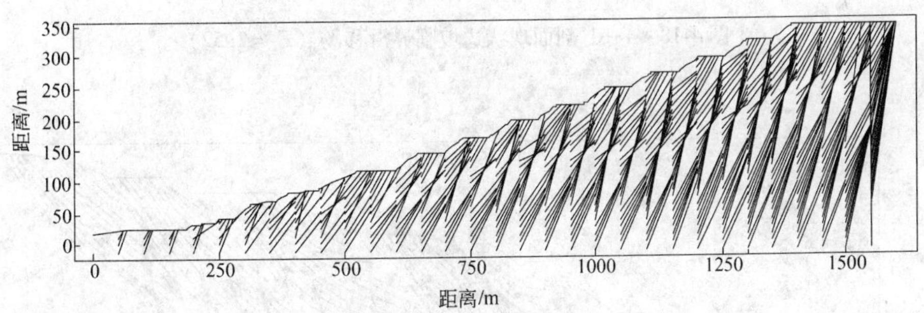

图 4-16　2—2′剖面到界边坡危险滑移场（$F_s=1.00$）

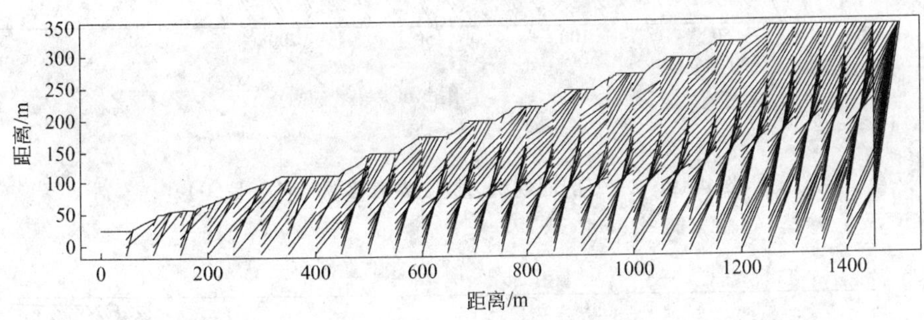

图 4-17　3—3′剖面到界边坡危险滑移场（$F_s=1.00$）

从边坡危险滑移面搜寻结果可以看出，当安全储备系数取 $F_s=1.00$ 时，没有搜寻到危险滑移面；说明边坡实际安全系数都大于 1.00，边坡整体上是稳定的。

（2）按照临界滑移场的搜寻方法，通过系统地改变安全储备系数 F_s 的取值进行优化搜寻，最终确定边坡最大剩余推力 P'_{max} 趋近于零时所对应的边坡危险滑移面，即为实际边坡的安全状态。现状边坡与到界边坡临界滑移场搜寻结果如图 4-18 ~ 图 4-23 所示。

应用临界滑移场搜寻出的滑面，再应用极限平衡方法进行稳定性分析与计算（见表

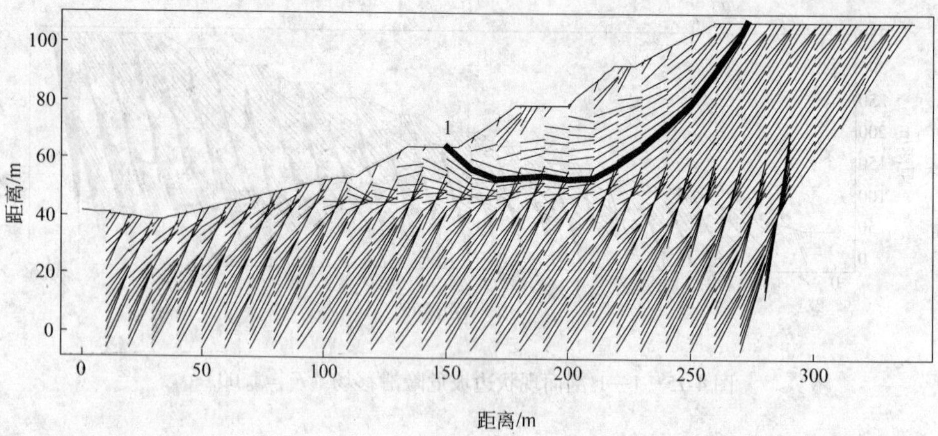

图 4-18　1—1′剖面现状边坡临界滑移场（$F_s = 1.52$）

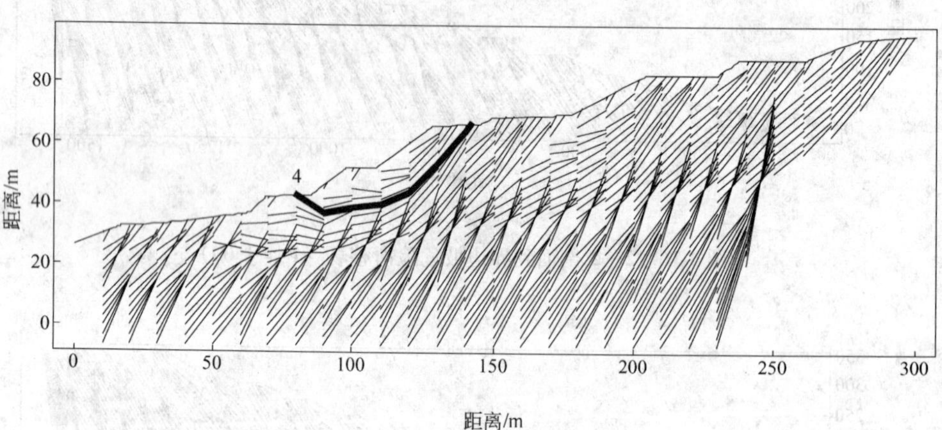

图 4-19　2—2′剖面现状边坡临界滑移场（$F_s = 1.50$）

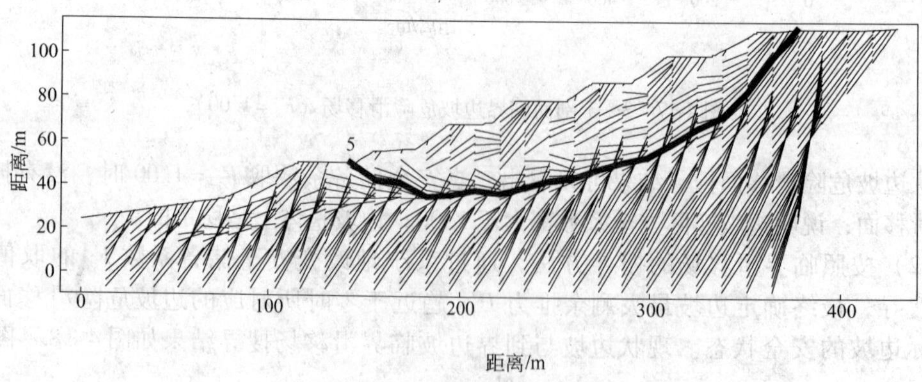

图 4-20　3—3′剖面现状边坡临界滑移场（$F_s = 1.63$）

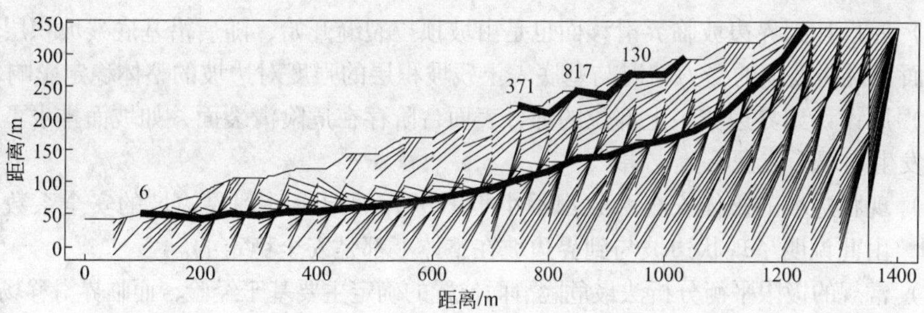

图 4-21　1—1′剖面到界边坡临界滑移场（$F_s=1.42$）

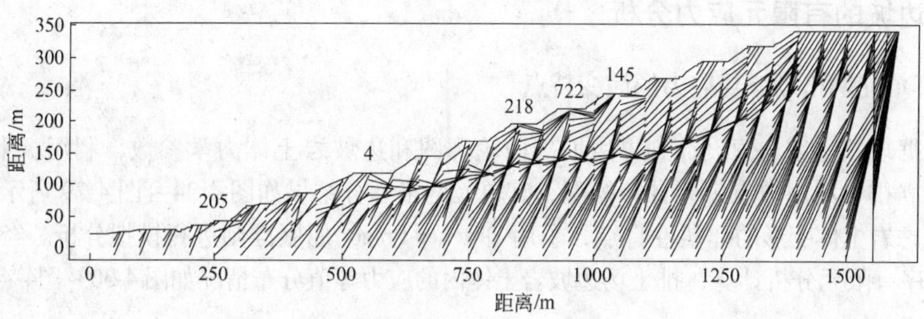

图 4-22　2—2′剖面到界边坡临界滑移场（$F_s=1.41$）

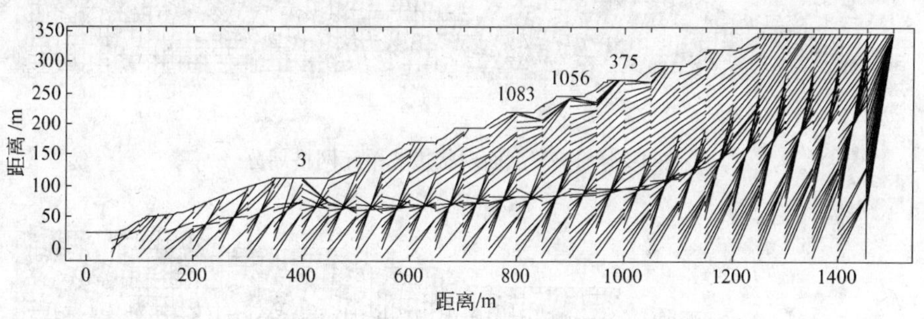

图 4-23　3—3′剖面到界边坡临界滑移场（$F_s=1.46$）

4-2），综合两种方法的计算结果，可以得到如下几点结论：

（1）现状边坡临界滑移面位于边坡中下部，滑面长度为 50～200m 不等。

表 4-2　各个剖面现状边坡与到界边坡极限平衡方法计算结果

极限平衡分析法	现状边坡安全系数			到界边坡安全系数		
	1—1′剖面	2—2′剖面	3—3′剖面	1—1′剖面	2—2′剖面	3—3′剖面
Ordinary	1.62	1.54	1.70	1.46	1.52	1.49
Bishop	1.72	1.64	1.81	1.50	1.55	1.55
Janbu	1.62	1.53	1.67	1.47	1.52	1.49
Morgenstern-Price	1.71	1.63	1.80	1.50	1.55	1.54

（2）原设计到界边坡临界滑移面也是由坡顶拉裂缝开始，随后沿基底残坡积层层面构成破坏面，说明坡顶的受力情况与基底表土残坡积层的强度对边坡的整体稳定影响较大。

（3）原设计到界边坡中上部位的部分表面台阶存在危险滑裂面，如坡面排水不畅，雨季容易发生崩塌形成泥石流灾害。

（4）现状边坡的整体安全系数都不小于1.50，而原设计到界边坡的安全系数也都大于1.40，由此说明了现状边坡与到界边坡在整体上都是安全稳定的。

（5）常规的极限平衡分析法最危险滑面位置的确定主要基于经验，而临界滑移场法其滑面的确定主要基于边坡条块间剩余推力，利用出口处剩余推力最大确定边坡的临界滑面。对于龙桥排土场这样的多层复合介质、多台阶边坡，临界滑移场法确定的滑面更符合实际。

4.3　边坡的有限元应力分析

4.3.1　单元网格划分与应力场演变特点

根据现状边坡与原设计到界边坡剖面轮廓图和边坡岩土体力学参数，利用ANSYS软件，建立排土场边坡有限元计算模型，其单元网格划分结果如图4-24～图4-29所示。

考虑岩土体变形的弹塑性特点，采用Drucker-Prager屈服准则进行模拟分析。经过ANSYS程序有限元分析计算，排土场边坡岩土体内的应力等值分布情况如图4-30～图4-41所示。

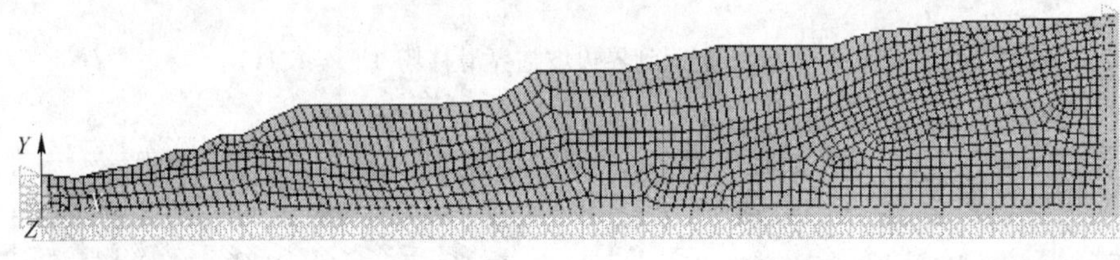

图4-24　1—1′剖面现状边坡单元网格划分

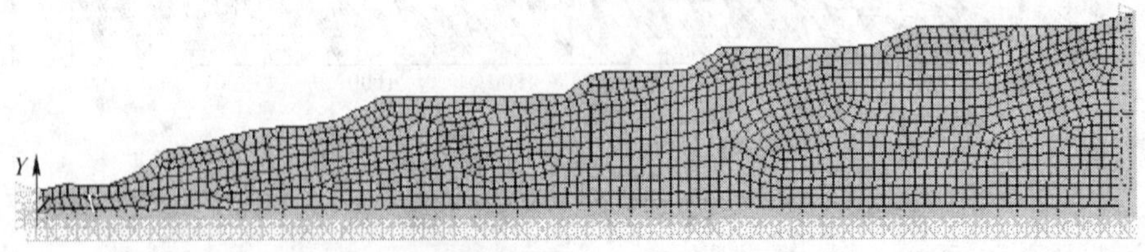

图4-25　2—2′剖面现状边坡单元网格划分

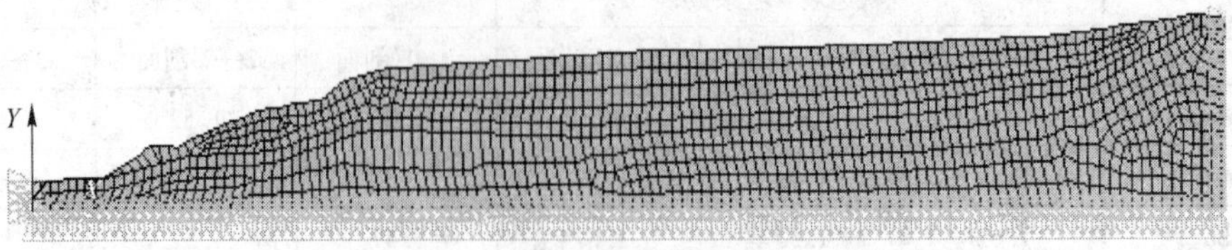

图4-26　3—3′剖面现状边坡单元网格划分

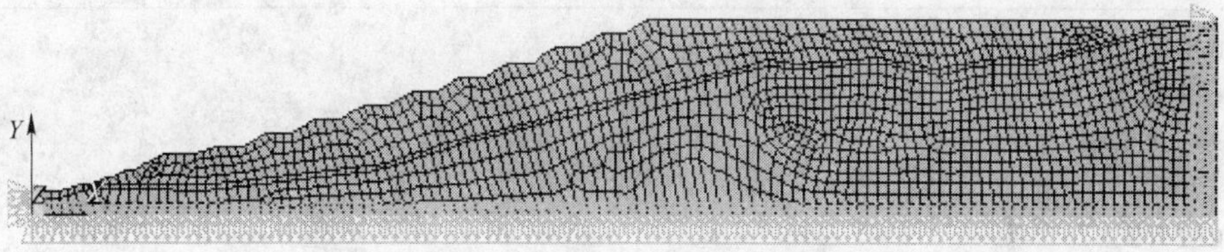

图 4-27　1—1′剖面到界边坡单元网格划分

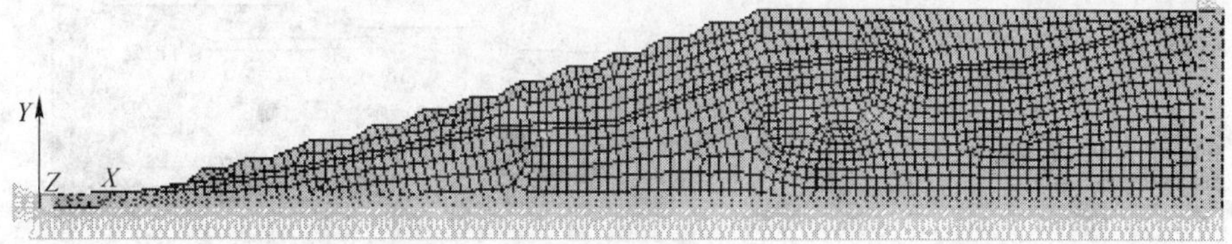

图 4-28　2—2′剖面到界边坡单元网格划分

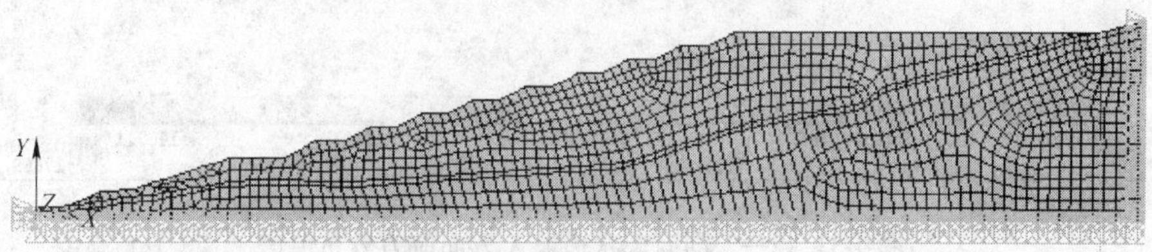

图 4-29　3—3′剖面到界边坡单元网格划分

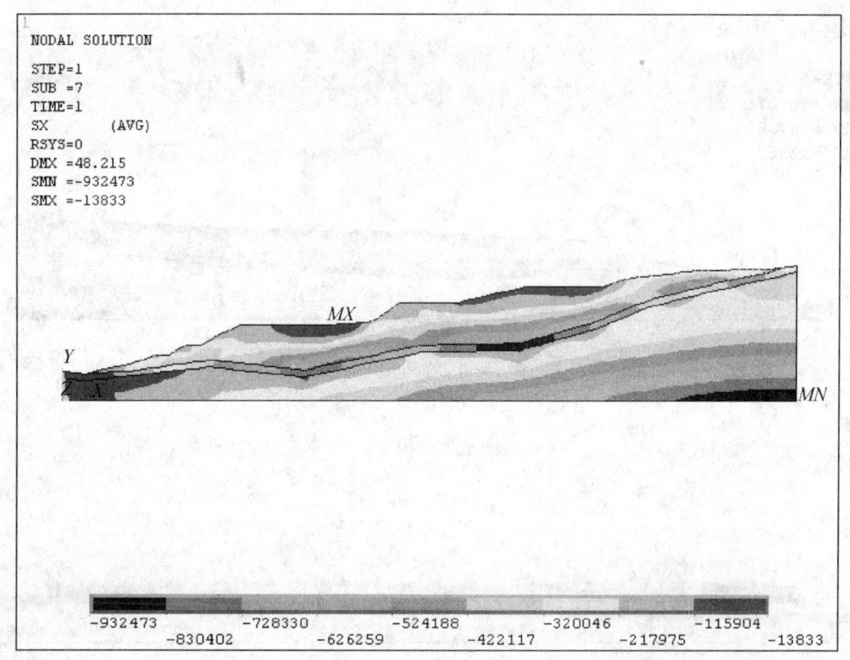

图 4-30　1—1′剖面现状边坡 *X* 方向应力分布色谱

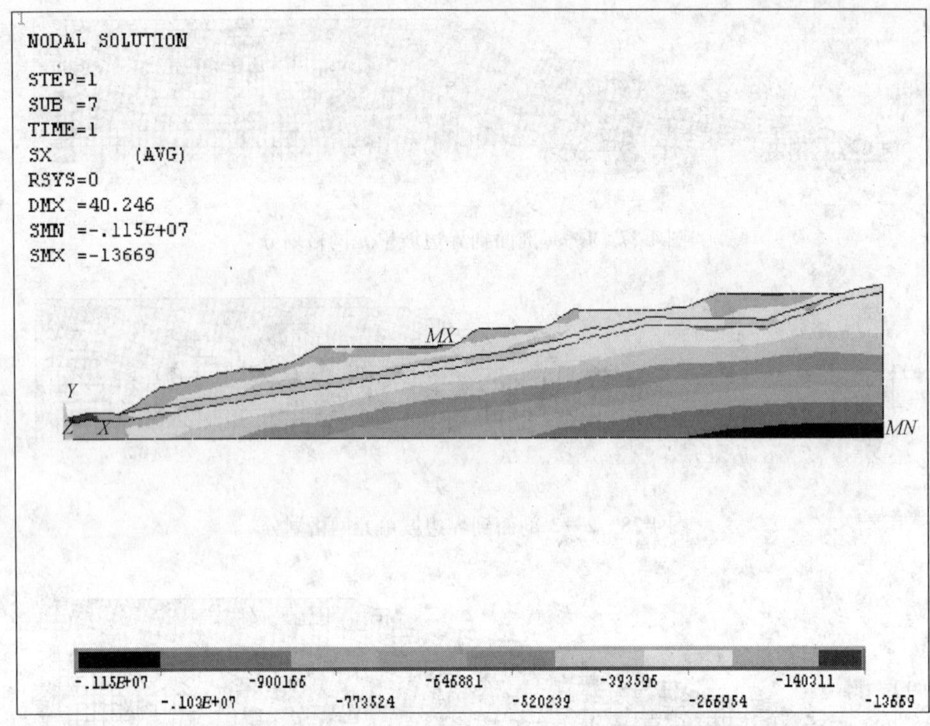

图 4-31　2—2′剖面现状边坡 X 方向应力分布色谱

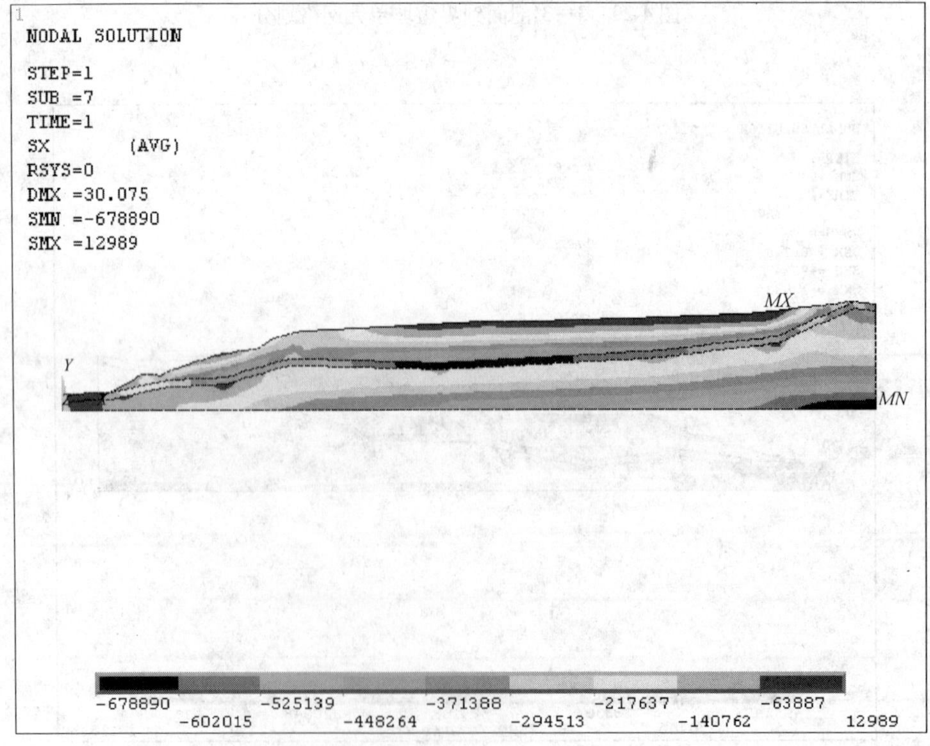

图 4-32　3—3′剖面现状边坡 X 方向应力分布色谱

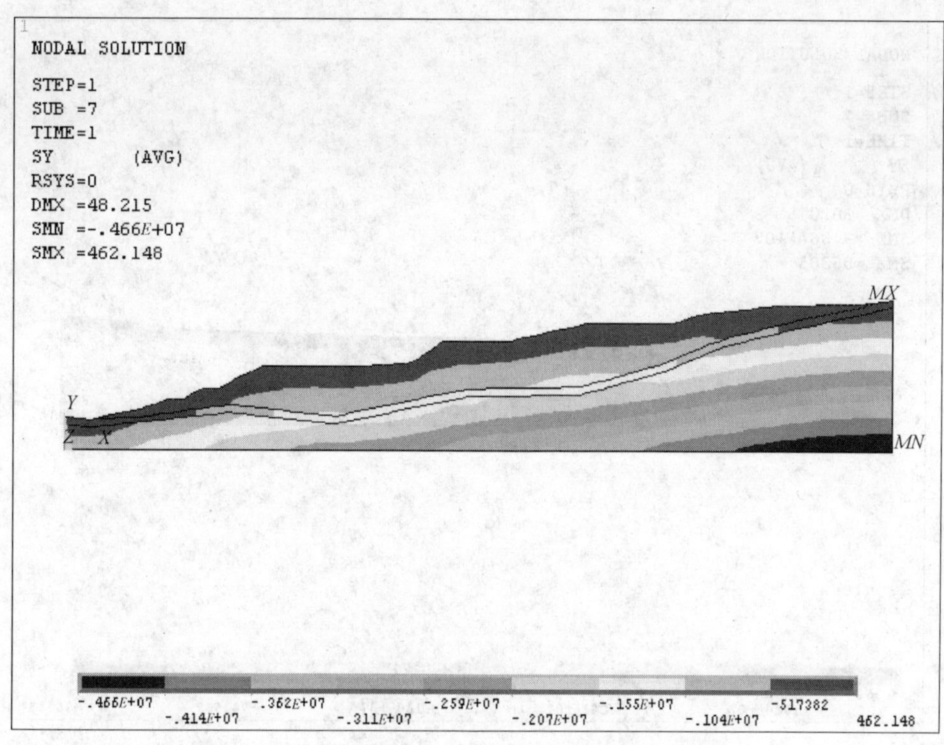

图 4-33 1—1′剖面现状边坡 Y 方向应力分布色谱

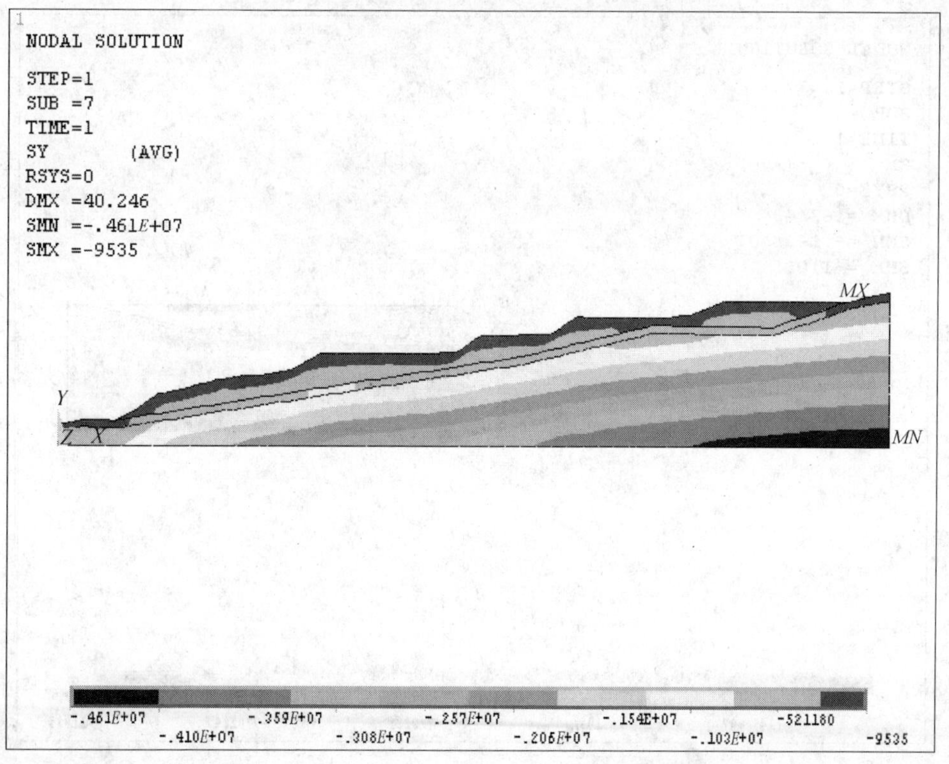

图 4-34 2—2′剖面现状边坡 Y 方向应力分布色谱

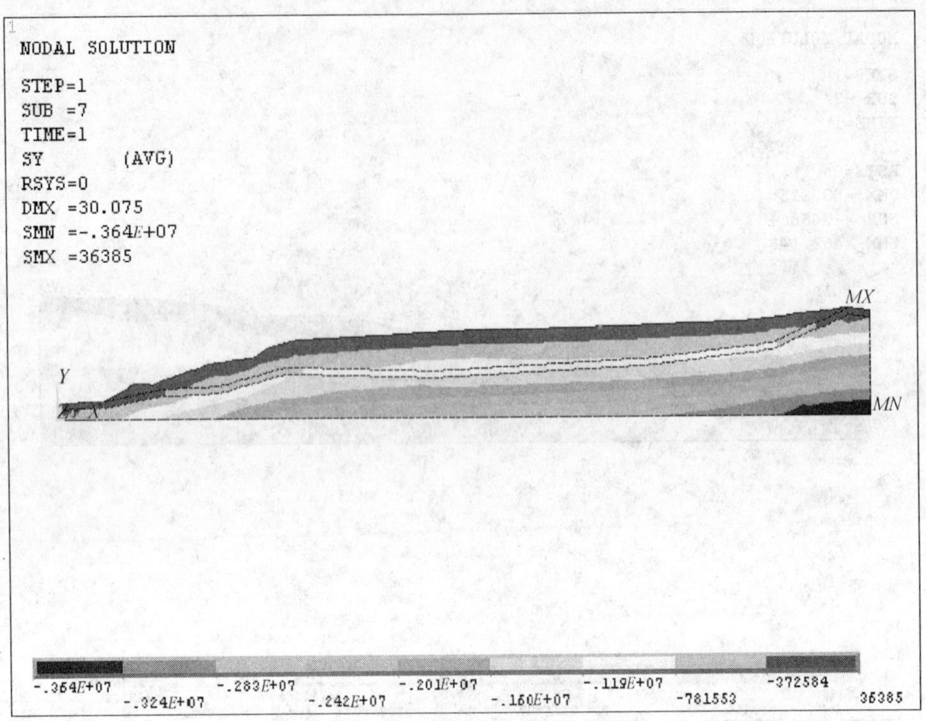

图 4-35　3—3′剖面现状边坡 Y 方向应力分布色谱

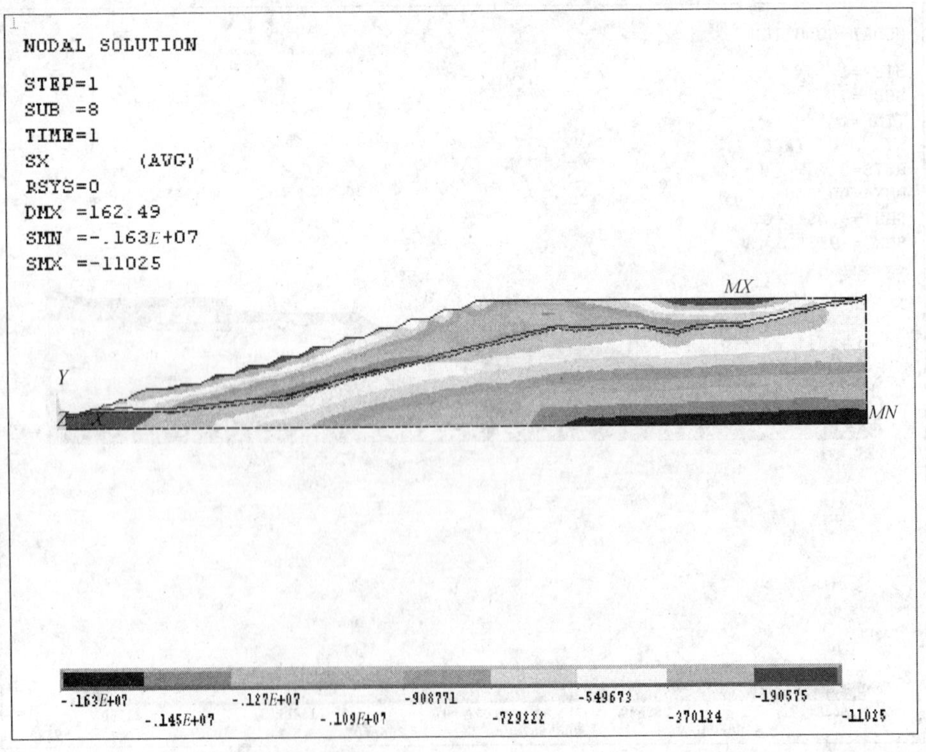

图 4-36　1—1′剖面到界边坡 X 方向应力分布色谱

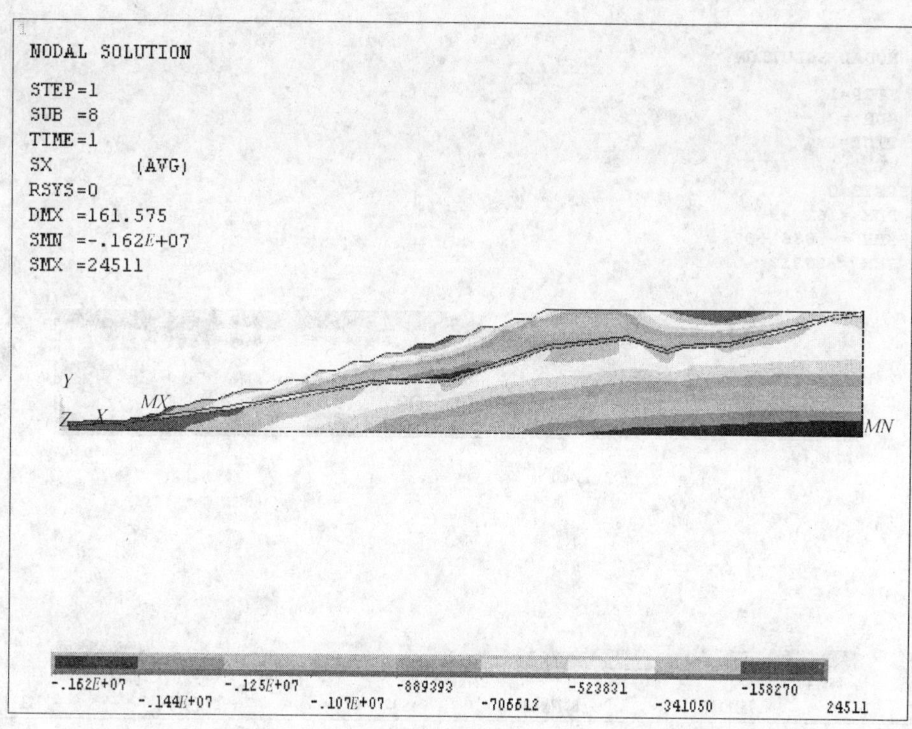

图 4-37 2—2′剖面到界边坡 X 方向应力分布色谱

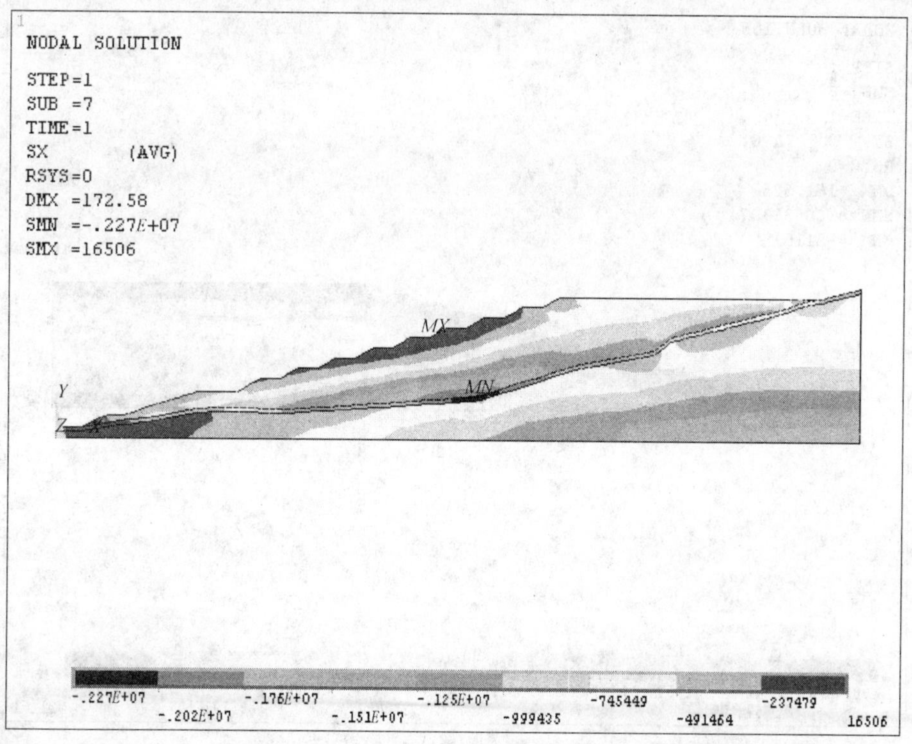

图 4-38 3—3′剖面到界边坡 X 方向应力分布色谱

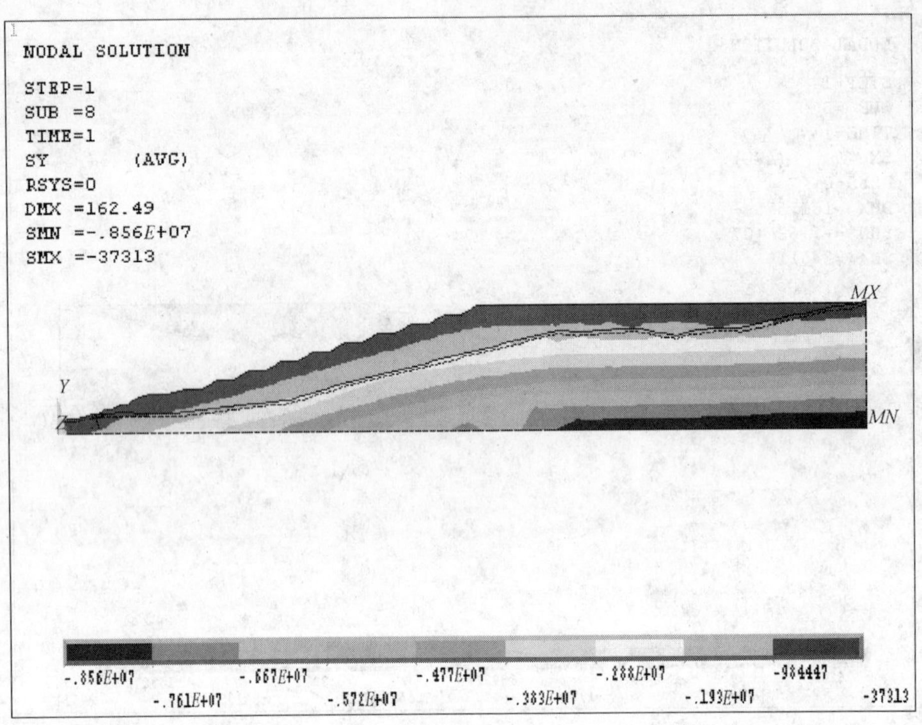

图 4-39　1—1′剖面到界边坡 Y 方向应力分布色谱

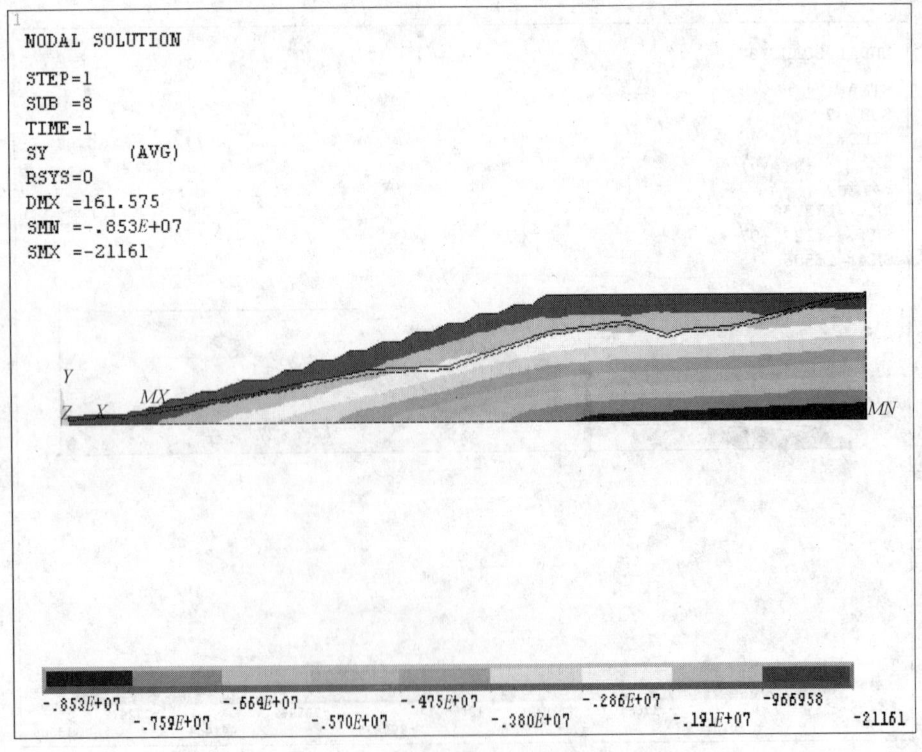

图 4-40　2—2′剖面到界边坡 Y 方向应力分布色谱

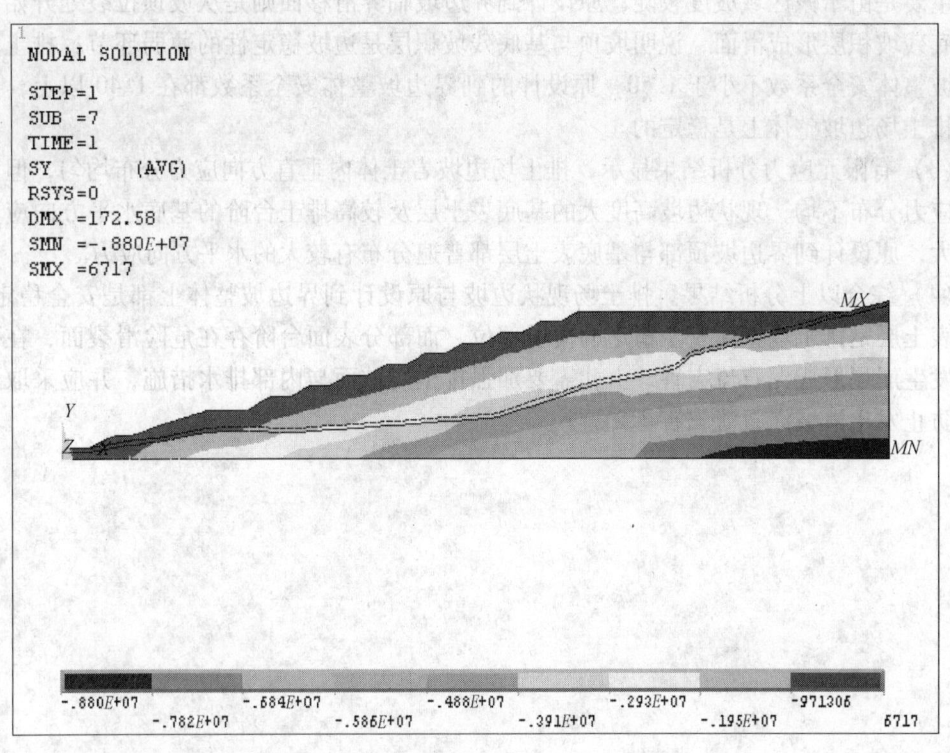

图 4-41 3—3′剖面到界边坡 Y 方向应力分布色谱

由边坡岩体有限元数值模拟分析可以得出：

（1）现状边坡与原设计到界边坡岩土体内垂直方向应力分布均匀，该应力由自重引起，呈较均匀的层状分布。

（2）一般基底表土层水平方向应力分布相对较大，且排土台阶高度大的基底水平方向应力也相对较大。

（3）原设计到界边坡上部水平方向应力相对较大，容易形成张裂缝；排土场基底表土层水平分布应力较大，因此排土场边坡安全与否的薄弱部位是基底表土层，在生产中需要考虑基底表土层的抗剪强度对排土场边坡整体稳定性的影响。

4.3.2 评价结论

应用常规极限平衡法、边坡临界滑移场法、有限单元法对排土场现状边坡与原设计到界边坡进行了安全稳定性综合评价，得出如下结论：

（1）利用常规极限平衡法对龙桥排土场现状边坡及原设计到界边坡进行了稳定性分析，结果显示，现状边坡最危险滑移面主要位于边坡中下部，原设计到界边坡最危险滑移面则是从边坡顶部拉裂面开始，沿着基底形成应力集中；排土场现状边坡整体安全系数都大于 1.50，原设计到界边坡整体安全系数都大于 1.45，说明排土场边坡在整体上是安全稳定的，能够满足矿山安全生产的要求。

（2）边坡临界滑移场分析结果表明，排土场现状边坡临界滑移面主要位于边坡中下部，主要是由于该区域坡度较陡；原设计到界边坡临界滑移面则是从坡顶拉裂处开始，沿着基底残坡积层形成滑面，说明坡顶与基底残坡积层是边坡稳定性的薄弱环节；排土场现状边坡整体安全系数不小于1.50，原设计的到界边坡整体安全系数都在1.40以上，再次说明排土场边坡整体上是稳定的。

（3）有限元应力分析结果显示，排土场边坡岩土体内垂直方向应力分布均匀，但水平方向应力分布不均，现状边坡高度大的基底表土层及较高排土台阶的基底水平方向应力相对较大，原设计到界边坡顶部与基底表土层都普遍分布有较大的水平方向应力。

（4）综合以上分析结果，排土场现状边坡与原设计到界边坡整体上都是安全稳定的。基底表土层是排土场整体安全稳定的薄弱部位，而部分表面台阶存在危险滑裂面，在雨季容易发生崩塌形成泥石流灾害，由此需要加强排土场坡面与内部排水措施，并应采取适当措施防止发生滑坡泥石流灾害。

5　排土场到界边坡的优化设计

5.1　排土场到界边坡的优化分析方法

5.1.1　学术思想

利用临界滑移场技术，对变形区域内进行危险滑移面的搜寻，可以找到限定条件下边坡的安全系数。反过来，如果给定安全系数，即 F_s 取规定值，在设定的某个边坡角度下如果恰能搜寻出临界滑移面，则代表找到在此安全系数 F_s 条件下所允许的最大坡角，在此安全储备系数条件下边坡岩体达到极限平衡状态；如果没有出现滑移面，则表明当前设定的边坡角度偏于保守，可以再适当增大坡角；如果搜寻出多条危险滑移面，且都不是临界滑移面，则应当适当减小边坡角度。

通过系统地改变边坡角大小，就可以求出在给定安全储备系数条件下的最大坡角，即给定工程地质条件和相应岩层力学参数所能允许的最大坡角。据此，便可确定最佳边坡角设计值，由此实现排土场到界边坡的优化设计。

5.1.2　排土场到界坡角的优化设计

当到界边坡角度取15°时，由前面章节中边坡稳定性分析结果可知，在一般情况下，3个剖面的边坡整体安全系数均在1.40以上。《岩土工程勘察规范》（GB 50021—2001）规定的边坡允许安全系数见表5-1；《露天煤矿工程设计规范》（GB 50197—2004）规定外排土场服务年限超过20年时，边坡稳定系数取1.2～1.5。由此可知，排土场15°时的到界坡角设计值偏于保守，坡角大小还有增大空间，从而使土地得到有效利用。由于排土场的高度很大，边坡角度的少量增减，都能引起排土场容量的巨大变化，由此带来十分显著的经济效益。所以，在保证长期安全的前提下，确定合理的安全系数，设计最佳的到界边坡角度，可以带来可观的经济效益。

表5-1　边坡允许安全系数

边坡安全等级	设计边坡滑动类型		
	平面滑动	折线滑动	圆弧滑动
一　级	1.35	1.30	1.30
二　级	1.30	1.20	1.15
三　级	1.15	1.30	1.05

考虑到龙桥排土场的长期存在性，到界边坡稳定系数的选取，主要依据排土场基底工程地质条件的分析和边坡稳定对附近村镇与矿山开采的影响，结合我国其他排土场的实践经验，选取边坡安全储备系数为1.30。

根据边坡工程勘察所提供的资料，排弃物单台阶坡角取 30°，台阶高度取 20 ~ 25m 时，单台阶边坡安全系数为 1. 057 ~ 1. 167，台阶高度取 30m 时，边坡安全系数为 0. 981，故取单台阶高度为 20 ~ 25m 比较合适。分别取到界边坡角度为 16°、17°、18°，3 个计算边坡剖面轮廓如图 5-1 ~ 图 5-9 所示。

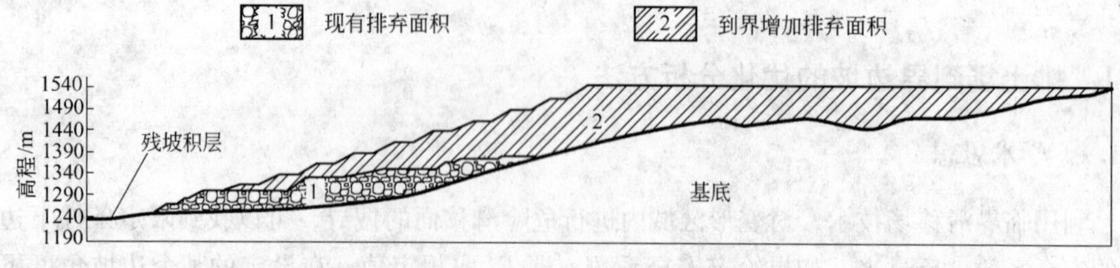

图 5-1 1—1′剖面到界边坡轮廓（16°坡角）

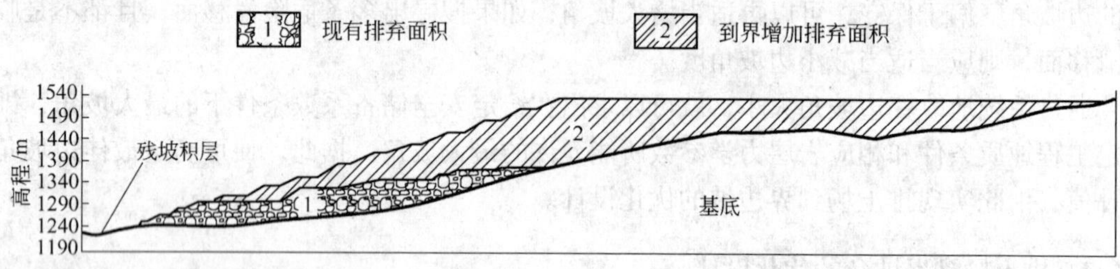

图 5-2 1—1′剖面到界边坡轮廓（17°坡角）

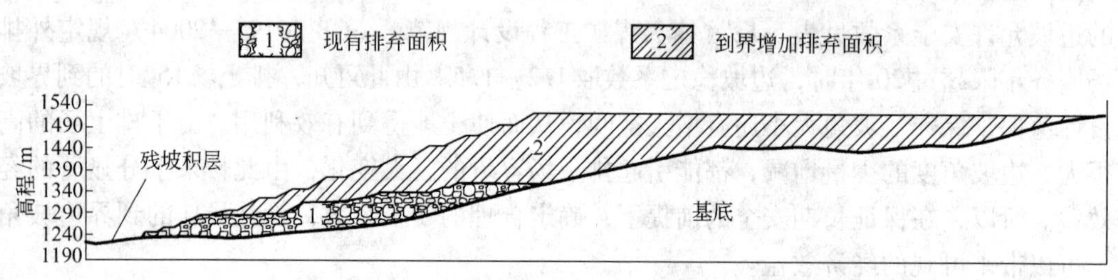

图 5-3 1—1′剖面到界边坡轮廓（18°坡角）

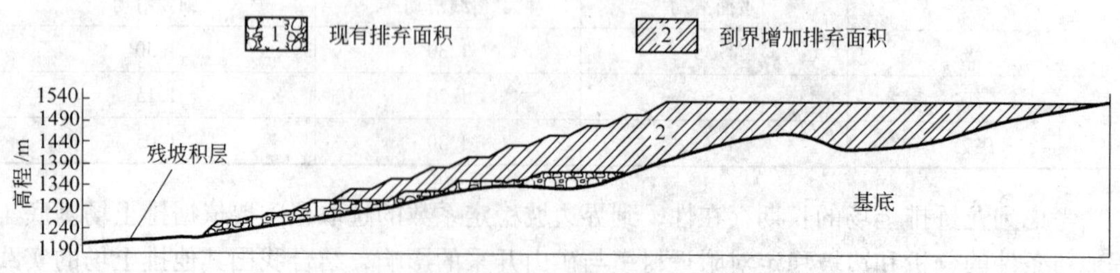

图 5-4 2—2′剖面到界边坡轮廓（16°坡角）

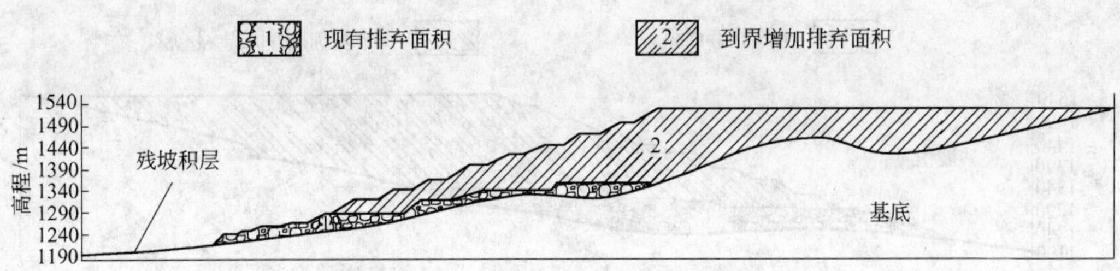

图 5-5　2—2′剖面到界边坡轮廓（17°坡角）

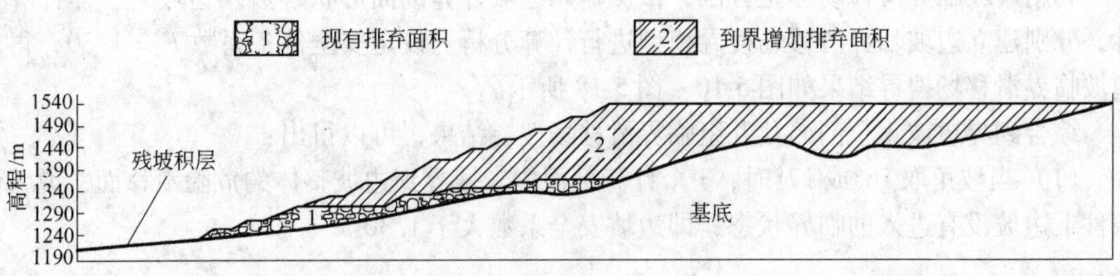

图 5-6　2—2′剖面到界边坡轮廓（18°坡角）

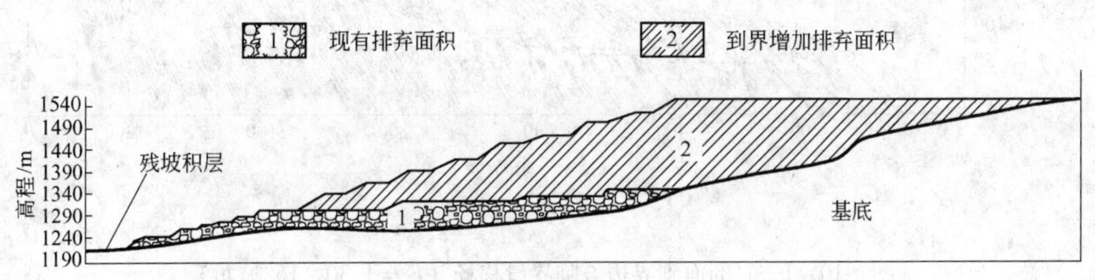

图 5-7　3—3′剖面到界边坡轮廓（16°坡角）

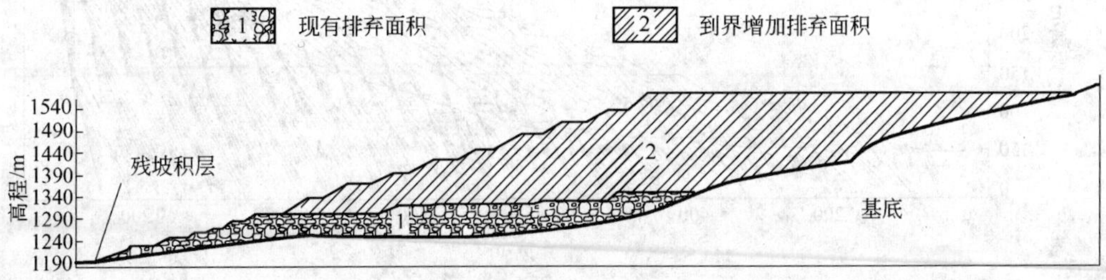

图 5-8　3—3′剖面到界边坡轮廓（17°坡角）

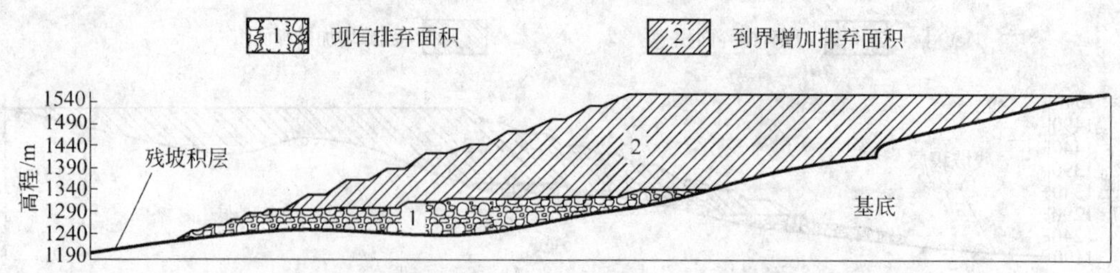

图 5-9　3—3′剖面到界边坡轮廓（18°坡角）

利用边坡临界滑移场理论方法，依次输入边坡计算剖面形状参数及边坡岩土体计算指标，分别建立边坡临界滑移场搜寻模型进行计算分析。设定安全储备系数 $F_s = 1.30$，得出边坡临界滑移场搜寻结果如图 5-10 ~ 图 5-18 所示。

综合到界边坡 3 个剖面共九组临界滑移场搜寻结果，可以得出：

（1）当坡角取 16°或 17°时，3 个计算剖面均未搜寻到边坡整体的危险滑移面，说明该条件下边坡没有进入的临界状态，即边坡安全系数大于 1.30。

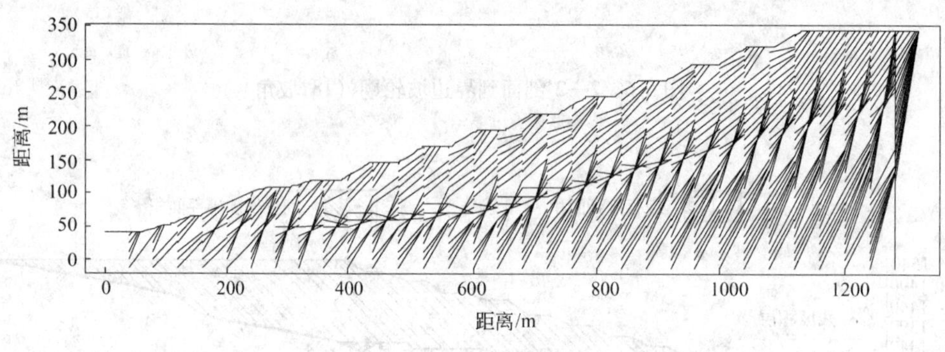

图 5-10　1—1′剖面到界边坡临界滑移场（$F_s = 1.30$，16°坡角）

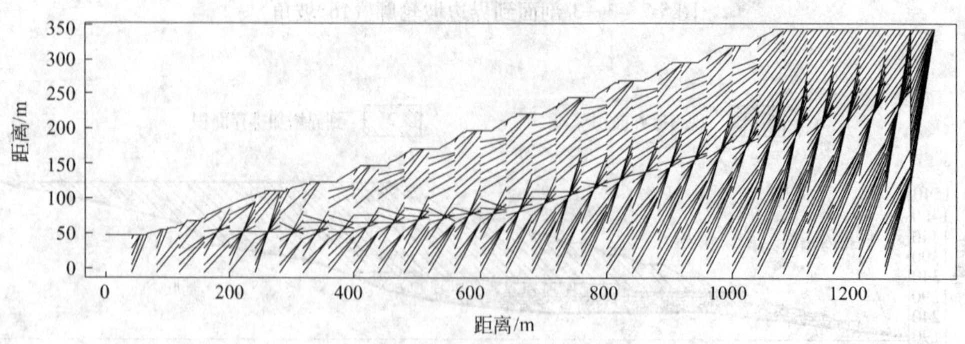

图 5-11　1—1′剖面到界边坡临界滑移场（$F_s = 1.30$，17°坡角）

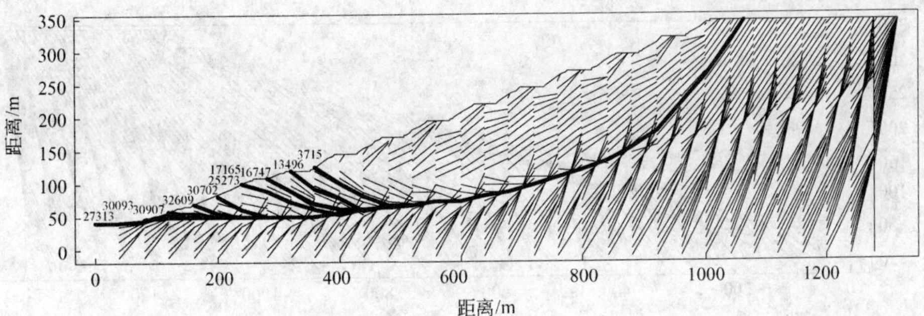

图 5-12 1—1′剖面到界边坡临界滑移场（$F_s=1.30$，18°坡角）

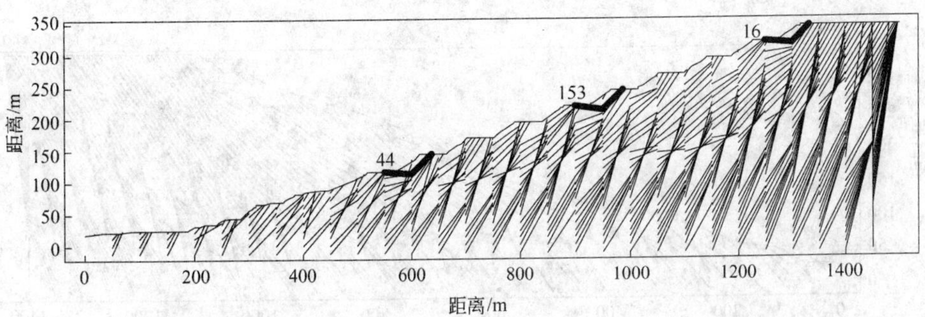

图 5-13 2—2′剖面到界边坡临界滑移场（$F_s=1.30$，16°坡角）

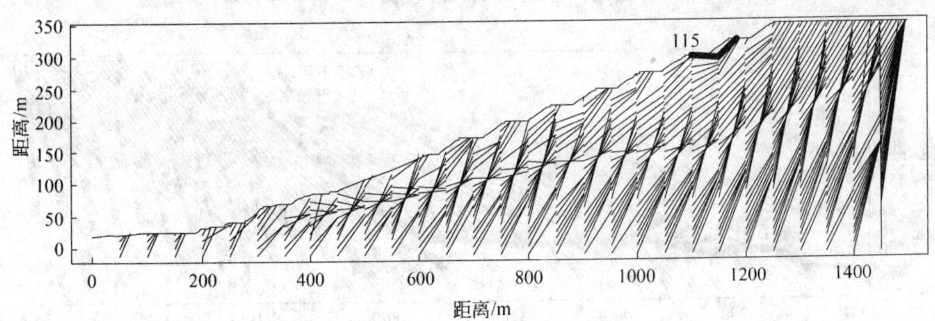

图 5-14 2—2′剖面到界边坡临界滑移场（$F_s=1.30$，17°坡角）

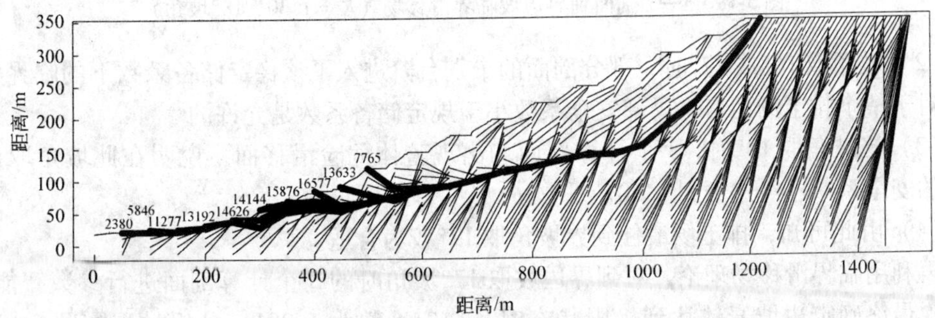

图 5-15 2—2′剖面到界边坡临界滑移场（$F_s=1.30$，18°坡角）

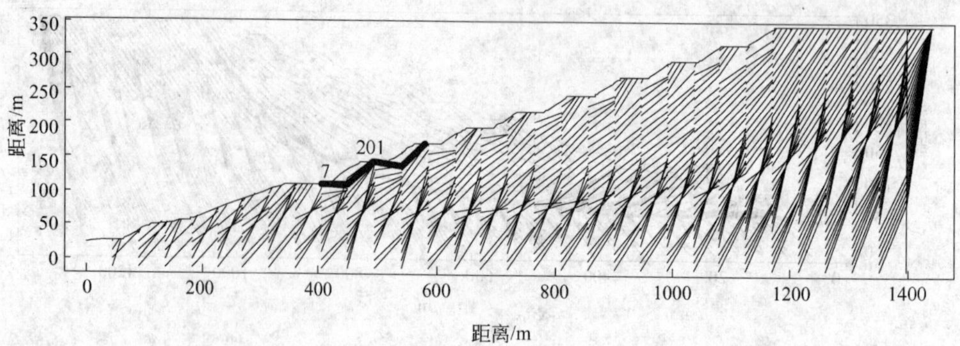

图 5-16　3—3′剖面到界边坡临界滑移场（F_s = 1.30，16°坡角）

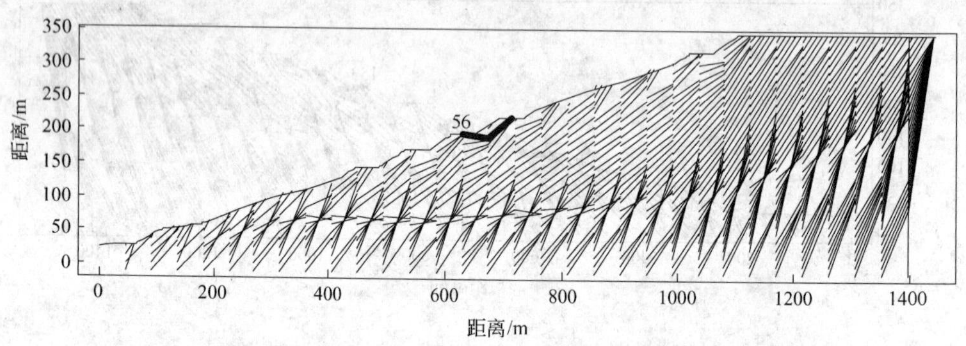

图 5-17　3—3′剖面到界边坡临界滑移场（F_s = 1.30，17°坡角）

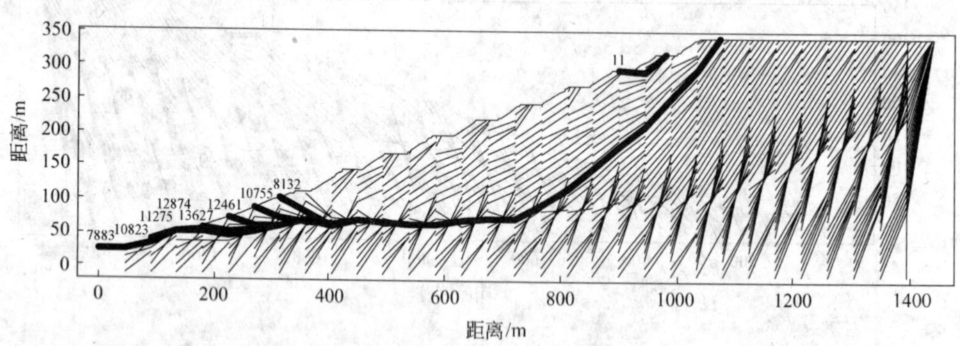

图 5-18　3—3′剖面到界边坡临界滑移场（F_s = 1.30，18°坡角）

（2）坡角取 16°或 17°时，部分剖面的个别台阶进入了该稳定储备系数下的临界状态，而相对于整个排土场而言，局部安全系数小于规定储备系数是允许的。

（3）当坡角取 18°时，3 个计算剖面均出现整体危险滑移面，说明在此坡角取值下，边坡的安全系数已经达不到 1.30。

（4）由此可知，排土场最佳到界坡角取 17°较为合适。

再利用临界滑移场理论，对到界边坡取 17°坡角时的 3 个计算剖面进行参数智能匹配设计，最终确定边坡岩体达到极限状态时，稳定系数为 1.301，分析过程如图 5-19 ~ 图 5-21所示。

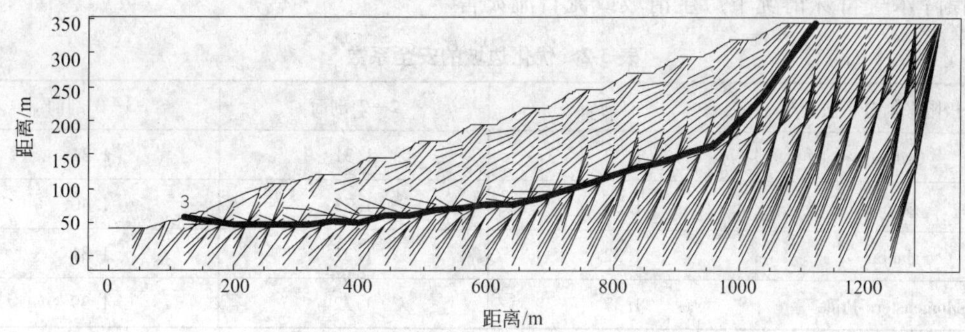

图 5-19 1—1′剖面到界边坡临界滑移场（$F_s = 1.301$，17°坡角）

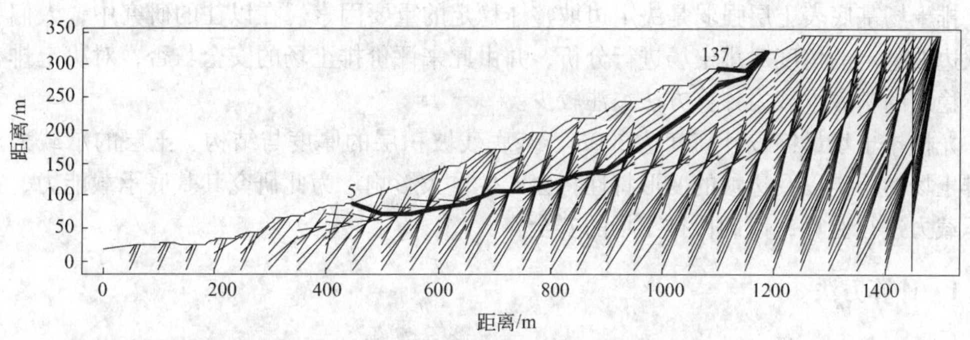

图 5-20 2—2′剖面到界边坡临界滑移场（$F_s = 1.302$，17°坡角）

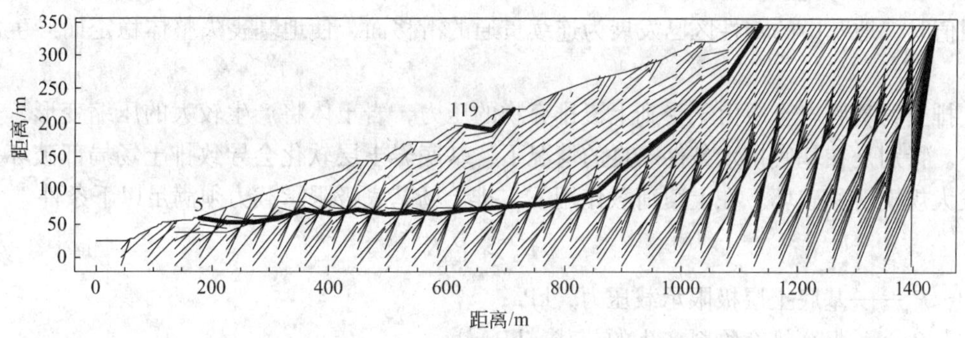

图 5-21 3—3′剖面到界边坡临界滑移场（$F_s = 1.319$，17°坡角）

通过临界滑移场搜寻结果可知，优化设计边坡 1—1′剖面整体安全系数为 1.301，2—2′剖面整体安全系数为 1.302，3—3′剖面整体安全系数为 1.319，皆满足要求。

以临界滑移场滑面搜寻结果为基础，再应用极限平衡方法进行稳定性计算，求得排土场优化边坡的整体安全系数见表 5-2。计算结果表明，优化边坡整体安全系数都大于 1.30，完全满足相关规范的要求。

由于到界坡角的增大，边坡的整体安全稳定性较原设计边坡有所降低，在生产过程中必须加强边坡的防排水措施，或采取适当措施对排土场边坡危险区域进行加固，防止遇到大规模降水等特殊情况下产生滑坡或泥石流灾害。

表 5-2　优化边坡的安全系数

极限平衡分析法	1—1′剖面	2—2′剖面	3—3′剖面
Ordinary	1.32	1.31	1.31
Bishop	1.38	1.33	1.40
Janbu	1.32	1.31	1.31
Morgenstern-Price	1.37	1.32	1.39

5.2　排土场基底承载力验算

排土场基底表土层强弱是决定边坡整体稳定的重要因素。在以往的研究中，人们更注重从边坡稳定的角度对排土场进行分析，并由此来评价排土场的安全与否，对决定排土场整体稳定的基底承载力计算方法关注较少。

龙桥排土场最终设计高度达 300m，基底残坡积层的厚度与结构、土层的承载力对整个排土场的稳定以及边坡的变形特性将会产生重大影响。为此研究其基底承载能力，并对其承载力进行验算，以确保排土场的安全。

5.2.1　计算方法

地基承载力是指地基土单位面积上所能承受荷载的能力。地基的极限荷载能力特指地基在外荷载作用下产生的应力达到极限平衡状态。作用在地基上的荷载较小时，地基处于压密状态。随着荷载的增大，地基中产生局部剪切破坏的塑性区也越来越大。当荷载达到极限值时，地基中的塑性区已发展为连续贯通的滑移面，使地基丧失整体稳定而产生滑动破坏。

排土场基底岩土层由于受到上覆排弃物的压力，岩土体将产生较大的压缩变形，直至破坏。特别是在基底排水条件不良的情况下，基底岩土层软化会导致排土场局部破坏、并诱发大规模滑移破坏。在上覆荷载作用下，排土场基底极限承载力须满足以下条件

$$P_u > P_0 K \tag{5-1}$$

式中　P_u——基底土层极限承载压力，kPa；

P_0——上覆排弃物料产生的荷载，kPa；

K——地基承载压力安全系数。

其中 P_0 由下式确定

$$P_0 = \gamma_0 h \tag{5-2}$$

式中　γ_0——排弃物料体积密度，kg/m^3；

h——排弃物料堆填高度，m。

由于目前用于高排土场基底承载力的计算方法是借鉴地基基础理论方法，所以本方案选用太沙基（K. Terzaghi）极限荷载理论进行分析。

太沙基关于地基土的极限承载力计算公式为

$$P_u = \frac{1}{2}\gamma b N_\gamma + cN_c + qN_q \tag{5-3}$$

式中 P_u——基底土层极限承载压力，kPa；

γ——土层体积密度，kg/m^3；

b——基础宽度，m；

c——土层黏聚力，kPa；

q——基础埋深产生的荷载，kPa；

N_γ，N_c，N_q——地基承载力系数，与土层内摩擦角 φ 有关，可根据表 5-3 选取。

表 5-3 太沙基极限承载力系数

φ/(°)	N_γ	N_c	N_q	φ/(°)	N_γ	N_c	N_q
0	0.00	5.71	1.00	25	4.0	25.1	5.7
5	0.51	7.32	1.64	30	21.8	37.2	22.5
3	1.20	2.58	2.69	35	45.4	57.7	41.4
15	1.80	5.9	4.45	40	125	95.7	81.3
20	4.00	17.6	7.42	45	326	172.2	173.3

太沙基极限承载力计算简图如图 5-22 所示。

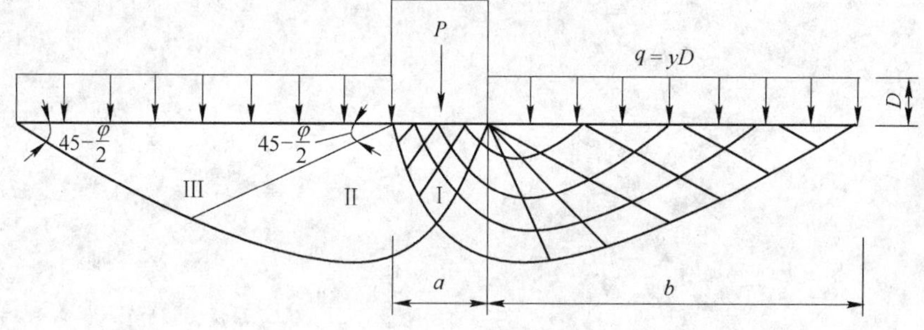

图 5-22 太沙基极限承载力计算简图

根据地基基础工程规范中规定，应用太沙基极限承载力计算式，当基础宽度 $b>6$m 时，取 $b=6$m；当基础宽度 $b<3$m 时，应取 $b=3$m。在排土场基底承载力计算中，上覆荷载作用宽度远远大于 6m，故基底极限承载力计算式可用下式计算

$$P_u = cN_c + q_0 N_q + 3\gamma N_\gamma \tag{5-4}$$

式中 q_0——排土场底部平盘段高产生的垂直荷载，kPa；

其余参数意义同式 5-3。

5.2.2 优化边坡基底承载力验算

根据勘察结果，排土场基底土层体积密度 γ 为 18.1kg/m^3，黏聚力 C 为 72.7kPa，内摩擦角 φ 为 15.1°，排弃物料的体积密度 γ_0 为 18.9kg/m^3；如果排土场最下部第一级平盘段高取 15m，按太沙基理论方法第二级排弃物料堆填的允许的极限高度为 113m，如果安全系数取 2，则允许排弃高度为 56.5m。依次可以求得第三级平盘段高为 279m。

如果按有色金属矿山排土场设计规范推荐的方法确定第一级台阶高度：排土场在排土初期基底压实到最大承载力时，排土场的允许排弃高度为 35.77m；排土场处于极限状态允许排弃高度为 42.4m。

由此可以得出排土场设计每一级高度均小于允许值，符合其承载要求。

综上所述可得如下结论：

（1）综合各种方法的排土场边坡安全系数计算结果，并参照国内相关工程经验，龙桥排土场原设计到界坡角 15°的取值偏于保守；如能适当增大坡角，可带来很大的经济效益。

（2）利用智能匹配设计技术对到界边坡进行优化设计，最终确定排土场到界边坡的最佳坡角取值为 17°。

（3）对优化设计排土场边坡稳定性进行极限平衡分析，验证了优化设计边坡的整体安全系数能够满足相关规范的要求，优化方案可行。

（4）排土场边坡基底承载力验算结果显示，基底表土层强度能满足安全性要求。

6　边坡的综合加固措施设计

6.1　边坡危险区域的界定

6.1.1　单元网格划分

根据边坡优化设计剖面轮廓和岩土体力学参数，以边坡1—1′剖面为例，利用ANSYS软件，建立有限元应力计算模型，网格划分结果如图6-1所示。

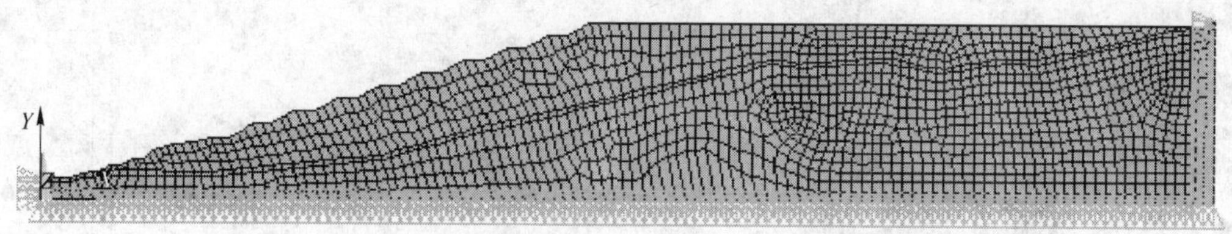

图6-1　1—1′剖面优化设计边坡单元网格划分

经过数值模拟分析，得出优化后的排土场边坡1—1′剖面岩土体内*X*、*Y*方向的应力等值分布情况分别如图6-2、图6-3所示。

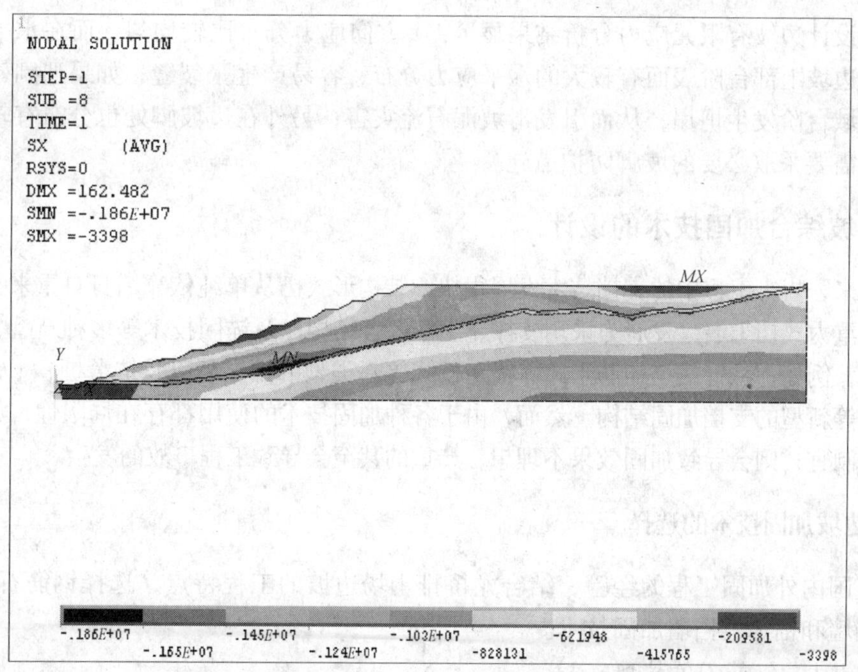

图6-2　1—1′剖面优化设计边坡*X*方向应力分布色谱

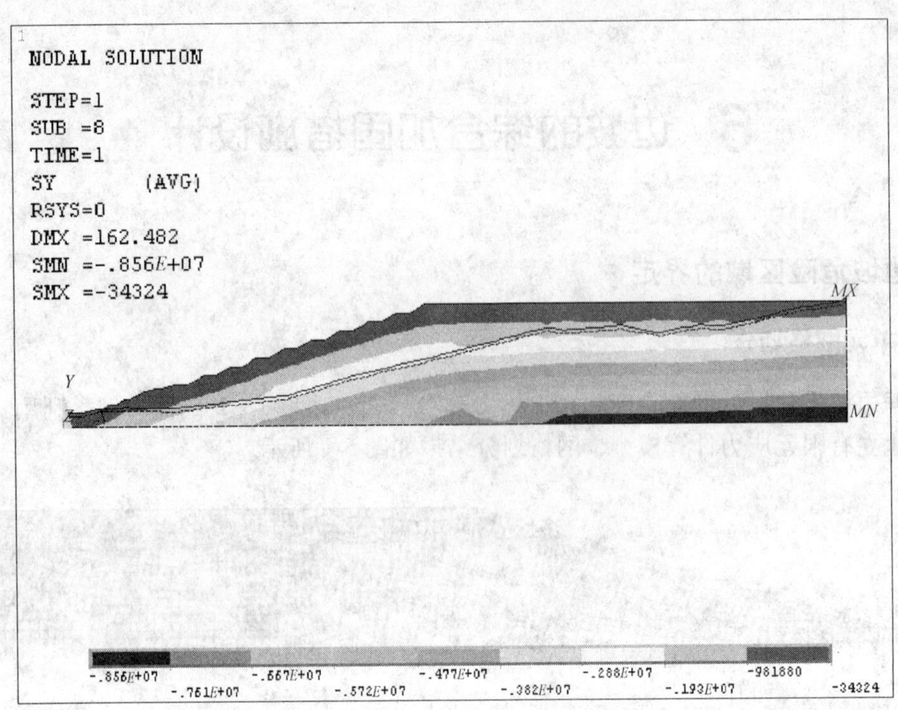

图 6-3　1—1′剖面优化设计边坡 Y 方向应力分布色谱

6.1.2　应力场演变特征

优化设计边坡有限元应力分析结果显示，Y 方向应力分布比较均匀，而在水平应力分布方面，边坡上部台阶表面有较大的水平应力分布，容易产生张裂缝；如果遇到暴雨，会导致该区域台阶发生坍塌，从而引发滑坡泥石流灾害；另外在边坡脚处也分布有较大的水平应力，需要采取必要的坡脚防护措施。

6.2　边坡综合加固技术的设计

近年来，岩土工程中的支挡技术发展很快，结构形式已从单纯依靠墙身自重来平衡边坡土压力的重力式挡土墙，发展为采用支撑、土筋复合结构以及锚固技术等多种新型、轻型支挡新技术，例如，悬臂式、加筋土式、锚定板式等新类型的挡土墙以及抗滑桩、土钉墙、预应力锚索等新型的支挡加固结构。然而，由于各种加固技术的使用都存在局限性，如果不能做到因地制宜，则会导致加固效果不理想，严重的甚至会导致工程事故的发生。

6.2.1　边坡加固技术的选择

借鉴国内外加固工程的经验，结合龙桥排土场边坡的工程特点，选择钢筋石笼挡墙、加筋土挡墙和锚定板挡墙加固技术。

6.2.1.1　钢筋石笼挡墙

考虑到龙桥排土场排弃物的含水量大的特点，如何既能排水又能保证安全是要解决的主要问题。针对这一特点钢筋石笼挡墙成本低、易于施工、排水通畅等诸多优点。国外将钢筋石笼挡墙结构用于边坡加固、坡岸防侵蚀或者路基防冲刷保护等方面已有近一个世纪的历史。近年来，国内也已将钢筋石笼挡墙用于公路边坡（如川藏公路沿线的边坡）、水电站边坡（如龙滩水电站左岸近百米高的边坡压脚）的加固。

普通钢筋石笼挡墙的施工方法为：首先采用耐腐蚀、高强度钢筋制作成长方体状的钢筋笼，然后在其内装满碎石即成为钢筋石笼，再将各石笼堆砌在边坡需要加固的位置（见图6-4）。在具体设计和施工过程中，有时会根据需要在挡墙底部浇筑混凝土基座来增强挡墙的抗剪和抗倾覆能力。

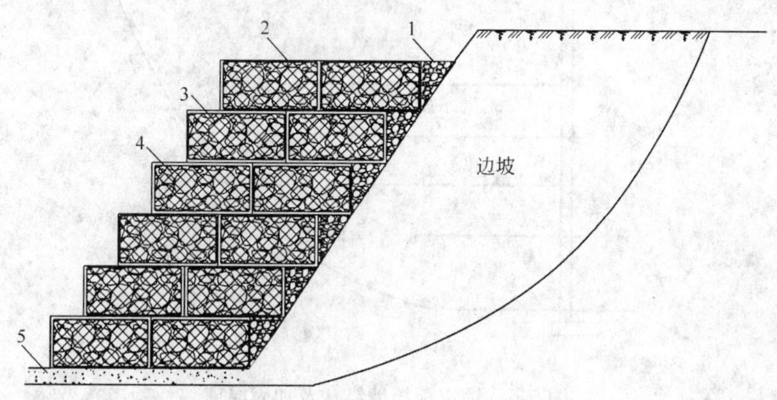

图6-4 钢筋石笼挡墙结构及加固原理

1—边坡与石笼之间的石块；2—钢筋架框；3—笼内石块；4—石笼表面的钢丝；5—挡土墙基座

6.2.1.2 加筋土挡墙

加筋土挡土墙由基础、墙面板、帽石、拉筋和填料等几部分组成，如图6-5所示。加固原理为：依靠墙后填料与拉筋之间的摩擦力来平衡墙面所承受的水平土压力，并以基础、墙面板、帽石、拉筋和填料等组成复合结构以形成土墙来抵抗拉筋尾部填料所产生的土压力，从而保证挡土墙的稳定，达到加固边坡的效果。

加筋土挡土墙的优点是：对地基承载力要求较低，属于轻型支挡结构，适合在软弱地

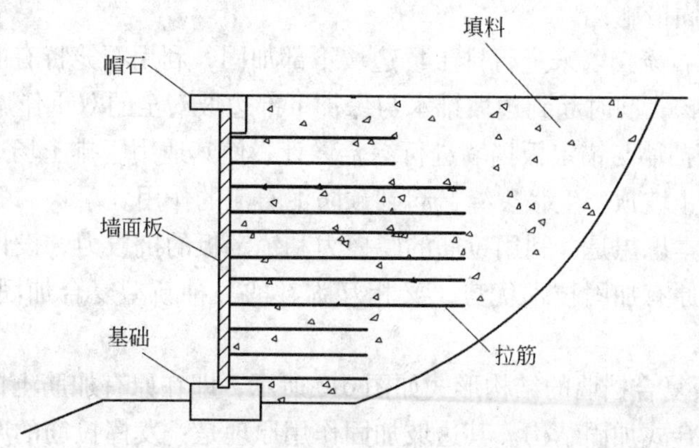

图6-5 加筋土挡墙结构及加固原理

基上建造，施工简便，施工速度快，节省投资，少占地，外形也美观。加筋土挡土墙一般应用于支挡填土工程，在公路、铁路、煤矿工程中得到较多的应用。

6.2.1.3　锚定板挡墙

锚定板挡墙由墙面系、钢拉杆及锚定板和填料共同组成，如图 6-6 所示。墙面系由预制的钢筋混凝土肋柱和挡土板构成，或者直接用预制的钢筋混凝土面板拼装而成。钢拉杆外端与墙面系的肋柱或面板连接，而内端与锚定板连接，通过钢拉杆，依靠埋设在填料中的锚定板所提供的抗拔力来维持挡土墙的稳定。

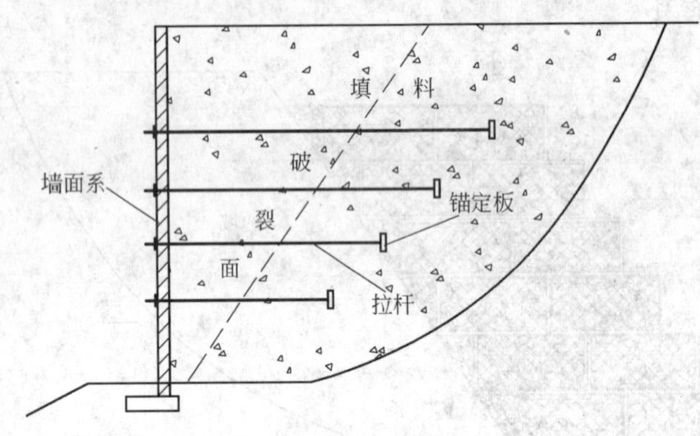

图 6-6　锚定板挡墙结构及加固原理

锚定板挡土墙和加筋土挡土墙都适用于填土的轻型挡土结构，但两者的挡土原理不同。锚定板挡土墙是依靠填土与锚定板接触面上的侧向承载力以维持结构平衡，不需要利用钢拉杆与填土之间的摩擦力。因此，它的钢拉杆长度可以较短，钢拉杆的表面可以用沥青玻璃布包扎防锈，而填料也不必限用摩擦系数较大的砂性土。从防锈、节省钢材和适应各种填料三方面与加筋土挡墙技术相比较，锚定板挡土墙都有较大的优越性，但其施工程序要比加筋土挡土墙复杂一些。

6.2.2　边坡加固的综合应用技术

综合考虑以上三种边坡加固技术的优势与局限性，结合龙桥排土场边坡工程特性，采取以下两种边坡加固措施：

（1）利用钢筋石笼挡墙来进行排土场边坡下部加固，利用石笼特有的优点，能使排土场边坡底部排水通畅，同时起到边坡排水与保护下部边坡安全的双重作用。

（2）将加筋土挡墙与锚定板挡墙进行综合设计，使其适用于排土场边坡上部几处危险台阶的加固，以防止坡顶产生张裂缝，起到预防泥石流的作用。

综合设计的基本思想是：利用拉筋的摩擦力和锚定板的抗拔力，设计出复合型加固方案。既能充分发挥原有加固技术优势，又相互弥补的一种新型复合加固技术，即加筋土-锚定板复合挡墙。

加筋土-锚定板复合挡墙的结构形式如图 6-7 所示，即在原有加筋土挡墙的拉筋末端安装锚定板，形成复合式加固结构。其边坡加固作用原理是：发挥拉筋的摩擦阻力和锚定板的抗拔力，以基座、挡土板、拉筋、锚定板和边坡土体共同组成复合结构以保证挡土墙以

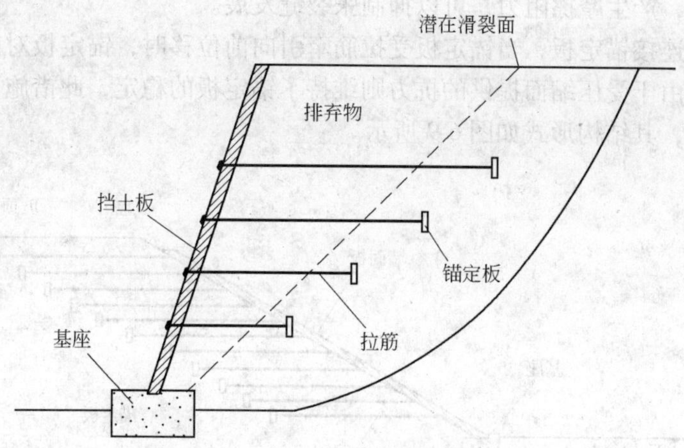

图 6-7 加筋土-锚定板复合挡墙结构

及墙后边坡填土的稳定性。

6.2.3 排土场到界边坡综合加固设计

6.2.3.1 钢筋石笼挡墙设计

采用钢筋石笼挡墙来进行排土场边坡压脚，既起到加固坡脚的作用，又能起到很好地排水效果。钢筋石笼单元结构尺寸为 2.0m × 1.0m × 1.0m 和 1.5m × 1.0m × 1.0m 两种规格，由直径为 12mm 的钢筋焊接编制而成。钢筋石笼分层错缝摆放，堆积高度为 8 ~ 12m，同层石笼或与上、下层石笼间的钢筋连接全部采用焊接，石笼所用钢筋须全部做除锈防腐处理。钢筋石笼挡墙底部用 C20 混凝土浇筑成 300mm 厚的基座，底层石笼两侧钢筋向下延伸 200mm 并制作成弯钩，埋置到底部混凝土基座内，如图 6-8 所示，以增强底层石笼与混凝土基座间的摩擦力。

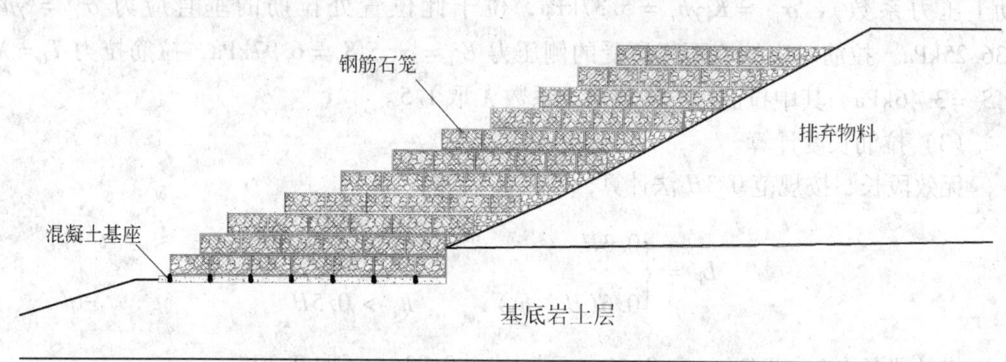

图 6-8 排土场边坡底部加固

6.2.3.2 加筋土-锚定板复合挡墙设计

排土场边坡顶部台阶容易产生张裂缝，如果遇到大规模降水，极易发生坍塌，形成泥石流灾害。若预先在这部分土中沿着应变方向埋置具有挠性的筋带材料形成加筋土，则土与筋带材料摩擦，产生摩擦阻力，可以抑制张裂缝发展。

在拉筋末端连接锚定板，当锚定板受拉筋牵引向前位移时，锚定板对前方土体施加压力，而前方土体由于受压缩而提供的抗力则维持了锚定板的稳定，此措施可进一步增强边坡土体的稳定性，其结构形式如图 6-9 所示。

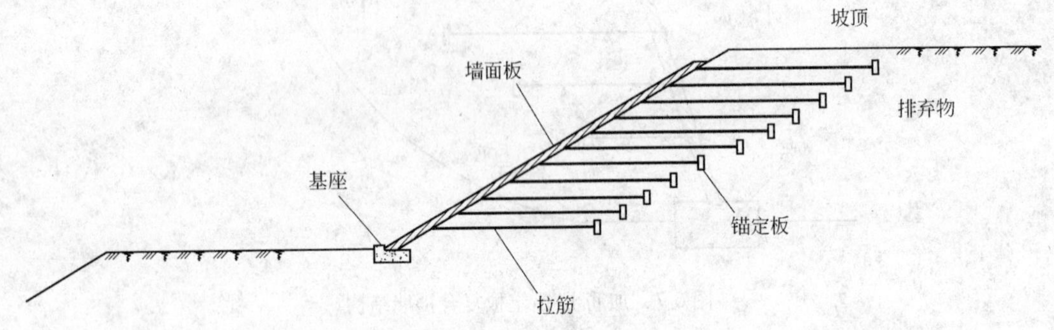

图 6-9　排土场边坡顶部台阶滑裂面加固

综合考虑经济性与安全性，对龙桥排土场边坡顶部局部滑裂面采取加固措施，防止边坡表面坍塌和雨季形成泥石流灾害。坡顶台阶垂直高度 25m，台阶坡角 30°。排弃物料的体积密度 γ 为 18.9kg/m^3，饱和状态下其强度指标为 $c=22.7$kPa，$\varphi=15.9°$。加筋土-锚定板复合挡墙结构各组成单元的设计如下：

（1）墙面板的形状为十字形，其高为 1.0m，宽为 1.5m，厚度为 0.15m，混凝土强度等级为 C20。拉筋采用聚丙烯土工带，宽度为 0.03m，厚度为 0.0023m，每米极限拉力为 180kN。每块墙面板分上下两排共设置 4 根，均匀分布在土体中，垂直间距 $S_y=0.6$m，水平间距 $S_x=0.6$m。

（2）作用于墙面板的水平土压力 $\sigma_{h_i}=K_i\gamma h_i$，$h_i>6$m，所以 $K_i=K_a=0.082$（库仑主动土压力系数），$\sigma_{h_i}=K_i\gamma h_i=5.37$kPa，位于此位置处拉筋的垂直应力 $\sigma_{v_i}=\gamma h_i=236.25$kPa，拉筋对应的墙面板所受的侧压力 $E_{xi}=\sigma_{h_i}S_xS_y=6.97$kPa，拉筋拉力 $T_i=\lambda\sigma_{h_i}S_xS_y=3.46$kPa，其中拉筋拉力峰值增大系数 λ 取 1.5。

（3）拉筋长度计算。

无效段长，按规范 0.3H 法计算，即：

$$L_f=\begin{cases}0.3H & 0\leqslant h_i\leqslant 0.5H\\ 0.6(H-h_i) & h_i>0.5H\end{cases}$$

有效段长：$L_a=T/2\sigma_{v_i}af=2.46$m，其中 $a=0.03$m，f 取 0.30。

拉筋的设计计算长度 $L=L_a+L_f$，当墙高大于 3m 时，拉筋最小长度应大于 0.8 倍的墙高，且不小于 5m。拉筋最终长度选取：距离坡顶 15m 深以外采用 21m，距离坡顶 15m 深以内采用 23m。

（4）分板与全墙的抗拔稳定计算。

要求分板的抗拔稳定系数

$$K_{pi} = \frac{S_{fi}}{E_{xi}} = \frac{2\sigma_{vi} a L'_a f + [P]}{\sigma_{hi} S_x S_y} \geqslant [K] = 1.5$$

要求全墙的抗拔稳定系数

$$K_p = \frac{\Sigma S_{fi}}{\Sigma E_{xi}} \geqslant [K] = 2.0$$

由于拉筋长度取整数，且要求满足大于0.8倍的墙高，计算有效长度为2.46m，然而实际有效长度为13.5m以上。结果显示，分板和全墙的抗拔稳定系数均在3.0以上，远远满足抗拔稳定要求。

（5）整体稳定性验算。

按库仑理论计算，计算结果如图6-10所示。

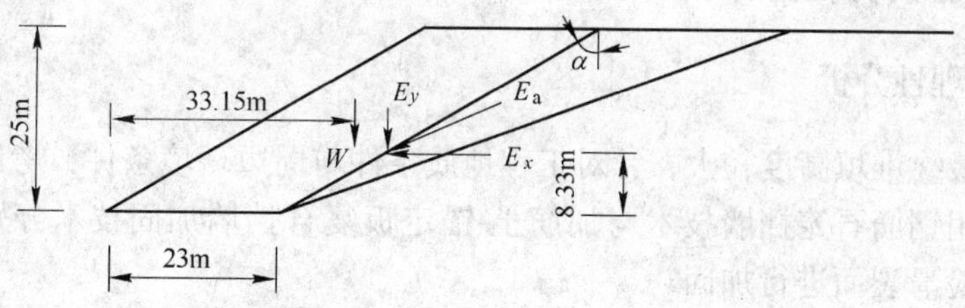

图6-10　土压力计算示意图

$$E_a = \frac{1}{2}\gamma H^2 \frac{\cos^2(\varphi+\alpha)}{\cos^2\alpha\cos(\delta-\alpha)\left[1+\sqrt{\frac{\sin(\varphi+\delta)\sin(\varphi-i)}{\cos(\delta-\alpha)\cos(\alpha+i)}}\right]^2} = 485.49\text{kN}$$

式中　δ——墙背摩擦角，$\delta = 90° - \varphi/2 = 82.05°$；

α——墙背与铅垂线的夹角，$\alpha = 60°$；

φ——填土内摩擦角，$\varphi = 15.9°$；

i——填土表面的倾斜角，$i = 0$。

$$E_x = E_a\cos(\delta-\alpha) = 442.98\text{kN}$$

$$E_y = E_a\sin(\delta-\alpha) = 182.26\text{kN}$$

$$W = 1 \times 23 \times 25 \times 18.9 = 3867.50\text{kN}$$

此时，土压力强度沿墙背呈三角形分布，土压力作用点位于$H/3 = 8.33$m处。

抗滑移稳定性验算结果

$$K_c = \frac{(W+E_y)f}{E_x} = \frac{(10867.50 + 182.26) \times 0.5}{449.98} = 5.27 > 1.3\text{，满足要求。}$$

抗倾覆稳定性验算结果

$$K_o = \frac{M_W + M_{E_y}}{M_{E_x}} = \frac{10867.5 \times 33.15 + 182.26 \times 37.43}{449.98 \times 8.33} = 97.90 > 1.5\text{，满足要求。}$$

6.2.4 排土场基底处理措施

6.2.4.1 排土场底部排弃透水性物料措施

排土场底部排弃透水性物料的措施，将灰岩物料排弃到排土场底部；增大排土场下部承载能力。根据勘查资料，布沼坝采场Ⅰ采区范围内有黏土及亚黏土等第四系剥离物3287.13万~3495.6万立方米，占总剥离量的35.71%。泥灰岩等第三系剥离物约5079.0万立方米，占总剥离量的53.48%。煤层中的夹矸等剥离物约占总剥离量的10.81%。

6.2.4.2 排土场底部局部表层铺垫泥灰岩物料

本方案只是在排土场的最底层铺垫泥灰岩等透水性比较好的物料，每10m高排一层，层与层之间的搭接距离保持50m，以便建立上、下排土层间的水力联系。

6.3 排土场边坡优化方案的综合评价

6.3.1 技术合理性分析

排土场的最终堆填高度较大，针对工程地质条件与周边环境条件，考虑到排土场的长期存在性，采用钢筋石笼挡墙技术与加筋土-锚定板复合挡墙加固技术分别对排土场坡脚和上部台阶危险滑裂面进行加固。

由于此类加固方案所采用的支护结构简单，技术容易掌握，且需要的施工机械较少。钢筋石笼以及组成加筋土的墙面板和拉筋都可预先制作，再运至现场安装。这种装配式的方法，施工简便，快速，可组织流水作业。另一方面，工程施工组织简单，工序少，利于现场管理和指挥。由于拉筋体在填筑过程中逐层埋设，与回填土压实形成柔性结构，墙体及填土的加载作用所引起的地基变形对此类结构影响很小。

加筋土挡墙与锚定板一起搭配使用中各分项技术都较为成熟，便于进行现场施工和管理。所采用的钢筋石笼挡墙以及加筋土-锚定板复合结构在技术上是合理的，效果显著。

6.3.2 经济技术评价

在矿山工业中，露天开采以其独具的优越性而占有很大比例。目前全球所需矿物的2/3都是露天开采，金属矿山尤为突出。露采大量废土废石的排弃形成排土场。以我国铁矿开采为例，露天开采每年剥离岩土2.2亿~3.6亿t以上。露天矿排土场占地面积占全矿用地面积的39%~55%，排土费用占矿山总成本的13%~16%。为此，合理规划排土工程，科学管理排土作业，不仅是保证全面完成矿山生产任务的必需手段，同时对社会及生态环境的保护也有着十分重要的现实意义。

排土场作为露天矿山生产的重要环节，是矿山成本的支出大户，如果因为排土场失稳导致矿山滑坡灾害或者重大工程事故，矿山企业将步履维艰。为此，作为耗能、占地、开支大户的矿山排土场，新技术体系研究直接关系到矿山可持续发展。随着社会的不断发展和进步，社会文明和环保意识的增强，对露天矿排土场的管理水平和稳定性有了更高的要求，排土场增容新技术体系研究迫在眉睫。

在龙桥排土场边坡研究过程中，原设计到界边坡最终坡角为15°，经分析发现到界坡角取值偏于保守，没有达到土地的充分利用，造成了土地资源的浪费。后经智能匹配技术进行优化设计，确定最优到界坡角为17°。利用3个计算剖面的堆填面积进行比较，得出优化后的排土场边坡与原设计的边坡剖面堆填面积比较结果见表6-1。由排土场增容百分比可以看出，优化后排土场边坡土地资源利用率相对较高，带来的经济效益十分显著。

表6-1 优化边坡与原设计边坡剖面堆填面积对比

项 目	1—1′剖面	2—2′剖面	3—3′剖面
15°坡角	168707m^2	139475m^2	173241m^2
17°坡角	190917m^2	157411m^2	197053m^2
增容百分比	13.2%	5.9%	13.7%

边坡加固所采用的钢筋石笼挡墙和加筋土-锚定板复合挡墙结构都十分简易，技术容易掌握，需要的施工机械比较少。从经济方面考虑，此两种加固措施对材料要求不高，大量的原材料主要为石笼内的石块和加筋土挡墙后的回填土，因此两种材料皆可以就地取材，其余组件大部分可以预先制作好，再运至现场进行组装，施工简便、快速，此两种加固措施廉价高效，对排土场建设成本投入不会产生太大影响。

综上所述，可得出如下结论：

(1) 采用有限元数值分析方法对优化设计边坡进行危险区域界定，找出边坡顶部和底部分布有相对较大的水平应力。底部是边坡整体稳定性的敏感部位，采取适当措施加以保护，顶部水平应力易造成张裂缝的开展，应进行适当加固支护以防止其在雨季坍塌引发泥石流灾害。

(2) 选择钢筋石笼挡墙技术、加筋土挡墙技术以及锚定板挡墙技术进行综合分析研究，提出了加筋土-锚定板复合挡墙结构形式，并将其与钢筋石笼挡墙技术组合应用于排土场边坡顶部和底部的加固。

(3) 最后利用工程类比法对加固方案的技术合理性进行分析，然后进行优化方案的经济性评价，确定优化设计后的排土场堆填容量能提高12%以上，带来的经济效益十分显著，采取的边坡加固措施廉价高效，由此论证了优化方案的可行性。

排土场作为矿山废弃物料的堆放场地，是露天矿山生产过程中的重要环节，也是矿山成本的支出大户。排土场边坡的稳定与否是影响露天矿安全生产的重要因素之一，如果排土场失稳或滑移、或形成泥石流灾害，不仅会造成矿山生产不能正常进行，而且会危及周边各种市政设施以及居民生命财产安全。为此，在保证安全的前提下，如何充分利用土地资源、提高矿山效益具有重大意义。本书在前人研究成果的基础上，着重对人工堆积边坡与山坡复合体的滑面搜寻技术、边坡安全性评价方法及其优化设计、边坡加固技术等问题进行了较全面的研究，并得出如下结论：

(1) 综合运用常规极限平衡法、边坡临界滑移场法对龙桥排土场现状边坡和到界边坡进行稳定性分析，获得不同区域边坡的安全度，并确定了边坡滑移面位置。结果显示，现状边坡与原设计的到界边坡在整体上都是安全的。

(2) 利用ANSYS有限元分析软件，对边坡岩土体内应力分布特点和演变规律进行了分析；结果显示坡顶和基底表土层是边坡稳定性的薄弱部位，此两处水平应力相对较大。坡顶容易形成张裂缝，在雨季容易产生泥石流灾害，基底表土层土体强度须满足稳定性要求，否则会引发大变形甚至滑坡灾害。

（3）根据边坡安全性评价结果，得出原设计到界边坡取15°的坡角值相对比较保守，土地资源未得到充分利用。由于排土场堆填高度较大，适当增大坡角能带来可观的经济效益。应用边坡智能匹配设计技术，得出到界边坡的最佳坡角取值为17°。

（4）采用数值模拟方法对优化设计边坡的危险区域进行界定，发现排土场坡脚处和边坡顶部有相对较大应力分布，提出了需要对此两处区域采取适当的边坡加固措施，以提高边坡的整体安全性，防止形成滑坡或泥石流灾害。

（5）通过对边坡加固措施进行综合应用研究，提出加筋土-锚定板复合挡墙结构。针对排土场边坡体积大、排弃物料含水量高等特点，综合考虑了经济性与安全性因素，应用钢筋石笼挡墙与加筋土-锚定板复合挡墙技术对排土场到界边坡的下部应用和上部台阶滑裂面进行加固。最后对挡墙结构进行了稳定性验算，保证其设计的合理性。

（6）对排土场优化方案的经济性与技术合理性进行综合分析，得出优化设计后的排土场容量能够提高12%以上，所采取的边坡加固措施廉价高效；通过与国内外相似工程进行类比，得出所采用的边坡加固措施技术合理，优化方案切实可行。

第三篇　厚软基底排土场安全堆排的控制技术

在南方有很多排土场堆放在软基底上，主要原因是矿山周边环境所限，如运距太远，成本造价高制约生产效益；而附近能够做排土场的地方多属于软岩基底或碎石土厚度大、强度低、承载能力不高。软岩基底给排土场堆排设计带来极大困难，主要问题表现在如下几个方面：一是排土场基底堆排高度不能太高，否则将产生破坏性滑坡，所以需要优化设计方案；二是南方地区雨量比较大，排土场滑坡非常容易诱发泥石流，所以需要考虑排土场安全，同时避免泥石流的发生。需要同时控制基底安全、排土场安全和汇水区面积，疏导坡体内的水体，避免诱发灾害。本篇以宜昌地区某水泥有限公司矿山排土场为例，就上述问题进行总结。

7　石灰石矿排土场与厚软岩山坡古滑体基底协同灾变机制及控制技术

7.1　排土场边坡工程概况

7.1.1　排土场地理位置概述

石灰石矿排土场变形区位于宜都市松木坪镇南 2km，地理坐标：东经 111°13′，北纬 30°07′。枝（城）刘（家场）公路和松宜煤矿标轨专用线在矿区东侧约 0.6km 处通过，矿石经破碎后由火车运输进水泥生产厂区，交通方便。

石灰石矿区属大陆性气候，四季分明，气温 -0.7 ~ 38℃，平均 19.97℃；平均年降雨量 12216mm，每年雨季集中在 5 ~ 8 月，年平均风速为 10.2 ~ 2.4m/s，风向以东南风为主。区内主要河流为陈家河，河宽 20 ~ 40m，水流一般深 10 ~ 30cm，洪水期间 1 ~ 1.5m。水流方向总体由西向东。

7.1.2　排土场基底工程地质构造特性

大地构造单元属扬子准地台之八面山台褶带之长阳台褶束的仁和坪向斜东端之北翼。长阳台褶束由近东西向的褶皱和逆断层、NNW 和 NNE 向的平移正断层及南北向的正断层组成，此构造带为燕山运动的产物。仁和坪向斜的轴线呈东西向展布，属箱式向斜，勘查区位于该向斜的北翼，岩层呈缓倾斜层状产出，地层总体走向近东向西，倾向 170° ~ 200°，倾角有由山顶向河谷由陡变缓之趋势，为 20° ~ 8°，局部由于受断裂构造影响，产状变化较大。

区内断裂构造发育，F1 断层纵贯南北，断层倾向西，倾角约 70°；在平面分布上各层位被该断层错开、不连续，断层之东以三叠系下统大冶组（T_{1dy}）灰岩为主，以西以侏罗系下统香溪群（J_{1xn}）石英砂岩为主，揭示断裂西盘下降东盘上升，断层属正断层。推测 F1 断层断距约 90m。

排土区岩层受构造影响，裂隙发育，三叠系下统大冶组（T_{1dy}）灰岩中发育两组裂隙，一组裂隙的产状为 49°∠85°，发育密度为 3 条/m，长 2m，切割深度 2 ~ 3m，张开宽度6 ~ 3cm；另一组裂隙的产状为 300°∠90°，发育密度为 4 条/m，长 3m，切割深度 2 ~ 3m，张开宽度 6 ~ 3cm。侏罗系下统香溪群（J_{1xn}）石英砂岩中发育四组裂隙，第一组裂隙的产状为 335°∠65°，发育密度为 4 条/m，长 1m，切割深度 0.2 ~ 0.5m，张开宽度 6 ~ 3mm；第 2 组裂隙的产状为 75°∠70°，发育密度为 5 条/m，长 1 ~ 1.5m，切割深度 0.2 ~ 0.3m，张开宽度 6 ~ 3mm；第 3 组裂隙的产状为 245°∠85°，发育密度为 5 条/m，长 3m，切割深度 1m，闭合状；第 4 组裂隙的产状为 311°∠70°，发育密度为 5 条/m，长 3m，切割深度 1m，闭合状。受裂隙切割岩体较破碎。

7.1.3　排土场基底地层岩性特点

石灰石矿区南北长 800m，宽约 500m，矿体赋存于三叠系下统大冶群中上部，呈单斜构造缓倾斜层状产出，总体走向近东西，倾向南偏西，倾角 15° ~ 25°，矿体总厚约 220m。勘查区位于矿区南端，区内主要出露地层有三叠系下统大冶组（T_{1dy}）、侏罗系下统香溪群（J_{1xn}）、第四系。

7.1.3.1　三叠系下统大冶组（T_{1dy}）

大冶组依岩性可分为 6 层，其中第 1 层至第 3 层为矿床底板，第四层至第六层为勘探的石灰石矿层。矿层中共见 7 种矿石类型，其中中厚层灰岩分布广泛，为矿区主要矿石类型，其次为：厚-巨厚层灰岩、条纹状灰岩、砾状碎屑灰岩、花斑灰岩、薄层灰岩、钙质灰岩。

矿石一般为隐晶质结构，粒径小于 0.01mm。矿石构造多为中厚层状及薄层状，其次是厚-巨厚层状，极少数为薄-微层状。

矿石按岩性特征自上而下可分为三层 5 个岩性段，即：

T_{jdy}^{4a}：中厚层与薄层灰岩互层，为矿区主要矿层，厚 82.6 ~ 118.35m，在矿区分布于北部山势较陡部位，从东至西纵贯全矿区；在勘查区内分布于滑坡体东侧冲沟以东之山坡。

T_{idy}^{4b}：薄层泥质灰岩，为矿区标志层，厚 2.46 ~ 7.82m，分布于勘查区内滑坡体东侧冲沟以东之山坡。

T_{idy}^{5a}：中厚-巨厚层灰岩，为矿区主要矿层，厚 31.46 ~ 97.12m，分布于中部山势由陡变缓地段。

T_{ldy}^{5b}：薄层花斑灰岩，厚18.05~39.33m，分布于北部近山顶山势平缓地段。

T_{dy}^{6l}：厚-巨厚层灰岩，厚21.12~39.31m，分布于北部山势较高部位，其上覆盖侏罗系下统砂页岩。

矿层底板为大冶灰岩第三层 T_{ldy}^{3} 薄层灰岩夹钙质页岩。

7.1.3.2 侏罗系下统香溪群（J_{1xn}）

在矿区覆盖于大冶组之上，是矿床顶板，在勘查区分布于滑坡区及其以西地带。上部岩性为褐黄色细—中粗粒石英砂岩夹少量粉砂质泥岩；下部褐灰色粉砂岩夹页岩，底部为炭质页岩夹煤线。与下伏地层呈不整合接触，据区域资料其厚度约120m。

7.1.3.3 第四系

由残坡积、滑坡堆积和人工堆积组成。

残坡积层：沿勘查区地势较低的地带均有分布，主要有含碎石的亚砂土或亚黏土、部分地带为块石土组成，厚度一般2~5m，局部达7~8m，多被改造为耕地。

滑坡堆积层：分布在滑坡区，主要有碎石土，块石土，含碎石块石的亚黏土亚砂土组成，厚度32.8~39.3m。

人工堆积层：分布在排土场区，有块石碎石土组成，土与石之比为6∶4~5∶5。土石混杂，结构松散。块石碎石成分主要为石英砂岩，少量石灰岩与泥岩，棱角状。

7.2 排土场滑动变形特点

7.2.1 前期排土场变形情况

华新宜昌水泥有限公司石灰石矿山排土场于2004年开始发现有变形现象，至2006年4月在排土场及其下部山坡体地面上发现多处地裂缝，当地居民的住房出现开裂；为此委托湖北省地质环境总站进行了工程地质勘察，其工程技术人员于6月13日到现场调查，发现两条裂缝，即排土场下方西侧地面裂缝（以下简称：西端地裂缝）；排土场下方东侧地面裂缝（以下简称：东端地裂缝）两条长裂缝。地面变形与裂缝特征如下：

西端地裂缝基本贯通，可见总长420m。其在竹林下方，基本沿一南北向发育的冲沟发育，可见延伸长240m，宽度1~3cm，并见裂缝东侧地面明显下沉3~5cm，部分水田失水变旱地。该裂缝在竹林处分叉为两支，一支沿竹林屋后，向北偏东60°方向延伸，该方向长180m，张开宽大，张宽10~20cm，可见深度50cm，裂缝下方土体明显下沉，致使裂缝部位上方形成明显的陡坎，陡坎高度20~50cm，同时造成耕地地表凹凸不平。另一支在竹林屋前下方20~30m处平行于前一支裂缝发育，长150m，张开5~10cm。裂面均新鲜，呈锯齿状凹凸不平，裂缝呈拉张特征。

东地裂缝沿排土场东侧下方一南北向发育的冲沟延伸，顺沟发育，长400余米，致使耕地地面开裂3~5cm，田地梗错断，裂缝局部呈锯齿状，表现为拉张特征。

房屋开裂特征是东、西两地裂缝之间地带的周家、竹林等住户的房屋均出现不同程度的墙体开裂，地平开裂，最大裂缝宽达10cm，竹林西厢房成危房；周家东厢房原本对接很好的树团子被拉脱，墙壁开裂。

7.2.2　雨季期地面变形情况

山坡体地面产生裂缝、并逐渐增大是此期间地面变形最为直观和最突出的表现特征，所有地裂缝在勘查期间均在增大，其特征如下。

西侧地裂缝（1号地裂缝）完全贯通，可见长度在前期的420m增至480m。其在竹林下方沿正南方向延伸，延伸长度达290m，而裂缝宽度由前期1～3cm增大为1.5～2m宽，裂缝中的土体下沉40～50cm，形成凹槽沟状。裂缝东侧地面下沉加剧，由前期的3～5cm增大为30～50cm，土体向前滑移明显，致使原本在一条线上的田埂明显前移错位，前移距离最大达1m，部分田埂出现倒塌，水田失水变旱地。在竹林上方处，该地裂缝沿竹林屋后，向北偏东40°方向延伸，该方向长80m，之后掉头向东偏南方向呈弧形延伸20m后，再朝北偏东60°方向延伸，该方向长90m。竹林上方地裂缝构成滑坡体后缘西半部，滑坡体后缘东半部被矿渣堆掩埋。后缘裂缝张开宽大，张开宽度由前期的10～20cm扩展到现在的0.8～1.2m，地裂缝中的土体松动下沉达30～50cm，裂缝下方土体明显下沉滑动，致使裂缝部位上方形成明显的陡坎，陡坎高度由前期的20～50cm发展到现今的1～1.2m，同时造成耕地地表凹凸不平。裂缝穿过竹林房屋，致使房屋墙壁严重开裂，房屋成危房。另外，在竹林屋前下方20～30m处，沿北60°东方向平行于前一支裂缝发育一条长150m的次一级裂缝（2号地裂缝），该裂缝张开宽度以由前期的5～10cm，发展到现在的0.5～1.0m，裂缝内土体松动下沉达30～40cm，裂缝下方土体明显下沉滑动，下移0.4～0.5m，致使裂缝部位上方形成明显的陡坎，陡坎高度由前期的10～20cm发展到0.4～0.5m，同时造成耕地地表凹凸不平，裂缝过处树木已倒。裂面均新鲜，呈锯齿状凹凸不平，裂缝呈拉张特征。

东侧地裂缝（5号地裂缝）：该地面裂缝沿排土场东侧下方一南北向发育的冲沟延伸，顺沟发育，长400余米，致使耕地地面开裂由前期的3～5cm发展到现今的20～30cm，地埂被切断，裂缝局部呈锯齿状，表现为拉张特征。

滑体内大的地裂缝有两条，一条位于ZK4号孔之东30m处，延伸方向205°，长110余米，裂宽5～10cm，裂面较陡，裂缝东南侧土体下沉明显，一般为5～10cm，最大达30～40cm。另一条位于周家之西110m处滑坡鼓丘丘嵴处，走向190°，东侧土体下挫20～30cm，裂开宽度5～10cm。这两道裂缝属鼓胀裂缝。

房屋开裂：东、西两地裂缝之间地带的周家、竹林等住户的房屋均出现不同程度的墙体开裂，地平开裂，最大裂缝宽达10cm，竹林西厢房成危房；周家东厢房原本对接很好的树团子被拉脱，墙壁开裂。滑坡体上共有五户23人的住房成危房，住户均已搬家。

从2007年7月20日至2007年11月1日期间，边坡地表最大水平位移（2号）点的累计位移9.158781m，平均水平位移速度90.7mm/d，图7-1是各个测点位移随时间的变化曲线，可以看出边坡位移持续增大，如果继续发展下去非常危险；目前因滑体移动已堵塞两侧水沟的正常使用，如不及时处理，雨季易产生泥石流作用，从而造成更大的破坏作用。各个测点地表累计水平位移量见表7-1。

表 7-1　各个测点地表累计水平位移量　(m)

日期/年-月-日	1号	2号	3号	4号	5号	6号	7号
2007-07-20	0	0	0	0	0	0	0
2007-07-30	1.2142	1.2302	1.0245	0.8097	0.9831	0.8543	0.8719
2007-08-09	1.6715	2.2136	1.9560	1.6041	1.8303	1.5411	1.6667
2007-08-20	1.8051	2.8271	2.5862	2.0867	2.4100	1.9576	1.9934
2007-09-04	2.6015	4.2478	3.9279	3.0169	2.41	3.0778	3.0781
2007-09-13	2.9928	5.1422	4.7617	3.6485	2.41	3.0778	3.0781
2007-09-18	2.9983	5.3225	5.0654	3.7209	4.5294	3.8804	3.9265
2007-10-08	4.1096	7.4962	6.9276	5.2691	6.3764	5.4731	5.3720
2007-11-01	4.6615	9.1587	6.9275	6.4296	7.6525	6.5440	6.4326

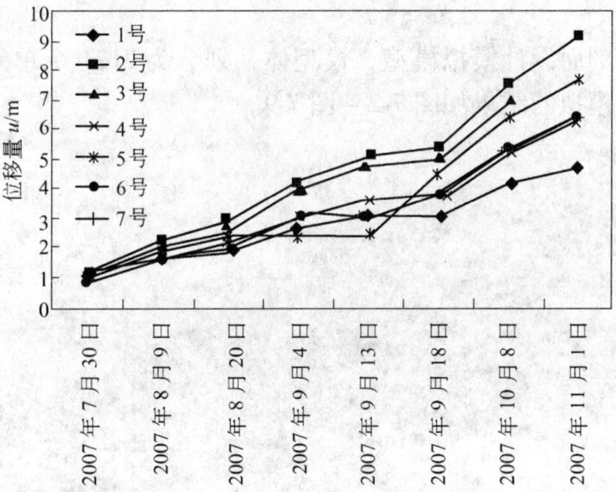

图 7-1　各测点地表位移历时曲线

通过工程勘察和相关研究，得到如下结论：

(1) 该边坡变形体属于一古滑坡体变形，即地面变形是因其复活再次滑动所致。

(2) 滑坡范围大体上位于两条地面裂缝之间，全长 800m，呈两端（顶端和末端）尖，中上部宽的长条带状，最宽处位于 ZK6 ~ ZK4 号钻孔及其以北地带，宽 270m；往南逐渐变窄，在 ZK3 号钻孔地带宽 235m；在 ZK2 号钻孔地带宽 165m；在 ZK2 号钻孔以南变窄收成三角状。滑坡主滑动方向 190°。滑坡体平均厚度 35m，滑坡面积 $15.18\times10^4 m^2$，滑坡体积 $531.32\times10^4 m^3$。

滑坡体前缘高程 232m、后缘高程 441m，前后缘高差 209m。变形区坡面特点是上下两端（顶端和末端）陡、中部缓的特点。该滑坡体特征十分明显，滑坡平台与滑坡鼓丘缓陡相间分布。滑体前缘高程 240 ~ 260m 处，地形坡降为 1∶1.5、坡角 34°，地形陡，属于第一级滑坡鼓丘的隆起带，坡面植被以树木为主。

在高程 260 ~ 276m 区段，地面坡降为 1∶6.75，坡角 8.4°，地形较缓，属第 1 级滑坡平台；地表上以种植水稻为主。

在 ZK2 号钻孔上方，276m 高程至 370m 高程区段，地面坡降为 1∶3.2，坡角 17.3°。

在高程 280 ~ 350m 区段为第二级滑坡鼓丘的隆起带；坡的下部以种植旱作物为主，坡的上部以树木为主。在高程 370 ~ 400m 区段，地形坡降为 1∶8，坡角 7.1°，地形较缓，属第 2 级滑坡平台。其中高程 384m 以上部分被矿山废渣覆盖。2 级滑坡平台以种植旱作物为主，其上大多为旱地。第 2 级滑坡平台中部即 ZK6 ~ ZK4 号钻孔之间的地带，有一南北向坳谷，坳谷最深处 8m，宽 35 ~ 50m，呈宽缓的浅 U 形，系流水冲刷而成；在高程 400 ~ 440m 区段，地形坡降为 1∶1.5，坡角 33.7°，地形陡，现被矿山废渣覆盖。

7.3 厚软基底排土场滑移机制的数值模拟分析

应用数值分析方法来分析在软岩基底上堆排废石土诱发的应力应变演变规律，以便为掌握堆排过程中岩体应力状态提供依据。

7.3.1 单元网格划分

根据原设计堆排剖面设计模拟模型，模型体共划分为 2121 个单元、9846 个节点，单元网格的划分和数值模拟的结果如图 7-2 ~ 图 7-9。

图 7-2　排土场堆排后三维计算模型单元网格划分

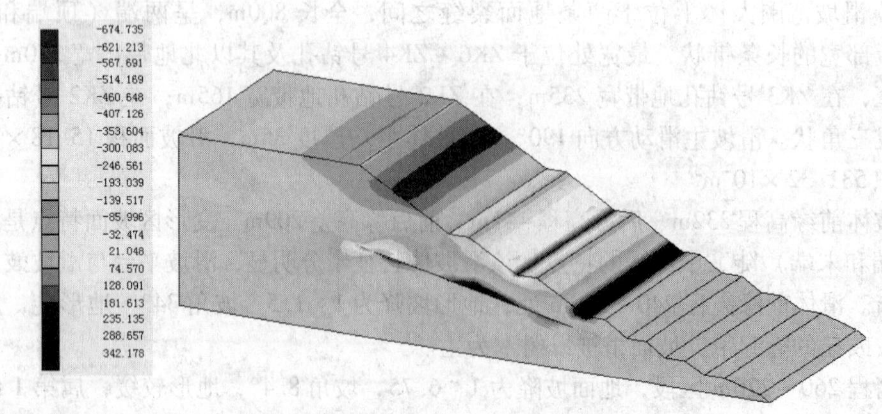

图 7-3　排土场堆排后主应力分布色谱

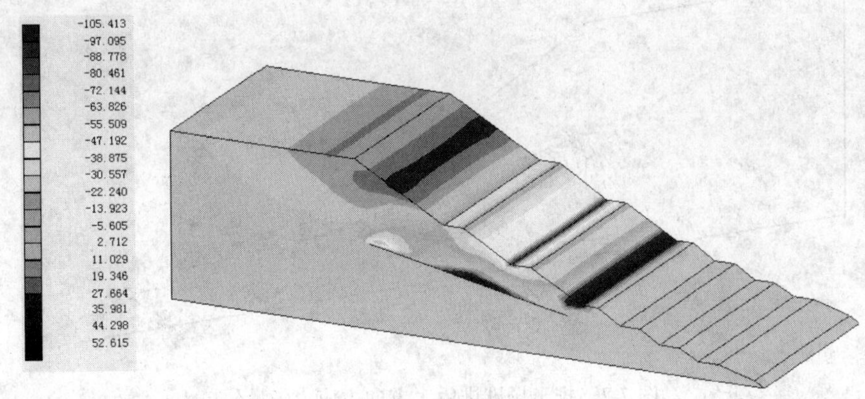

图 7-4　排水沟排土后 *Y* 方向主力分布色谱

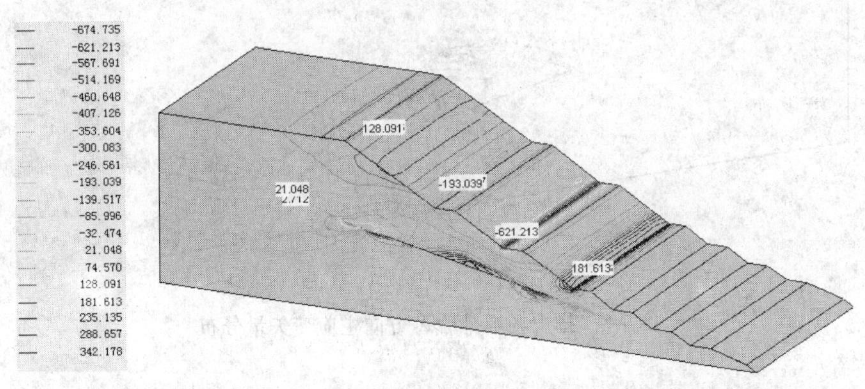

图 7-5　排土场堆排后 *Y* 方向主应力等值线分布

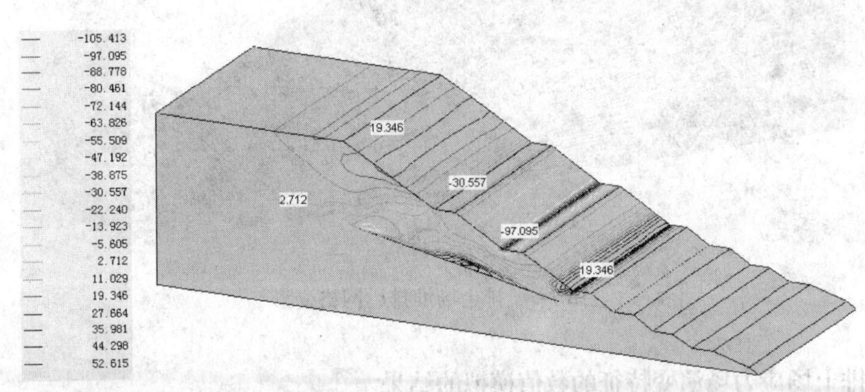

图 7-6　排土场堆排后 *X* 方向主应力等值线分布

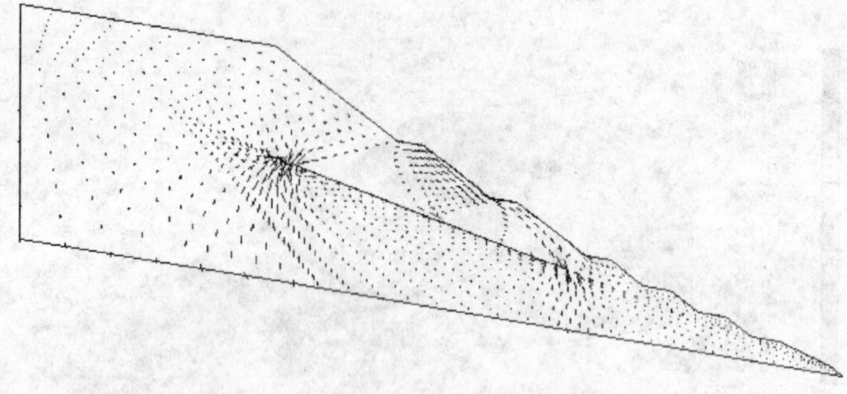

图 7-7　排土场堆排后 *Y* 方向主应力矢量分布

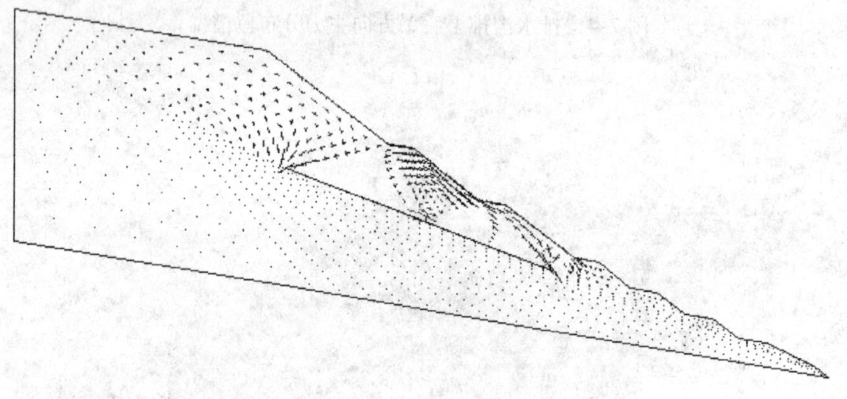

图 7-8　排土场堆排后 *X* 方向主应变矢量分布

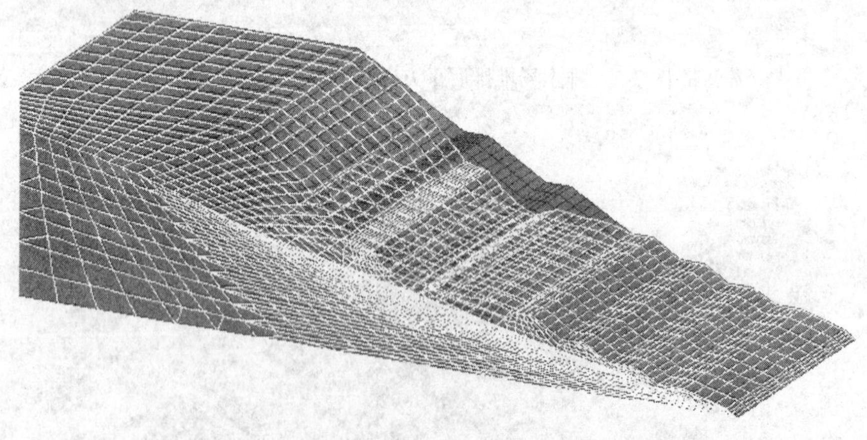

图 7-9　排土场堆排后网格变形

7.3.2　排土场应力场演变特征的数值模拟的结果

根据数值模拟结果，可以看出在排土场基底软弱层形成应力集中，且表现得非常显著。该软弱层在雨季受到雨水的作用将有可能是最危险的滑面，对潜在滑坡构成严重的威胁。因此，在排土高度控制或增强其强度方面应采取必要的安全加固措施，如向采区坡体内注浆、控制地层的含水量等措施，以防形成软弱夹层，从而提高排土场基底的整体稳定性。

7.4　厚软基底排土场边坡稳定性评价

7.4.1　滑面力学参数反演分析与计算

根据工程勘察结果，土场与基底滑坡为一岩质古滑坡，用做排土场之前没有发生明显的变形活动；雨季局部有崩滑、拉裂变形破坏现象。取工况条件为：自重+长时间降雨时边坡稳定系数取 $k=1.09$，对主滑剖面边坡的稳定性进行反演分析，反演结果见表7-2～表7-4，最终结果为饱水状态下滑面参数 $\varphi=20°$，$c=33\text{kPa}$。

表7-2　浅层滑面滑坡稳定性系数反演结果

滑面参数 φ/(°) 黏聚力 c/kPa	20	21	22	23	24
40	1.03	1.11	1.19	1.27	1.35
38	1.02	1.10	1.17	1.25	1.33
36	1.00	1.08	1.16	1.24	1.32
34	0.99	1.07	1.15	1.22	1.30
32	0.98	1.05	1.13	1.21	1.29
30	0.96	1.04	1.12	1.20	1.28
28	0.95	1.02	1.10	1.18	1.26
26	0.93	1.01	1.09	1.17	1.25

表7-3　中深层滑面滑坡稳定性系数反演结果

滑面参数 φ/(°) 黏聚力 c/kPa	20	21	22	23	24
40	0.99	1.07	1.14	1.25	1.30
38	0.98	1.05	1.13	1.24	1.29
36	0.97	1.04	1.12	1.23	1.27
34	0.95	1.03	1.11	1.22	1.26
32	0.94	1.02	1.10	1.21	1.25
30	0.93	1.01	1.08	1.19	1.24
28	0.92	0.99	1.07	1.18	1.23
26	0.90	0.98	1.06	1.17	1.22

表 7-4　深层滑面滑坡稳定性系数反演结果

黏聚力 c/kPa \ 滑面参数 φ/(°)	20	21	22	23	24
40	2.83	3.09	3.35	3.62	1.35
38	2.80	3.06	3.33	3.60	1.33
36	2.78	3.04	3.30	3.57	1.32
34	2.75	3.01	3.28	3.55	1.30
32	2.73	2.99	3.26	3.52	1.29
30	2.70	2.97	3.23	3.50	1.28
28	2.68	2.95	3.21	3.47	1.26
26	2.66	2.92	3.18	3.45	1.25

7.4.2　排土场边坡稳定性评价

选用剩余推力系数法进行排土场边坡稳定性计算，采用规范推荐的传递系数法计算滑坡的推力。传递系数法的稳定系数和推力计算公式如下：

$$K = \frac{\sum_{i=1}^{n-1}\left(R_i\prod_{j=i}^{n-1}\psi_j\right) + R_n}{\sum_{i=1}^{n-1}\left(T_i\prod_{j=i}^{n-1}\psi_j\right) + T_n} \tag{7-1}$$

式中　T_i——第 i 块滑体下滑力 $T_i = W_i \cdot \sin\alpha_i$，kN；

R_i——第 i 块滑体抗滑力 $R_i = W_i \cdot \cos\alpha_i \cdot \tan\varphi_i + C_iL_i$，kN；

W_i——第 i 块滑体的重量，kN；

L_i——第 i 块滑体滑面长度，m；

α_i——第 i 块滑体滑面倾角，(°)；

C_i——第 i 块滑体滑面上黏聚力，kPa；

φ_i——第 i 块滑体滑面上内摩擦角，(°)；

ψ_j——第 i 块滑体的剩余下滑力传递至第 $i+1$ 块时的传递系数（$j=i$）。

$$\psi_j = \cos(\alpha_{i-1} - \alpha_i) - \sin(\alpha_{i-1} - \alpha_i)\cdot\tan\varphi_i \prod_{j=i}^{n-1}\psi_j = \psi_i\cdot\psi_{i+1}\cdot\psi_{i+2}\cdots\psi_{n-1}$$

7.4.2.1　沿浅层滑面

考虑以下 4 种工况计算滑坡的稳定系数 K：

工况 1　自重，$K=1.25$；

工况 2　自重 + 暴雨 + 堆载，$K=0.94$；

工况 3　自重 + 爆破震动 + 堆载，$K=0.94$；

工况 4　自重 + 暴雨 + 地爆破震动 + 堆载，$K=0.93$。

7.4.2.2　沿中部滑面

考虑以下4种工况计算滑坡的稳定系数 K：

工况1　自重，$K=1.05$；

工况2　自重+堆载，$K=1$；

工况3　自重+暴雨+堆载，$K=0.98$；

工况4　自重+暴雨+爆破震动+堆载，$K=0.97$。

7.4.2.3　沿深部滑面

考虑第4种工况下计算滑坡的稳定系数 K 均大于1.25（见表7-4）。边坡稳定系数计算结果见表7-5。

表7-5　边坡稳定系数计算结果

滑面位置选择	边坡稳定系数			
	工况1	工况2	工况3	工况4
浅层滑面	1.25	0.94	0.94	0.93
中部滑面	1.05	1.0	0.98	0.97
深部滑面	均大于1.25			

7.4.3　排土场边坡评价结论

该古滑坡体在天然状态是稳定的；后缘由于有排土场堆排加载作用、经常受到频繁爆破震动影响，再加上雨季长时间降雨或暴雨作用下，软弱层产生塑性大变形破坏，致使古滑坡体再次复活并产生剧烈的滑移破坏。并且随着后缘排土场堆排荷载的继续增大，将进一步加快滑体滑移速度，降低排土场边坡的稳定性，直致达到滑坡破坏为止。为此需要采取滑坡治理工程，确保边坡稳定性。

7.5　排土场滑坡转化为泥石流的可能性分析

7.5.1　排土场滑坡转化为泥石流的机制分析

露天采矿产生了大方量废石土，由于受经济、地域、环境等因素的影响，很多情况下采用高段排土。这种排土方式简便、且受地形影响小，而且排方量大。但排弃物位能高、粒径分选性强。近年来，由于排土场堆积荷载引起的地质灾害，山体滑坡和泥石流等频有发生，给国家经济和人民生命安全带来了巨大危害。

由泥石流形成的条件可知，自然排土场具备了泥石流形成的两大地利要素：(1) 排土场排弃的大量废石土为泥石流形成提供了充足的土体来源；(2) 排土场排土形成的自然边坡形成地形高差大、且分选性强，使上部堆积体具有巨大的能量储备，进而成为排土场的不稳定因素。若此时恰遇骤降暴雨，构成了滑坡或滑坡型泥石流的充要条件。

排土场滑坡泥石流和自然山地泥石流相比，土体更松散，更不稳定，而且土的堆积荷载会造成原本稳定的山体滑坡，加剧滑坡的剧烈程度，形成滑坡和泥石流的协同效应，演变为滑坡型泥石流。

滑坡型泥石流是一种特殊的能量转换形式或运动形式。它是在很短时间内，由滑坡体的位能快速转化为强大动能的一次性滑动——流动堆积。滑坡型泥石流是由块体在整个连续运动过程中发展的两个阶段组成。因此滑坡型泥石流与一般的滑坡、泥石流不同，它兼具滑坡和泥石流的一些特征，滑坡型泥石流速度快，冲击力强，破坏性大，在理论上和对国民经济影响方面有独特的研究意义。

滑坡型泥石流，从广义而言，是研究坡体破坏后各种运动形式和转化机制中特殊的一种。而从转化机理而言，这一问题主要涉及滑坡的流态化过程及特征，是滑坡流态化中极重要的一种，是与土体液化密切相关的流态化过程流态化（fluidization）主要和运动形式相关，水的参与主要体现在土体液化过程中，液化（liquefaction）主要涉及孔隙水压上升导致的土体强度丧失，液化土体在一定条件下产生流动。总之，滑坡转化为泥石流，是一个坡面土体从弹塑性体（或黏弹性体）的破坏开始，然后在一定条件下转化为特定流体形式的运动的全过程。

露天矿因排土范围广和排土工艺所限，其排土环节往往不受重视。近年来，露天矿山排土场滑坡甚至形成泥石流的地质灾害现象频繁发生，就其本质而言，主要是矿山排土场大部分采用单台阶全段高排土方式。由此而造成了一系列不良工程现象：

（1）台阶过高使所排岩石在运行过程中粉化，且分选性特别明显，其中上部为小粒径、中部次之、下部粒径最大，为泥石流形成提供充分的物料源。

（2）台阶高则斜坡面积大，且为无水条件下的自然安息角；在雨季有利于雨水入渗，在暴雨季节可使排土台阶内水位迅速提高，无法保障排土台阶的稳定系数。

（3）台阶层高度超出物料自身极限稳定高度，势能储备量大、下部排弃物靠自重逐渐压实；一旦局部压实变形大或雨水浸泡作用，排土场自身就可能产生滑坡，再加上雨水诱发作用，从而形成泥石流。

从理论上讲，滑坡和泥石流两者在运动形式上有较大的区别，滑坡是岩体剪切变形所导致的坡面土体的整体运动；泥石流则属于水土混合体的流动。因而，一般都单独研究它们各自的形成及运动机理。然而，深入研究它们各自的机理时，发现滑坡和泥石流又存在密切的联系，绝大多数泥石流（除火山泥石流等少数特殊的泥石流外）都起源于坡体的库仑破坏，或由滑坡提供松散固体物质，在一定条件下，滑坡可以直接转化为泥石流。另外，两者之间的区别不是截然的，在以两种不同运动方式所代表的地质灾害（滑坡和泥石流）之间，存在着过渡阶段和过渡运动方式。

从实际来看，据统计世界各地的泥石流由降雨所激发的占80%，我国约有96%的泥石流灾害由于降雨影响形成。我国规模不同的中雨、大雨、暴雨、大暴雨和特大暴雨均能激发泥石流。年降雨量为200～6000mm的地区，只要有形成泥石流的地形条件和固体物质的供给条件，都可发生泥石流。降雨是暴雨泥石流形成时最主要最活跃的要素。实测资料表明，任何一次泥石流暴发均出现在降雨过程中的某一时刻，这一时刻以前的降雨，才对该次泥石流暴发起作用，暴发以后的降雨只对该次泥石流暴发的连续时间和规模（流量）起作用。泥石流暴发时刻又多出现在降雨过程的峰值降雨之中。峰值降水的时间通常只有数分钟到数十分钟，相对时间较短。泥石流暴发均出现在短促而猛烈的阵雨之中，可见短历时暴雨是泥石流暴发的激发降雨。

7.5.2 排土场滑坡转化为泥石流的必要与充分条件

从泥石流形成机理来看，泥石流的起动是指大量固体颗粒从静止进入运动的一种临界状态，陡峭的地形和流域内固体松散物的储量是形成泥石流的内在要素，而一定的降雨则是外部的诱发因素。换句话说，前两者是形成泥石流的必要条件，而后者则是充分条件。

7.5.2.1 水——动力条件

研究区位于宜昌市境内，而该区自有史料记载以来，一直是暴雨频发的地区。据该地区气象资料统计，日降雨量超过 50mm 的暴雨常有发生，历时较长的暴雨更屡见不鲜。矿区内不仅降雨频率高、强度大，且集中性强，一般集中在七、八、九 3 个月，平均小时降雨强度达到 91.9mm。降雨条件一方面为松散固体物质的起动与泥石流的运动提供强大的动力，也是泥石流发生的动力条件。另一方面暴雨形成的地表径流为泥石流形成液相物质提供了丰富的水源，构成了泥石流发生过程中所必需的水的条件。

7.5.2.2 土——物质条件

人类工程活动在泥石流发生、发展过程中所扮演的重要角色。首先，人类采矿产生大量废石土；而排弃的大量固体废弃物为泥石流的形成提供了物质条件。其次，矿区开发建设改变了自然地形地貌形态。坡上部的堆排加大了山顶荷载，使原本稳定的古滑坡体再次复活并发生移动，并诱发排土场边坡与自然山坡一起产生剧烈变形。另外矿山废石土在山坡上的堆积加大了山坡的坡度、沟床比降，为泥石流的形成创造了地形条件。再次，人为活动对植被环境的破坏也非常严重。由于矿产资源的开发，使本来固结的山体变成疏松堆积体，同时失去了植物根系的拦阻，便于搬运。一旦遇降雨减少了植被对降水的涵养能力，大气降水迅速形成地表径流，增大洪峰流量，并极易带走表层泥土，形成多条沟壑。随着排土场每年向前不断推进，后期堆料覆盖至此，极易发生沿地基接触面的滑坡，并形成泥石流。人为开荒垦坡、破坏植被，造成土壤侵蚀，水土流失严重，加剧了泥石流发生的外动力。

综上所述，研究区具备了陡峭的地形地势条件，排土场滑坡提供了松散固体条件，从而具备了泥石流形成的必要条件；在雨季期间，暴雨则为泥石流形成提供了充分条件。

7.5.3 排土场滑坡转化为泥石流的数值模拟分析

研究区滑坡转化为泥石流分两种情况：一种是排土场堆积荷载超过古滑坡体的承载力极限，发生滑动，遇水泥与古滑坡体一起形成滑坡泥石流；第二种是排土场自身失稳产生滑坡，滑坡土体落至两侧沟谷，堵塞部分河道，遇暴雨在沟谷上游形成汇水区，汇水量达到一定量值后漫顶冲刷两侧沟谷内滑坡堆积松散体产生的泥石流。

尽管在黏性泥石流形成条件时人们习惯用临界降雨量作为重要指标，但由于泥石流暴发是受临界雨量、流域地形地貌、固体颗粒构成及汇流面积等诸多因素的共同影响，加之还有泥石流暴发前期降雨的影响等原因，使得临界降雨量即使对同一地区也有很大差别。在此以该滑移体典型剖面为例，应用 Ansys 模拟边坡在水作用下的内力和位移变化，其中基岩的物理力学参数取弹性模量 $E = 20\text{GPa}$，泊松比 $\nu = 0.22$，体积密度为 26kg/m^3。

对边坡岩体而言，土体的屈服主要是由于剪切破坏造成的，因而摩尔-库仑准则适用于边坡岩体是否破坏的判别；本次计算中先计算滑体的位移和应力场，然后通过定义单元表的形式将摩尔-库仑准则引入，并对各个单元的屈服状态进行判断，从得到满足摩尔-库仑准则的边坡塑性区分布图。古滑坡体网格模型如图 7-10 所示。

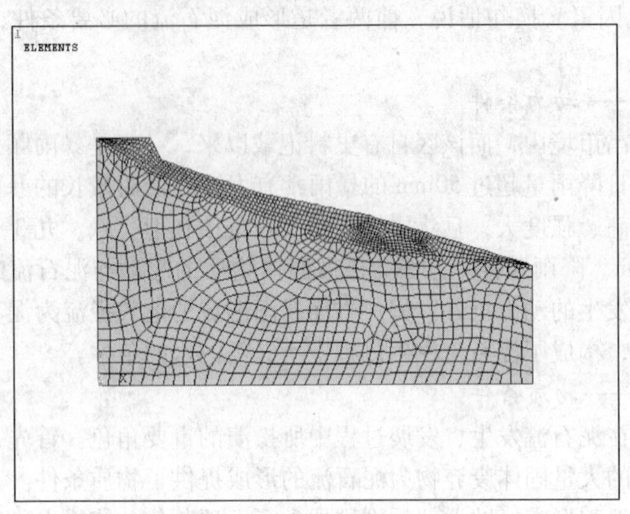

图 7-10 古滑坡体网格模型

变形体是位于基岩上的厚软岩体，与基岩成不规则接触。在正常情况下，该滑体基本上是稳定的，但若受到大型降雨的影响和作用，随着滑体饱和度的增加，滑体体积密度增大；而滑体的黏聚力和内摩擦角等参数将减小，因而变形体稳定状态逐渐降低。

正常状态下，边坡岩体内剪应力与位移分布如图 7-11 ~ 图 7-13 所示，应用强度理论对岩体进行了判别后边坡不会产生破坏变形。随着降雨量的增加，岩体逐渐趋于饱和状态。岩体物理力学参数随饱和度变化关系见表 7-6。当遇长时间暴雨边坡土体达到饱和后，岩体饱和状态下的物理力学参数取 $C=50\text{kPa}$、$\varphi=30°$，其剪应力分布如图7-14 ~ 图 7-16 所示；采用摩尔-库仑准则对饱和状态下的岩体塑性区分布进行判别与区划，区划后的结果如图 7-17 所示。从判别与区划的结果来看，在饱和状态下，土体已经产生剪切破坏，其中在红色区域最先进入塑性破坏状态，说明在雨水作用下易诱发泥石流。

表 7-6 岩体物理力学参数随饱和度变化关系

饱和度/%	35	50	65	80	100
弹性模量 E/GPa	2.7	2.4	10.1	1.8	1.5
黏聚力 c/kPa	55	52.5	51.2	50.8	50
摩擦角 φ/(°)	33	31.5	31	30.5	30
重度 γ/kN · m^{-3}	21.8	210.1	22.4	22.7	23

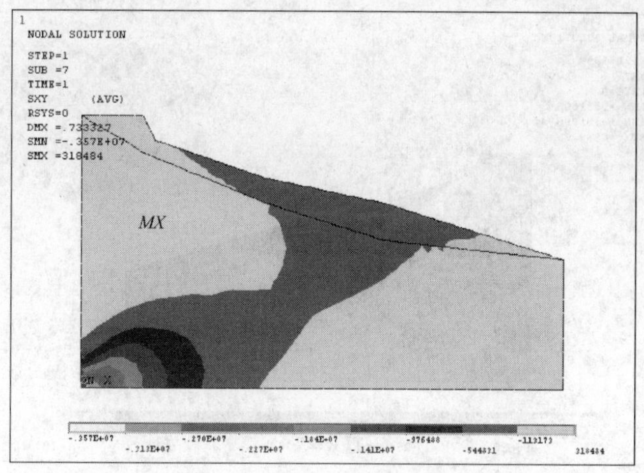

图 7-11 初始状态下剪应力分布色谱

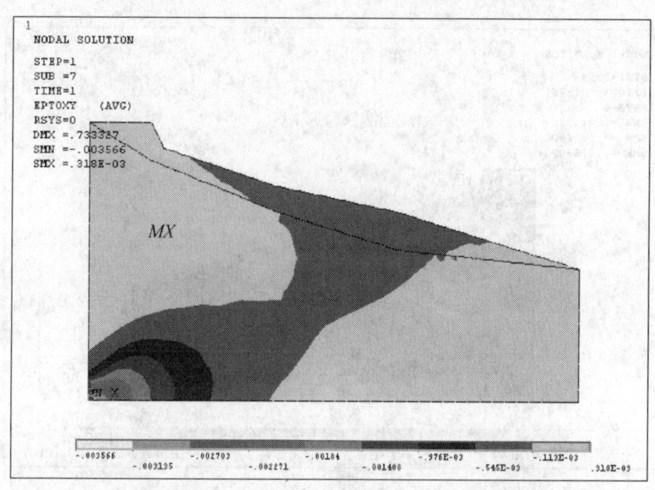

图 7-12 初始状态下剪应变分布色谱

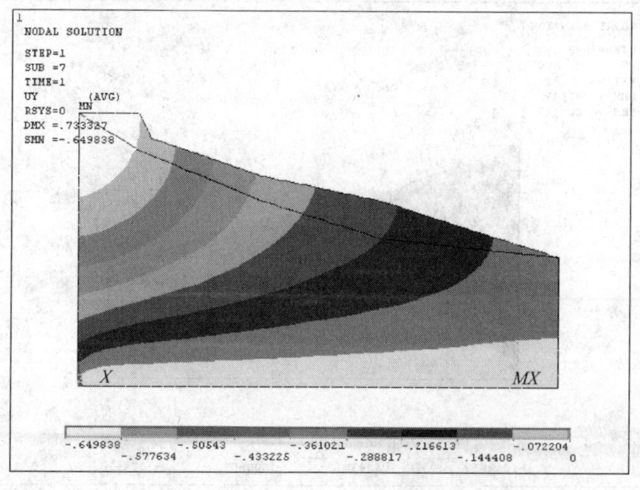

图 7-13 初始状态下位移场分布色谱

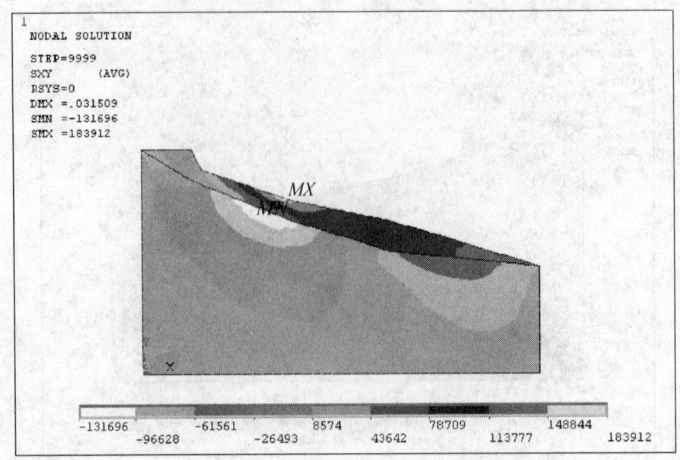

图 7-14 饱和状态下剪应力增量分布色谱

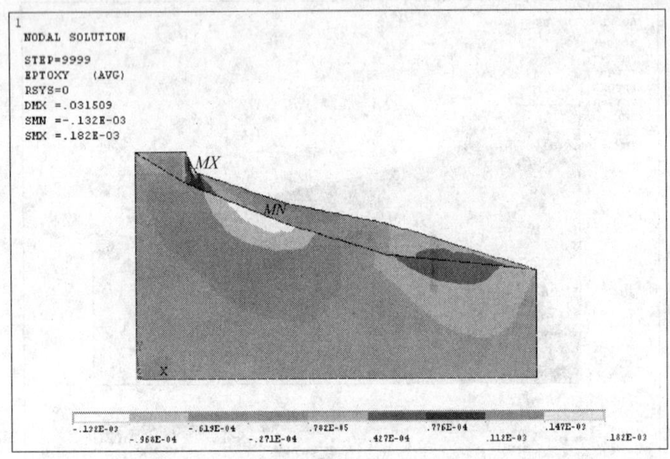

图 7-15 饱和状态下剪应变增量分布色谱

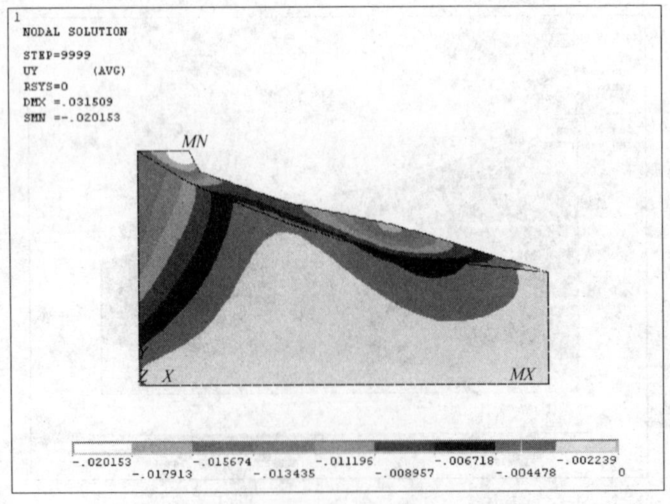

图 7-16 饱和状态下位移增量分布色谱

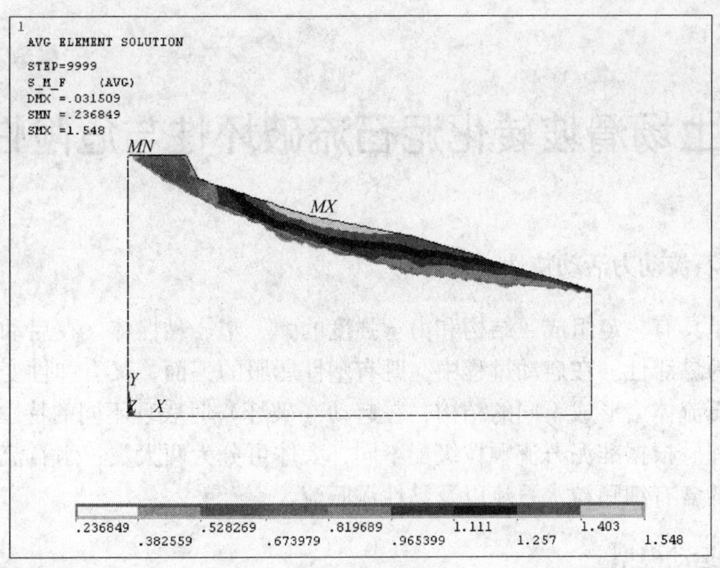

图 7-17 饱和后的塑性区分布

8 排土场滑坡转化泥石流破坏性与危险性预测

8.1 排土场泥石流动力活动特性

准泥石流是具有一定组成、结构和力学强度的弹、塑、黏性体。在启动以后的流动阶段，主要表现为黏滞性。在启动过程中，既有塑性屈服的一面，又有弹性变形的特性。不同级配的准泥石流体会形成不同的结构，在起动（破坏）时表现不同的特性，也就是具有不同的启动机理。根据准泥石流颗粒级配不同，大体可分为两大类：水石流和泥石流以及介于两者之间的含有细颗粒水石流以及黏性泥石流。

8.1.1 泥石流运动模型

8.1.1.1 水石流的起动

水石流一般形成在岩性破碎而坚硬的小流域，其物质组成以粗颗粒为主，运动形式属于推移运动，是一种比较简单的情况，因而可以通过固体松散物受到的驱动力及克服阻力而进入运动状态的力学关系，来分析其形成的必要条件。

首先假定水石流中完全没有悬移运动的细颗粒，水沙混合物二维流动如图 8-1 所示。

图 8-1 中 θ 为沟道底面倾角，h 为水深，h'为粗颗粒层移运动的层厚度。在稳定流动下，驱动松散物运动的剪应力为

$$\tau = [S'_{vm}(\gamma_s - \gamma)h' + \gamma h]\sin\theta \tag{8-1}$$

式中，右边第一项剪应力为固体物质所提供；S'_{vm}为层移的平均体积比浓度；第二项为水流提供的剪应力；γ_s，γ 分别为固体体积重度和清水体积重度。

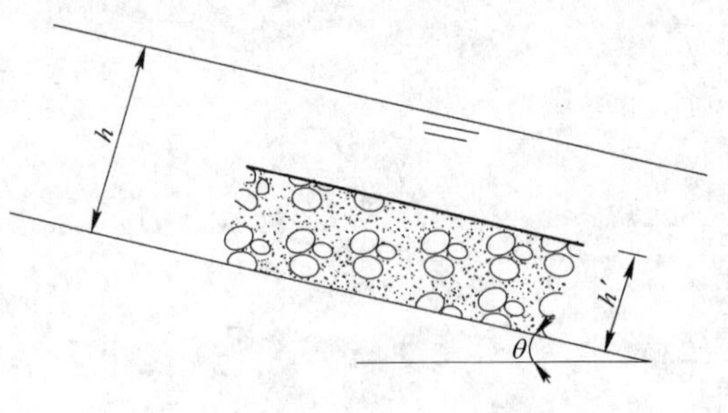

图 8-1 水石流二维运动示意图

层移运动阻力为

$$\tau_L = [S'_{vm}(\gamma_s - \gamma)h']\cos\theta\tan\alpha + \tau_f \tag{8-2}$$

式中等号右边第一项为固体松散物质移动阻力，$\tan\alpha$ 为颗粒间宏观摩擦系数。即为颗粒离散剪应力τ_P 与法向离散力 P_p 之比值，当$\tau \gg \tau_L$ 时，即驱动剪应力超过运动阻力时，便可以发生稳定的水石流

$$\tan\alpha = \tau_P / P_p \tag{8-3}$$

8.1.1.2 含有细颗粒水石流的起动

自然界中，完美的水石流是不存在的，都或多或少存在部分以悬移形式运动的细颗粒。这种含有一定细颗粒的水石流其运动特性发生明显变化。究其原因，一是细颗粒在悬

移运动中与水流一起形成一种体积密度大于清水的浆体，是粗颗粒的有效重力因浮力的增加而减小；二是细颗粒填充到粗颗粒的空隙中，使颗粒的极限浓度 S_{vm} 有所提高；三是细颗粒黏附在粗颗粒的周围，使粗颗粒间摩擦系数有所减少。

假定细颗粒在垂直线上呈均匀分布，其水沙混合二维流动示意如图 8-2 所示。

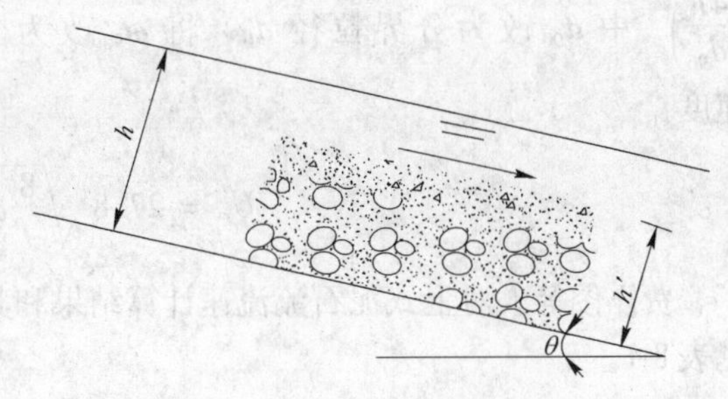

图 8-2 含细颗粒的水石流二维流动示意图

图 8-2 中 θ 为沟道倾角，h 为水深，h'为粗颗粒层移运动的层厚度。在稳定流动下，驱动松散物运动力为起动阻力

$$\tau = [S'_{vm}(\gamma_s - \gamma_f)h' + \gamma_f h]\sin\theta \tag{8-4}$$

$$\tau_L = [S'_{vm}(\gamma_s - \gamma)h']\cos\theta\tan\alpha + \tau_f \tag{8-5}$$

式中 γ_f——细颗粒与水组成的悬液体积重度；

$\tan\alpha$——有细颗粒存在时的摩擦系数；

其他符号意义同前，悬浊紊动剪应力 τ_f 很小，可以忽略，这样得到的起动条件为 $\tau = \tau_f$。

8.1.1.3 泥流的启动

泥流组成以细颗粒为主，粗颗粒占比例很少；由于细颗粒悬移运动的能量来自于水流紊动动能，所以在固体物质充分补给的条件下，泥流形成要有一定的流速才能使颗粒保持不淤。对于完全没有粗颗粒作推移运动的泥流（在河流运动力学中又称高含沙水流），费祥俊（2004）等，根据实验研究，得出了悬移泥沙不淤流速的关系

$$U_c = 27.8\sqrt{\frac{8}{f}}\omega_{90}S_v^{2/3}\left(\frac{4R}{d_{90}}\right)^{1/9} \tag{8-6}$$

式中 d_{90}，ω_{90}——分别为一定浓度下悬沙上限粒径及相应的沉速。

实际上，悬移运动可在坡降很缓的条件下产生，因而较陡的纵坡并不是泥流形成的决定因素。

8.1.1.4 黏性泥石流

黏性泥石流粗颗粒以层移形式输移消耗挟沙水流的势能，因而以粗颗粒为主体的水石流形成条件主要取决于沟道纵坡。黏性泥石流的组成既有大量粗颗粒又有相当数量的细颗粒，其中细颗粒以悬移形式输移，消耗的是水沙混合流的动能，因而黏性泥石流形成条件中更重要的是洪水流量或降雨强度，要求的沟道纵坡比同浓度下水石流的纵坡要小。研究区潜在的泥石流属于黏性泥石流，因为排土场属于松散体，同等条件下产生泥石流的启动条件、坡角陡峭程度和所需要水流速度、水量都要减小，所以，更易产生泥石流。

8.1.2 泥石流流速

运用非均质两相模型在求得液固两相分界粒径以后，便可将式 $U_c = 27.8\sqrt{\frac{8}{f}}\omega_{90}S_v^{2/3}$

$\left(\frac{4R}{d_{90}}\right)^{1/9}$ 中 d_{90} 改为分界粒径 d_0，将 ω_{90} 改为分界粒径流速 ω_0，即可得到泥石流运动速度

$$U_c = 27.8\sqrt{\frac{8}{f}\omega_0 S_v^{2/3}\left(\frac{4R}{d_0}\right)^{1/9}} \tag{8-7}$$

费祥俊等人对上式泥石流流速计算结果和其他黏性泥石流经验公式进行比较，其结果见表 8-1。

表 8-1 黏性泥石流流速计算结果对比

序号	计算方法	公式形式	$U_c/\mathrm{m\cdot s^{-1}}$
1	非均质两相模型	$U_c=27.8\sqrt{\frac{8}{f}\omega_0 S_v{}^{2/3}\left(\frac{4R}{d_0}\right)^{1/9}}$	7.20
2	黏性泥石流经验公式	$U_c=1.62\left[\frac{S_v(1-S_v)}{d_{10}}\right]^{2/3}J^{1/6}h^{1/3}$	7.43
3	经验公式	$U_c=28.5h^{0.327}J^{1/2}$	7.54
4	实测结果		7.63

上述计算结果表明，三种计算公式求得相同条件下黏性泥石流流速于野外实测值都相当接近，说明非均质两相模型流速计算公式有一定的精度。

8.1.3 泥石流冲击性

泥石流形成后，在运动过程中，所流经之处不可避免对沟岸、沟底及前挡物体有不同程度的侵蚀破坏。由于本工程防治措施以疏导为主，则对泥石流运动主要考虑关注其对前挡物的破坏作用。即泥石流体对拦砂坝的冲击力。

泥石流冲击力是泥石流防御工程中最重要的力学参数，其计算包括泥石流体的冲击力和单个石块两个方面，目前，有关泥石流冲击力方面的研究成果很多，主要计算方法如下：

8.1.3.1 均质流体的动压力 P

一般可表示为

$$P = \gamma_m U_c^2 \tag{8-8}$$

但对于非均质泥石流，由式 8-8 计算的泥石流冲击力比实测值偏小。引入不均匀系数 K 对上式进行修正，得出非均质泥石流冲击力

$$P = K\gamma_m U_c^2 \tag{8-9}$$

对于不同区域的泥石流，由于泥石流特点的差异，不均匀系数 K 的取值也随之不同。至于泥石流石块的冲击力，理论公式可表示为

$$P_d = \frac{W_s U_s}{A_s T} \tag{8-10}$$

式中 W_s，U_s，A_s，T——分别为泥石流石块的质量、流速、与接触面的面积和撞击时间。

8.1.3.2　《泥石流灾害防治工程设计规范》(DZ/T 0239—2004)

规定泥石流的冲击力则更完善，包括泥石流整体冲击力和泥石流中大石块的冲击力。泥石流整体冲击力为

$$F_\delta = \lambda \frac{\gamma_c}{g} v_c^2 \sin\alpha \tag{8-11}$$

式中　F_δ——泥石流整体冲击压力，kPa；

γ_c——泥石流重度，kN/m^3；

v_c——泥石流流速，m/s；

g——重力加速度，m/s^2，$g = 9.8m/s^2$；

α——建筑物受力面与泥石流冲击方向的夹角，(°)；

λ——建筑物形状系数，圆形建筑物 $\lambda = 1.0$；矩形建筑物 $\lambda = 1.33$，方形建筑物$\lambda = 1.47$。

若受冲击力工程建筑为墩、台、柱时，泥石流大块石冲击力计算如下

$$F_b = \sqrt{\frac{3EJv^2W}{gL^3}} \sin\alpha \tag{8-12}$$

式中　F_b——泥石流大块石冲击力，kPa；

E——工程构建弹性模量，kPa；

J——工程构件截面中心轴惯性矩，m^4；

L——构建长度；

v——石块运动速度，m/s；

W——石块质量，kN；

g——重力加速度，取 $g = 9.8m/s^2$；

α——块石运动方向与构件受力面的夹角。

若受冲击力建筑物为坝、闸或拦栅等，F_b 计算如下

$$F_b = \sqrt{\frac{48ELV^2W}{gL^3}} \sin\alpha \tag{8-13}$$

式中物理量符号意义同上。

8.2　泥石流力学特性

由于排土场上部土体多数为细颗粒，只含有少数大粒径石块，所以把排土场潜在泥石流归为黏性泥石流。

8.2.1　泥石流体的内部作用力

泥石流体内部作用力一般包括三部分，即液体（水或浆体）所传递的作用力、固体颗粒间的相互作用及固体颗粒与液相接触面上的相互作用力。对此，不同研究者基于泥石流结构内部作用力各部分的相对重要性提出了不同的泥石流运动模型。

8.2.1.1　液相内部作用力

如同流体内部阻力随流型及流态不同而异。对于牛顿流体，在层流流态下其内部阻力由流体的黏滞性决定，其黏性剪应力的表达式为

$$\tau = \mu \frac{\mathrm{d}u}{\mathrm{d}x} \tag{8-14}$$

在紊流流态下，流体运动的内部阻力是由流体紊动变换所形成的雷诺应力起控制作用，可表示为

$$\tau = \rho l^2 \left(\frac{\mathrm{d}u}{\mathrm{d}y}\right)^2 \tag{8-15}$$

式中　ρ——流体密度；

l——混掺长度。

对于非牛顿流体，最常见的为宾汉流体。在层流流态下宾汉流体的内部阻力一切应力表示为

$$\tau = \tau_B + \eta \left(\frac{\mathrm{d}u}{\mathrm{d}y}\right)^2 \tag{8-16}$$

式中，参数τ_B及η都与液相（浆体）中的组成及浓度有关。在紊流状态下，根据实验及野外观察，宾汉极限剪应力τ_B随紊动增强而迅速减小，以至于接近消失。

8.2.1.2　固相内部作用力

固相内部作用力是指颗粒间的相互作用力，而粗颗粒间的作用力是通过颗粒之间的接触来传递的。在泥石流中颗粒之间存在的接触形式与颗粒间的距离（或固体浓度）有关，大体上有以下几种形式：(1) 颗粒之间无相对运动的持续接触，传递接触面上的颗粒质量和摩擦力；(2) 颗粒之间短时间内的碰撞接触，传递碰撞离散压力和碰撞离散剪应力；(3) 颗粒之间的滑动滚动接触，其接触时间介乎上述两种接触形式之间。在土力学领域对前两种碰撞形势接触较多，而对在泥石流中存在较多的第三种形式的碰撞上缺乏研究。在此只提及持续接触应力。

在土力学中，对持续的静态接触应力已有较多的研究，其中最著名的莫过于 Mohr-Coulomb 理论。该理论认为接触应力包括颗粒相互接触、传递间切面以上颗粒压力及颗粒之间的相互摩擦力，剪切面上剪应力与正应力的关系式为

$$\tau_c = C + p\tan\varphi_0 \tag{8-17}$$

式中　C——颗粒之间的黏结力；

φ_0——颗粒内摩擦角。

Chen 提出经过变换的另一种形式的关系式

$$\tau_c = C\cos\varphi_0 + p\sin\varphi_0 \tag{8-18}$$

而 McTigue 提出的静态接触摩擦剪应力表达式为

$$\tau_c = C\cos\varphi_0 + \eta_1 (S_v^2 + S_{vm}^2)\sin\varphi_0 \tag{8-19}$$

式 8-19 等同于

$$p = \eta_1 (S_v^2 + S_{vm}^2) \tag{8-20}$$

式中　η_1——系数。

实验研究发现，只有在颗粒浓度较低的泥石流流体，或在浓度较低的上层流层中，才能看到颗粒的相互碰撞，而在更多的情况下颗粒之间相互紧密接触着，颗粒间发生积压滑动而逐步向前推进。颗粒浓度越高，或越接近床面，这种现象越明显。

泥石流的内部作用力，除上述液相内部作用力及固相内部作用力以外，还应考虑两者之间的相互作用力，也就是液相介质对固体颗粒的作用及固体颗粒存在液相介质中的作用。前者的作用包括液相体积密度对颗粒浮力、对颗粒运动的阻力及液相黏性对减弱颗粒碰撞应力的影响等；后者的影响是颗粒存在占据了两相体内的部分空间，由于固相颗粒受剪不会变形，因而使液相的实际切变率相应提高，从而增大液相的黏度，由此可见两相之间的作用也相当复杂。

8.2.2　泥石流运动力学模型

如前所述，为便于应用现有的各种泥石流力学模型，可以将泥石流视为一种连续体，即固体颗粒分布均匀的所谓均质体。通过对流体质量和动量守恒方程的求解，获得相应的泥石流模型。前人研究中得出了多种模型，如固体颗粒相互摩擦的模型、固体颗粒相互碰撞模型、固体颗粒摩擦与碰撞混合模型、宏观黏性模型、黏塑性模型、黏塑性与碰撞混合模型等。下面仅就两种具代表性模型进行介绍。

8.2.2.1　固体颗粒摩擦与碰撞混合模型

固体颗粒摩擦模型更适用于固体颗粒浓度高、颗粒间长期接触的情况；而固体颗粒碰撞模型较符合固体颗粒浓度较低、颗粒距离较大的情况，它依靠运动中固体颗粒碰撞传递动量的情况。一般泥石流的实际运动状况更接近于这两种情况之间的运动模式，即固体颗粒摩擦与碰撞混合模式。根据这一情况，McTigue、Johnson 和 Jackson 曾对此进行研究，提出剪应力式

$$\tau = \tau_c \cos\varphi + \eta_1 (S_v^2 - S_{vo}^2)\sin\varphi + \eta_2 (S_{vm}^2 - S_v^2)\left(\frac{du}{dy}\right)^2 \tag{8-21}$$

式中　η_1，η_2——待定系数；

S_{vo}，S_{vm}——分别为固体体积比浓度的最小值和最大值。

等号右边前两项之和表示流动发生前要克服的屈服应力τ_y，这种模型的剪应力-切变率关系可表示为

$$\tau = \tau_y + \alpha\left(\frac{du}{dy}\right)^2 \tag{8-22}$$

假定τ_y 及 α 为常数，则二维稳定流的流速公式为

$$u = \frac{2}{3}\sqrt{\frac{\rho_m g\sin\theta}{\alpha}}[H^{1.5} - (H-y)^{1.5}]\cdots,(0 \leqslant y \leqslant H) \tag{8-23}$$

表面流速公式可表示为

$$u = \frac{2}{3}\sqrt{\frac{\rho_m g\sin\theta}{\alpha}}H^{1.5} \tag{8-24}$$

流速剖面图如图 8-3 所示，有一流核区，在 $H<y<h$ 时流速相等。

平均流速可表示为

$$u = \frac{2}{3}\sqrt{\frac{\rho_m g\sin\theta}{\alpha}}H^{1.5}\left(1 - \frac{2}{5}\frac{H}{h}\right)$$

$$= \left(1 - \frac{2}{5}\frac{H}{h}\right)u_s \qquad (8\text{-}25)$$

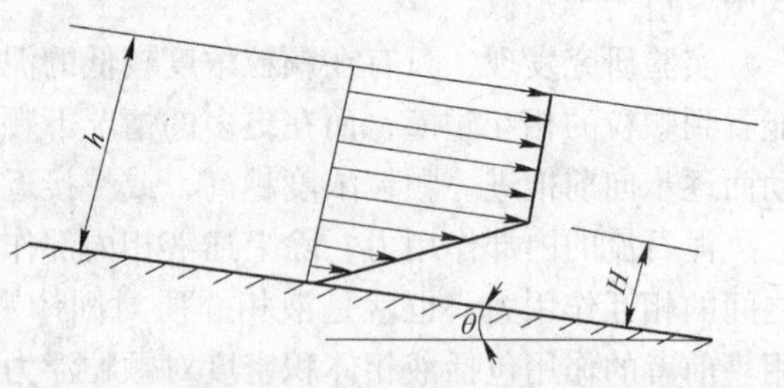

图 8-3　流速分布示意图

8.2.2.2　黏塑性与碰撞混合模型

在只考虑颗粒间相互作用的模型中，由于固体颗粒的存在使颗粒相互摩擦或碰撞进行动量交换，导致固液混合物流动时剪应力增加。而宏观黏性模型不同之处在于固体颗粒的存在使得流体剪应力增加；这主要表现在含固体流动的黏性增大，并仍维持牛顿体的特性。宏观黏性模型和黏塑性模型强调液相阻力而忽略泥石流中的粗颗粒，因此，对泥石流比较适用。而黏塑性与碰撞混合模型在考虑液相阻力后，又注意到固相粗颗粒的碰撞而产生的阻力，更适合用于一般具有大量粗颗粒，又有较高浓度的泥石流（颗粒之间的相互作用和流体黏性都对流体中的动量交换起作用）。O′Brien 建立了一个包括屈服值及紊流盈利分量的模型

$$\tau = \tau_y + \mu_d \frac{du}{dy} + (\mu_c + \mu_t)\left(\frac{du}{dy}\right)^2 \qquad (8\text{-}26)$$

式中　μ_d——动力黏度；

μ_c——离散参数，根据 Bagnold 的定义，$\mu_c = a_1\rho_s(\lambda d)^2$；

μ_t——紊流参数，$\mu_t = \rho_m l^2$。

现有各模型都将泥石流视为固体物质在流体中均匀分布的单一流体，不考虑由于颗粒重度产生的竖向分布不均问题，从而产生这一模型的第一大误差；又由于模型假定泥石流中粗颗粒都有相同的粒径组成，也无从考虑细颗粒组程度不均匀性，相较泥石流组成的不均匀性特点，产生了此模型的第二大误差。

经过一系列试验，杨美清、王立新等学者得到简易的分层模型比将泥石流视为单一流体更合理，更接近实际，但同时参数也更加复杂。

8.3　石灰石矿排土场泥石流危险度判别分析与危险区划

泥石流危险度区划是泥石流防治的重要依据之一，这对丘陵地区的经济建设布局、泥石流预测预报和泥石流防治具有重要意义。泥石流危险度区划分为沟谷性区划和区域性区划，在此按照沟谷和区域性来划分（见图 8-4）。排土场评价方法只涉及小范围的区域性危险度区划。

泥石流危险度区划方法主要有三种：一是直接指标法，即利用泥石流在区域内的活动状况、沟谷分布密度、发生频率、发生规模等指标进行区划的；二是间接指标方法，即利用区域内泥石流发育的背景条件如地形、地质条件、植被、降水等间接指标进行区划的；三是综合法，即利用流域内泥石流分布和活动状况等直接指标和泥石流发育环境背景条件等间接指标相结合进行区划的方法。由于所研究排土场尚未发生泥石流，所以采用间接指标方法。

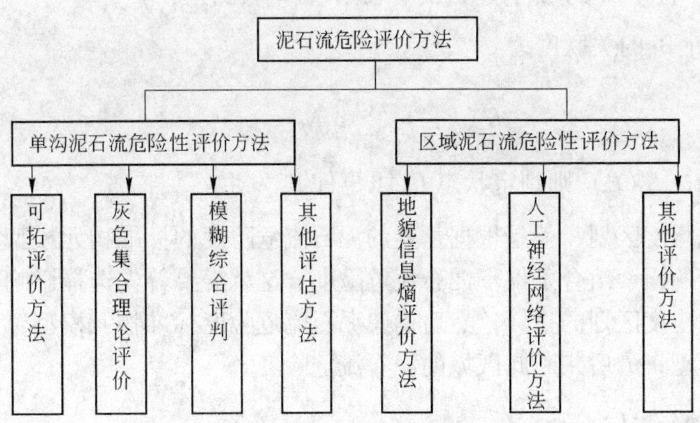

图 8-4　泥石流危险度评价方法分类

泥石流危险度区划模型是保证区划结果可靠性的核心，采用可拓模型对研究区进行泥石流危险度区划。

根据区划的定量化原则，需要建立定量化的区域模型。然而，泥石流危险度区划分级区间并无明确界限；为了更科学系统地表述这种界限，采用模糊数学的方法进行处理。为此，引进了可拓学理论中的空间数据挖掘技术，建立泥石流危险度区划的可拓模型，确定定量化的分区指标体系，对整个排土场区域进行泥石流危险度区划。

8.3.1　可拓模型的基本原理和方法

设有 i 个因素 $X_i(i=1, 2, \cdots, n)$，且在这 n 个因素不同状态的作用下，可能有事件 B_j $(j=1,2,3,\cdots,m)$ 发生。为了判别在因素组合状态 $R(X_1, X_2, X_3, \cdots, X_n)$ 下会有何种事件 B 发生，首先构造时间 B_j 发生的标准物元模型

$$R = \begin{pmatrix} B & X_1 & x_1 \\ & X_2 & x_2 \\ & X_3 & x_3 \end{pmatrix} \tag{8-27}$$

式中　x_1，x_2，x_3——分别为因素 X_1，X_2，X_3 的值。

然后计算状态 R 与标准物元模型中事件 B_j 发生的相应状态的关联度，根据关联程度，判别时间 B 的发生情况。

设 $X_0 = <a,b>$，$X = <c,d>$，$X_0 \subset X$，且无公共端点，令

$$K(x) = \rho(x,X_0)/D(x,X_0,X) \tag{8-28}$$

其中，$\rho(x,X_0) = |x-(a+b)/2| - 1/2(b-a)$

$$D(x,X_0,X) = \begin{cases} \rho(x,X) - \rho(x,X_0), x \notin X_0 \\ -1, x \in X_0 \end{cases} \tag{8-29}$$

据式 8-29 可分别计算出状态 R_0 中各因素 X_i 与标准物元模型中事件 B_j 发生的相应状态中因素 x_i 的相关联度为

$$K_j(V_i)(j = 1,2,\cdots,m;\quad i = 1,2,\cdots,n) \tag{8-30}$$

则状态 R_0 关于事件 B_j 的关联度为

$$K_j(P) = \sum_{i=1}^{n} \alpha_i K_j(v_i) \tag{8-31}$$

若 $K_{j0}(P) = \max\limits_{j0 \in \{1,2,\cdots,m\}} K_j(P)$，则判定状态 R_0 下事件 B_{j0} 发生。

对于泥石流危险度区划，就是根据建立的泥石流危险度的标准物元模型，判断不同区域不同泥石流发育的因素组合条件下泥石流危险度。这就需要首先选择影响泥石流发育的因素，即泥石流危险度区划的指标，然后构建泥石流危险度标准物元模型，建立泥石流危险度区划的可拓模型，最后判断此区域的泥石流危险度。

8.3.2　危险度区划的指标

泥石流危险度区划指标的选择是影响区划结果的重要因素。根据泥石流发育所必须的地形、松散碎屑物质和水源条件。

8.3.2.1　地形指标

地形条件从两个方面影响泥石流的发育，即相对高差和坡度，含山坡和沟床坡度。相对高差为泥石流发育提供能量条件，是流域上游山坡坡面的松散固体物质能否启动的根本条件，而坡度条件是势能能否转化为动能的必要条件。坡度是相对高差和水平距离的比，因此，它们之间有一定的相关性，但它们之间并没有严格的相关特征。然而，泥石流危险区划采用统计单元格的形式划分，每个单元格基本相同，在此统计意义下水平距离可以近似的看做是相同的值，相对高差和坡度间就存在良好的相关性，坡度和相对高差之间具有严格的正相关。为了获取资料的方便，选择坡度作为危险区划的地形指标，反映泥石流发育的能量条件。

8.3.2.2　地质条件

地质状况是影响泥石流发育的松散固体物质条件的主要因素，地质构造和地层是影响松散固体物质形成的直接因素，其中，地质构造，尤其断层直接破坏岩体的完整性，使岩体松散破碎，为松散固体物质的形成提供了良好的条件，并且断层的发育是地质构造活动的直接表象，因此，断层是进行泥石流危险度区划的重要因素之一；地层反映了岩体形成的时代和岩体特征，影响岩体的风化程度和抗侵蚀程度，是影响松散固体物质形成的又一重要因素。断层和地层是影响松散体固体物质的相对独立的两个重要因素，两者之间不存在明显的关联关系。一般情况下，泥石流危险度评价的地质条件会选这两个因素，但是鉴于研究区范围比较小，无大断层存在，且主要是研究排弃的废石土，因此，选择地层因素反映地层指标。其中 A 区为地表土和废石土，危险度等级较高，量化值为 0.85；B、C、区为第四纪表层或基岩，量化值取 0.4；D 区为耕地区，黏土较多，量化值取为 0.6。

地层指标定量化特征不明显，对此采用根据地层年代先后划分不同的时间段和根据不同岩性的软硬程度与抗风化能力进行分级的方法，对地层指标进行量化。

8.3.2.3　降水指标

在地形条件和松散固体物质具备的情况下，水源条件成为泥石流能否爆发的激发因素。由于排土场泥石流主要是在暴雨诱发下形成的，因此，选取降水条件为泥石流危险度区划的评价指标。虽然降雨是一个复杂的指标，但是，由于6~9月份降水量与暴雨条件有较好的正相关性，因此，选6~9月份的降水量作为降水的评价指标。

8.3.3 危险度区划可拓模型的建立

8.3.3.1 危险度区划统计单元的确定

为了进行泥石流危险度评价区划，需要把整个研究区域分成若干面积相同的单元，使危险度区划建立在同一个评价标准下。单元格面积的大小应根据区域内泥石流沟面积大小的分布来选择，面积过大，易将具有独立特征的小区域概化掉，使结果失真；面积过小，单元格内被评价的各种指标不能反映泥石流发育的真实条件，使分区结果过于零散。由于评价区域面积不大，各个划分单元表层工程地质条件相近，主要考虑坡度大小的影响，因此把评价区按坡度相近划分成四个区域，单元格尺寸长宽基本均为500m。由于在同一单元格内坡度也有变化，所以采用平均坡度来计算相对标高，如图8-5所示。

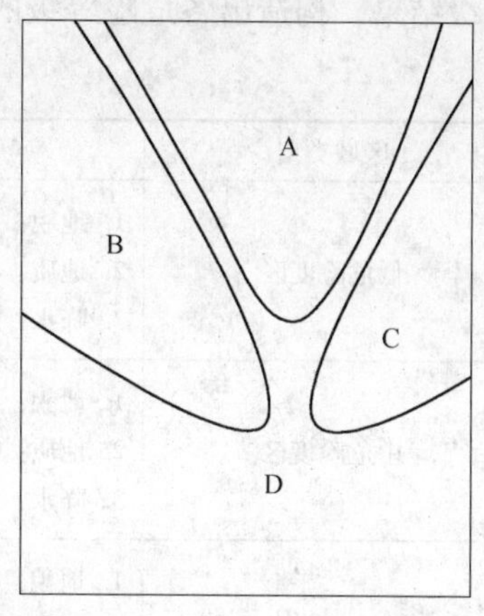

图 8-5 泥石流危险度区划分区

8.3.3.2 分区评价体系和分区指标体系等级的划分

泥石流危险度区划的分区评价体系较多，常见的有五级评价体系、三级评价体系和多层式的评价体系。考虑到本研究区面积较小，所以，选三级评价体系进行评价，即将泥石流危险度划分成重（高危险）度、中（中危险）度和轻（低危险）度三个危险等级。分区指标等级标准见表8-2。

表 8-2 研究区泥石流危险度区划各单元评价指标分级标准

项　目	高危险度	中危险度	低危险度
相对高度/mm	>200	$200 > h > 100$	<100
地　质	1~0.7	0.7~0.3	<0.3
降水/$mm \cdot h^{-1}$	>100	50~100	<50

8.3.3.3 危险度评价标准物元模型

地形、地质和降水3个指标被选择为泥石流危险度评价区划的评价指标，并且给出了各指标在不同危险度分区中的等级标准，据此构建出描述各单元内泥石流发育环境背景即泥石流危险程度的物元模型

$$R = \begin{pmatrix} \text{泥石流危险区} & T & x_1 \\ & G & x_2 \\ & J & x_3 \end{pmatrix} \tag{8-32}$$

式中　T——地形指标；

G——地质指标；

J——降水指标；

x_1，x_2，x_3——分别为地形、地质和降水指标的量化。

为了判定各统计单元格物元的归类，必须将分类的知识物元模型化，形成基本的知识模板，以此作为物元归类的衡量条件。根据研究区泥石流危险度分区评价体系和各指标的分级结果，构造出各危险等级的标准物元模型见表 8-3。

表 8-3　标准物元模型

区域类型	区域特征	区域标准物元
低危险度区	1. 地貌：$T<100$ 2. 地质：$G<0.3$ 3. 降水：$J<50$	$R=\begin{pmatrix}\text{低危险区} & T & \langle 0,\ 100\rangle \\ & G & \langle 0,\ 0.3\rangle \\ & J & \langle 0,\ 50\rangle\end{pmatrix}$
中危险度区	1. 地貌：$100<T<200$ 2. 地质：$0.3G<0.7$ 3. 降水：$50<J<100$	$R=\begin{pmatrix}\text{中危险区} & T & \langle 100,\ 200\rangle \\ & G & \langle 0.3,\ 0.7\rangle \\ & J & \langle 50,\ 100\rangle\end{pmatrix}$
高危险度区	1. 地貌：$T>200$ 2. 地质：$G>0.7$ 3. 降水：$J>100$	$R=\begin{pmatrix}\text{高危险区} & T & \langle 200,\ 299\rangle \\ & G & \langle 0.7,\ 0.99\rangle \\ & J & \langle 100,\ 199\rangle\end{pmatrix}$
区域各指标节域	$R=\begin{pmatrix}\text{区域} & T & \langle 0,\ 300\rangle \\ & G & \langle 0,\ 1\rangle \\ & J & \langle 0,\ 200\rangle\end{pmatrix}$	

8.3.3.4　分区指标权重系数

在对一个对象进行评价时，对于其各衡量条件有轻重之分，一般情况下，用权重系数来表示各衡量条件的重要程度。权重系数的大小，对于评价结果有举足轻重的影响。通过借鉴国内外同类研究成果的经验，根据研究区泥石流发育的自然条件，取 $\alpha=(0.45,\ 0.35,\ 0.2)$ 分别表述地形、地质和降水指标在泥石流危险度评价中的权重。

8.3.3.5　评价模型的建立

确定了泥石流危险度区划分区指标、分区评价体系和各指标的权重系数，并构建了泥石流危险度区划的标准物元模型，便可建立泥石流危险度区划的可拓模型。可拓模型是利用关联度来刻画事物与量值时间的关系，这里利用式 8-28 来计算各单元格中每个分区指标与各危险区评价等级间的关联度 $K_i(X_i)$，其中，$j=1,\ 2,\ 3,\ 4$；$i-1,\ 2,\ 3,\ 8$。

引入各因素的权重系数 α 后，统计单元格 P 关于泥石流危险度评价等级的关联度可用式 8-31 表示

$$K_j(P)=\sum_{i=1}^{3}\alpha_i K_j(x_i) \tag{8-33}$$

统计单元格 P 的泥石流危险度与 3 个危险等级间的关联度分别为 $K_1(P)$、$K_2(P)$、$K_3(P)$ 和 $K_4(P)$。根据最大隶属度原则，统计单元格 P 的危险度等级属于关联度最大的那个等级

$$K_{j_0}(P)=\max_{j_0\in\{1,2,3,4\}} K_j(P) \tag{8-34}$$

则被评价单元格 P 的泥石流危险度等级属于 j_0 对应的泥石流危险度评价等级。通过这个评价模型，就可以对每个单元格的泥石流危险度等级进行评价。

8.3.4 排土场危险度区划过程和结果

计算过程与分析如下：

设 $X_0 = <a, b>$，$X = <c, d>$，$X_0 \subset X$，且无公共端点，令

$$K(x) = \rho(x,X_0)/D(x,X_0,X)$$

其中，

$$\rho(x,X_0) = |x - (a+b)/2| - 1/2(b-a)$$

$$D(x,X_0,X) = \begin{cases} \rho(x,X) - \rho(x,X_0), x \notin X_0 \\ -1, x \in X_0 \end{cases}$$

$$K_j(P) = \sum_{i=1}^{3} \alpha_i K_j(x_i)$$

$$\alpha = (0.45, 0.35, 0.2)$$

D 区量化指标分别为 $T=40$，$G=0.6$，$J=91$，计算结果见表 8-4，则 D 区与低危险度取得相关度最大，因此属于低危险度区域。

表 8-4 D 区危险度计算结果

D 区		$\rho(x,X_0)$	$\rho(x,X)$	$D(x,X_0,X)$	$K(x)$	$K_j(p)$	K_{j0}
低危险区	1(50)	$X_0=(0,100)$	$X=(0,300)$		50	22.4	22.4
		−50	−50	−1			
	2(0.6)	$X_0=(0,0.3)$	$X=(0,1)$		−0.43		
		0.3	−0.4	−0.7			
	3(91)	$X_0=(0,50)$	$X=(0,200)$		0.1		
		−9	−91	−82			
中危险区	1(50)	$X_0=(100,200)$	$X=(0,300)$		−0.5	−0.01	
		50	−50	−100			
	2(0.6)	$X_0=(0.3,0.7)$	$X=(0,1)$		0.1		
		−0.1	−50	−1			
	3(91)	$X_0=(50,100)$	$X=(0,200)$		9		
		−9	−50	−1			
高危险区	1(50)	$X_0=(200,300)$	$X=(0,300)$		0.75	0.25	
		150	−50	−200			
	2(0.6)	$X_0=(0.7,1)$	$X=(0,1)$		−0.2		
		0.1	−0.4	−0.5			
	3(91)	$X_0=(100,200)$	$X=(0,200)$		−0.09		
		9	−91	−100			

C 区量化指标分别为 $T=60$，$G=0.4$，$J=91$，计算结果见表 8-5；C 区与低危险度取

得相关度最大，因此属于低危险度区域。

表 8-5 C 区危险度计算结果

<table>
<tr><th colspan="2">C 区</th><th>$\rho(x,X_0)$</th><th>$\rho(x,X)$</th><th>$D(x,X_0,X)$</th><th>$K(x)$</th><th>$K_j(p)$</th><th>K_{j0}</th></tr>
<tr><td rowspan="6">低危险区</td><td rowspan="2">1(60)</td><td>$X_0=(0,100)$</td><td colspan="2">$X=(0,300)$</td><td rowspan="2">60</td><td rowspan="6">210.95</td><td rowspan="18">210.95</td></tr>
<tr><td>-60</td><td>-60</td><td>-1</td></tr>
<tr><td rowspan="2">2(0.4)</td><td>$X_0=(0,0.3)$</td><td colspan="2">$X=(0,1)$</td><td rowspan="2">-0.2</td></tr>
<tr><td>0.1</td><td>-0.4</td><td>-0.5</td></tr>
<tr><td rowspan="2">3(91)</td><td>$X_0=(0,50)$</td><td colspan="2">$X=(0,200)$</td><td rowspan="2">0.1</td></tr>
<tr><td>-9</td><td>-91</td><td>-82</td></tr>
<tr><td rowspan="6">中危险区</td><td rowspan="2">1(60)</td><td>$X_0=(100,200)$</td><td colspan="2">$X=(0,300)$</td><td rowspan="2">-0.3</td><td rowspan="6">1.7</td></tr>
<tr><td>40</td><td>-90</td><td>-130</td></tr>
<tr><td rowspan="2">2(0.4)</td><td>$X_0=(0.3,0.7)$</td><td colspan="2">$X=(0,1)$</td><td rowspan="2">0.1</td></tr>
<tr><td>-0.1</td><td>-50</td><td>-1</td></tr>
<tr><td rowspan="2">3(91)</td><td>$X_0=(50,100)$</td><td colspan="2">$X=(0,200)$</td><td rowspan="2">9</td></tr>
<tr><td>-9</td><td>-50</td><td>-1</td></tr>
<tr><td rowspan="6">高危险区</td><td rowspan="2">1(60)</td><td>$X_0=(200,300)$</td><td colspan="2">$X=(0,300)$</td><td rowspan="2">0.75</td><td rowspan="6">0.25</td></tr>
<tr><td>150</td><td>-50</td><td>-200</td></tr>
<tr><td rowspan="2">2(0.4)</td><td>$X_0=(0.7,1)$</td><td colspan="2">$X=(0,1)$</td><td rowspan="2">-0.2</td></tr>
<tr><td>0.1</td><td>-0.4</td><td>-0.5</td></tr>
<tr><td rowspan="2">3(91)</td><td>$X_0=(100,200)$</td><td colspan="2">$X=(0,200)$</td><td rowspan="2">-0.09</td></tr>
<tr><td>9</td><td>-91</td><td>-100</td></tr>
</table>

B 区量化指标分别为 $T=110$，$G=0.4$，$J=91$，计算结果见表 8-6；B 区与中危险度取得相关度最大，因此属于中危险度区域。

表 8-6 B 区危险度计算结果

<table>
<tr><th colspan="2">B 区</th><th>$\rho(x,X_0)$</th><th>$\rho(x,X)$</th><th>$D(x,X_0,X)$</th><th>$K(x)$</th><th>$K_j(p)$</th><th>K_{j0}</th></tr>
<tr><td rowspan="6">低危险区</td><td rowspan="2">1(110)</td><td>$X_0=(0,100)$</td><td colspan="2">$X=(0,300)$</td><td rowspan="2">0.08</td><td rowspan="6">-0.014</td><td rowspan="18">8.75</td></tr>
<tr><td>10</td><td>-110</td><td>-120</td></tr>
<tr><td rowspan="2">2(0.4)</td><td>$X_0=(0,0.3)$</td><td colspan="2">$X=(0,1)$</td><td rowspan="2">-0.2</td></tr>
<tr><td>0.1</td><td>-0.4</td><td>-0.5</td></tr>
<tr><td rowspan="2">3(91)</td><td>$X_0=(0,50)$</td><td colspan="2">$X=(0,200)$</td><td rowspan="2">0.1</td></tr>
<tr><td>-9</td><td>-91</td><td>-82</td></tr>
<tr><td rowspan="6">中危险区</td><td rowspan="2">1(110)</td><td>$X_0=(100,200)$</td><td colspan="2">$X=(0,300)$</td><td rowspan="2">10</td><td rowspan="6">8.75</td></tr>
<tr><td>-10</td><td>-90</td><td>-1</td></tr>
<tr><td rowspan="2">2(0.4)</td><td>$X_0=(0.3,0.7)$</td><td colspan="2">$X=(0,1)$</td><td rowspan="2">0.1</td></tr>
<tr><td>-0.1</td><td>-50</td><td>-1</td></tr>
<tr><td rowspan="2">3(91)</td><td>$X_0=(50,100)$</td><td colspan="2">$X=(0,200)$</td><td rowspan="2">9</td></tr>
<tr><td>-9</td><td>-50</td><td>-1</td></tr>
<tr><td rowspan="6">高危险区</td><td rowspan="2">1(110)</td><td>$X_0=(200,300)$</td><td colspan="2">$X=(0,300)$</td><td rowspan="2">0.5</td><td rowspan="6">0.137</td></tr>
<tr><td>90</td><td>-90</td><td>-180</td></tr>
<tr><td rowspan="2">2(0.4)</td><td>$X_0=(0.7,1)$</td><td colspan="2">$X=(0,1)$</td><td rowspan="2">-0.2</td></tr>
<tr><td>0.1</td><td>-0.4</td><td>-0.5</td></tr>
<tr><td rowspan="2">3(91)</td><td>$X_0=(100,200)$</td><td colspan="2">$X=(0,200)$</td><td rowspan="2">-0.09</td></tr>
<tr><td>9</td><td>-91</td><td>-100</td></tr>
</table>

A 区量化指标分别为 $T=250$，$G=0.85$，$J=91$，计算结果见表 8-7。综合分析与判别，则 A 区与高危险度取得相关度最大，因此属于高危险度区域。

表 8-7　A 区危险度计算结果

<table>
<tr><th colspan="2">A 区</th><th>$\rho(x,X_0)$</th><th>$\rho(x,X)$</th><th>$D(x,X_0,X)$</th><th>$K(x)$</th><th>$K_j(p)$</th><th>K_{j0}</th></tr>
<tr><td rowspan="6">低危险区</td><td rowspan="2">1(250)</td><td>$X_0=(0,100)$</td><td colspan="2">$X=(0,300)$</td><td rowspan="2">-0.75</td><td rowspan="6">-0.58</td><td rowspan="18">22.5</td></tr>
<tr><td>150</td><td>-50</td><td>-200</td></tr>
<tr><td rowspan="2">2(0.85)</td><td>$X_0=(0,0.3)$</td><td colspan="2">$X=(0,1)$</td><td rowspan="2">-0.75</td></tr>
<tr><td>0.45</td><td>-0.15</td><td>-0.6</td></tr>
<tr><td rowspan="2">3(91)</td><td>$X_0=(0,50)$</td><td colspan="2">$X=(0,200)$</td><td rowspan="2">0.1</td></tr>
<tr><td>-9</td><td>-91</td><td>-82</td></tr>
<tr><td rowspan="6">中危险区</td><td rowspan="2">1(250)</td><td>$X_0=(100,200)$</td><td colspan="2">$X=(0,300)$</td><td rowspan="2">-0.5</td><td rowspan="6">0.0625</td></tr>
<tr><td>50</td><td>-50</td><td>-100</td></tr>
<tr><td rowspan="2">2(0.85)</td><td>$X_0=(0.3,0.7)$</td><td colspan="2">$X=(0,1)$</td><td rowspan="2">-0.05</td></tr>
<tr><td>0.15</td><td>-0.15</td><td>-0.3</td></tr>
<tr><td rowspan="2">3(91)</td><td>$X_0=(50,100)$</td><td colspan="2">$X=(0,200)$</td><td rowspan="2">9</td></tr>
<tr><td>-9</td><td></td><td>-1</td></tr>
<tr><td rowspan="6">高危险区</td><td rowspan="2">1(250)</td><td>$X_0=(200,300)$</td><td colspan="2">$X=(0,300)$</td><td rowspan="2">50</td><td rowspan="6">22.5</td></tr>
<tr><td>-50</td><td>-50</td><td>-1</td></tr>
<tr><td rowspan="2">2(0.85)</td><td>$X_0=(0.7,1)$</td><td colspan="2">$X=(0,1)$</td><td rowspan="2">0.15</td></tr>
<tr><td>-0.15</td><td>-0.4</td><td>-1</td></tr>
<tr><td rowspan="2">3(91)</td><td>$X_0=(100,200)$</td><td colspan="2">$X=(0,200)$</td><td rowspan="2">-0.09</td></tr>
<tr><td>9</td><td>-91</td><td>-100</td></tr>
</table>

9　预防排土场滑坡和泥石流发生的关键技术确定

由上述计算与分析可知，滑坡型泥石流，尤其是由厚软岩山坡体与排土场形成的滑坡型泥石流，必要条件为大量的堆积体，而对于排土场而言，这个条件完全满足；充分条件为充足的降雨量，对于宜昌地区而言，每年降雨量非常大，这个条件也很好满足。因此，对厚软岩山坡与排土场复合坡体而言，堆积有大量松散废石土，需要控制其安全与稳定性；另外一个需要控制的要素就是水；由于降雨量难于控制，所以，能够控制的是水的汇集量，也就是防洪体系建设。

9.1　排土场边坡安全与否的控制技术

9.1.1　排土场安全性评价

由于排土场堆放在古滑坡体上，在其堆积附加荷载作用下，会产生两种破坏形式：一是原排土场设计中单排土台阶过高，排土场本身会失稳产生滑移破坏，形成大量更松散堆积土体，构成泥石流的物料，在暴雨条件下极易诱发泥石流；二是堆积荷载过大诱发古滑坡体重新复活下滑。两者共同作用下产生滑坡堵塞下游河道，排水不畅或形成堰塞湖，达到一定量时危害更大。古滑坡体原始坡面与坡顶部排土场堆积体如图 9-1 所示。其断面上表层为碎石土组成的软岩，表层下部为灰岩构成的基岩。坡顶部为坡度较陡的单台阶排土场；图 9-2 是通过临界滑移场理论方法搜寻出危险滑移面。

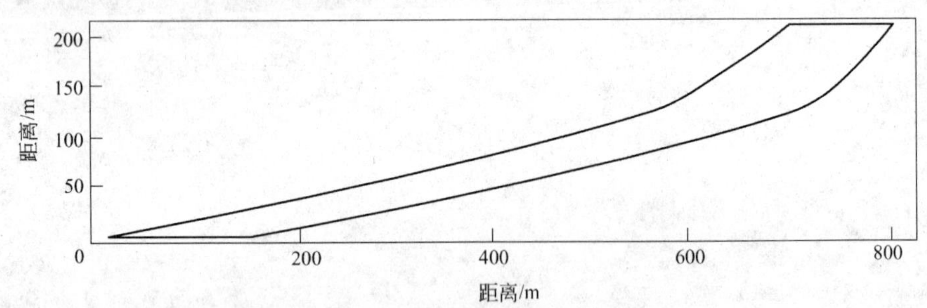

图 9-1　通过临界滑移场理论方法搜寻出危险滑移面

从搜寻结果来看，坡体从上部排土场开始先破坏，破裂面沿坡体倾向向下一直延伸，形成整体滑面。

9.1.2　排土场的变形特征

排土场和古滑坡监测点监测结果（见图 9-3）表明，排土场从上部到下部，整体移动达到 6 ~ 9m；说明已经产生整体滑移破坏。其中 2007 年 7 ~ 10 月，即雨季期间，古滑坡

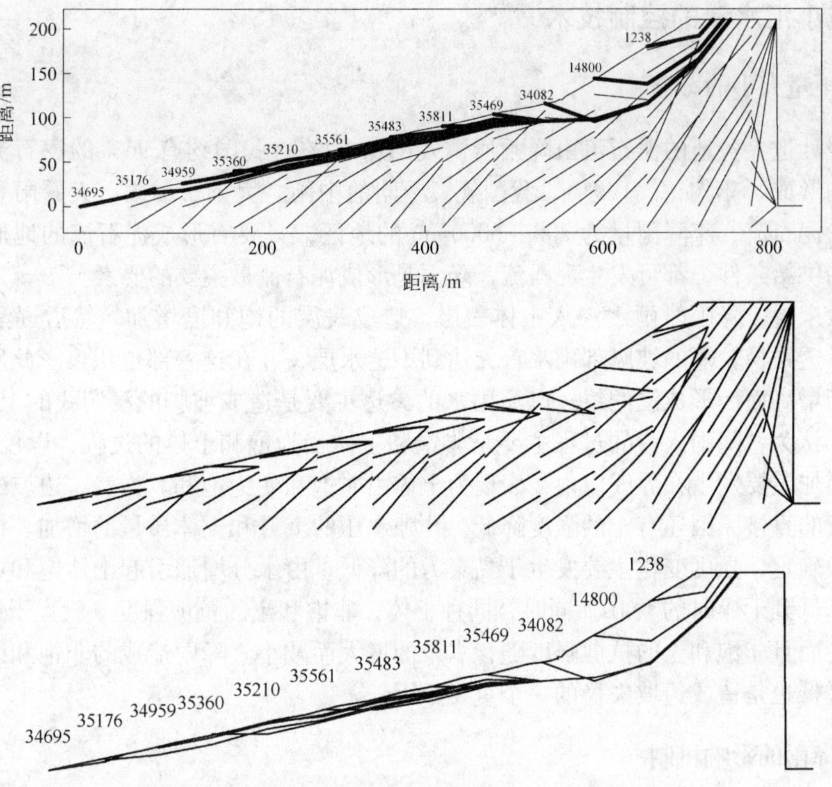

图 9-2　古滑坡体危险滑面搜寻图

体日变形速率达到 120mm 之多，说明原本已经稳定的古滑坡体在排土场作用下复活，并且位移值非常大，这与理论结果相吻合。所以解决问题主要方法是建立合理的堆排工艺与堆排高度。

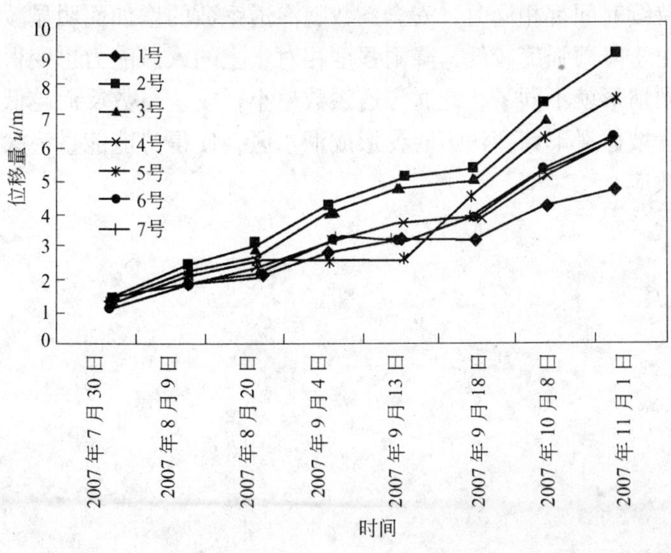

图 9-3　各测点位移历时曲线

9.2 减小汇水量的控制技术

9.2.1 雨量大小的影响

据统计世界各地的泥石流由降雨所诱发的占80%，我国约有96%的泥石流灾害由于降雨影响形成（李树德，1991）。我国规模不同的中雨、大雨、暴雨、大暴雨和特大暴雨均能激发泥石流，年降雨量为200～6000mm的地区，只要有形成泥石流的地形条件和固体物质的供给条件，都可发生泥石流，降雨是形成泥石流最主要的要素。

一般来说，降雨时雨水渗入土体表层，造成表层的饱和度增加，然后逐渐向下部移动。在渗透路径较短的坡脚部雨水首先达到不透水层，并在这一部位积聚。此后坡脚的饱和度逐渐增高而后形成浸润线。以后雨水的渗透主要是造成坡脚的浸润线的上升和移动。可以这样认为，降雨入渗的过程主要是非饱和土体变为饱和土体的过程。以浸润线为界，水分的增加主要发生在界线以内，表现为土体由非饱和变为饱和。当然，边坡失稳致使泥石流爆发的直接原因还有土的强度降低，孔隙水压的上升和土体质量的增加。杨文东等人通过试验确定，强度变化主要发生于黏聚力的降低，由水分增加引起土体饱和可以使土的黏聚力降低到干燥时的1/10。同时，同种土体，非饱和土的抗剪强度一般大于饱和土的抗剪强度，而且非饱和土的抗剪强度随含水量的增大而减小。降雨造成的非饱和区土体抗剪强度的降低也是造成边坡失稳的一个重要原因。

9.2.2 降雨的影响机制

降雨对于不同的土质边坡造成的影响是大不相同的，降雨类型不同对土质边坡的影响也不相同。一般说，随着日平均降雨强度的增大，土坡安全系数明显降低。当降雨强度很大时，土坡表层形成瞬态饱和区，而减小了土体的入渗能力，无法入渗的雨水溢出。土体渗透性直接关系到水分入渗的速度，所以，渗透性在降雨对斜坡稳定性影响的机理无疑会起到非常重要的作用。渗透性的影响要和降雨强度结合起来进行考虑。当降雨为暴雨时，降雨强度和降雨持续时间都相同时，安全系数随渗透系数的增加而明显减小。但是对于降雨持时很长时，由于降雨强度较低，降雨强度相对于土的入渗能力也变得较低，此时渗透系数的影响和暴雨情形就不同了，此时渗透系数越小，安全系数反而越低。降雨除了上述渗透作用，当古滑坡体滑下堵塞沟道时，形成汇水区，使得势能能量将大大增加，为泥石流发生提供动力效应。

10 预防排土场产生滑坡与泥石流的方案设计

根据泥石流分类、发展历史、力学性质、运动破坏性等特点，为泥石流防治规划方案的制定提供理论依据。根据排土场边坡产生滑坡与泥石流的关键影响要素是排土场的安全性和水两方面；因此，控制措施主要是排土场合理的排弃工艺、合理的平盘台阶高度和防洪控制体系。

排土场滑坡泥石流治理体系，从时间上分为灾前防治和灾后控制两个阶段。灾前防治，即防止泥石流的形成，从泥石流的形成原理上对症下药，也就是防治滑坡；方法首先是减少土堆积量；其次是减少汇水区面积。具体方法是疏导雨水通道，防止或减少雨水渗入土体降低土体强度。灾后控制是在灾前措施实施基础上的预防措施，即一旦发生泥石流，尽量减少泥石流造成危害的措施。

10.1 建立合理的堆排工艺方案与预防措施

10.1.1 岩体力学参数的反分析

根据Ⅰ—Ⅰ′剖面（见图10-1～图10-4），古滑体可能产生的破坏形式有三种；其一是沿着第一层浅层滑移破坏，下部沿最弱部位切出，简称为浅部滑坡。其二是沿着第一层浅

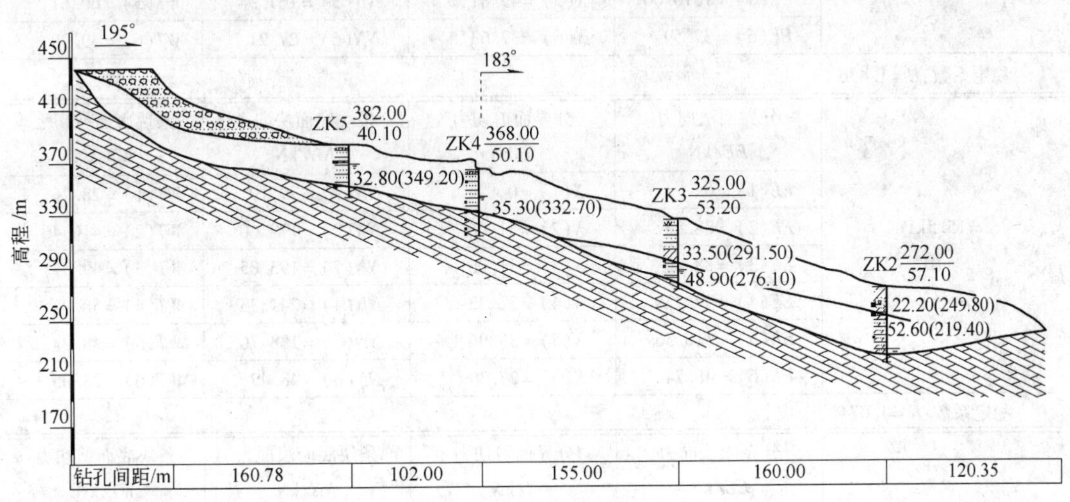

图10-1 地质剖面

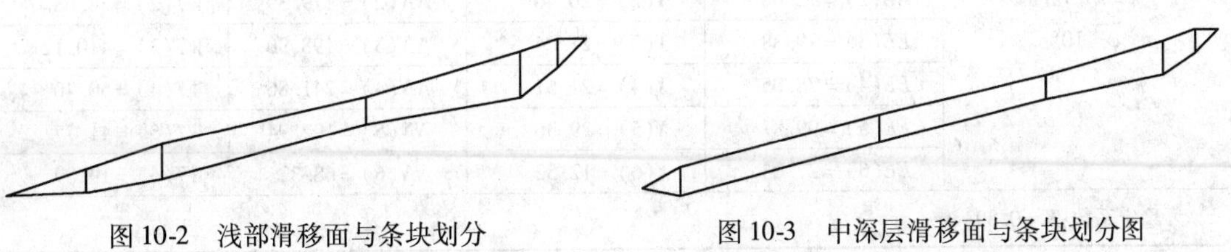

图10-2 浅部滑移面与条块划分

图10-3 中深层滑移面与条块划分图

层滑移破坏，下部沿最下部层理面切出，简称为中深层滑坡。其三是上部沿着第一层浅层滑移破坏，下部沿第二层层理面切出，简称为深层滑坡。针对三种情况进行反分析，确定滑面力学参数。根据 2007 年 12 月份边坡地表监测结果可以判定该时间段边坡岩体处于极限平衡状态。地震加速度取 0.05g，由于边坡岩体持续大变形滑移破坏，黏聚力视为残余强度；通过反分析确定黏聚力大小。本计算按黏聚力折减为原来的 1/2、1/4、黏聚力为零和黏聚力不变四种情况，应用萨尔玛方法经过系统分析，计算结果见表 10-1 ~ 表 10-3。通过反分析可以看出，变形相对稳定期的黏聚力残余强度为原黏聚力的 1/2，随着变形相对稳定时间的增加，黏聚力的强度还会得到进一步的恢复。

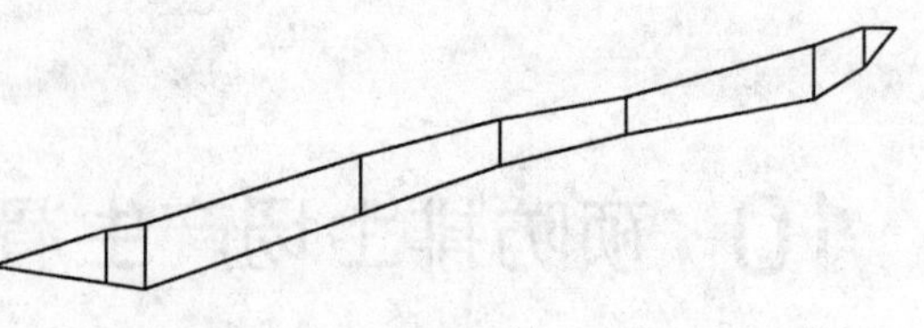

图 10-4 深层滑移面与条块划分

表 10-1 浅层滑坡黏聚力反分析计算

计算过程 / 计算参数	相关分量计算过程			
	分界面法向力 EE/kN	分界面剪切力 X/kN	条块底面法向力 NN/kN	条块底面剪切力 WT/kN
c = 31kPa φ = 10° 含水量 50%	EE(1) = 0	X(1) = 0	NN(1) = 79.18	WT(1) = 48.96
	EE(2) = 108.91	X(2) = 49.50	NN(2) = 179.61	WT(2) = 61.97
	EE(3) = 98.84	X(3) = 48.43	NN(3) = 189.00	WT(3) = 68.33
	EE(4) = 109.45	X(4) = 49.59	NN(4) = 240.04	WT(4) = 77.33
	EE(5) = 1010.66	X(5) = 49.81	NN(5) = 167.94	WT(5) = 60.61
	EE(6) = 37.59	X(6) = 37.63	NN(6) = 27.21	WT(6) = 39.09
稳定系数;K = 1.436				
	分界面法向力 EE/kN	分界面剪切力 X/kN	条块底面法向力 NN/kN	条块底面剪切力 WT/kN
c = 15.5kPa φ = 10°	EE(1) = 0	X(1) = 0	NN(1) = 79.19	WT(1) = 28.76
	EE(2) = 88.25	X(2) = 31.06	NN(2) = 179.60	WT(2) = 410.46
	EE(3) = 88.25	X(3) = 31.06	NN(3) = 193.05	WT(3) = 49.54
	EE(4) = 97.73	X(4) = 32.73	NN(4) = 241.33	WT(4) = 58.05
	EE(5) = 110.36	X(5) = 38.96	NN(5) = 188.76	WT(5) = 48.08
	EE(6) = 48.74	X(6) = 27.39	NN(6) = 48.49	WT(6) = 28.05
稳定系数;K = 1.074				
	分界面法向力 EE/kN	分界面剪切力 X/kN	条块底面法向力 NN/kN	条块底面剪切力 WT/kN
c = 7.75kPa φ = 10°	EE(1) = 0	X(1) = 0	NN(1) = 72.83	WT(1) = 20.59
	EE(2) = 72.08	X(2) = 20.46	NN(2) = 179.39	WT(2) = 38.68
	EE(3) = 79.38	X(3) = 21.04	NN(3) = 198.90	WT(3) = 410.12
	EE(4) = 78.05	X(4) = 21.51	NN(4) = 241.86	WT(4) = 50.40
	EE(5) = 99.87	X(5) = 29.36	NN(5) = 192.94	WT(5) = 41.77
	EE(6) = 27.04	X(6) = 12.52	NN(6) = 68.32	WT(6) = 19.09
稳定系数;K = 0.893				

续表 10-1

计算参数 \ 计算过程	相关分量计算过程			
	分界面法向力 EE/kN	分界面剪切力 X/kN	条块底面法向力 NN/kN	条块底面剪切力 WT/kN
$c=0$kPa $\varphi=10°$	$EE(1)=0$	$X(1)=0$	$NN(1)=70.28$	$WT(1)=110.39$
	$EE(2)=51.85$	$X(2)=9.14$	$NN(2)=179.42$	$WT(2)=30.93$
	$EE(3)=67.11$	$X(3)=11.13$	$NN(3)=197.07$	$WT(3)=38.75$
	$EE(4)=710.18$	$X(4)=12.73$	$NN(4)=242.88$	$WT(4)=42.83$
	$EE(5)=107.78$	$X(5)=19.00$	$NN(5)=201.51$	$WT(5)=39.53$
	$EE(6)=41.43$	$X(6)=7.31$	$NN(6)=79.34$	$WT(6)=17.29$
稳定系数：$K=0.893$				

表 10-2 中深层滑坡黏聚力反分析计算

计算参数 \ 计算过程	相关分量计算过程			
	分界面法向力 EE/kN	分界面剪切力 X/kN	条块底面法向力 NN/kN	条块底面剪切力 WT/kN
$c=31$kPa $\varphi=10°$	$EE(1)=0$	$X(1)=0$	$NN(1)=158.74$	$WT(1)=58.28$
	$EE(2)=97.21$	$X(2)=47.44$	$NN(2)=201.50$	$WT(2)=610.53$
	$EE(3)=69.67$	$X(3)=47.29$	$NN(3)=189.82$	$WT(3)=68.47$
	$EE(4)=97.31$	$X(4)=47.45$	$NN(4)=222.90$	$WT(4)=70.30$
	$EE(5)=91.49$	$X(5)=47.13$	$NN(5)=179.00$	$WT(5)=61.86$
	$EE(6)=310.99$	$X(6)=37.52$	$NN(6)=27.30$	$WT(6)=39.11$
稳定系数：$K=1.370$				
	分界面法向力 EE/kN	分界面剪切力 X/kN	条块底面法向力 NN/kN	条块底面剪切力 WT/kN
$c=15.5$kPa $\varphi=10°$	$EE(1)=0$	$X(1)=0$	$NN(1)=139.60$	$WT(1)=40.12$
	$EE(2)=88.84$	$X(2)=31.17$	$NN(2)=209.48$	$WT(2)=51.73$
	$EE(3)=71.40$	$X(3)=28.09$	$NN(3)=193.74$	$WT(3)=49.66$
	$EE(4)=97.41$	$X(4)=32.68$	$NN(4)=228.89$	$WT(4)=59.15$
	$EE(5)=100.16$	$X(5)=37.16$	$NN(5)=187.66$	$WT(5)=48.59$
	$EE(6)=49.75$	$X(6)=28.27$	$NN(6)=47.74$	$WT(6)=23.92$
稳定系数：$K=1.036$				

续表 10-2

计算过程 计算参数	相关分量计算过程			
	分界面法向力 EE/kN	分界面剪切力 X/kN	条块底面法向力 NN/kN	条块底面剪切力 WT/kN
$c=7.75$kPa $\varphi=10°$	EE(1) = 0	X(1) = 0	NN(1) = 131.47	WT(1) = 30.93
	EE(2) = 82.43	X(2) = 210.28	NN(2) = 207.22	WT(2) = 48.29
	EE(3) = 57.52	X(3) = 17.89	NN(3) = 199.44	WT(3) = 410.21
	EE(4) = 71.92	X(4) = 20.43	NN(4) = 229.66	WT(4) = 47.54
	EE(5) = 80.48	X(5) = 21.94	NN(5) = 193.71	WT(5) = 41.91
	EE(6) = 19.28	X(6) = 11.15	NN(6) = 69.49	WT(6) = 19.30
稳定系数:K = 0.870				
	分界面法向力 EE/kN	分界面剪切力 X/kN	条块底面法向力 NN/kN	条块底面剪切力 WT/kN
$c=0$kPa $\varphi=10°$	EE(1) = 0	X(1) = 0	NN(1) = 127.38	WT(1) = 21.76
	EE(2) = 710.30	X(2) = 13.45	NN(2) = 209.34	WT(2) = 310.91
	EE(3) = 60.00	X(3) = 10.58	NN(3) = 197.48	WT(3) = 38.82
	EE(4) = 79.23	X(4) = 13.97	NN(4) = 2210.87	WT(4) = 40.00
	EE(5) = 92.93	X(5) = 110.39	NN(5) = 200.10	WT(5) = 39.28
	EE(6) = 37.87	X(6) = 10.68	NN(6) = 79.88	WT(6) = 17.38
稳定系数:K = 0.893				

表 10-3　深层滑坡黏聚力反分析计算

计算过程 计算参数	相关分量计算过程			
	分界面法向力 EE/kN	分界面剪切力 X/kN	条块底面法向力 NN/kN	条块底面剪切力 WT/kN
$c=31$kPa $\varphi=10°$	EE(1) = 0	X(1) = 0	NN(1) = 177.35	WT(1) = 61.57
	EE(2) = 151.74	X(2) = 57.76	NN(2) = 348.78	WT(2) = 91.79
	EE(3) = 1910.91	X(3) = 69.72	NN(3) = 281.21	WT(3) = 80.59
	EE(4) = 93.66	X(4) = 47.51	NN(4) = 241.70	WT(4) = 73.62
	EE(5) = 40.17	X(5) = 38.08	NN(5) = 199.45	WT(5) = 610.17
	EE(6) = 58.02	X(6) = 40.53	NN(6) = 228.15	WT(6) = 70.52
	EE(7) = 88.74	X(7) = 49.94	NN(7) = 179.82	WT(7) = 62.00
	EE(8) = 38.69	X(8) = 37.12	NN(8) = 13.66	WT(8) = 33.41
稳定系数:K = 1.266				

续表 10-3

计算过程 计算参数	相关分量计算过程			
	分界面法向力 EE/kN	分界面剪切力 X/kN	条块底面法向力 NN/kN	条块底面剪切力 WT/kN
$c=15.5$kPa $\varphi=10°$	$EE(1)=0$	$X(1)=0$	$NN(1)=162.71$	$WT(1)=48.19$
	$EE(2)=142.57$	$X(2)=40.64$	$NN(2)=338.60$	$WT(2)=79.20$
	$EE(3)=191.31$	$X(3)=49.23$	$NN(3)=2810.77$	$WT(3)=610.07$
	$EE(4)=910.36$	$X(4)=31.79$	$NN(4)=247.83$	$WT(4)=59.20$
	$EE(5)=37.76$	$X(5)=210.16$	$NN(5)=208.27$	$WT(5)=51.52$
	$EE(6)=48.31$	$X(6)=27.31$	$NN(6)=229.63$	$WT(6)=59.28$
	$EE(7)=73.91$	$X(7)=28.53$	$NN(7)=187.95$	$WT(7)=48.64$
	$EE(8)=18.88$	$X(8)=18.12$	$NN(8)=47.03$	$WT(8)=23.79$
稳定系数:$K=0.986$				
	分界面法向力 EE/kN	分界面剪切力 X/kN	条块底面法向力 NN/kN	条块底面剪切力 WT/kN
$c=7.75$kPa $\varphi=10°$	$EE(1)=0$	$X(1)=0$	$NN(1)=157.28$	$WT(1)=39.48$
	$EE(2)=1310.56$	$X(2)=31.83$	$NN(2)=339.87$	$WT(2)=610.97$
	$EE(3)=188.48$	$X(3)=40.98$	$NN(3)=289.69$	$WT(3)=58.83$
	$EE(4)=98.72$	$X(4)=28.45$	$NN(4)=250.97$	$WT(4)=52.00$
	$EE(5)=41.51$	$X(5)=19.07$	$NN(5)=2010.68$	$WT(5)=48.19$
	$EE(6)=49.95$	$X(6)=19.85$	$NN(6)=2210.40$	$WT(6)=47.67$
	$EE(7)=73.81$	$X(7)=20.76$	$NN(7)=198.00$	$WT(7)=41.96$
	$EE(8)=110.39$	$X(8)=9.93$	$NN(8)=62.45$	$WT(8)=18.76$
稳定系数:$K=0.843$				
	分界面法向力 EE/kN	分界面剪切力 X/kN	条块底面法向力 NN/kN	条块底面剪切力 WT/kN
$c=0$kPa $\varphi=10°$	$EE(1)=0$	$X(1)=0$	$NN(1)=151.79$	$WT(1)=210.76$
	$EE(2)=129.99$	$X(2)=22.92$	$NN(2)=333.93$	$WT(2)=58.88$
	$EE(3)=187.77$	$X(3)=37.11$	$NN(3)=292.93$	$WT(3)=51.65$
	$EE(4)=1010.54$	$X(4)=18.79$	$NN(4)=258.34$	$WT(4)=48.85$
	$EE(5)=60.76$	$X(5)=10.71$	$NN(5)=209.22$	$WT(5)=310.89$
	$EE(6)=69.96$	$X(6)=110.34$	$NN(6)=227.35$	$WT(6)=40.09$
	$EE(7)=93.00$	$X(7)=110.40$	$NN(7)=200.14$	$WT(7)=39.29$
	$EE(8)=38.32$	$X(8)=10.76$	$NN(8)=73.03$	$WT(8)=12.88$
稳定系数:$K=0.703$				

10.1.2 原设计方案台阶高度修正的理论依据

排土场作为一种特殊的建设工程，同样也要求基底的承载力满足最基本的需要，否则基底将产生破坏。一般情况下，按照地基基础设计规范要求，建筑工程既要满足承载强度要求，又要满足刚度要求；即满足承担上部荷载能力和建筑工程允许变形两个条件。但对于排土场这种特殊工程而言，要求基底承载力满足要求，也就是不产生破坏；基本就可以满足排土场建设的需要。基于上述基本原则，按照建筑地基基础设计规范中有关地基承载力的计算方法，根据排土场基底岩石物理和力学实验参数，应用临塑荷载、临界荷载和极限承载三种方法计算排土场基底的允许排土高度；然后进行综合评价排土场基底的承载力。

10.1.3 排土场允许排弃高度的确定

排土场滑坡的主要诱因是排土场基底软弱，承载力不高；通过太沙基理论、临界荷载法和临塑荷载法三种方法的计算和分析，得出滑坡体上部基底的安全承载高度为 5 ~ 6m（见表 10-4）。中下部松软基底安全承载高度仅为 2.65m。

表 10-4 第一级台阶允许排土高度

项目	太沙基方法		临界荷载法	临塑荷载法
	较密实	松软		
极限承载力/kPa	439	167		
承载力/kPa	1410.3	59.67	111.69	910.635
允许排弃高度/m	10.97	2.65	9.3187	8.6
适用区域	上部	下部	上部	上部

目前，排土场排弃物高度达 30 ~ 60m，严重超出基底允许的承载能力，正是这一原因导致下部边坡产生剧烈变形；所以工程防护措施之一是减小原排土场台高度，以便达到减小基底承载的质量，减小变形并使其重新达到稳定，避免滑坡，从而保证安全。根据计算结果，已产生滑移破坏部分原有排土场高度减小到允许高度 5 ~ 6m，最大不要超过 8m，此结果为最下部第一级台阶允许高度。由于有第一级台阶分布力作用，第二级平盘台阶高度允许值达到 10 ~ 15m。

10.2 排土场设计

10.2.1 排土场边坡到界坡角的确定

根据滑移场理论方法，经过系统搜寻与分析，当排土场到界坡角度取 18°时，边坡整体安全系数均在 1.40 以上。表 10-5 为《岩土工程勘察规范》（GB 50021—2001）规定的边坡允许安全系数，由表 10-5 可知，18°的到界坡角设计值过于保守，没有达到土地的充分有效利用。

表 10-5　边坡允许安全系数

边坡安全等级	新设计边坡			现存边坡稳定性验算
	平面滑动	折线滑动	圆弧滑动	
一级	1.35	1.30	1.30	1.25
二级	1.30	1.20	1.15	1.20
三级	1.15	1.10	1.05	1.10

选取原设计剖面，考虑到排土场的长期存在性，到界边坡安全系数的选取，要依据对排土场基底工程地质条件的分析和边坡稳定性对环境的影响，并结合我国其他排土场的实际经验，临界滑动场搜寻时取边坡安全储备系数为1.30，确定排土场的整体坡角。通过系统搜寻，当排土场的整体坡角为19°时，没有出现潜在的滑动面，排土场处于稳定状态。当排土场的整体坡角为20°时，搜寻出现危险滑动面，且有一定剩余下滑力，说明坡角取19°比较合理。若在排土场继续堆排废石土，整个边坡处于不稳定状态，并有可能对周围环境造成严重的危害，排土场整体坡角为19°时的搜寻结果如图10-5所示，为20°时的搜寻结果如图10-6所示。

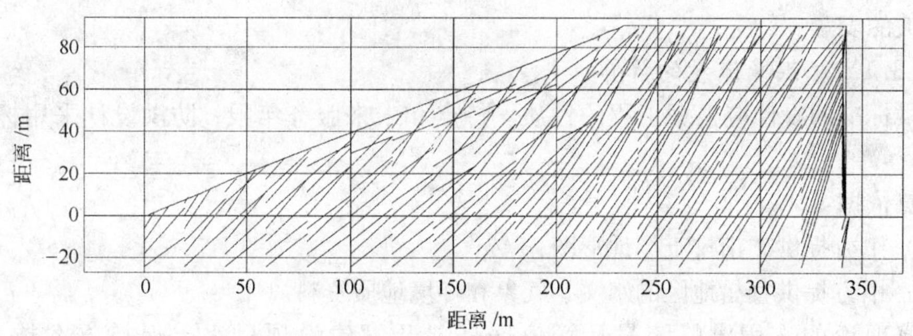

图 10-5　排土场整体坡角为19°时搜寻结果

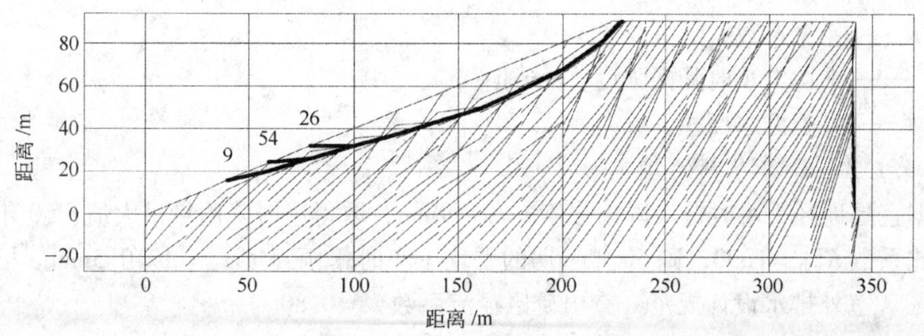

图 10-6　排土场整体坡角为20°时搜寻结果

10.2.2 排土场到界边坡稳定性的验算

以搜寻出的危险滑移面为基础，再应用极限平衡法，即圆弧法、简化毕肖普法、简布法以及摩根斯坦-普赖斯四种法进行稳定性验算，其结果见表 10-6。可以看出，到界边坡的稳定系数在 1.40 以上，可以保证排土场边坡的安全，且满足相关规范的要求。

表 10-6 极限平衡法计算结果

方 法	安全系数	方 法	安全系数
Morgenstern-Price	1.437	Bishop	1.438
Ordinary	1.401	Janbu	1.397

10.3 减小汇水量的技术措施

10.3.1 截洪沟措施

10.3.1.1 目的

在排土场上部 380 ~ 390m 水平防洪沟设置，即滑体后沿 30m 外，将上部汇水区域内的雨水拦截后，导入两侧自然水沟中，减小汇水区面积，预防雨水渗入变形体内，确保排土场边坡的安全。

10.3.1.2 洪峰流量的计算

防洪标准的设计应根据工程的性质、特点和未来服务年限，防洪设计采用标准为 50 年一遇。

计算依据：

（1）甲方提供矿山排土场地形图；

（2）甲方提供宜昌地区的水文、气象和环境地质资料。

计算理论的选用洪峰流量计算依据是“开发建设项目水土保持方案技术规范”（SL208—1998）和近似工程类比方法最大清水洪峰流量计算公式

$$Q_b = 0.278KiF \tag{10-1}$$

式中 Q_b——最大清水洪峰流量，m^3/s；

K——径流系数；

i——平均 1 小时降雨强度，mm/h；

F——有关汇水面积，km^2。

10.3.1.3 计算参数的确定

根据宜昌地区 1 小时最大降雨强度 $i = 91.9$mm，取得小时降雨量最大值；50 年一遇的暴雨模比系数 $K_{P50} = 1.92$，则 50 年一遇的平均 1 小时暴雨强度 $i_{50} = 1710.5$mm。根据矿山所在地区《室外排水设计规范》查出矿区径流系数 $K = 0.80$。

10.3.1.4 截洪沟水力计算

理论方法的选用：目前防洪沟水力计算方法较多，但差异较大，存在许多不完善之处，为了更合理的计算，设计中方案选用三种方法分别为《室外排水设计规范》GBJ 18—1987、泥石流防治工程技术公式、有色冶金行业公式分别进行计算和对比，然后选择最佳方案。

10.3.1.5　截洪沟断面设计

洪峰流量采用“开发建设项目水土保持方案技术规范”（SL208—1998）和近似工程类比方法分别进行了计算，然后进行取舍。

设计断面为等腰梯形下底0.8m，高也是0.8m，坡度1∶1.7，断面尺寸设计如图10-7所示。

根据实际地形情况，当沟底坡降超过此限定条件时，需要在出口处加固水道。同时要在入口处增设沉淀池。

10.3.2　变形体上的疏导措施

在滑体上每30～50m设置一条疏水沟，累计在坡面上设置20～25条左右；要求沟内压实度93%以上，断面尺寸如图10-8所示。由于受滑动变形的影响，滑体上疏导排水沟要经常进行维护，确保雨水顺畅引出，减少水渗入滑体内，从而保障边坡的安全。

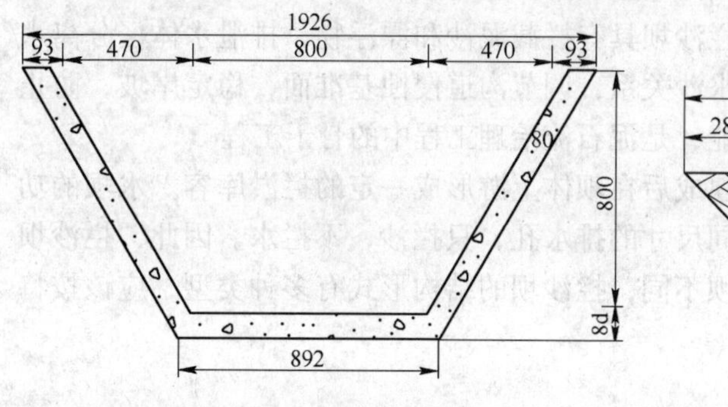

图10-7　上部防洪沟断面

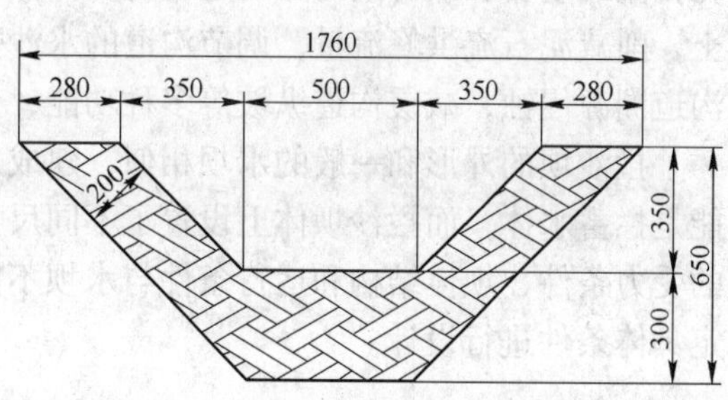

图10-8　滑体上疏导排水断面

由于滑体上存在大小不等裂缝众多，为了减少雨水渗入滑体内，需要用土填实裂缝，其中地表层要填黏性土厚度不小于300mm，并要求压实度达到93%以上，同时需要在雨季期间经常检查因变形是否又产生新的裂缝，一经发现要立即填实。

10.3.3　预防积水的排水暗渠措施

考虑到边坡滑动变形已将滑体两侧的自然流水通道堵塞，且滑体变形还在继续，所以，在滑体两侧原流水通路的下部设置暗管，确保变形后流水通道的畅通。西侧暗管长度200～400m左右。东侧暗管长度随排土进度进行，前期工作需要疏通下部堵塞排水系统，前期暗管长度200～400m左右。要求每隔50～100m设一个检查井，以利于清淤等，确保暗管通畅不堵塞。暗管要远离变形体一侧、靠住另一侧，如图10-9所示，并且要求安装牢固，不允许有任何移动，基础承载力要大于200kPa。在暗管入口处增设消力池，以便减少泥沙流入量，预防暗管堵塞。

断面设计采用明渠均匀流设计方法，直径选用$d=1.5$m的水泥管。

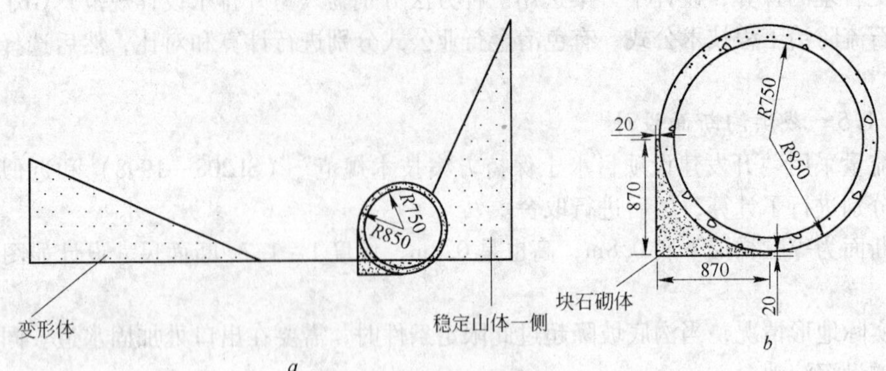

图 10-9　排土场东西两侧排水暗管

a—排水暗管与山沟位置关系断面图；*b*—暗管断面图

10.4　安全防护措施

为了减少泥石流的破坏效应，其有效方法是设置拦截泥沙工程。泥石流拦沙坝是防治泥石流最重要、最有效的工程建筑物，拦沙坝具有拦截泥沙和漂浮物，排泄水体，分离水土，削减泥石流洪峰流量，调节沟道的水沙关系，调节沟道侵蚀基准面，稳定岸坡，防止沟道溯源侵蚀，减缓沟道纵坡等多种功能，是泥石流治理工程中的骨干工程。

拦沙坝的外形和一般的水坝相似，建成后在坝体上游形成一定的拦淤库容。水坝的功能是拦蓄水体，而拦沙坝体上设置了不同尺寸的排水孔，只拦沙，不拦水。因此，拦沙坝的受力条件、坝体结构和运行条件与水坝不同，拦沙坝的结构形式有多种类型，应该按特定具体条件进行设计。

10.4.1　坝体选型

按坝体结构形式，拦沙坝可分为重力坝、拱坝、格栅坝、和钢索坝等多种形式。按照其减能方式可分为刚性坝和柔性坝。

10.4.1.1　刚性坝

重力坝是刚性坝的一种主要类型。重力坝一般采用垂直于流体主流线方向的直线型布置。为了抵抗泥石流对坝体产生的作用力，并依靠自身重力来满足结构整体稳定及抗滑、抗倾覆等要求，重力式拦沙坝是泥石流防治中使用最多、设计方法较为成熟的坝型。其优点是结构简单，施工方便，可就地取材，坝体的稳定性随着坝后的淤积逐年增高，坝体的耐久性好；缺点是坝体体积大、质量大，对地基有一定的选择性，拦截泥沙无分选性，一般用石料砌筑或混凝土浇筑。

拱坝可建在沟谷狭窄、两岸基岩坚固的坝址处。拱坝在平面上成凸向上游的拱形，拱圈受压应力作用，可充分利用基岩和混凝土具有很高的抗压强度这一特点，具有省工、省料等优点；但是拱坝对坝址地质条件要求很高，设计和施工较为复杂，溢流口布置较为困难，因此在泥石流防治工程中应用不多。

格栅坝是泥石流拦沙坝又一种重要的坝型，近年发展很快，格栅坝有良好的透水性，可以有选择性地拦截泥沙，还具有坝下冲刷小、坝后易于清淤等优点。格栅坝的缺点是坝体的整体强度和刚度较重力坝小，格栅易被高速流动的泥石流龙头和大砾石击坏，需要的钢材较多，要求有较好的施工条件和熟练的技工。

10.4.1.2　柔性坝

柔性防护技术在泥石流防护上的应用尝试开始于 20 世纪末。泥石流柔性防护系统是在用于落石拦截的被动防护系统（常称拦石网）基础上改进发展起来的，泥石流柔性防护系统在防护功能上类似于格栅坝，所不同的是它具有高抗冲击能力的柔性特征。柔性网为可渗透结构形式，水和较小颗粒的泥沙被排走，较大的岩块被拦截并沉积下来形成天然的防护屏障。泥石流冲击所具有的动能主要是被柔性网吸收，并将所承受的载荷通过支撑绳索传递给岩层锚杆，锚杆传递到地层。柔性网有一很显著的特性就是抵抗点状冲击，这种特性对于稀性泥石流防护是非常理想的，因为稀性泥石流中大部分大块物质主要集中于泥石流的前端。这种坝结构简单，施工方便，但耐久性较差，目前应用较少。

10.4.1.3　格栅坝

格栅坝的特点是拦、排兼备，变过去实体坝的全部拦挡为部分拦挡，允许一部分对下游不会造成危害的泥沙和洪水通过，确保一定库容，以延长格栅坝的使用年限。由于格栅坝具有良好的拦排等特点，且结构简单，施工周期短，工程费用低，在国内外泥石流防治工程中各种材料的格栅坝逐渐得到应用和迅速发展。

10.4.2　格栅坝的设计

10.4.2.1　坝高的确定

设置混凝土格栅坝两条，一般来说，坝越高，库容越大，对下部地区工程设施的保护作用越明显，但是所需工程量和造价亦随坝高的增加而急剧的加大。因此坝的高度需根据坝基、坝肩的工程地质条件如坡降等，以及拦挡坝后松散固体物质的体积而确定，淤积体简化如图 10-10 所示，经过计算由表 10-7 可知，当坝高为 6m 时，淤积量 $V=3151\text{m}^3$，安全系数为 1.10，因此，坝高确定为 6m。三维立体示意如图 10-11 所示。

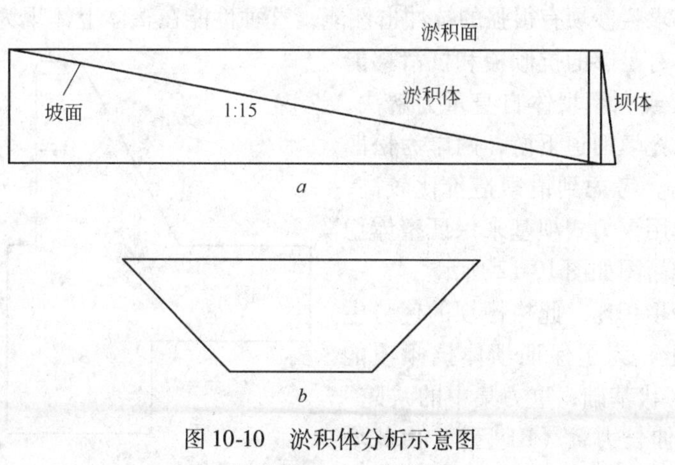

图 10-10　淤积体分析示意图

a—沟底剖面；*b*—沟底断面

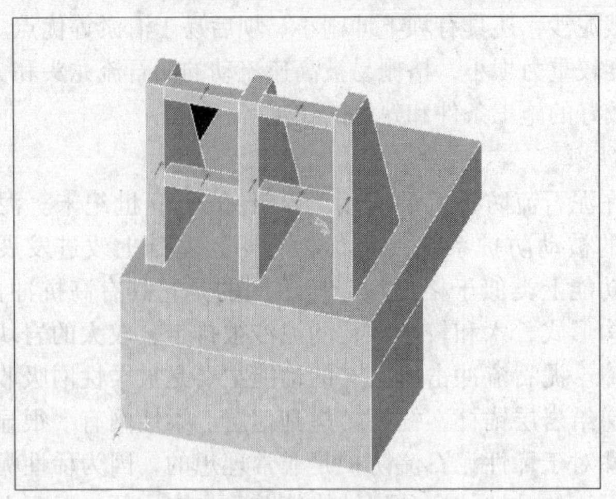

图 10-11　坝体三维立体示意图

表 10-7　淤积量和坝高关系

坝高/m	宽/m	面积/mL	湿周比	水力半径/m	可淤积量/m^3	备注
1	2. 918402	1. 459201	3. 537947	0. 412443	18. 59201	
2	9. 836805	9. 836805	7. 075895	0. 824886	1110. 7361	
3	8. 755207	17. 13281	10. 61384	1. 237329	393. 9843	
4	11. 67361	27. 34722	18. 15179	1. 649771	933. 8887	
5	18. 59201	310. 48003	17. 68974	2. 062214	1828. 001	
6	17. 5104	52. 5312	21. 2277	2. 47466	3151. 87	
7	20. 42882	71. 50086	28. 76563	2. 8871	5009. 06	
8	27. 34722	97. 38887	28. 30358	7. 299543	7471. 11	
9	210. 26562	118. 1953	31. 84153	3. 711986	10637. 58	
10	29. 18402	149. 9201	39. 37947	8. 124429	14592. 01	

10. 4. 2. 2　断面形式

根据《泥石流灾害防治工程设计规范》确定坝体断面形式。泥石流灾害防治工程中，拦沙坝主要拦截泥石流中携带的大量泥沙，并且减缓泥石流的冲击力，以减少对下游结构的破坏，所以要求拦沙坝有很强的抗冲击性能，这种性能在整体上体现为抗倾覆和抗滑移能力。要使坝体有足够的抗倾覆和抗滑移能力，可以用锚索或利用坝体自身重力解决，但是本工程位于充填河道下游，两岸为松散体，下部为基岩，考虑到锚索造价比较高，所以，本工程选用重力式坝基来保证整体稳定，格栅坎基础简图如图 10-12 所示。

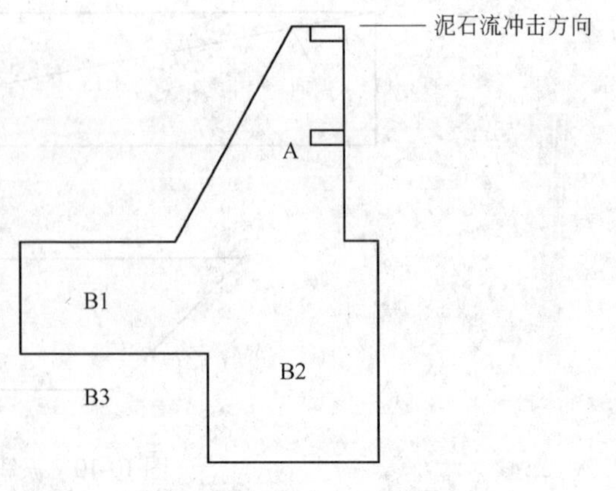

图 10-12　格栅坝基础简图

与传统拦沙坝相比，此格栅坝的优势主要体现在基础上，为了保证坝体抗倾覆能力，采用“称”状基础，重力集中的“陀”部（B2 区）和伸长力臂（B1 区），由此增大坝体抗倾覆支撑点的力臂，从而增大抗倾覆弯矩；而对抗倾覆作用不大的 B3 区可以起到抗滑移作用，这主要是利用该区域的被动土压力替代底面摩擦力，且被动土压力远大于底面摩擦力，从经济角度来看不仅节省材料和工程造价，而且保证基础底面抗滑移的安全性，并由此体现了基础设计的优化效果。

10.4.2.3 结构确定

A 荷载传递

为了更好地透水拦石，坝体采用镶嵌格网的框架结构，其整体结构传力机制为首先格网上的均布冲击力由单向板原理传给两边的型钢柱和混凝土柱，钢柱所受力传给中间次梁、次梁传给柱，通过柱传给基础。

B 基础形式确定

由于重力坝要靠坝体自重来抵抗泥石流冲击力带来的倾覆力矩，为了减少混凝土用量，尽量加大力臂，通过系列方案对比和计算分析，总基础长取 10.5m；为了充分利用被动土压力抗滑移特性，把基础变截面处设为 90°其二维内力分析如图 10-13，图 10-14 所示。通过以上设计建成工程实体如图 10-15 ~ 图 10-17 所示。

ELEMENTS
PRES
130000
X

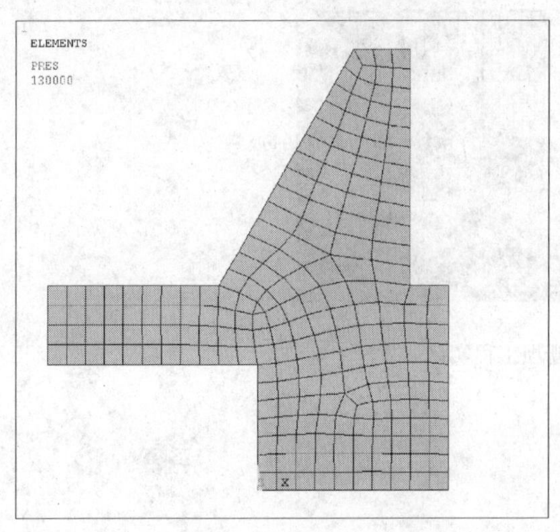

图 10-13 二维平面示意图

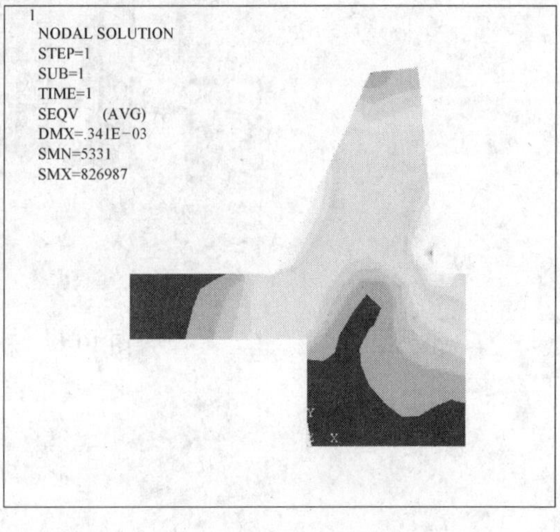

1
NODAL SOLUTION
STEP=1
SUB=1
TIME=1
SEQV (AVG)
DMX=.341E-03
SMN=5331
SMX=826987

图 10-14 坝体二维平面内力

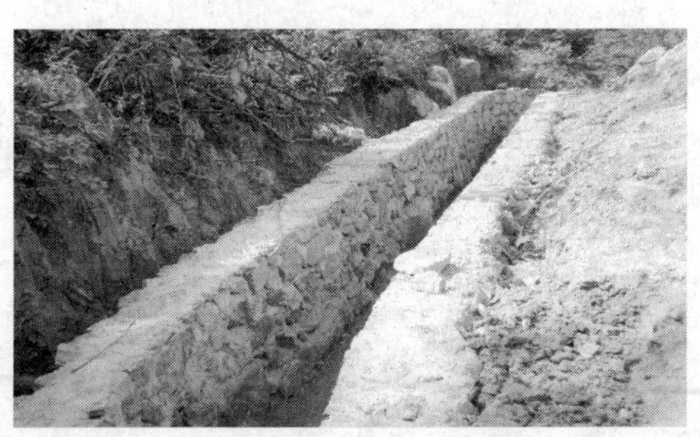

图 10-15 暗渠现场施工

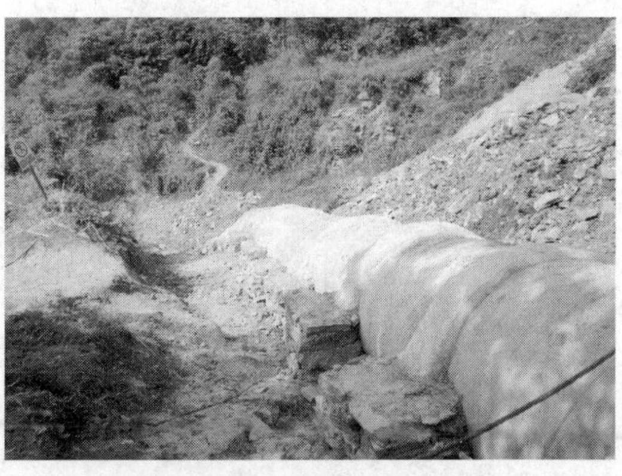

图 10-16 暗管现场施工工程

图 10-17　格栅坝工程实体

11 工程治理效果分析

通过对原排土场排土方案的重新设计并建立合理的排水体系，排土场边坡变形基本稳定，下面对实测位移变化情况做一分析。

11.1 治理前后变形情况

治理前各测点位移速率见表 11-1；其中 2 号点位移速率如图 11-1 所示，其总位移量和位移速率非常大。治理后测点位移速率见表 11-2，如图 11-2 所示；治理前后位移，位移速率，位移速率随时间历时曲线变化情况如图 11-3 ~ 图 11-6 所示。与治理前相比位移速率明显减小。

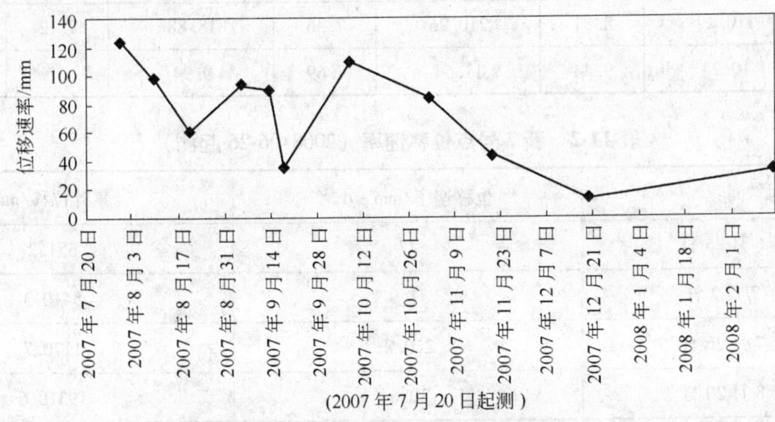

图 11-1 老 2 号点位移速率折线图

表 11-1 老测线各个测点累计水平位移与位移速率

年-月-日	1 号位移 /m	1 号位移速率 /mm · d^{-1}	2 号位移 /m	2 号位移速率 /mm · d^{-1}	3 号位移 /m	3 号位移速率 √mm · d^{-1}	4 号位移 /m
2007-07-20	0.00		0.00		0.00		0.00
2007-07-30	0.51	51.22	1.23	123.02	1.02	102.45	0.81
2007-08-09	0.97	49.47	10.21	98.35	1.96	97.16	1.60
2007-08-20	1.10	13.40	2.83	61.34	2.59	63.01	2.09
2007-09-04	1.90	57.25	8.25	98.71	3.93	89.45	3.02
2007-09-13	10.29	39.00	9.14	89.44	8.76	87.38	3.65
2007-09-18	10.29	0.32	9.32	310.06	9.07	60.74	3.72
2007-10-08	3.41	59.60	7.50	108.69	10.93	97.11	9.27
2007-11-01	3.96	27.63	9.16	87.13			10.43
2007-11-20	3.84	11.84	9.60	48.31	7.37	18.64	10.73
2007-12-19	3.83	0.42	9.15	18.93	7.88	17.21	7.22
2008-06-14	3.94	2.03	10.98	37.25	8.56	110.38	7.78

续表 11-1

年-月-日	4号位移速率/mm·d⁻¹	5号位移/m	5号位移速率/mm·d⁻¹	6号位移/m	6号位移速率/mm·d⁻¹	7号位移/m	7号位移速率/mm·d⁻¹
2007-07-20		0.00		0.00		0.00	
2007-07-30	80.97	0.98	98.31	0.85	89.43	0.87	87.20
2007-08-09	79.44	1.83	88.72	1.54	68.68	1.67	79.47
2007-08-20	48.26	2.41	57.97	1.96	41.65	1.99	32.67
2007-09-04	62.01			3.08	78.68	3.08	710.31
2007-09-13	67.16						
2007-09-18	18.48	8.53	70.65	3.88	53.51	3.93	510.56
2007-10-08	77.41	10.38	910.35	9.47	79.64	9.37	710.28
2007-11-01	58.03	7.65	63.81	10.54	53.55	10.43	53.04
2007-11-20	18.87	8.14	28.39	10.92	18.64	10.65	11.04
2007-12-19	110.29	8.81	210.26	7.36	18.88	7.12	27.31
2008-06-14	10.24	9.44	11.54	7.69	9.94		

表 11-2 新 7 号点位移速率（2008-06-26 起测）

时间	位移速率/mm·d⁻¹	累计位移/mm
2008 年 6 月 26 日	27	351.2
2008 年 7 月 2 日	31.9	5410.3
2008 年 7 月 26 日	210.2	1170.7
2008 年 8 月 20 日	30.6	19310.6
2008 年 9 月 5 日	39.7	2508.8
2008 年 9 月 15 日	110.1	2630.2

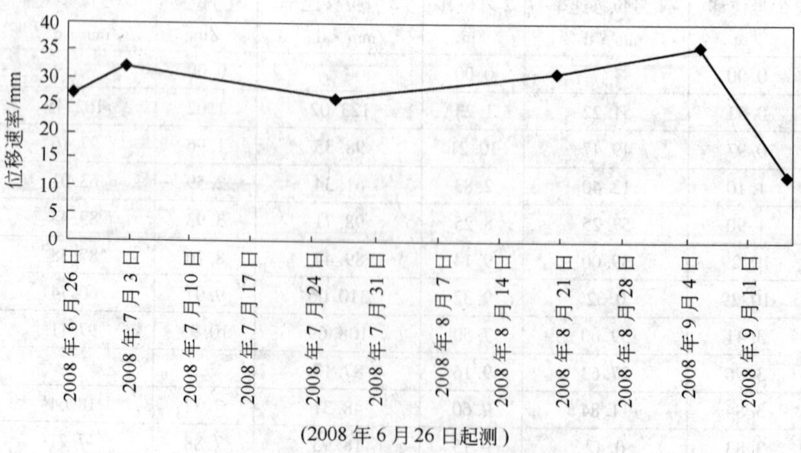

图 11-2 新 7 号点位移速率折线图

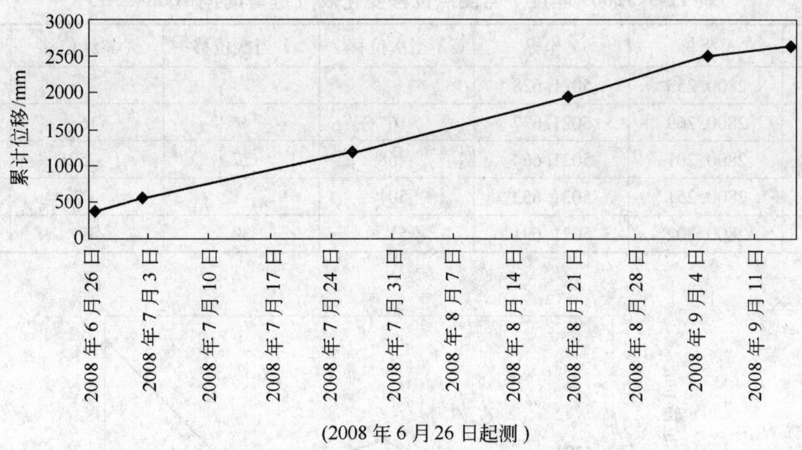

图 11-3 治理前后测点累计位移变化

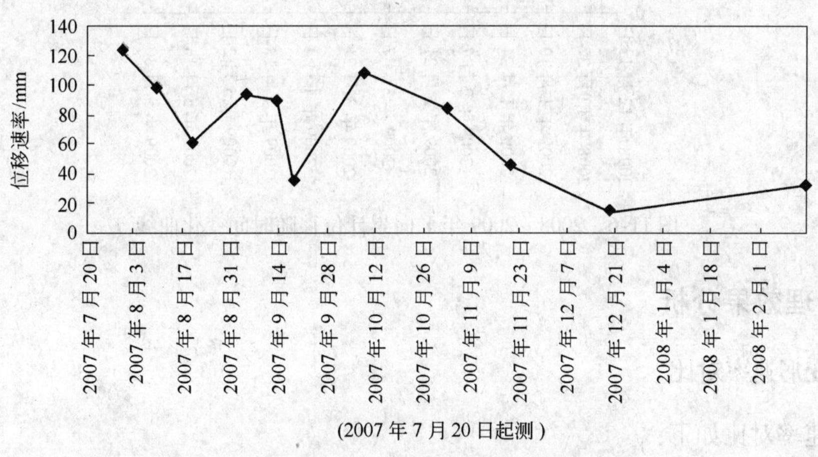

图 11-4 治理前后测点速率变化折线图

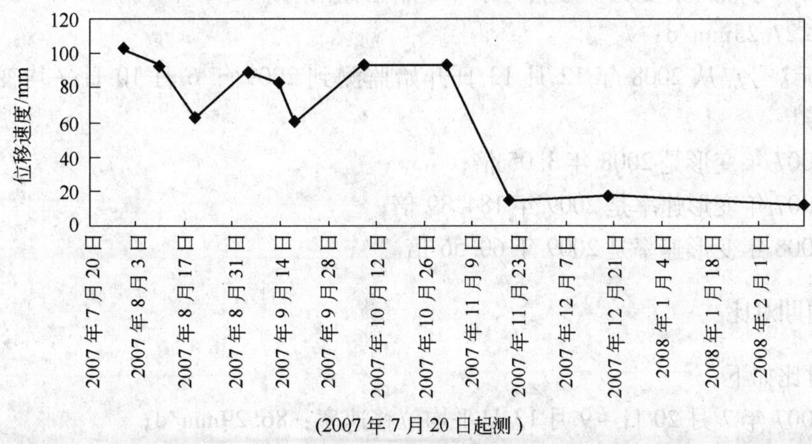

图 11-5 治理前后变形速率随降雨量的变化

表 11-3　2009 年度 7 号测点位移变化表（起算时间 2008-12-13）

监测时间	X 坐标	Y 坐标	X 当次位移	Y 当次位移	X 累计位移	Y 累计位移
2008-12-13	2800. 253	5021. 628				
2009-01-01	2800. 269	5021. 637	16	9	16	9
2009-03-04	2800. 201	5021. 664	-68	27	-52	36
2009-04-22	2800. 251	5021. 652	50	-12	-2	24
2009-06-10	2800. 302	5021. 691	51	39	49	63

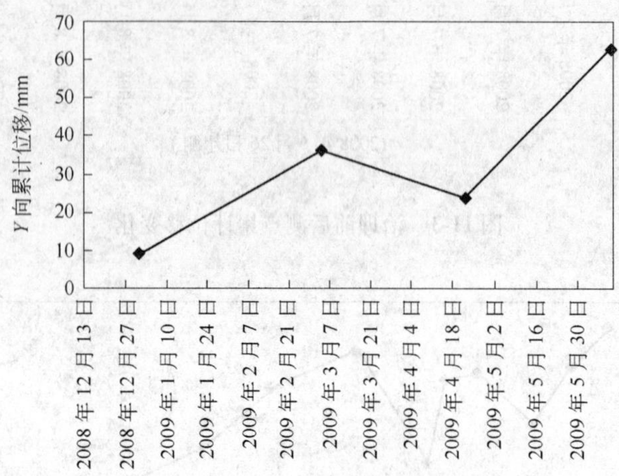

图 11-6　2008～2009 年 Y 向累计位移随时间变化曲线

11.2　治理效果分析

11.2.1　变形速率对比

变形速率对比如下：

（1）原 3 号点 2007 年 7 月 20 日～2007 年 10 月 8 日平均位移速率 87. 2mm/d；

（2）新 7 号点（后变为 6 号点与原 3 号点位置相同）2008 年 6 月 13 日～9 月 15 日平均变形速率 27. 25mm/d；

（3）新 7 号点从 2008 年 12 月 13 日开始监测到 2009 年 6 月 10 日平均变形速率为 0. 45mm/d；

（4）2007 年变形是 2008 年 3. 05 倍；

（5）2007 年变形速率是 2009 年 184. 89 倍；

（6）2008 年变形速率是 2009 年 60. 56 倍。

11.2.2　同期对比

同期对比如下：

（1）2007 年 7 月 20 日～9 月 13 日平均位移速率：86. 29mm/d；

（2）2008 年 7 月 26 日～9 月 15 日平均位移速率：26. 15mm/d；

（3）2009 年 4 月 22 日～6 月 10 日平均位移速率：1. 47mm/d；

（4）2007 年变形速率是 2008 年的 3.3 倍；

（5）2007 年变形速率是 2009 年的 58.7 倍；

（6）2008 年变形速率是 2009 年的 17.79 倍。

11.2.3　结论

综合对比结果是：2007 年变形是 2008 年的 3.05 倍；2007 年变形速率是 2009 年的 184.89 倍；2008 年变形速率是 2009 年的 60.56 倍。

同期对比结果是 2008 年变形速率是 2007 年的 1/3。2007 年变形速率是 2009 年的 58.7 倍；2008 年变形速率是 2009 年的 17.79 倍。

从实测变形速率变化可以得出，通过排土场堆排工艺的完善与防洪体系的建立，排土场达到了稳定状态，由此说明方案的正确性与实效性。

第四篇　黄土厚基底排土场安全控制技术

基底为黄土的排土场属于一种特别典型排土场，其主要问题表现在以下几个方面：一是厚黄土基底的承载能力问题，其能否满足高陡排土场的要求；二是雨水作用后基底强度下降非常迅速，如何控制水量问题；三是排弃物中含有一定比例的灰绿岩，其风化速度非常快，而岩体风化后强度降低非常大，需要考虑其对整体安全性的影响。本篇以中钢集团赤峰金鑫矿业有限公司排土场为例，就上述问题进行研究并在设计中给出具体解决方法。

12　黄土厚基底排土场工程概况

12.1　概况

12.1.1　矿区地理气象概况

某铜钼矿位于赤峰市北东35km，行政区划隶属赤峰市松山区水地乡管辖。地理坐标：东经119°05′30″~119°09′00″，北纬42°23′45″~42°26′30″。交通较为方便，有111国道从矿区南10km处通过，矿区附近县、乡间均有公路相连，并有砂石路通往矿山，其交通位置如图12-1所示。

该铜钼矿一带属干旱—半干旱大陆性气候，夏季炎热，冬季寒冷，年平均气温6.4℃，昼夜温差较大，七月份最高气温32℃，一月份最低气温-28℃。年降水量一般为421~467mm，年蒸发量为1834~2181mm，7月份降水量最大为119~132mm，6月份蒸发量最大为241~336mm，蒸发量大于降水量。1月份冰冻期最长，冻土深度可达1.70m，3月份风沙最大，最大风速可达16m/s。每年4~9月末为无霜期，冰冻期最大冻土深度为1.7m。

矿区内无河流及地表明水，沟谷仅夏秋季节有少量山洪，雨过水干。矿区附近最大的河流是英金河，位于矿区东南方向7km，河床正常水位标高580m，正常水流量40~50L/s。英金河支流双庙河于矿区西南侧通过，是直接影响矿区水文地质环境的河流，河床宽30~50m，雨季有水，部分地段以伏流状态潜入地下。地下潜水资源较丰富，在河谷阶地及有破碎带的低洼处均可打出水井。

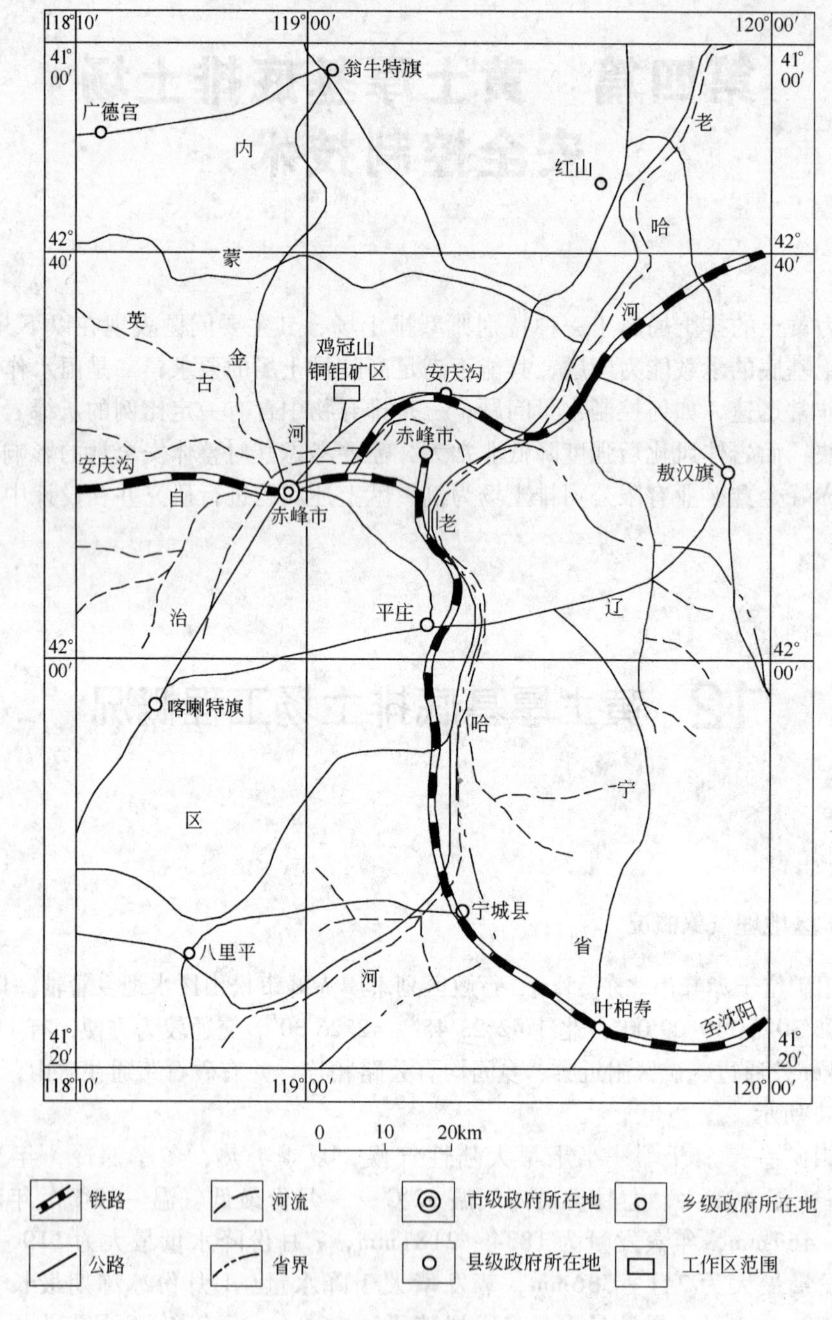

图 12-1　矿区地理位置与交通

12.1.2　地形地貌

矿区内四处排渣场分别位于露天开采场的西侧，为一低山丘陵区，北侧占地面积约 35 万 m^2，划分为西区及北区，西区内最高海拔点为 766m，最低点为 668m，高差近 100m，坡向为南北向，排渣延伸方向主要顺着自然冲沟方向，主要堆积区坡度约 10%，汇水面积约14万平方米；北区最高海拔为774m，最低为650m，高差约120m，坡向为近东西向，局部地段切割较深，排渣延伸近似冲沟东西向，主要堆积区坡度约12%，汇水面积约20万平方米；沟谷被雨水及洪流冲刷成较陡的沟坎，区内树木较少，坡面植被较差。矿区最高点位于矿区中部的红石砬山，海拔876.2m。第四系覆盖约占矿区面积的1/3以上。

12.1.3　区内地质构造

区域内断裂构造较为发育，主要为北东（北北东）向及北西向断裂，成带出现，规模较大，与褶皱构造伴生。

12.1.3.1　北东、北北东向断裂

该组断裂在华力西晚期表现为左行压扭性，造成二叠纪地层错移，燕山期则表现为多期次的压—张变化，造成岩浆沿断裂带上侵和火山喷发，形成了断陷盆地和火山盆地。断裂有转山北东向逆—左行平移断层和小敖包沟北东向左行平移断层。

A　转山北东向断层

断层位于老营子、转山子、柳金沟一带，发育在二叠纪地层内，走向45°，南东倾，倾角较陡，宽30m，长大于7km。沿断层有斜长石斑岩、正长斑岩脉贯入。断层具逆左行平移错动，造成地层产状不协调，水平断距达2.5km。该断层形成于华力西晚期，为压扭性，燕山期呈张性并有脉岩侵入。

B　小敖包沟北东向断层

断层位于小敖包沟，发育早二叠世亚构造层内，走向30°，宽20m，长大于3km。断层将青凤山组地层向左平移错开，水平断距350m左右。断裂带内岩石破碎，具密集劈理，属华力西晚期产物。

12.1.3.2　北西向断裂

区域内断裂构造较为发育，主要为北东（北北东）向及北西向断裂，成带出现，规模较大，与褶皱构造伴生。

A　房身沟北西向断裂带

位于房身沟，发育在下二叠纪地层内。总体走向310°，长7km，由房身沟断裂、隐伏断裂组成。华力西期显左行平移，燕山早期显张性，有次火山岩沿断裂带贯入。

B　红石砬山北西向断裂带

断裂带发育在红石砬山、鸡冠山等地，带宽3km，长6km左右。由两组断裂构成：一组走向320°~330°，由五条断裂组成，规模一般较大；另一组走向290°~310°，由七条断裂组成。此带发育在早二叠世和早白垩世地层内，沿带有岩脉侵入。断裂带以左行平移断层和逆断层为主。

12.1.4　地层分布

表层为粉土：黄色，风积形成，厚度较小为3.5~6.5m，含水量较低，稍密—中密状态，下部过渡为粉质黏土。

粉质黏土：黄褐色，风积形成，含水量低呈硬塑状态，少有钙质结核，该层位最终过渡到次生红黏土，为可塑状态，含水量相对较低。

基岩强风化破碎层：该层厚度约2.5m，表层强风化呈土状，含少量碎石及黏性土，其下部为中风化的呈块状基岩，裂隙发育，填充物较少。其余出露岩体主要结构面与坡面倾向均不一致，不存在外倾结构面，产状延伸方向分别不同，错综复杂。

12.2　勘察区域岩土体物理与力学参数特征

堆积体岩性主要有：花岗斑岩、粗面质角砾凝灰岩、石英粗面岩和流纹岩等。滑床表层为粉土、粉质黏土及碎砾石土，下部基岩为安山岩。下面分别介绍各岩层的物理力学性质指标。

12.2.1　基岩物理力学性质

12.2.1.1　花岗斑岩

物理力学强度参数为：含水率 2.41%，吸水率 2.81%，体积密度 2.66g/cm^3。天然抗压强度 23MPa、饱和抗剪强度中的黏聚力 31.5kPa、内摩擦角 35.1°。

12.2.1.2　粗面质角砾凝灰岩

物理力学强度参数为：含水率 2.10%，吸水率 2.27%，体积密度 2.60g/cm^3。天然抗压强度 9.6MPa、饱和抗剪中的黏聚力 26.2kPa、内摩擦角 31.5°。

12.2.1.3　石英粗面岩

物理力学强度参数为：含水率 2.08%，吸水率 3.01%，体积密度 2.56g/cm^3。天然抗压强度 20.6MPa、饱和抗剪强度中的黏聚力 30.6kPa、内摩擦角 37°。

12.2.1.4　安山岩

含水率 1.57% ~2.47%，吸水率 1.82% ~3.60%，体积密度 2.64 ~2.69g/cm^3。天然抗压强度 23MPa、饱和抗剪强度中的黏聚力 298kPa、内摩擦角 28.91°。

12.2.2　表层土物理力学性质

12.2.2.1　粉土

物理力学强度参数为：含水量 13.8% ~15.2%，天然密度 1.72 ~1.78g/cm^3、孔隙比 0.750 ~0.803、饱和度 42.8% ~56.7%，塑性指数 6.1 ~8.2，抗剪强度中的黏聚力 3.9 ~8.1kPa、内摩擦角 26° ~32°。

12.2.2.2　粉质黏土

物理力学强度参数为：含水量 16.8% ~23.6%，天然密度 1.78 ~1.89g/cm^3，孔隙比 0.757 ~0.827、饱和度 55.1% ~85.1%。塑性指数 12.3 ~15.7，抗剪强度中的黏聚力 20.3 ~31.5kPa、内摩擦角 18° ~23.5°。

13 矿区水文地质特点

13.1 水文地质特点

13.1.1 第四系空隙潜水含水区

第四系冲击空隙潜水（Q^{apl}）：仅出露在矿区西南角，面积不大，是双庙河阶地以内部分。含水层出露标高629m左右，出露宽度70～80m，水位埋深3.6～10m。含水层岩性主要有砂和砂砾石组成。据机井抽水资料，涌水量8.2L/s，水位降深3.9m，单位涌水量2.1L/s，渗水系数51.3m/d，单井出水量400～800m³/d，富水性和透水性较强，属于中等富水区。水化学类型HCO_3-Ca水，矿化度0.24g/L，硬度17（德国度），pH值为6.5。

第四系洪积层孔隙潜水（Q^{apl}）：出露标高560～600m，分布在矿区的南部和西部沟谷地带，宽度80～100m，最宽可达200m，厚度约30～50m，水位埋深25～45m，泉涌水量0.135L/s，据民井抽水结果，涌水量为0.42L/s，水位降深0.76m，渗水系数22.2m/d。富水性较弱，属于弱富水区。水化学类型HCO_3-Ca-Na，矿化度0.30g/L，硬度18（德国度），pH值6.1。

13.1.2 基岩裂隙潜水含水区

本区分布面积广，富水性弱，根据岩性不同可分为4个亚区。辉绿岩含水区：出露标高675～816m，分布矿区北部，侵入青风山组地层。岩石节理裂隙发育，具有一定的透水性和富水性，泉流量在0.2～0.3L/s，矿化度0.02～0.32L/s。

凝灰质砂岩、变质砂岩、砂质板岩含水区：出露标高650～750m，属于青风山组于家北沟组岩层，分布于矿床周围，泉流量在0.15L/s，水化学类型HCO_3-Ca-Na水，矿化度0.28～0.32L/s，富水性很弱。

火山角砾凝灰岩、粗面岩、出面斑岩含水区：分布矿区南部，出露标高660～830m，泉流量在0.05～0.08L/s，坑道涌水观测，涌水量0.031L/s，因在矿床范围附近，虽然水量不大，是矿床主要充水岩层，水化学类型HCO_3-Ca-Na水，矿化度0.20～0.30L/s。

流纹岩、流纹斑岩含水区：出露标高650～817m，分布矿区中部，泉出露少，涌水量0.02～0.151L/s，水化学类型HCO_3-Ca-Na水，矿化度0.25～0.30L/s。

根据矿区钻孔水文地质观测和坑道资料，综合整理，钻孔水位（含水层水位）埋深36.30～65.77mm最低深度83.30m，水位标高746～784m，平均水位标高765.93m。含水层厚28～49m，平均厚层39.42m。

13.1.3 矿区隔水层

矿区隔水层为第四系残坡积物和各类岩层岩体，残坡积物为出露标高550～750m，分布较广，沿沟谷两侧及低缓的山坡地带分布，主要岩性为黄土类土（因不具备黄土特征，故称黄土类土）亚黏土和黏土砂砾石，碎石等组成，不含水，黄土类土上部呈黄褐色，结构较松散，具垂直节理，多孔隙，含钙质网纹及斑点。

除上述第四系残坡积累水层之外，就是几眼裂隙水以下的岩层和岩体，岩石坚硬致密，节理裂隙不发育，均属于隔水层。

矿区断裂结构发育，较大的断裂有7条，往往会成为地下水良好的沟通和汇聚场所，但这些断裂均未涉及到矿床范围。而影响矿床充水结构仅是些较小的3，4，5级破碎带和节理裂隙，在坑道仅出现深水和滴水现象，钻孔也未发现涌漏水现象，因此，对矿床开采影响不大。

矿区内无地表水，仅在矿区南部有英金河支流的双庙河，由于距矿区较远，且没有大的断裂构造勾通，河水区域第四系空隙潜水，不会补给矿区。而矿区地下水补给的唯一来源是大气降水补给。由于矿床处于分水岭地带，汇水面积很小，仅0.3km^2，因此，大气降水的补给量也是很有限的。矿区地下水径流主要以地下水径流方式，并与地形相吻合，以潜流形式为主，其次是以少数泉形式向南排出矿区，补给区域是地下水和双庙河。

矿区地下水动态变化规律，受季节变化影响较大，雨季（6~8月份）地下水位上升，坑道涌水量增大；枯水季节地下水位和坑道涌水明显下降和减少，水位表幅5~10cm，最大可达22cm，坑道涌水量变幅最大值达0.044L/m。

综上所述，矿床充水因素是矿床范围内次级小的构造破碎带，而是大气降水的渗透，但是水量都不大，对矿床开采无较大影响，矿区水文地质条件属于简单类型。

13.2 排土场区补充勘察结果

在此之前已完成勘察工作均在采场区域内，而排土场区域无钻孔勘察资料；考虑排土场中下部区域有许多为农田，为了弄清楚排土场基底赋存条件和承载力情况，由勘察公司进行了详细的勘察。

13.2.1 排土场地形地貌

矿区内四处排渣场分别位于露天开采区的西、北侧，占地面积约35万m^2，划分为西区及北区，西区内最高海拔点为766m，最低点为668m，高差近100m，坡向为南北向，排渣延伸方向主要顺着自然冲沟方向，主要堆积区坡度约10%，汇水面积约14万m^2；北区最高海拔为774m，最低为650m，高差约120m，坡向为近东西向，排渣延伸近似冲沟东西向，主要堆积区坡度约12%，汇水面积约20万m^2；沟谷被雨水及洪流冲刷成较陡的沟坎，坡面植被较差，根据地形地貌及排渣延伸方向，初步确定场区内是相对不稳地段，并进行布置钻孔。

13.2.2 物理力学参数

表层为粉土：黄色，风积形成，厚度较小为3.5~6.5m，含水量较低，稍密-中密状态，下部过渡为粉质黏土。

粉质黏土：黄褐色，风积形成，含水量低呈硬塑状态，少有钙质结核，该层位最终过渡到次生红黏土，为可塑状态，含水量相对较低。

基岩强风化破碎层：该层厚度约2.5m，表层强风化呈土状，含少量碎石及黏性土，其下部为中风化的呈块状基岩，裂隙发育，填充物较少。其余出露岩体主要结构面与坡面倾向均不一致，不存在外倾结构面，产状延伸方向分别不同，错综复杂，其物理力学参数见表13-1。

表 13-1　土工试验综合成果

孔号及土号	试样深度 /m	质量密度 ρ /g·cm^{-3}	天然含水量 w/%	土粒密度 G_s	天然孔隙比 e	饱和度 Sr/%	干密度 ρ_d /g·cm^{-3}	饱和密度 ρ_{sat} /g·cm^{-3}	液限 ω_L/%	塑限 ω_p/%	塑性指数 I_P	含水比 a_w	直剪内摩擦角（快剪）φ_q /(°)	黏聚力 c_q（快剪）/kPa	室内定名
2-1	5.20～5.40	1.71	13.8	2.69	0.790	46.0	1.50	1.94	23.5	16.3	8.2	0.56	25.5	8.2	粉土
2-2	6.30～6.50	1.72	13.2	2.69	0.786	48.6	1.51	1.95	23.5	16.3	8.2	0.58	28.3	5.4	粉土
2-3	6.80～8.00	1.78	16.8	2.72	0.785	58.2	1.52	1.96	31.6	19.3	12.3	0.53	21.0	25.3	粉质黏土
2-4	8.90～9.10	1.82	19.8	2.72	0.790	68.1	1.52	1.96	33.2	21.6	12.6	0.58	19.5	21.3	粉质黏土
2-5	10.00～10.20	1.89	21.6	2.73	0.756	78.0	1.55	1.98	38.2	23.3	13.9	0.57	19.0	20.3	粉质黏土
2-6	12.50～12.70	1.92	23.6	2.73	0.757	85.1	1.55	1.98	36.5	23.6	13.9	0.63	18.0	15.6	粉质黏土
3-1	5.50～5.70	1.72	18.3	2.72	0.871	56.2	1.45	1.92	35.2	19.8	15.4	0.52	22.5	22.0	粉质黏土
3-2	2.50～2.70	1.69	12.6	2.69	0.792	42.8	1.50	1.94	23.3	15.2	9.1	0.52	23.6	9.2	粉土
5-1	8.10～8.30	1.79	16.9	2.73	0.783	58.9	1.53	1.97	35.2	21.4	13.8	0.48	20.0	25.3	粉质黏土
5-2	12.50～12.70	1.85	21.6	2.73	0.794	73.2	1.52	1.96	35.4	21.3	13.1	0.61	18.0	23.0	粉质黏土
5-3	16.90～16.10	1.89	23.6	2.73	0.785	82.0	1.53	1.97	35.6	21.5	13.1	0.66	18.0	6.0	粉质黏土
6-1	8.50～8.70	1.78	15.6	2.73	0.773	55.1	1.54	1.98	33.2	19.8	13.4	0.46	21.0	18.9	粉质黏土
6-2	13.20～13.40	1.82	21.8	2.73	0.827	72.0	1.49	1.95	36.2	20.2	16.0	0.60	18.0	15.2	粉质黏土
6-3	9.50～9.70	1.79	16.2	2.72	0.766	56.5	1.54	1.97	31.5	19.1	12.4	0.51	21.0	23.0	粉质黏土
6-4	13.80～13.00	1.82	18.6	2.72	0.772	65.5	1.53	1.97	35.2	21.6	13.6	0.53	19.0	25.0	粉质黏土

续表 13-1

孔号及土号	试样深度/m	质量密度ρ/g·cm^{-3}	天然含水量w/%	土粒密度G_s	天然孔隙比e	饱和度Sr/%	干密度ρ_d/g·cm^{-3}	饱和密度ρ_{sat}/g·cm^{-3}	液限ω_L/%	塑限ω_p/%	塑性指数I_P	含水比a_w	直剪内摩擦角（快剪）φ_q/(°)	黏聚力c_q（快剪）/kPa	室内定名
6-5	16. 40 ~ 16. 60	1. 89	19. 6	2. 72	0. 721	73. 9	1. 58	2. 00	35. 2	21. 6	13. 6	0. 56	19. 0	23. 3	粉质黏土
9-1	2. 20 ~ 2. 40	1. 73	12. 4	2. 72	0. 767	43. 0	1. 54	1. 97	31. 5	19. 2	12. 3	0. 39	19. 0	16	粉质黏土
9-2	3. 60 ~ 3. 80	1. 79	13. 6	2. 72	0. 726	50. 9	1. 58	2. 00	31. 5	19. 2	12. 3	0. 43	18. 0	19	粉质黏土
9-3	8. 10 ~ 8. 30	1. 86	15. 3	2. 72	0. 686	60. 7	1. 61	2. 02	31. 5	19. 2	12. 3	0. 49	19. 5	22	粉质黏土
9-4	13. 50 ~ 13. 70	1. 89	18. 2	2. 72	0. 701	70. 6	1. 60	2. 01	35. 2	21. 6	13. 6	0. 52	18. 5	25	粉质黏土
11-1	2. 50 ~ 2. 70	1. 73	12. 4	2. 72	0. 767	43. 0	1. 54	1. 97	33. 2	21. 1	15. 6	0. 36	21. 0	16. 3	粉质黏土
11-2	5. 20 ~ 5. 40	1. 76	13. 5	2. 72	0. 754	48. 7	1. 55	1. 98	33. 2	18. 6	15. 7	0. 39	18. 9	21. 7	粉质黏土
11-3	8. 10 ~ 8. 30	1. 82	15. 3	2. 72	0. 723	56. 5	1. 58	2. 00	33. 2	18. 5	15. 7	0. 45	19. 5	22. 5	粉质黏土
11-4	12. 30 ~ 12. 50	1. 89	16. 8	2. 72	0. 681	66. 1	1. 62	2. 02	33. 5	18. 5	16. 3	0. 49	21. 3	18. 6	粉质黏土
13-1	8. 50 ~ 8. 70	1. 78	19. 2	2. 72	0. 821	63. 6	1. 49	1. 94	35. 2	18. 2	15. 7	0. 55	20. 3	18. 5	粉质黏土
13-2	10. 20 ~ 10. 40	1. 82	20. 3	2. 72	0. 798	69. 2	1. 51	1. 96	35. 2	19. 5	15. 7	0. 58	19. 5	21	粉质黏土
13-3	12. 50 ~ 12. 70	1. 89	21. 3	2. 72	0. 746	76. 7	1. 56	1. 99	35. 2	19. 2	16. 0	0. 61	16. 0	19	粉质黏土
13-1	2. 80 ~ 3. 00	1. 74	13. 2	2. 69	0. 750	46. 3	1. 54	1. 97	26. 3	18. 2	8. 1	0. 50	28. 6	10. 2	粉土
13-2	5. 10 ~ 5. 30	1. 76	13. 5	2. 69	0. 750	52. 0	1. 54	1. 97	26. 3	18. 2	8. 1	0. 55	26. 3	5. 4	粉土
13-3	6. 40 ~ 6. 60	1. 79	13. 9	2. 69	0. 727	55. 2	1. 56	1. 98	26. 3	18. 2	8. 1	0. 57	25. 6	5. 4	粉土
13-4	13. 20 ~ 13. 40	1. 82	16. 9	2. 72	0. 747	61. 5	1. 56	1. 98	35. 2	19. 6	15. 6	0. 48	23. 1	31. 5	粉质黏土
13-5	15. 60 ~ 15. 80	1. 89	19. 6	2. 73	0. 728	73. 5	1. 58	2. 00	35. 2	19. 6	15. 6	0. 56	22	29. 5	粉质黏土

实验由勘察公司完成，其原始实验数据见表13-1，设计中根据《建筑地基基础设计规范》（GB 50006—2002）的统计方法，进行了统计分析，其成果见表13-2。

表13-2　排土场区域地层力学参数标准值计算

名　称	物理量	试验平均值	变异系数	统计修正系数	标准值
粉　土	黏聚力 C	6.86kPa	0.156	0.896	6.2kPa
	内摩擦角 φ	30.8(°)	0.122	0.933	28.8(°)
粉质黏土	黏聚力 C	23.9kPa	0.058	0.926	23.1kPa
	内摩擦角 φ	22.6(°)	0.109	0.945	21.4(°)

内摩擦角标准值 φ_k 及黏聚力标准值 c_k 按以下方法进行统计计算变异系数、平均值和标准差

$$\delta = \frac{\sigma}{\mu} \tag{13-1}$$

$$\mu = \frac{\sum_{i=1}^{n}\mu_i}{n} \tag{13-2}$$

$$\sigma = \sqrt{\frac{\sum_{i=1}^{n}\mu_i^2 - n\mu^2}{n-1}} \tag{13-3}$$

式中　δ——变异系数；

μ——试验平均值；

σ——标准差。

计算内摩擦角和黏聚力的统计修正系数 φ_φ、φ_c

$$\varphi_\varphi = 1 - \left(\frac{1.704}{\sqrt{n}} + \frac{4.678}{n^2}\right)\delta_\varphi \tag{13-4}$$

$$\varphi_c = 1 - \left(\frac{1.704}{\sqrt{n}} + \frac{4.678}{n^2}\right)\delta_c \tag{13-5}$$

式中　φ_φ——内摩擦角的统计修正系数；

φ_c——黏聚力的统计修正系数；

δ_φ——内摩擦角的变异系数；

δ_c——黏聚力变异系数。

$$\varphi_k = \varphi_\varphi \cdot \varphi_m \tag{13-6}$$

$$c_k = \varphi_c \cdot c_m \tag{13-7}$$

式中　φ_k——内摩擦角标准值；

c_k——黏聚力标准值；

φ_m——内摩擦角的试验平均值；

c_m——黏聚力的试验平均值。

根据勘察资料，矿石和围岩重度为26kN/m³；由于该排弃物中含有一定比例的泥灰岩

易风化，所以，随排土场堆积时间推移，松散体在自重作用下逐渐压密，其松散系数将减小，松散系数取 1.3；由此得出排弃物料的重度为 20kN/m^3；排土场各个地层的物理力学参数见表 13-3。

表 13-3 各层力学参数选取

项 目	天然密度/g · cm^{-3}	黏聚力/kPa	内摩擦角/(°)
堆积物	20	0	37
粉 土	16.3	6.2	28.8
粉质黏土	18.25	23.1	21.4
安山岩	26.4	298	28.91

14 排土场堆排概况

在初步设计中设计了两个排土场，其中1号排土场位于矿体上盘境界200m以北偏西区域，为单水平高台阶排土场，设计标高为810m水平，采场810m水平以上的各水平台阶的岩石均排弃至此；设计容积为460万m^3。

2号排土场为矿山主要排土场，位于矿体北东向区域，为多水平低台阶压脚式组合台阶排土场。该排土场初始设计分为3个组合排土台阶，由境界圈外200m处开始向外展开工作。排土场台阶高度不大于100m，一般排土场段高在36m左右，个别段高为80m，2号排土场的设计总容量为4200万m^3。

实际堆排过程中在采场正北偏东又堆排了一个排土场，目前称为1号排土场，而初步设计中的1号排土场则称为3号排土场。

排弃物多为花岗斑岩、粗面质角砾凝灰岩、石英粗面岩和流纹岩，自然安息角为35°~45°；由于堆积时存在大量碎石土，结合现有堆积物自然安息角的测量结果，取堆积体的自然安息角为35°，截止到2009年8月已排弃物料约为1100万m^3左右；各个排土场堆积高度见表14-1。

表14-1 排土场目前堆排高度统计

堆排位置	1号渣场西北口	2号渣场东北口	3号渣场西口	3号渣场西南口
现有最大堆高/m	43	58	58	39

目前，排土场存在的问题主要表现在如下几个方面（见图14-1~图14-8）：

（1）排土场区域无工程勘察资料；

图14-1 东排土场（2号）原始地形

图14-2 西南排土场（1号）原始地形

（2）缺少排土场设计与安全评价的详细资料；

（3）2、3 号排土场堆排顺序不合理，下游先排将堵塞上游水路，雨季易形成堰塞湖，需要完善设计中合理的堆排顺序；

（4）2 号排土场局部已产生严重的沉陷变形，根据国家安全生产局颁发的安全生产导则的规定目前排土场变形状况属于危险级排土场，需要对排土场堆排顺序治理或重新设计；

（5）局部排土台阶过陡或受下部挖石料的影响，存在安全隐患。

图 14-3 东排土场堆排现状与黄土基底冲沟

图 14-4 1 号排土场局部陡坡堆积状况

图 14-5 3 号排土场自然水沟被堵情况

图 14-6 2 号（东）排土场平盘地面沉降裂缝状况

图 14-7 2 号（东）排土场自然水沟即将被堵情况

图 14-8 2 号（东）排土场上游区域欠排情况

15　排土场的设计

赤峰鸡冠山金鑫铜钼矿排土场基底表层为粉土，呈黄色，风积形成，厚度较小为3.5～7.5m，含水量较低，稍密-中密状态，下部过渡为粉质黏土。粉土的含水量13.8%～15.2%、天然密度1.72～1.78g/cm^3、孔隙比0.750～0.803、饱和度42.8%～56.7%，塑性指数7.1～8.2；抗剪强度中的黏聚力4.9～8.1kPa、内摩擦角26°～32°。

粉质黏土呈黄褐色，风积形成，厚度较小为0.5～10.5m，含水量低呈硬塑状态，少有钙质结核，该层位最终过渡到次生红黏土，为可塑状态，含水量相对较低。粉质黏土的含水量16.8%～23.6%，天然密度1.78～1.89g/cm^3、孔隙比0.757～0.827、饱和度55.1%～85.1%。塑性指数12.3～15.7，抗剪强度中的黏聚力20.3～31.5kPa、内摩擦角18°～23.5°。该地层再向下为基岩强风化破碎层。由于该排土场山坡上部表土层很薄多为基岩，下部排土场基底存在很发育的黄土深沟，地形分布比较复杂，与排土场稳定性有关的基底工程地质条件比较差。其下部基底主要持力层为粉土及粉质黏土，在排土场形成过程中及形成后，导致原排水体系不畅，基底土体内地下水补给条件量增多；另外，上覆土场阻碍了基底土体内水的蒸发；当排土场形成一定规模后，基底土体内地下水得到不断补充，致使基底土体内含水量不断增高，由此将在粉土内及粉质黏土层内，容易形成软弱带，恶化基底承载能力。

又由于黏土是伊利石、蒙脱石混层黏性土，其矿物含量约为70%，其中膨胀矿物约占50%～60%，伊利石约占16%～20%。矿物在充水条件下，颗粒表面具有较强的吸附水分子的能力使土体具强可塑性与变形能力，导致抗剪强度下降。当荷载达到800kPa，棕红色黏土微结构就发生重大突变，在排土场荷载持续增加作用下，易演化形成软塑变形或滑移破坏带。其中，演化弱层的出现具有如下特征：（1）演化弱层出现在排土场达到一定高度后基底土体的高应力区；（2）演化弱层多赋存在排土场基底土层间界面处，形成弱层厚度10～100cm不等；随堆载应力增大，弱层发育区逐渐增大，最终呈连续分布，从而形成软弱层，即所谓的滑面。另外，排弃物推进强度的大小，对基底压力增长速度有很大的影响，当应力增长速度超过一定数值，基底土层强度不相适应时，就会破坏排土场的应力平衡状态，所以，应严格控制排土强度，不宜过大，防止由于排弃物料载荷增长过快而导致边坡失稳。排弃物料的物理力学性质是决定边坡高度及总体边坡角的关键性因素，因此应该综合考虑排弃物的级配、含水量、内摩擦角、气孔度、含黏土的多少等因素，均匀搭配在一起，确保排土场的安全性。

15.1　台阶高度确定的理论依据

排土场作为一种特殊的工程建设，同样也要求基底的承载力满足最基本的需要，否则会因为基底承载力不足而容易诱发基底严重变形或产生破坏。一般情况下，按照地基基础设计规范要求，建筑工程既要满足承载强度要求，又要满足刚度要求；即：满足承担上部荷载能力和建筑工程允许变形两个条件。但对于排土场这种特殊工程而言，要求基底承载力满足要求，也就是不产生严重变形或破坏；就可以满足排土场建设的需要。基于上述基本原则，按照《有色金属矿山排土场设计规范》（GB 50421—2007）及建筑地基基础设计规范中有关地基承载力的计算方法，根据排土场基底岩石物理和力学实验参数，应用相应的理论计算方法进行计算，然后再结合目前实际排弃高度、规范规定的高度；综合确定排土场台阶高度。

15.1.1　第一平盘台阶高度的确定

根据勘察资料，排土场基底粉土重度 $\gamma = 17.3\text{kN/m}^3$，凝聚力 $C = 6.2\text{kPa}$，内摩擦角 $\varphi = 28.8°$。矿石和围岩重度为 26kN/m^3；其岩石松散系数为 1.6，由于排弃物中辉绿岩等排弃物易风化为碎石土（如图 15-1 ~ 图 15-3 所示）。所以，随排土场堆积时间推移，松散体在自重作用下逐渐压密，其松散系数将减小。根据《有色金属矿山排土场设计规范》中统计资料，大块岩石的剥离物松散系数为 1.25 ~ 1.35，故设计中取松散系数为 1.3；由此得出排弃物料的重度为 20kN/m^3。下面应用不同的方法，计算排土场基底允许堆弃高度的理论计算值。

图 15-1　排弃物中灰绿岩风化照片（1）

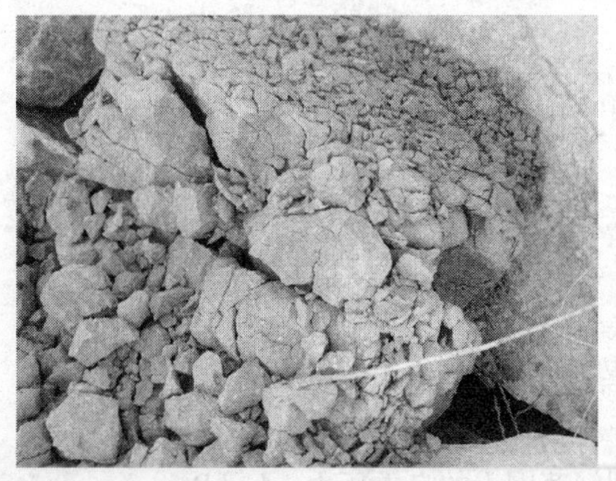

图 15-2　排弃物中灰绿岩风化照片（2）

图 15-3 排弃物中灰绿岩风化照片（3）

15.1.1.1 临塑荷载计算方法

$$p_{cr} = N_d \gamma d + N_c \cdot c$$

式中 $N_c = \dfrac{\pi\cos\varphi}{\cot\varphi - \dfrac{\pi}{2} + \varphi}$；

$N_d = \dfrac{\cot\varphi + \dfrac{\pi}{2} + \varphi}{\cot\varphi - \dfrac{\pi}{2} + \varphi}$；

c，φ——分别为基底以下土体的内聚力，kPa，内摩擦角，（°）；

γ，b，d——分别为地基的天然重度，kN/m^3，基础的宽度，m，基础埋深，m。

15.1.1.2 临界荷载计算方法

$$p_{\frac{1}{4}} = N_{\frac{1}{4}} \times \gamma \times b + N_c \times c$$

式中 p_{cr}——临塑荷载；

$N_{\frac{1}{4}} = \dfrac{\dfrac{\pi}{4}}{\cot\varphi - \dfrac{\pi}{2 + \varphi}}$；

φ——地基土内摩擦角；

γ，b——分别为地基的天然重度，kN/m^3，基础的宽度，m。

临界荷载一般计算公式

$$p_u = \frac{1}{2}\gamma b N_\gamma + cN_c + qN_q$$

式中 p_u——地基极限荷载；

γ，b——分别为地基的天然重度，kN/m^3，基础的宽度，m；

c——基底以下土体的内聚力，kPa；

q——基础的旁侧荷载，其值为基础埋深范围土的自重压力 γd，kPa；

N_γ——承载力系数，$N_\gamma = \tan^5\alpha - \tan\alpha$；

N_c——承载力系数，$N_c=2(\tan^3\alpha+\tan\alpha)$；

N_q——承载力系数，$N_q=\tan^4\alpha$。

15.1.1.3 极限荷载计算方法

$$p_u=\frac{1}{2}\gamma\times b\times N_r+c\times N_c+q\times N_q \tag{15-1}$$

$$P=P_u/k$$

式中 N_c，N_q——承载力系数，根据地基土内摩擦角，查规范专用承载力系数图表确定；

c，φ——分别为土的内聚力，kPa；内摩擦角，(°)；

γ，b——分别为地基的天然重度，kN/m^3；基础的宽度，m；

k——地基稳定安全系数。

15.1.1.4 有色金属矿山排土场设计规范计算方法

$$H_1=10^{-4}\pi C\cot\varphi\left[\gamma\left(\cot\varphi+\frac{\pi\varphi}{180}-\frac{\pi}{2}\right)\right]^{-1} \tag{15-2}$$

式中 H_1——排土场的堆置高度，m；

C——基底岩土的黏结力，Pa；

φ——基底岩土的内摩擦角，(°)；

γ——排土场物料的体积密度，t/m^3。

在基底处于极限状态，失去承载力，产生塑性变形和移动时，排土场的极限堆置高度可按式15-2计算。

$$H_2=\frac{10^{-4}C\cot\varphi}{\gamma}\left[\tan^2\left(45°+\frac{\varphi}{2}\right)e^{\pi\tan\varphi}-1\right] \tag{15-3}$$

式中 H_2——排土场的极限堆置高度，m；

其余参数意义同式15-2。

根据目前排土场排弃物坡肩最大高度平均值为49.5m，而且，这些实际堆排高度数据相当于现场静载荷试验，而试验结果远大于理论计算结果；设计中将以静载试验结果为基础，再根据《有色金属矿山排土场设计规范》中规定“多台阶排土基底第一级台阶高度易取10~25m”，参考采矿手册中“第一台阶的高度以不超过20~25m为宜，当基低为倾斜的砂质黏土时，第一台阶的高度不应大于15m”。结合目前实际堆排高度和环境工程地质条件，设计中第一台阶高度取15m。

15.1.2 第二台阶高度的确定

当第一台阶高度为15m时，根据式15-1太沙基理论计算公式第二级台阶的允许极限排弃高度。

$$p_u=\frac{1}{2}\gamma bN_r+cN_c+qN_q$$

式中　p_u——地基极限承载力，kPa；

N_c，N_q——分别为承载力系数，根据地基土内摩擦角值查专用承载力系数图表确定；

c——分别为土的内聚力，kPa；

γ，b——分别为地基的天然重度，kN/m^3；基础的宽度，m；

由粉土内摩擦角 $\varphi=28.8°$查表得：$N_r=18$，$N_c=30.5$，$N_q=16$，代入式 15-1，地基极限承载力为 7253.9kPa，第二级排弃物料堆填的极限高度为 362.69m，如果安全系数 k 取 3，则允许的排弃高度为 120.8m。设计中取第二级台阶堆高为 25m。

当第一台阶高度为 15m、第二级台阶堆高为 25m 时；根据太沙基理论求出第三级排弃物料堆填的极限高度为 866.3m，如果安全系数 k 取 3，则允许的排弃高度为 288.7m，设计中取 30m。

15.2　排土场设计方案的完善

目前矿山有 3 个排土场，其中 1 号排土场和 2 号排土场相毗邻，后期排弃物的堆排将连成一个整体，所以将统一考虑。排土场基底的物理力学参数选取见表 15-1。下面根据排土场工程地质条件和排弃物物理力学性质，完善原设计方案。

表 15-1　排土场不同地层的物理力学参数

项　目	天然重度/kN · m^{-3}	黏聚力/kPa	内摩擦角/(°)
堆积物	20	0	37
粉　土	16.3	6.2	28.8
粉质黏土	18.25	23.1	21.4
安山岩	26.4	298	28.91

15.2.1　1 号排土场 8—8′、9—9′剖面和 10—10′剖面边坡的优化设计

1 号排土场位于采场北部，其平面位置如图 15-1 所示，根据地形地势和堆排特征，沿排土场最不利于边坡稳定、易产生滑移变形选择 3 个剖面，即 8—8′剖面、9—9′剖面和 10—10′剖面。

根据滑移场理论，先把 8—8′剖面边坡岩体各个地层的对应物理力学参数配值（见图 15-4），然后进行滑面搜寻如图 15-5 ~ 图 15-7 所示；在此基础上，考虑不同含水率条件下计算边坡的稳定状态，为了计算结果的精度和可靠性，设计中采用了五种计算方法，且地震加速度系数取 0.15，其条块划分如图 15-8 所示，计算结果见表 15-2。当含水率达到 50% 时，边坡稳定系数为 1.13 ~ 1.22，基本满足规范规定的最基本要求，即稳定系数 1.15；而当含水率达到 30% 时，边坡稳定系数大于 1.2，因此，8—8′剖面坡面角为 24°满足要求。

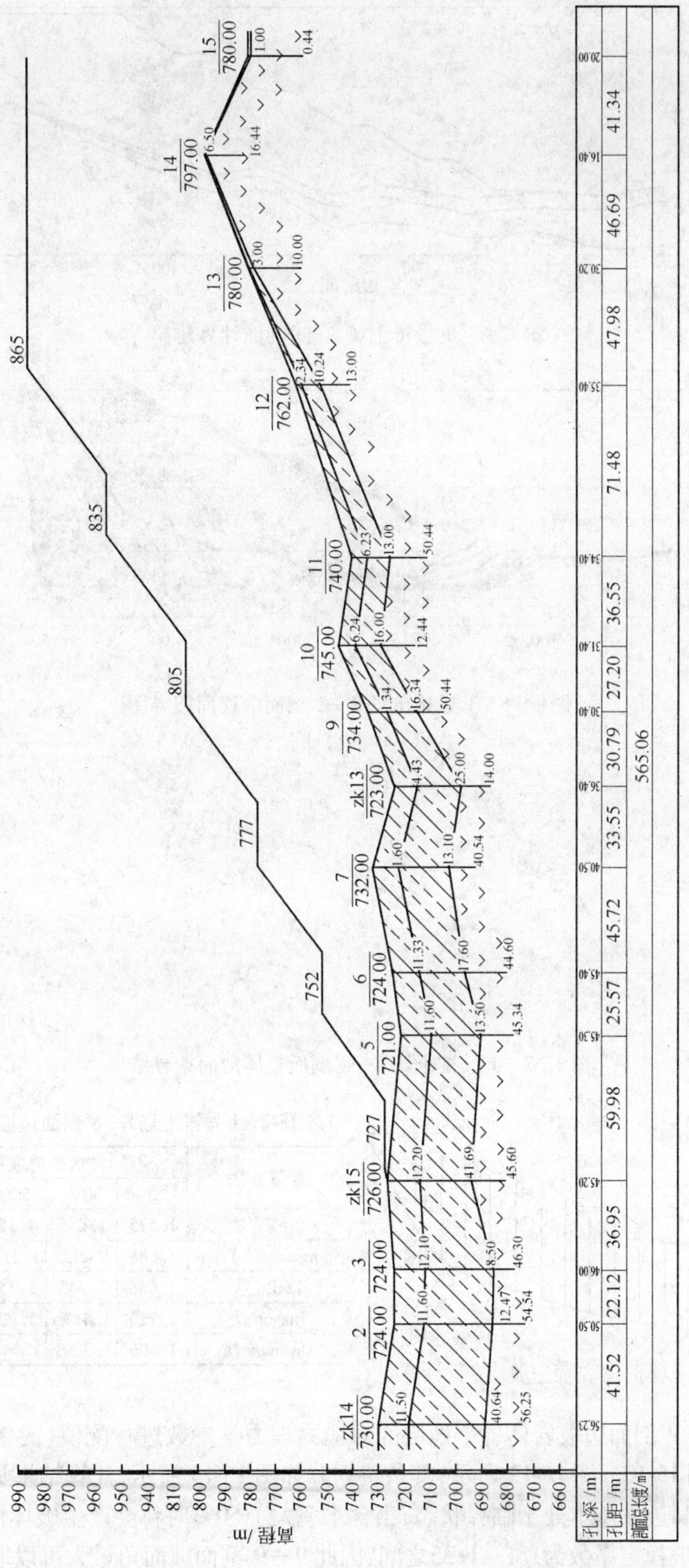

图 15-4 1 号排土场 8—8′剖面工程地质分布

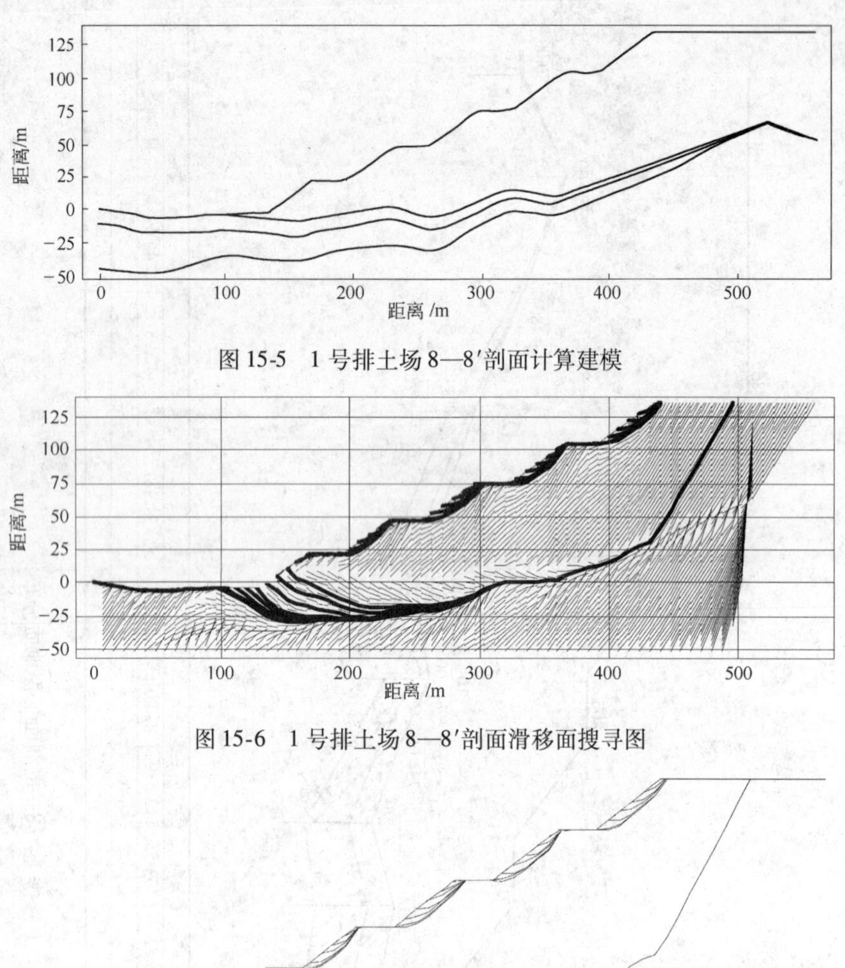

图 15-5　1 号排土场 8—8′剖面计算建模

图 15-6　1 号排土场 8—8′剖面滑移面搜寻图

图 15-7　1 号排土场 8—8′剖面整体滑面搜寻结果

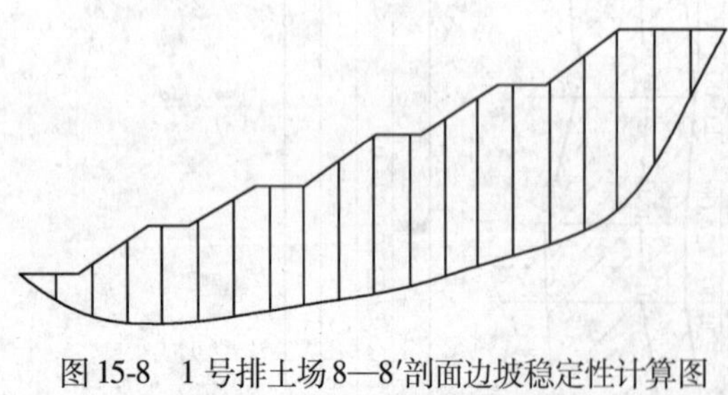

图 15-8　1 号排土场 8—8′剖面边坡稳定性计算图

表 15-2　1 号排土场 8—8′剖面边坡稳定性计算结果

计算方法	不同含水率边坡稳定性计算结果				
	0	30%	50%	70%	100%
折线方法	1. 525	1. 285	1. 125	0. 965	0. 725
Morgenstern-Price	1. 688	1. 4027	1. 2125	1. 0223	0. 737
JanBu 法	1. 628	1. 343	1. 153	0. 963	0. 678
Bishop 法	1. 713	1. 4196	1. 224	1. 0284	0. 735
Ordinary 法	1. 606	1. 3291	1. 1445	0. 9599	0. 683

同理，把 9—9′剖面边坡岩体各个地层的对应物理力学参数进行配值（见图 15-9），然后进行滑面搜寻如图 15-10 ~ 图 15-12 所示；其条块划分如图 15-13 所示，计算结果见表 15-3。当含水率达到 50% 时，边坡基本处于临界状态，当含水率大于 50% 时将会产生破坏性滑坡。当含水率为 30% 时，边坡稳定系数为1. 1 ~ 1. 25之间，因此 9—9′剖面坡面角最大可以取为 24°。

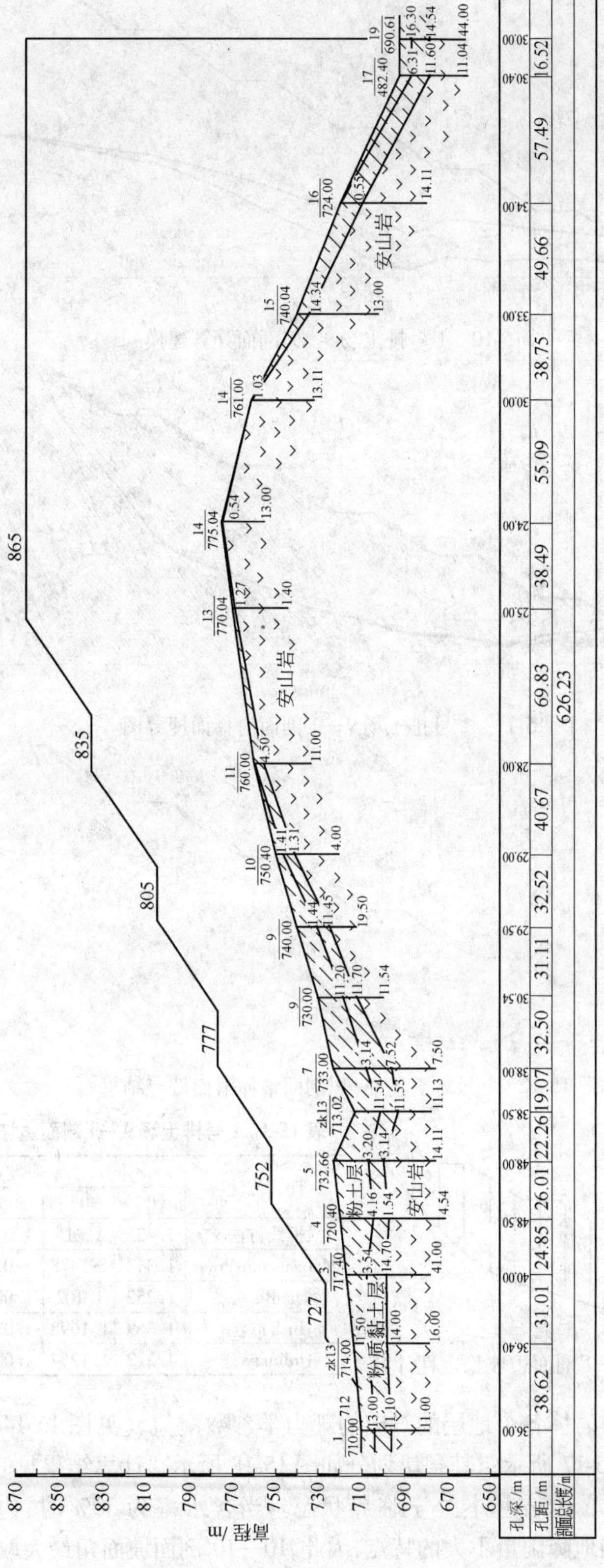

图 15-9　1 号排土场 9—9′剖面工程地质分布

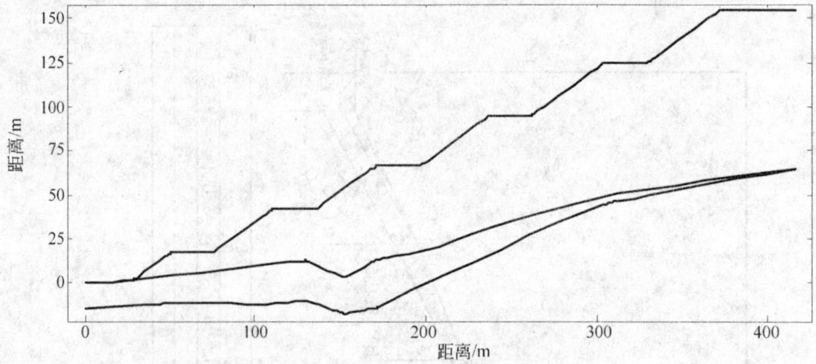

图 15-10　1 号排土场 9—9′剖面计算建模

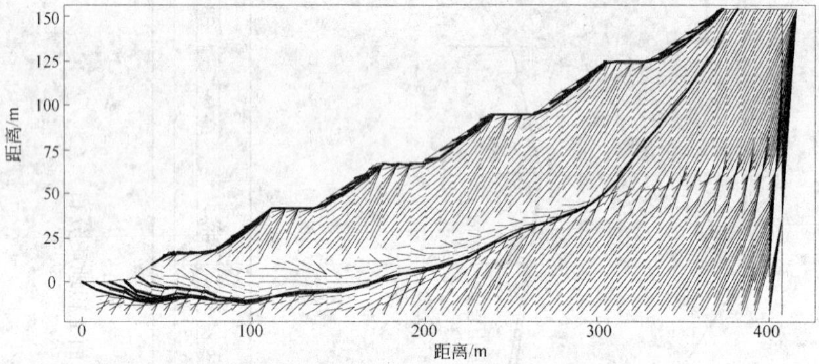

图 15-11　1 号排土场 9—9′剖面滑移面搜寻图

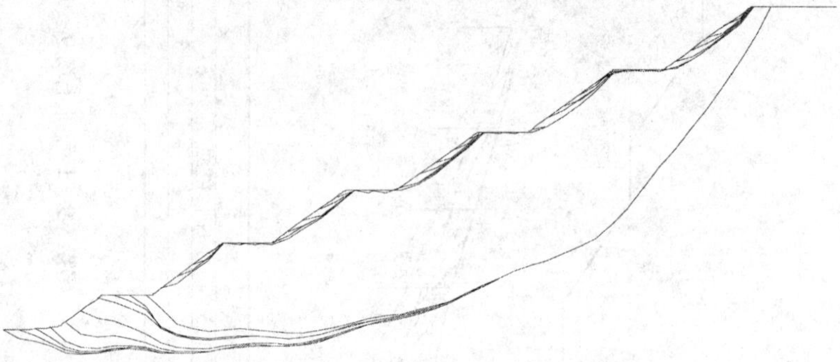

图 15-12　1 号排土场 9—9′剖面整体滑面搜寻结果

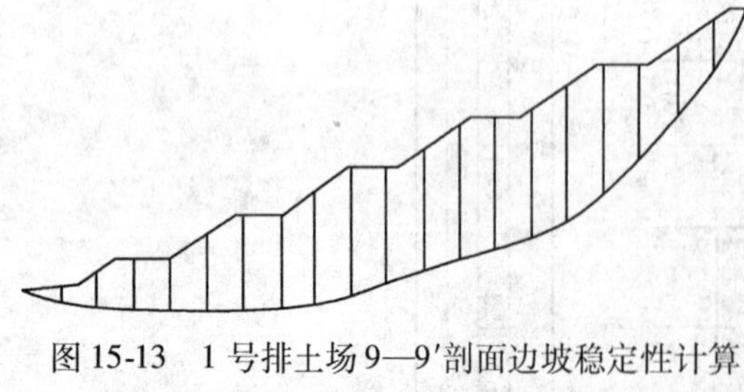

图 15-13　1 号排土场 9—9′剖面边坡稳定性计算

表 15-3　1 号排土场 9—9′剖面边坡稳定性计算结果

计算方法	不同含水率边坡稳定性计算结果				
	0	30%	50%	70%	100%
折线方法	1.425	1.215	1.075	0.935	0.725
Morgenstern-Price	1.347	1.1478	1.015	0.8822	0.683
JanBu 法	1.252	1.102	1.002	0.902	0.752
Bishop 法	1.369	1.1698	1.037	0.9042	0.705
Ordinary 法	1.312	1.1254	1.001	0.8766	0.69

把 10—10′剖面边坡岩体各个地层的对应物理力学参数配值（见图 15-14），然后进行滑面搜寻如图 15-15 ~ 图 15-17 所示；其条块划分如图 15-18 所示，计算结果见表 15-4。可以看出当含水率达到 50% 时，边坡基本处于临界状态。当含水率为 30% 时，边坡稳定系数为 1.11 ~ 1.31 之间，结合当地降雨量不大的特点，因此，10—10′剖面坡面角最大取 24°满足要求。

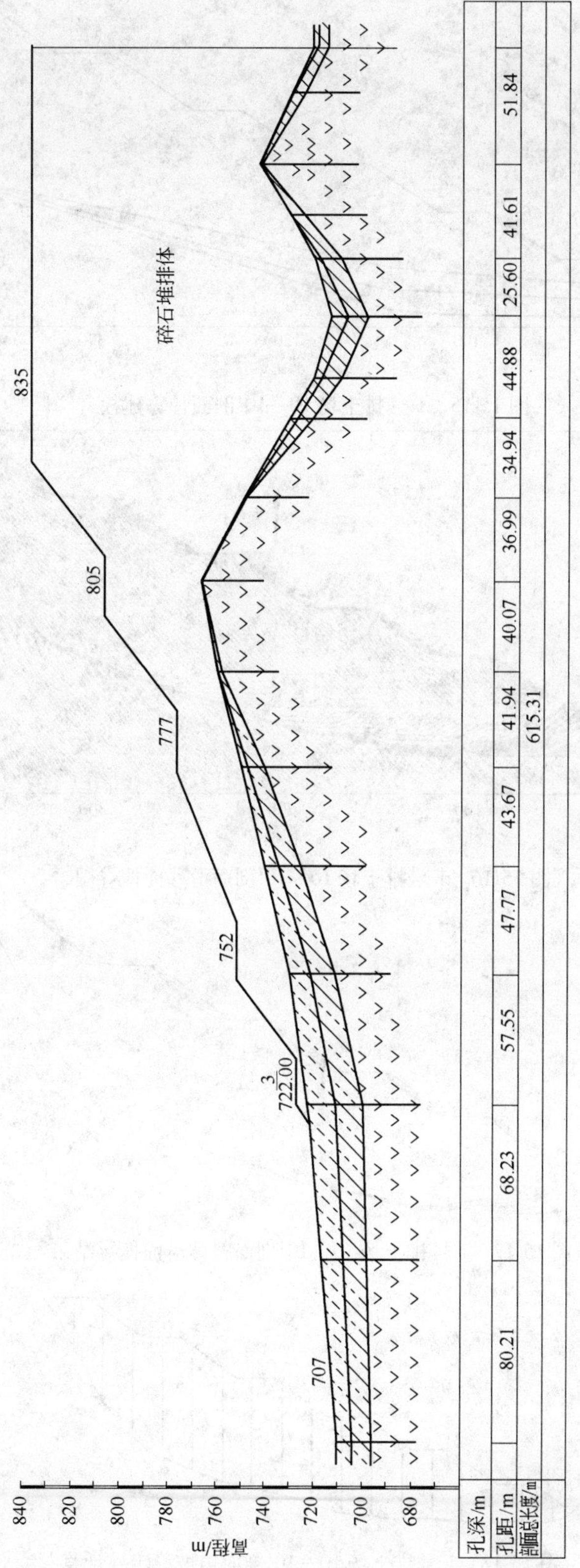

图 15-14 1 号排土场 10—10′剖面工程地质分布

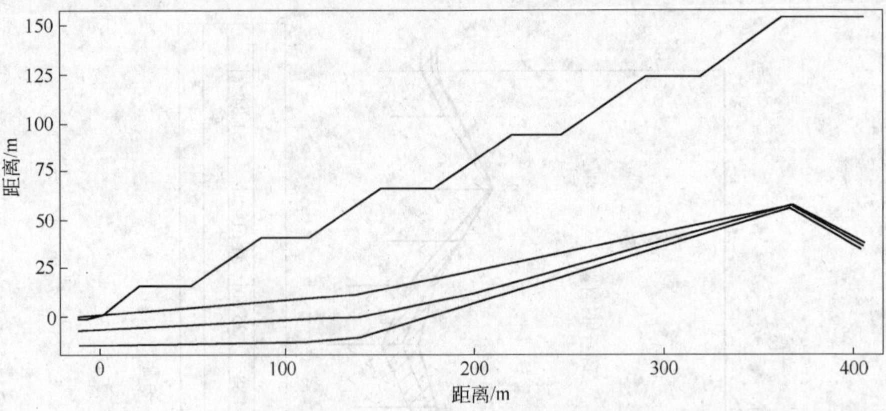

图 15-15　1 号排土场 10—10′剖面计算建模

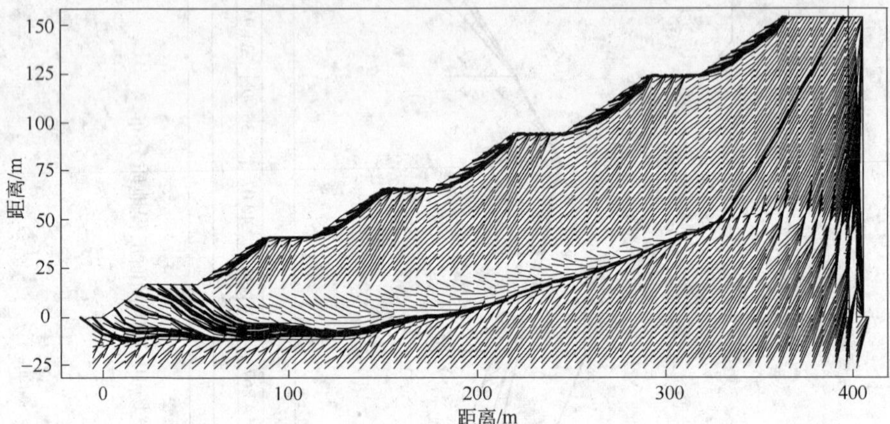

图 15-16　1 号排土场 10—10′剖面滑移面搜寻图

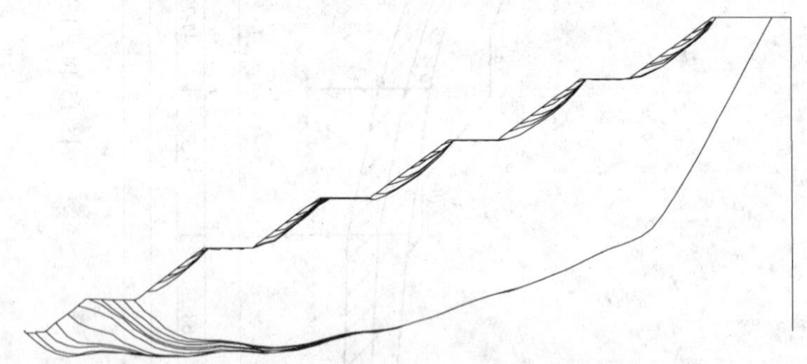

图 15-17　1 号排土场 10—10′剖面整体滑面搜寻结果

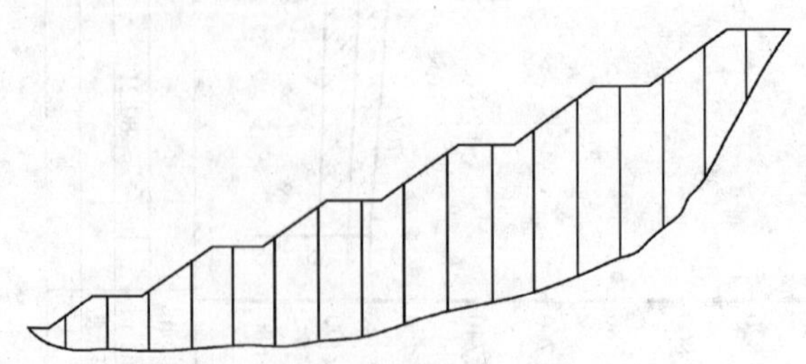

图 15-18　1 号排土场 10—10′剖面边坡稳定性计算

表 15-4　1 号排土场 10—10′剖面边坡稳定性计算结果

计算方法	不同含水率边坡稳定性计算结果				
	0	30%	50%	70%	100%
折线方法	1.43	1.2236	1.086	0.9484	0.742
Morgenstern-Price	1.412	1.2074	1.071	0.9346	0.73
JanBu 法	1.385	1.1714	1.029	0.8866	0.673
Bishop 法	1.525	1.3108	1.168	1.0252	0.811
Ordinary 法	1.32	1.1088	0.968	0.8272	0.616

根据赤峰当地气象条件降雨量不大，所以，排弃物中含水率达到30%的安全系数满足要求。

15.2.2　1 号排土场最终设计结果

根据1号排土场的地形地势条件，控制1号排土场产生破坏主要是其北侧水沟，由此沿该出口选择最不利、最有可能产生破坏性滑动方向，最后确定3个剖面来分析和设计1号排土场最终边坡角；即8—8′剖面、9—9′剖面和10—10′剖面控制1号排土场北侧边坡的安全性。1号排土场平盘台阶设计尺寸见表15-5。3个剖面计算结果如下：

（1）1号排土场9—9′剖面边坡的安全性。9—9′剖面属于主控方向控制了1号排土场北侧边坡的安全性；9—9′剖面坡角取24°时可以保证在含水率为30%时是安全的（见表15-3）；

（2）1号排土场10—10′剖面边坡的安全性。10—10′剖面控制了1号排土场东侧水沟边坡的安全性；从边坡稳定性计算结果得出其允许最大设计坡角为24°，此时可以保证在含水率达到30%条件下边坡的稳定系数为1.2左右（见表15-4）；

（3）1号排土场8—8′剖面边坡的安全性。8—8′剖面控制了1号排土场西侧边坡的安全性，从边坡稳定性计算结果得出其允许最大设计坡角为24°，此时可以保证在含水率为30%条件下边坡的稳定系数为1.2（见表15-2）；

表 15-5　1 号排土场平盘台阶设计尺寸

平盘高程/m	台阶高度/m	平盘宽度/m	台阶坡面角/(°)
727	15	25	35
752	25		
777	25		
805	28		
835	30		
865	30		

15.3　2 号排土场边坡的优化设计

15.3.1　2 号排土场 11—11′剖面、12—12′剖面和 13—13′剖面边坡角优化设计

2号排土场主要滑移方向位于南侧水沟中，根据地形地势条件选择3个剖面即11—11′剖面、12—12′剖面和13—13′剖面分别进行研究。根据滑移场理论，先将把各个地层的对应物理力学参数配值（见图15-19），然后进行滑面搜寻如图15-20～图15-22所示；在此

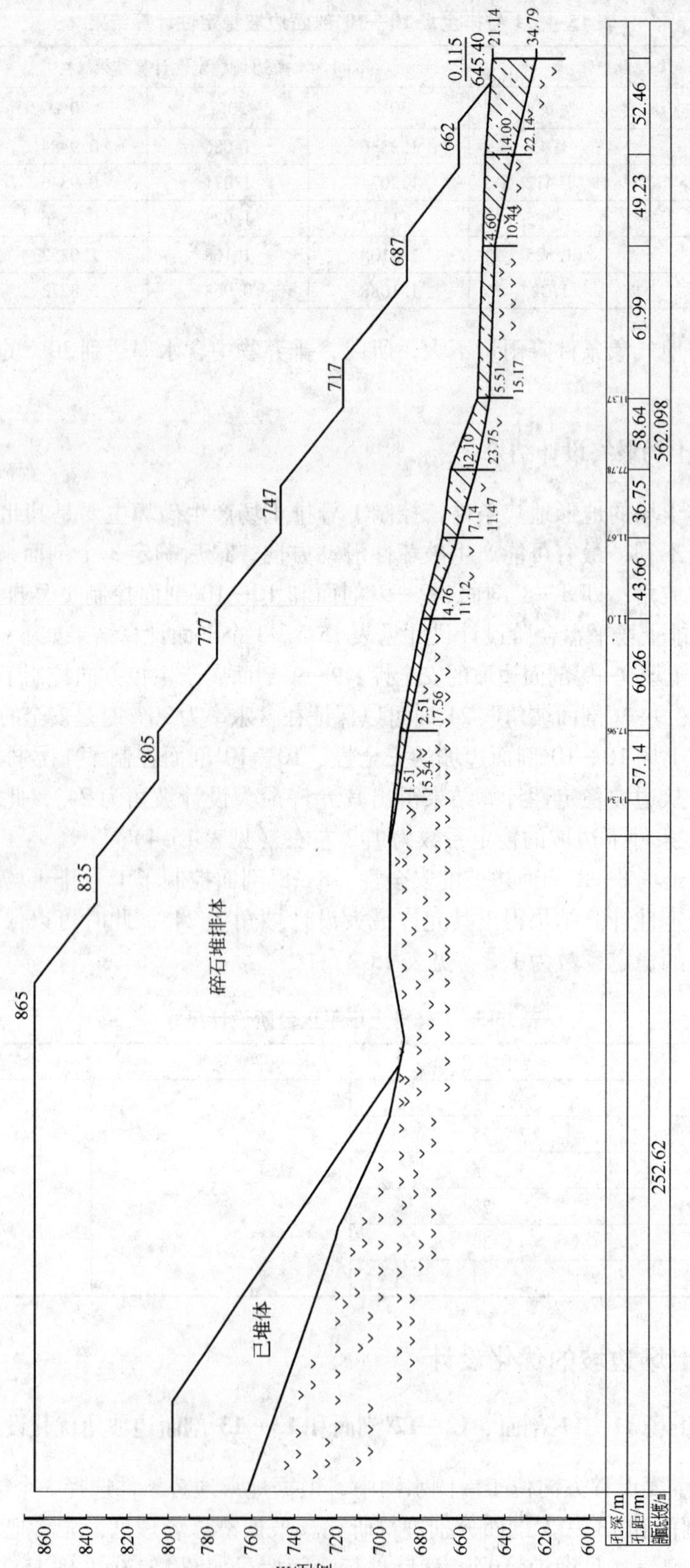

图 15-19 2号排土场 11—11′剖面工程地质分布

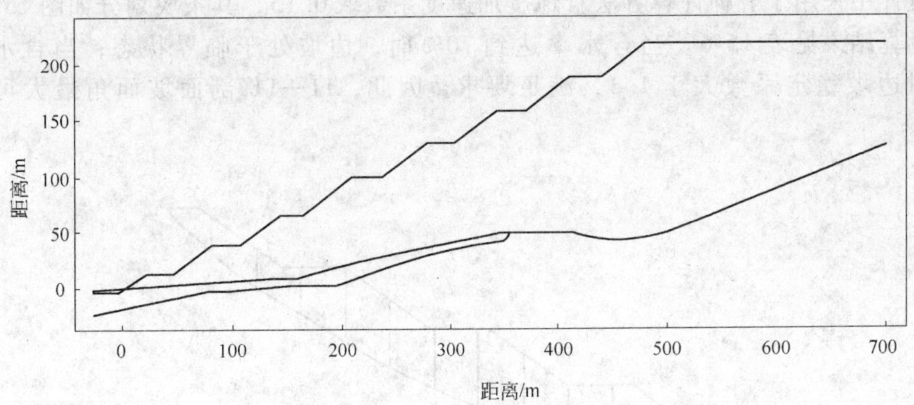

图 15-20 2 号排土场 11—11′剖面计算建模

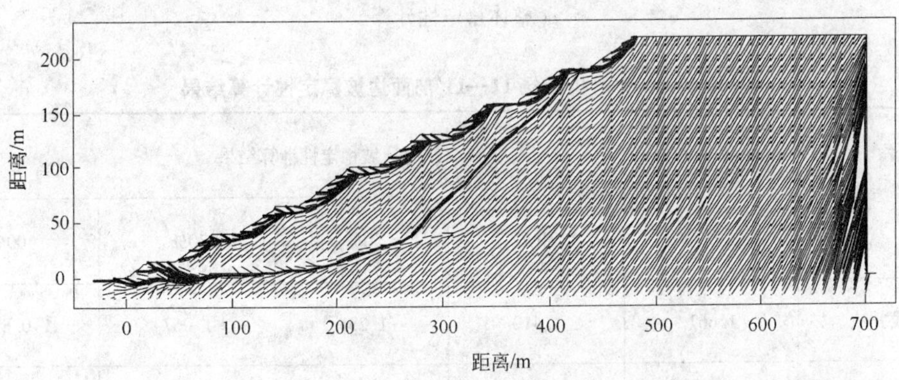

图 15-21 2 号排土场 11—11′剖面整体危险滑面

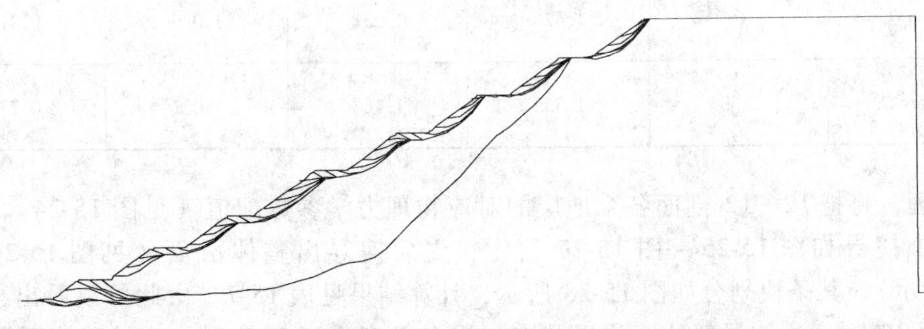

图 15-22 2 号排土场 11—11′剖面整体危险滑面确定

基础上，考虑不同含水率条件下计算边坡的稳定状态，为了计算结果的精度和可靠性，设计中采用了五种计算方法且地震加速度系数取0.15，其条块划分如图15-23所示，计算结果见表15-6。当含水率达到70%时，边坡处于临界状态；当含水率为30%时边坡稳定系数大于1.3，满足要求，因此，11—11′剖面坡面角最大可以取为25°。

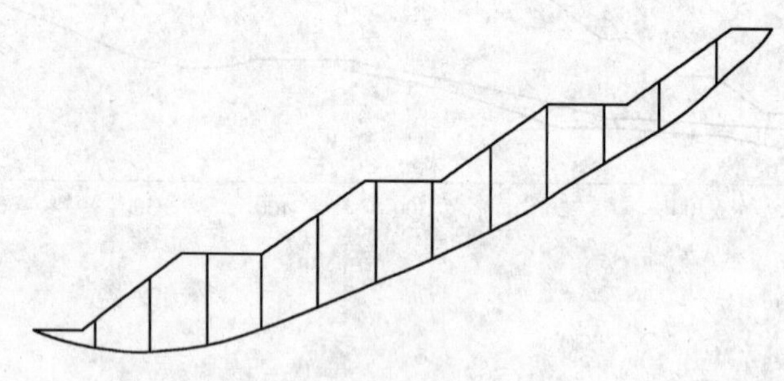

图15-23 2号排土场11—11′剖面边坡整体稳定性计算

表15-6 2号排土场11—11′剖面边坡稳定性计算结果

计算方法	不同含水率边坡稳定性计算结果				
	0	30%	50%	70%	100%
折线方法	1.667	1.410	1.238	1.067	0.81
M-P法	1.668	1.411	1.239	1.068	0.811
JanBu法	1.588	1.332	1.161	0.990	0.735
Bishop法	1.689	1.426	1.251	1.076	0.814
Ordinary法	1.60	1.352	1.186	1.021	0.773

同理，将把12—12′剖面各个地层的对应物理力学参数配值（见图15-24），然后进行滑面搜寻如图15-25～图15-27所示；先后搜寻出整体滑面（见图15-26～图15-27所示），其条块划分如图15-28所示，计算结果见表15-7。由此可以看出当含水率达到60%时，边坡局部处于临界状态；当含水率达到30%时，边坡稳定系数达到1.2，因此，12—12′剖面坡面角最大可以取为25°，从验算结果来看局部和整体均满足要求。

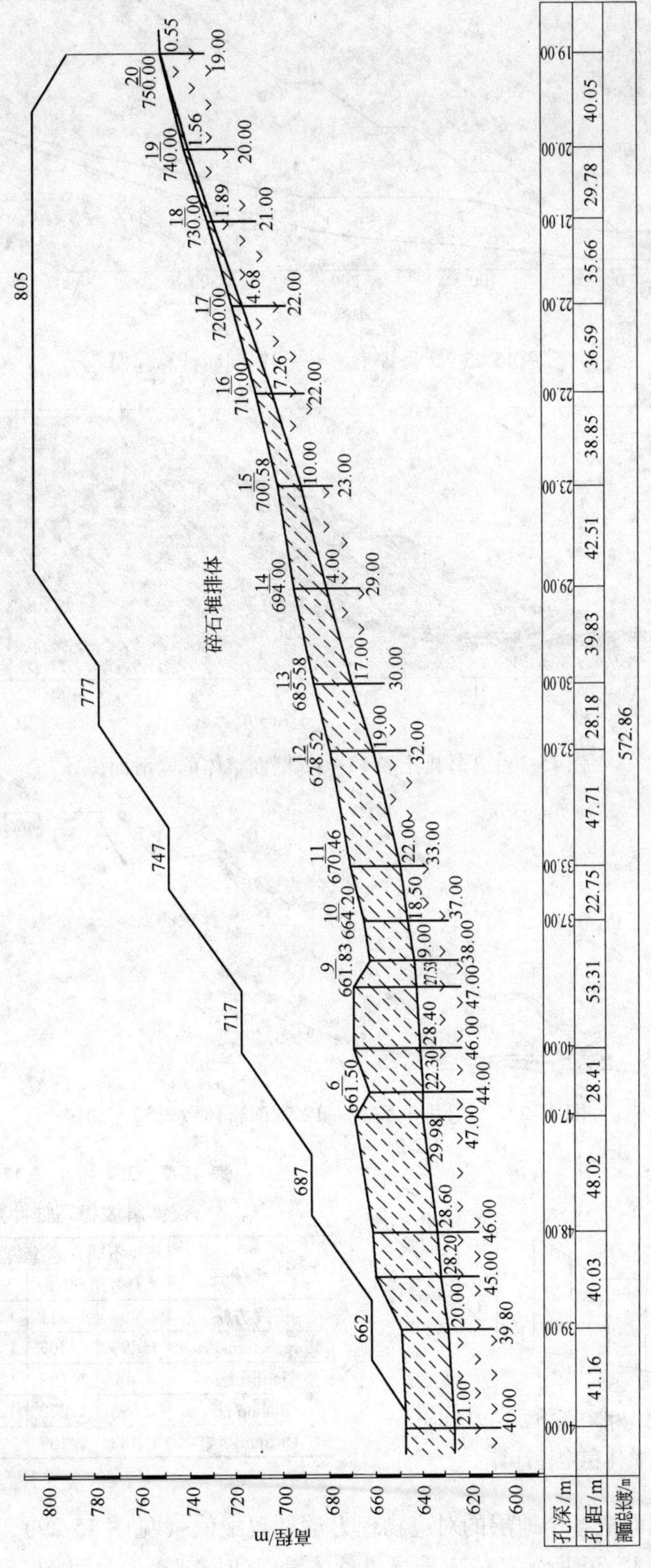

图 15-24　2 号排土场 12—12′剖面工程地质分布

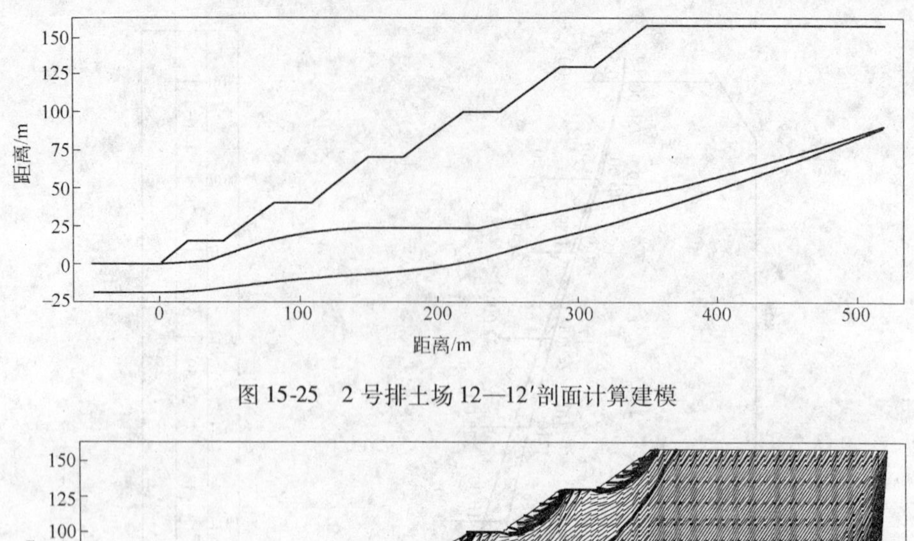

图 15-25　2 号排土场 12—12′剖面计算建模

图 15-26　2 号排土场 12—12′剖面整体危险滑面搜寻

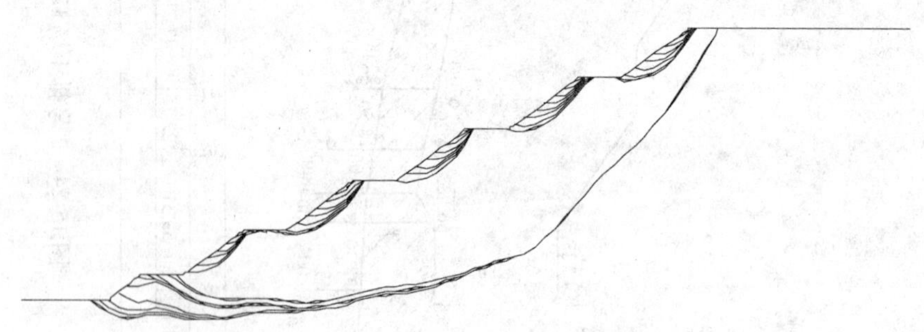

图 15-27　2 号排土场 12—12′剖面整体危险滑面确定

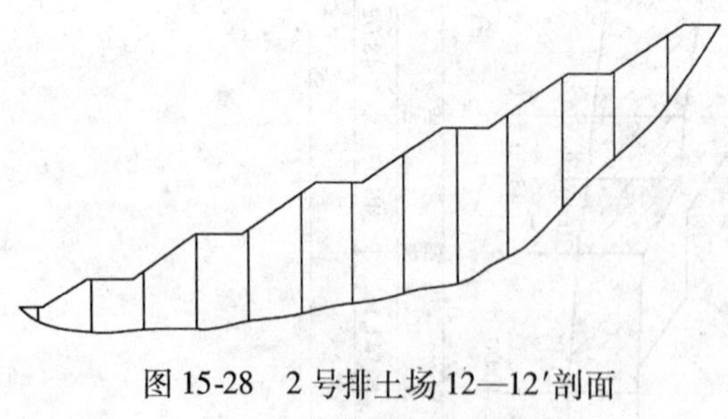

图 15-28　2 号排土场 12—12′剖面边坡整体稳定性计算

表 15-7　2 号排土场 12—12′剖面整体滑坡稳定性计算结果

计算方法	不同含水率边坡稳定性计算结果				
	0	30%	50%	60%	100%
折线方法	1.498	1.211	1.089	1.007	0.68
Morgenstern-Price	1.493	1.207	1.084	1.002	0.676
JanBu 法	1.48	1.192	1.069	0.9868	0.658
Bishop 法	1.595	1.272	1.134	1.042	0.674
Ordinary 法	1.482	1.157	1.019	0.926	0.556

将 13—13′剖面把各个地层的对应物理力学参数配值（见图 15-29），然后进行滑面搜寻如图 15-30～图 15-36 所示；依次搜寻出整体滑面和局部滑面（见图 15-33 和图 15-34 所

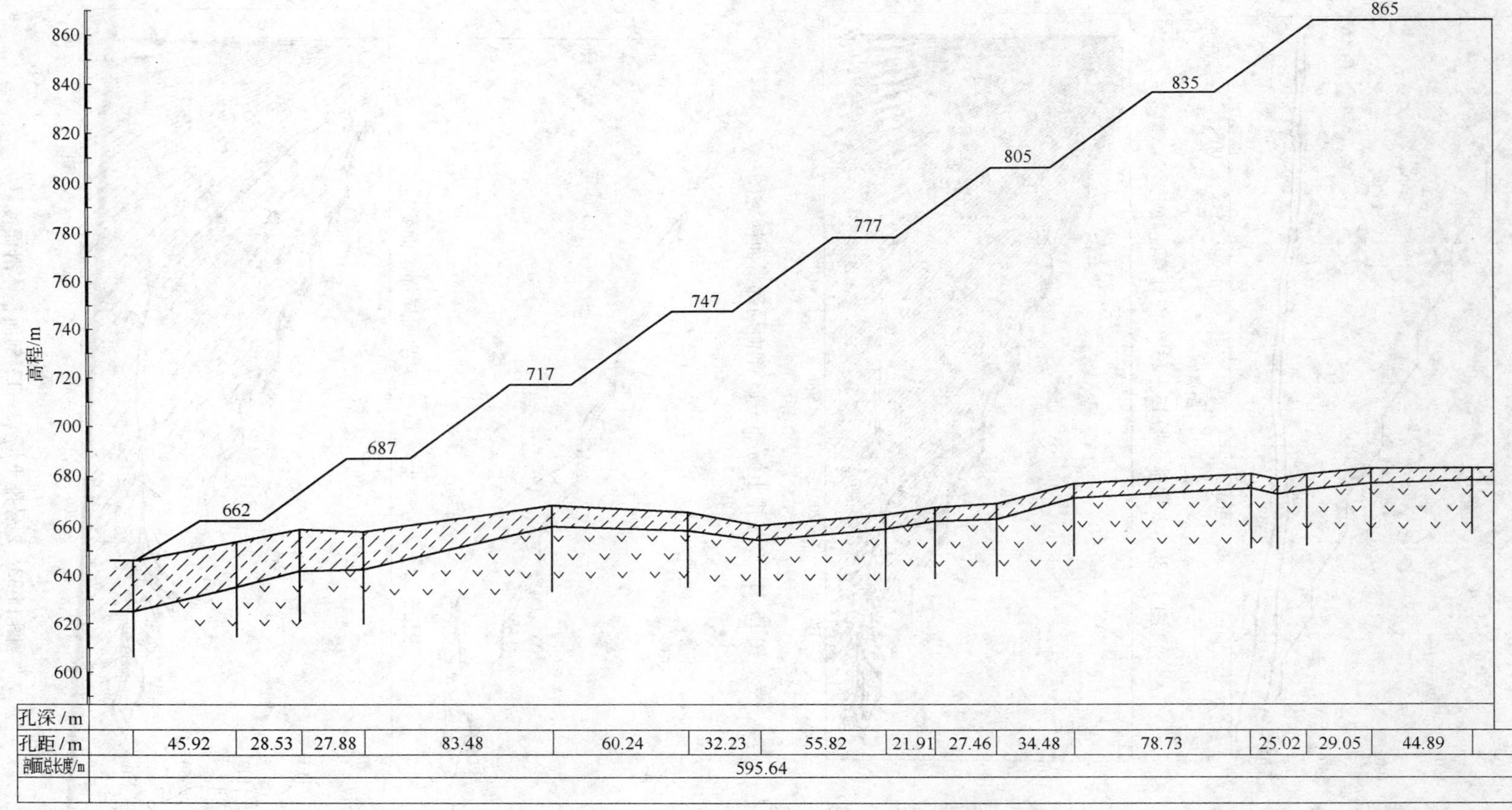

图 15-29　2 号排土场 13—13′剖面工程地质分布

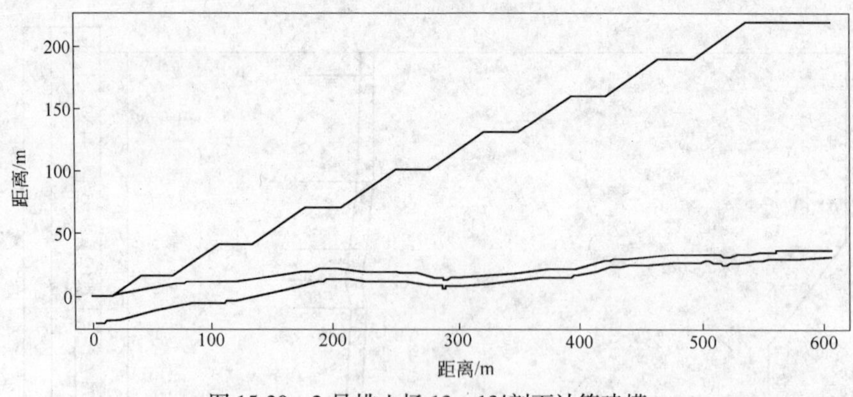

图 15-30　2 号排土场 13—13′剖面计算建模

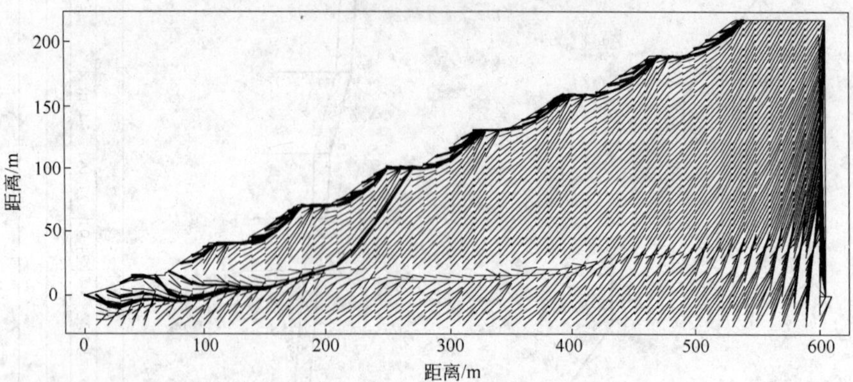

图 15-31　2 号排土场 13—13′剖面局部滑面搜寻图

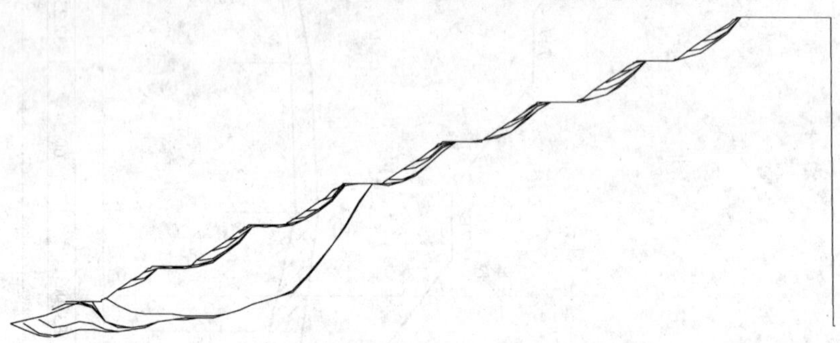

图 15-32　2 号排土场 13—13′剖面局部滑面确定

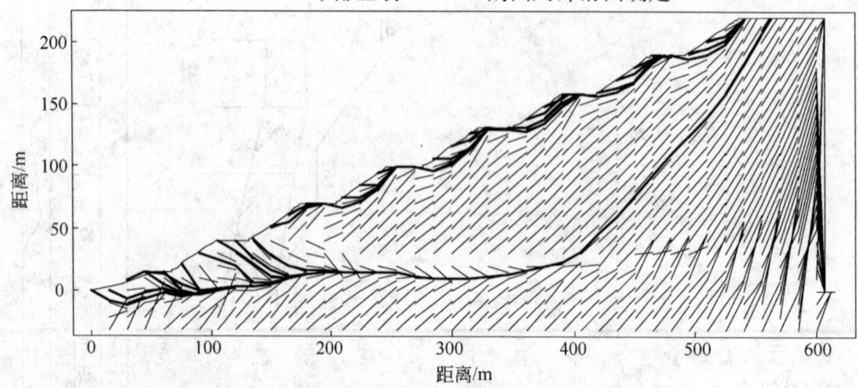

图 15-33　2 号排土场 13—13′剖面整体滑面搜寻

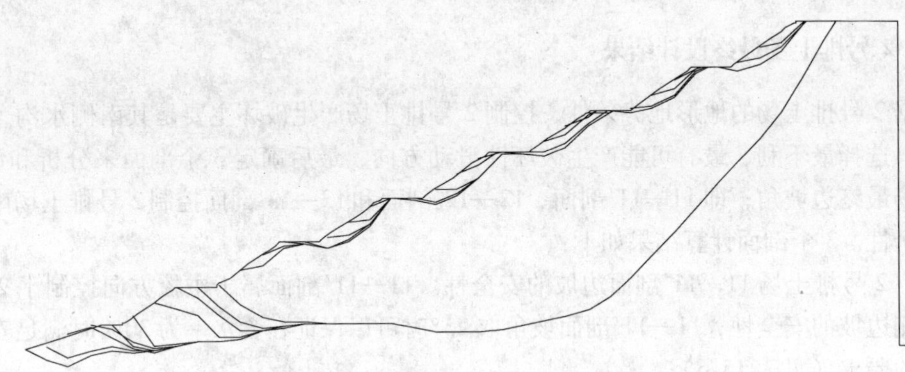

图 15-34　2 号排土场 13—13′剖面整体滑面确定

示)，其条块划分如图 15-35 和图 15-36 所示，计算结果见表 15-8 和表 15-9。可以得到当含水率达到 70% 时，边坡局部处于临界状态；当含水率为 30% 时边坡整体和局部安全系数均达到 1.2，因此，13—13′剖面坡面角最大可以取为 24°。从验算结果来看局部和整体均满足要求。

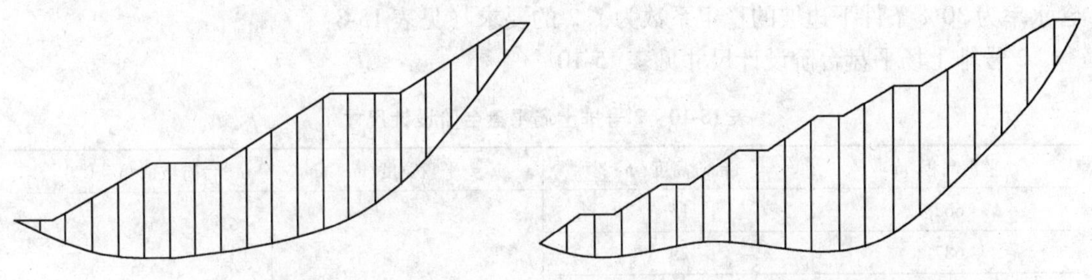

图 15-35　2 号排土场 13—13′剖面边坡局部稳定性计算

图 15-36　2 号排土场 13—13′剖面边坡整体稳定性计算

表 15-8　2 号排土场 13—13′剖面边坡局部稳定性计算结果

计算方法	不同含水率边坡稳定性计算结果				
	0	45%	50%	70%	100%
折线方法	1.454	1.215	1.189	1.083	0.924
Morgenstern-Price	1.459	1.220	1.194	1.088	0.929
JanBu 法	1.5	1.243	1.215	1.101	0.93
Bishop 法	1.444	1.205	1.178	1.072	0.913
Ordinary 法	1.36	1.156	1.133	1.042	0.907

表 15-9　2 号排土场 13—13′剖面边坡整体稳定性计算结果

计算方法	不同含水率边坡稳定性计算结果				
	0	30%	50%	85%	100%
折线方法	1.504	1.229	1.174	1.064	0.954
Morgenstern-Price	1.509	1.234	1.179	1.069	0.96
JanBu 法	1.464	1.189	1.134	1.024	0.914
Bishop 法	1.523	1.248	1.193	1.083	0.973
Ordinary 法	1.468	1.192	1.137	1.027	0.917

15. 3. 2 2 号排土场最终设计结果

根据 2 号排土场的地形地势条件，控制 2 号排土场产生破坏主要是其南侧水沟，由此沿该出口选择最不利、最有可能产生破坏性滑动方向，最后确定 3 个剖面来分析和设计 2 号排土场最终边坡角；即 11—11′剖面、12—12′剖面和 13—13′剖面控制 2 号排土场南侧边坡的安全性。3 个剖面计算结果如下：

（1）2 号排土场 11—11′剖面边坡的安全性。11—11′剖面属于主控方向控制了 2 号排土场南侧边坡的安全性；11—11′剖面坡角取 25°时可以保证在含水率为 30% 时满足安全系数 1. 2 的要求（见表 15-6）；

（2）2 号排土场南侧边坡的安全性。12—12′剖面控制了 2 号排土场西侧山脊边坡的安全性；从边坡稳定性计算结果得出其允许最大设计坡角为 25°，此时可以保证在含水率为 30% 条件下边坡的稳定系数满足 1. 2 的要求（见表 15-7）；

（3）3 号排土场 13—13′剖面边坡的安全性。13—13′剖面控制了 2 号排土场东侧水沟边坡的安全性，从边坡稳定性计算结果得出其允许最大设计坡角为 24°，此时可以保证在含水率为 30% 条件下边坡的稳定系数为 1. 2 的要求（见表 15-8）；

2 号排土场平盘台阶设计尺寸见表 15-10。

表 15-10 2 号排土场平盘台阶设计尺寸

平盘高程/m	台阶高度/m	平盘宽度/m	台阶坡面角/（°）
662	15	25	35
687	25		
717	30		
747	30		
777	30		
805	28		
835	30		
865	30		

15. 3. 3 2 号排土场汽车道路的设计

根据“厂矿道路设计规范”（GBJ 22—1987），2 号排土场运输道路的设计主要是为了满足 835 平盘与 865 平盘的排土，因此，805 平台以下继续采取原道路进行运排，因 835 平盘与 865 平盘高差较大，所以设计折返爬坡路形式，避免坡度过陡需要进行详细设计。

15. 3. 3. 1 道路坡度的选择

根据规范第 2. 3. 13 条规定（见表 15-11）：在多雾或寒冷冰冻、积雪地区的二、三级露天矿山道路及专供抢险或运输易燃、易爆危险品的辅助线的最大纵坡，不应大于 8%。为提高自卸车作业效率一般最佳坡度设计为 6. 5°。综合考虑排土场道路设计坡度纵坡取 8%。

表 15-11 露天矿山道路最大纵坡

露天矿道路等级	一	二	三
最大纵坡/%	7	8	9

15.3.3.2 露天矿山道路路面宽度

汽车每小时单向交通量在 85 ~ 25（15）辆的生产干线、支线，可采用二级露天矿山道路。结合本工程道路选用双车道二级道路，路面宽设计 7m，见表 15-12。

表 15-12 露天矿山道路路面宽度

车宽类别		一	二	三	四	五	六	七	八
计算车宽/m		2.3	2.5	3	3.5	4	5	6	7
双车道路面宽度/m	一级	7	6.5	9.5	11	13	15.5	19	22.5
	二级	6.5	7	9	10.5	12	13.5	18	21.5
	三级	6.1	6.5	8	9.5	11	13.5	17	20
单车道路面宽度/m	一、二级	4	3.5	5	6	7	8.5	10.5	12
	三级	3.5	4	3.5	5.5	6	6.5	9.5	11

15.3.3.3 最小圆曲线半径

露天矿山道路，宜采用较大的圆曲线半径。当受地形或其他条件限制时，可采用表 15-13 中所列最小圆曲线半径。设计中最小曲线半径 25m。

表 15-13 露天矿山道路最小圆曲线半径

露天矿道路等级	一	二	三
最小圆曲线半径/m	45	25	15

15.4 3 号排土场边坡的优化设计

15.4.1 3 号排土场各剖面边坡优化设计

3 号排土场安全性受控的方向较多，主要有西侧排水沟、北侧水沟和北侧部分山坡区段。分别为 3—3′剖面至 7—7′剖面。

根据滑移场理论，先将把各个地层的对应物理力学参数配值（见图 15-37），然后进行滑面搜寻如图 15-38 ~ 图 15-40 所示；搜寻出整体滑面（见图 15-39 ~ 图 15-41 所示）；在此基础上，分别考虑不同含水率条件下边坡的稳定状态；为了计算结果的可靠性，设计中采用了五种计算方法且地震加速度系数取 0.15，其条块划分如图 15-41 所示，计算结果见表 15-14。当含水率达到 100% 时，整体边坡稳定系数仍大于 1.15，因此，3—3′剖面坡面角取为 24°满足要求。而该剖面边坡较稳定的主要原因是由于该剖面还受 4—4′剖面、5—5′剖面和 6—6′剖面的稳定状况控制，即两个方向同时需要稳定系数满足要求（见各剖面平面位置分布图）；如果该方向坡面角增大，则 4—4′剖面和 5—5′剖面可能不稳定，所以该剖面边坡稳定系数较大。

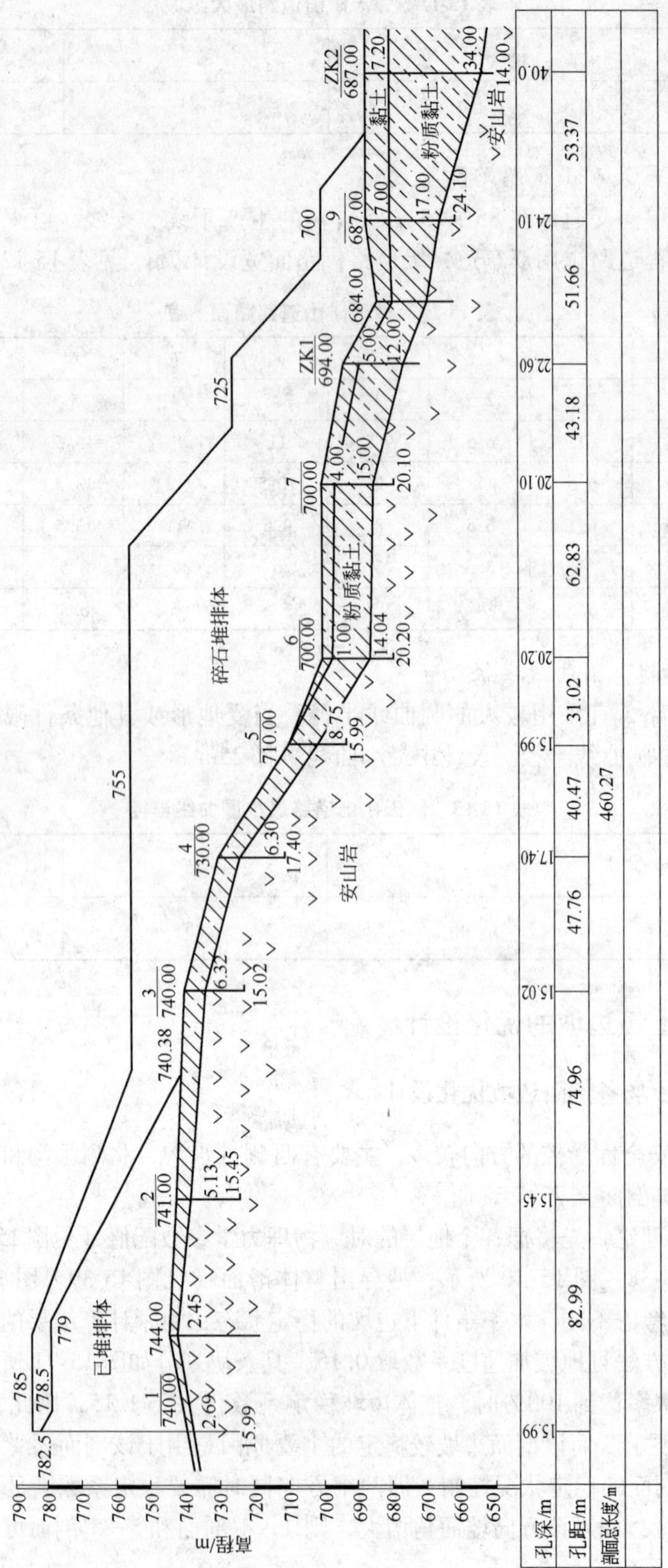

图 15-37 3 号排土场 3—3′剖面工程地质分布

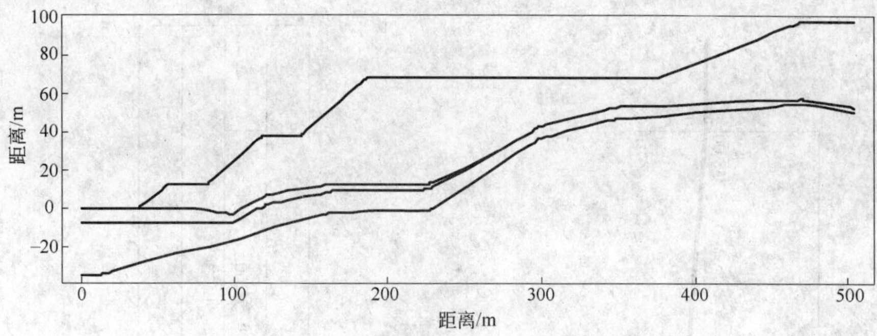

图 15-38 3 号排土场 3—3′剖面计算建模

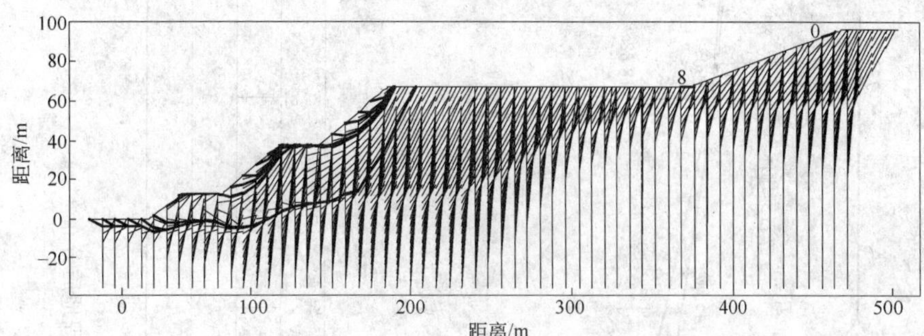

图 15-39 3 号排土场 3—3′剖面滑面搜寻

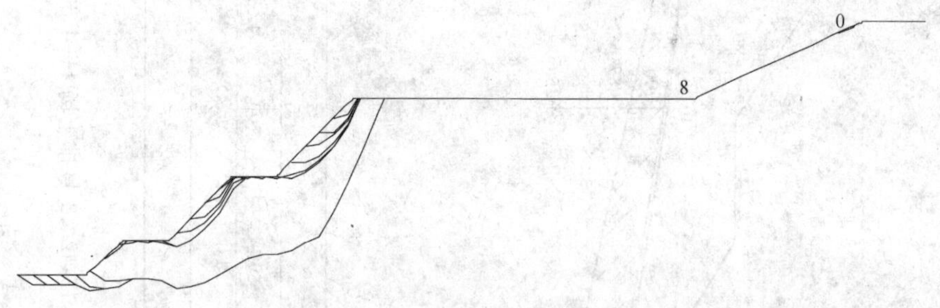

图 15-40 3 号排土场 3—3′剖面滑面确定

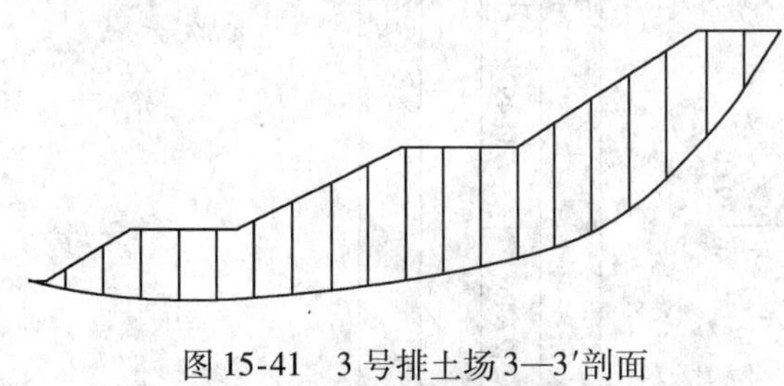

图 15-41 3 号排土场 3—3′剖面边坡稳定性计算

表 15-14 3—3′剖面边坡稳定性计算结果

计算方法	不同含水率边坡稳定性计算结果				
	0	30%	50%	70%	100%
折线方法	1. 525	1. 435	1. 375	1. 315	1. 225
Morgenstern-Price	1. 626	1. 5162	1. 443	1. 3698	1. 26
JanBu 法	1. 609	1. 4944	1. 418	1. 3416	1. 227
Bishop 法	1. 627	1. 5193	1. 4475	1. 3757	1. 268
Ordinary 法	1. 617	1. 4775	1. 3845	1. 2915	1. 152

同理，把 4—4′剖面各个地层的对应物理力学参数配值（见图 15-42），然后进行滑面搜寻如图 15-43 ~ 图 15-45 所示；搜寻出整体滑面（见图 15-44、图 15-45），其条块划分如图 15-46 所示，计算结果见表 15 15。当含水率达到 70% 时，边坡处于临界状态。当含水率达到 30% 时边坡稳定系数在 1. 2 左右，因此，4—4′剖面坡面角最大取为 24°，同时该剖面边坡稳定状态还受 3—3′剖面和 7—7′剖面边坡的稳定状况制约。

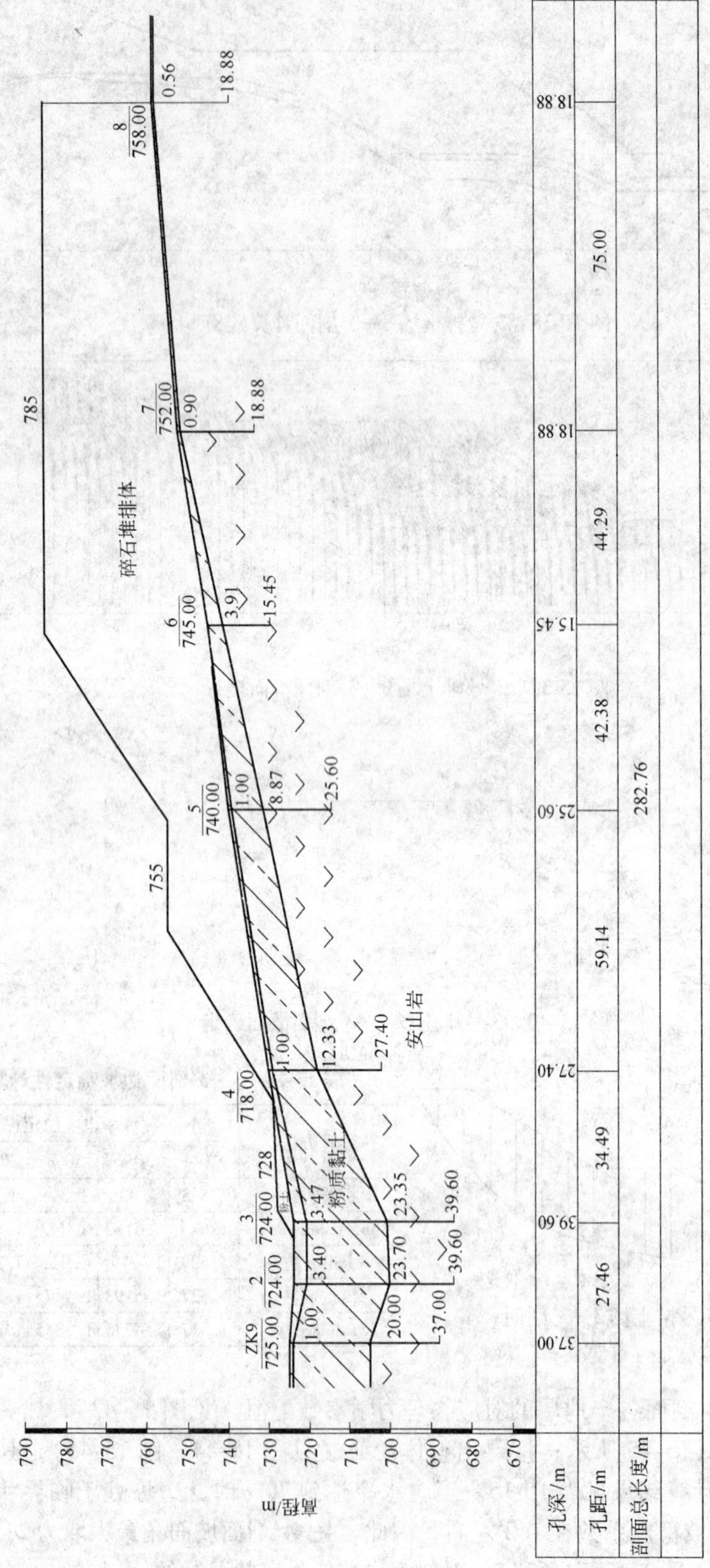

图 15-42 3 号排土场 4—4′剖面工程地质分布

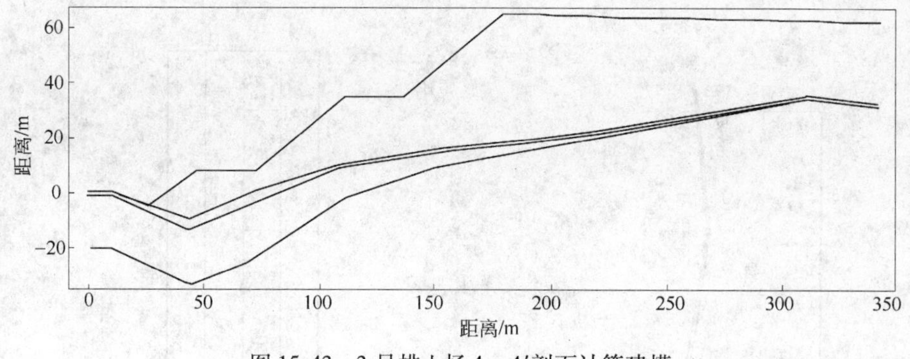

图 15-43　3 号排土场 4—4′剖面计算建模

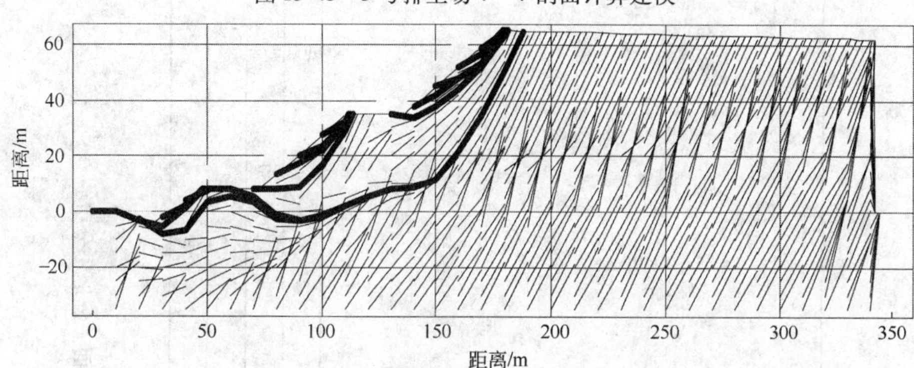

图 15-44　3 号排土场 4—4′剖面滑面搜寻图

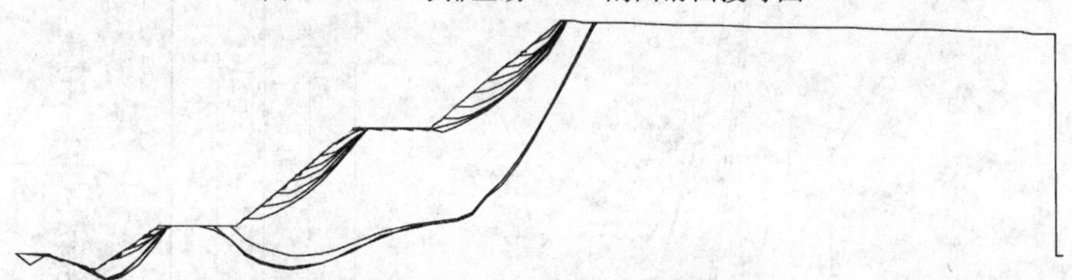

图 15-45　3 号排土场 4—4′剖面滑面确定

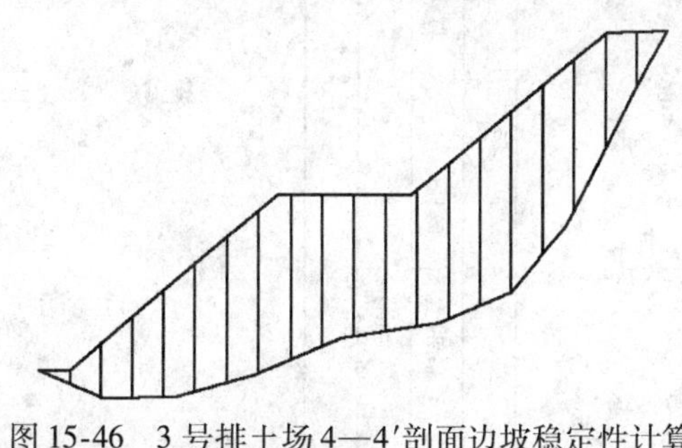

图 15-46　3 号排土场 4—4′剖面边坡稳定性计算

表 15-15　4—4′剖面边坡稳定性计算结果

计算方法	不同含水率边坡稳定性计算结果				
	0	30%	50%	70%	100%
折线方法	1.625	1.3008	1.152	1.0032	0.900
Morgenstern-Price	1.464	1.2381	1.0875	0.9369	0.711
JanBu 法	1.428	1.1883	1.0285	0.8687	0.629
Bishop 法	1.489	1.2625	1.1115	0.9605	0.734
Ordinary 法	1.408	1.2316	1.114	0.9964	0.820

把 5—5′剖面各个地层的对应物理力学参数配值（见图 15-47），然后进行滑面搜寻如图 15-48 ~ 图 15-50 所示；搜寻出整体滑面（见图 15-49）；其条块划分如图 15-51 所示；计算结果见表 15-16。当含水率达到 70% 时，边坡处于临界状态。而整体边坡当含水率达到 30% 时边坡稳定系数达到 1.2，因此 5—5′剖面坡面角最大取为 24°，同时该剖面边坡较稳定性还受 3—3′剖面和 7—7′剖面边坡的稳定状况制约。

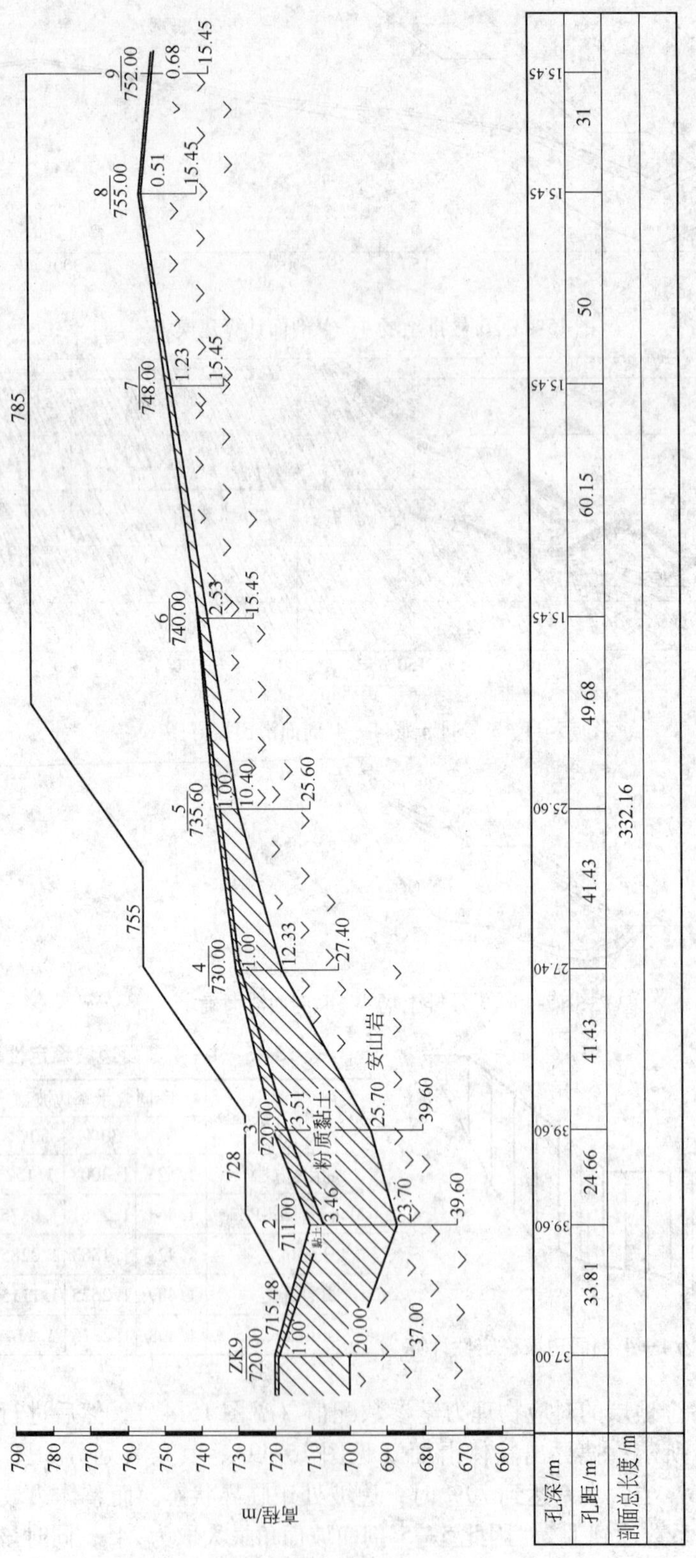

图 15-47 3 号排土场 5—5′剖面工程地质分布

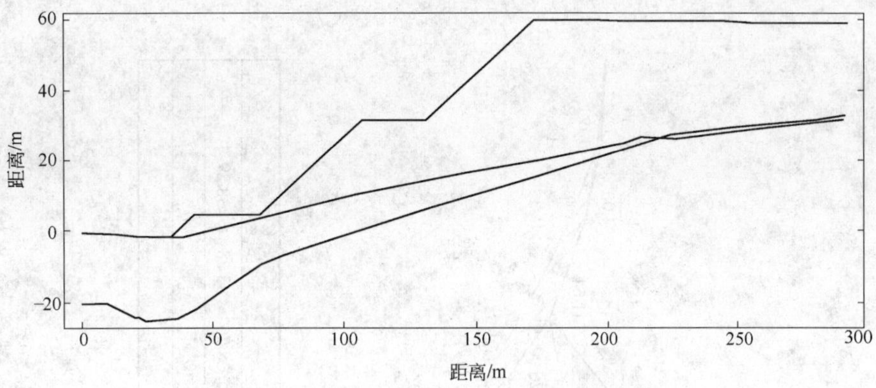

图 15-48 3 号排土场 5—5′剖面计算建模

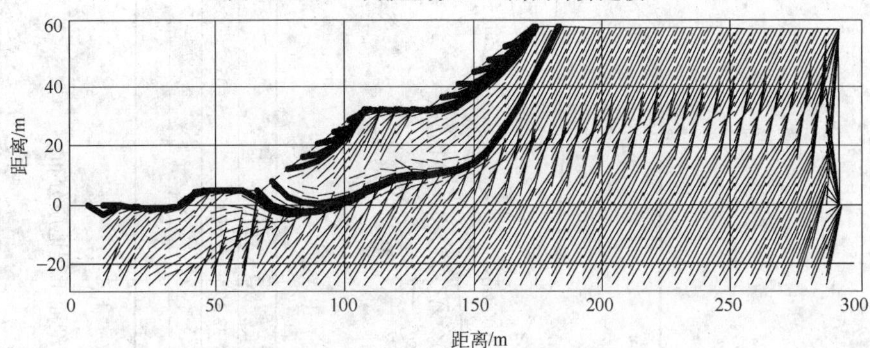

图 15-49 3 号排土场 5—5′剖面滑面搜寻

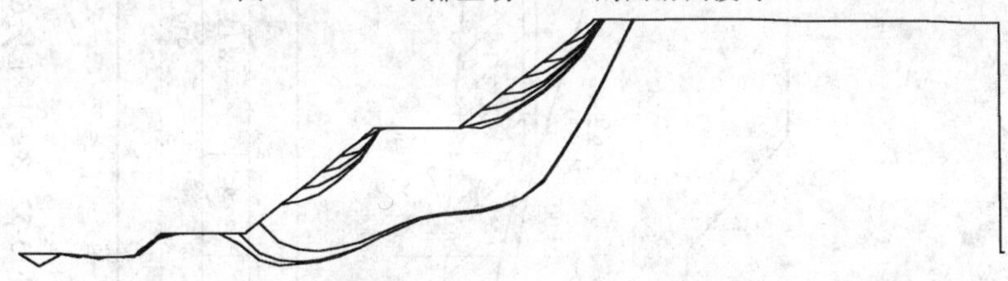

图 15-50 3 号排土场 5—5′剖面整体滑面确定

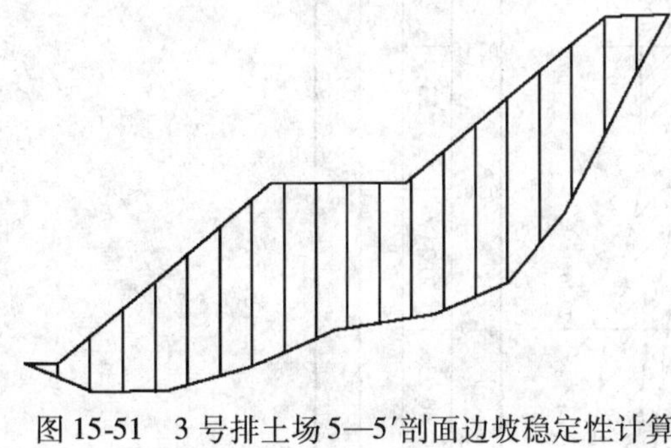

图 15-51 3 号排土场 5—5′剖面边坡稳定性计算

表 15-16 5—5′剖面边坡稳定性计算结果

计算方法	不同含水率边坡稳定性计算结果				
	0	30%	50%	70%	100%
折线方法	1. 625	1. 3689	1. 2135	1. 0581	0. 900
Morgenstern-Price	1. 567	1. 3411	1. 1905	1. 0399	0. 814
JanBu 法	1. 437	1. 2207	1. 0765	0. 9323	0. 716
Bishop 法	1. 580	1. 3508	1. 198	1. 0452	0. 816
Ordinary 法	1. 394	1. 1783	1. 0345	0. 8907	0. 675

把 6—6′剖面各个地层的对应物理力学参数配值（见图 15-52），然后进行滑面搜寻如图 15-53 ~ 图 15-56 所示；搜寻出整体滑面（见图 15-54），其条块划分如图 15-56 所示，计算结果见表 15-17。当含水率达到 70% 时，边坡处于临界状态；当含水率达到 30% 时边坡稳定系数大于 1. 2，处于稳定状态，因此，6—6′剖面坡面角最大取为 24°。

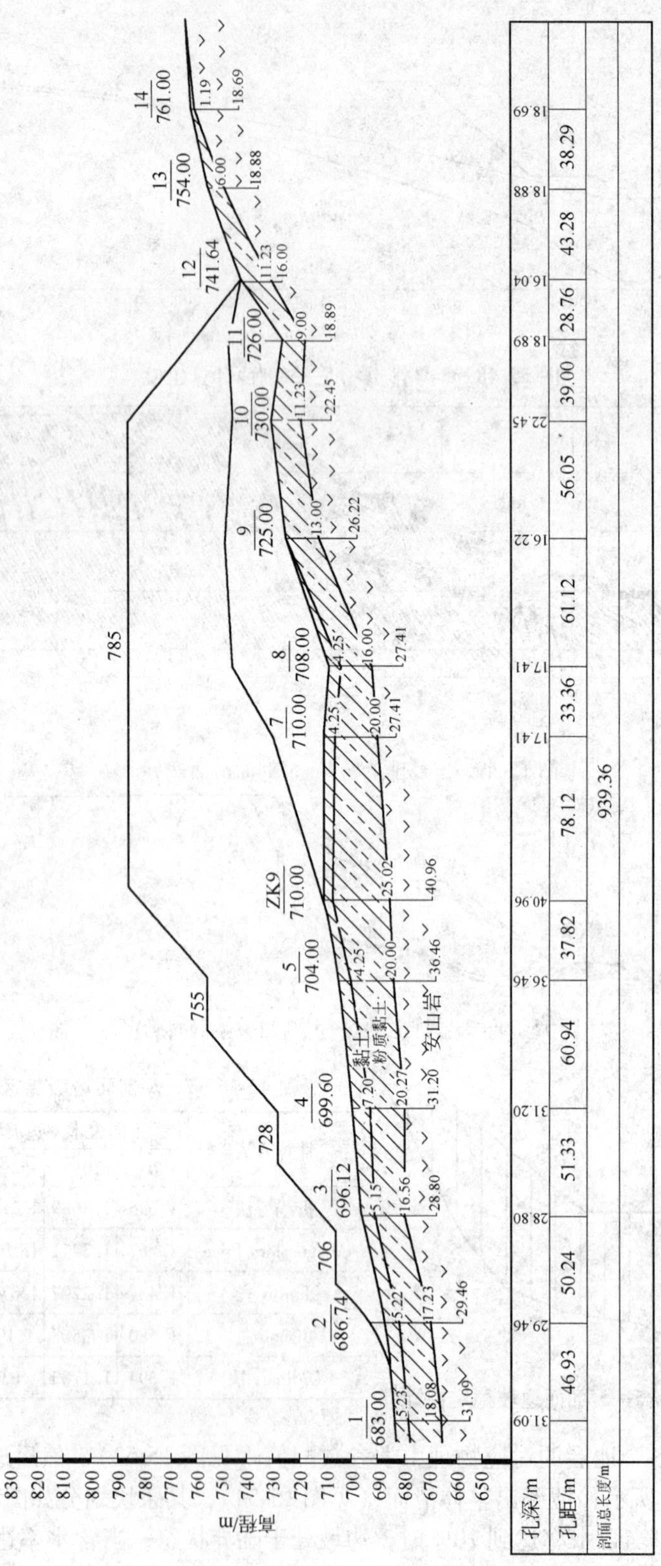

图 15-52 3 号排土场 6—6′剖面工程地质分布

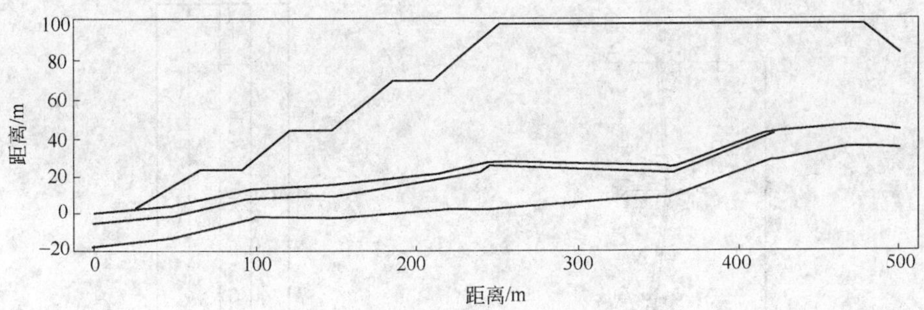

图 15-53 3 号排土场 6—6′剖面计算建模

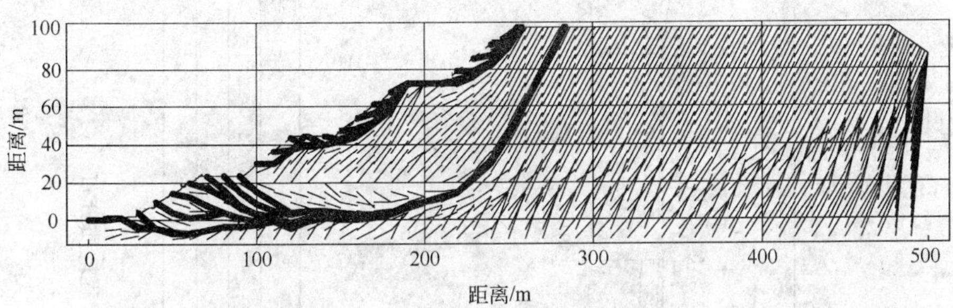

图 15-54 3 号排土场 6—6′剖面滑面搜寻图

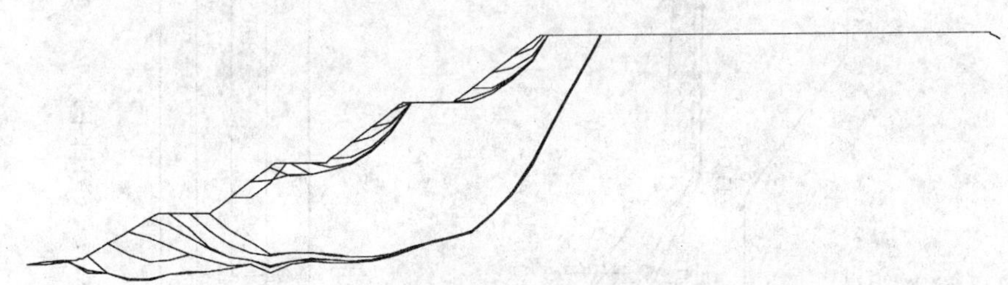
图 15-55 3 号排土场 6—6′剖面整体滑面确定

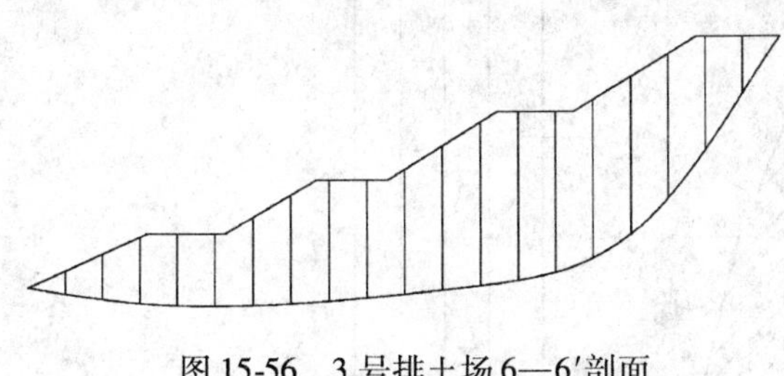
图 15-56 3 号排土场 6—6′剖面边坡稳定性计算

表 15-17 6—6′剖面边坡整体稳定性计算结果

计算方法	不同含水率边坡稳定性计算结果				
	0	30%	50%	70%	100%
折线方法	1. 625	1. 3832	1. 224	1. 0648	0. 900
Morgenstern-Price	1. 689	1. 4001	1. 2075	1. 0149	0. 726
JanBu 法	1. 718	1. 4294	1. 237	1. 0446	0. 756
Bishop 法	1. 646	1. 3658	1. 179	0. 9922	0. 712
Ordinary 法	1. 629	1. 3329	1. 1355	0. 9381	0. 642

把 7—7′剖面各个地层的对应物理力学参数配值（见图 15-57），然后进行滑面搜寻如图 15-58 ~ 图 15-60 所示；先后搜寻出整体滑面（见图 15-59）；其条块划分如图15-61所示，其计算结果见表 15-18。当含水率达到 70% 时，边坡处于临界状态。而当整体边坡含水率达到 30% 时边坡稳定系数大于 1. 2，处于稳定状态，因此，7—7′剖面坡面角最大取 24°。

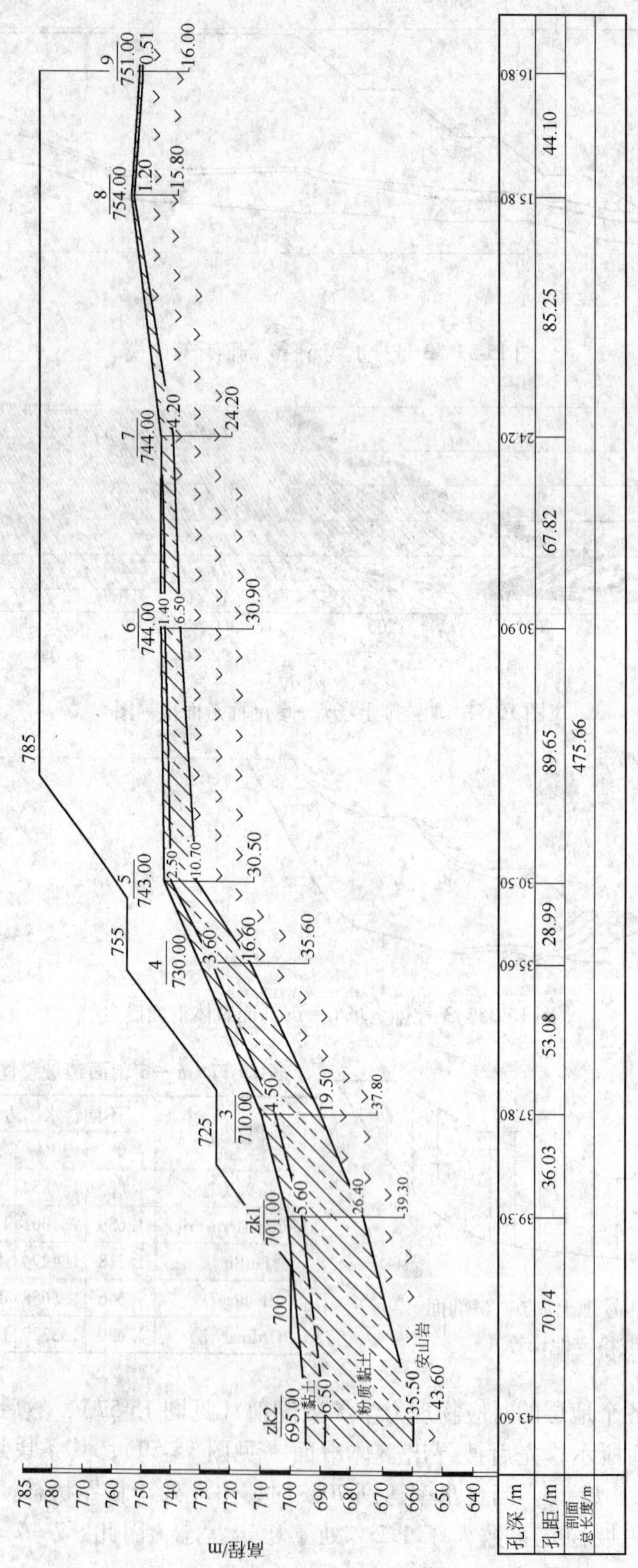

图 15-57 3 号排土场 7—7′剖面工程地质分布

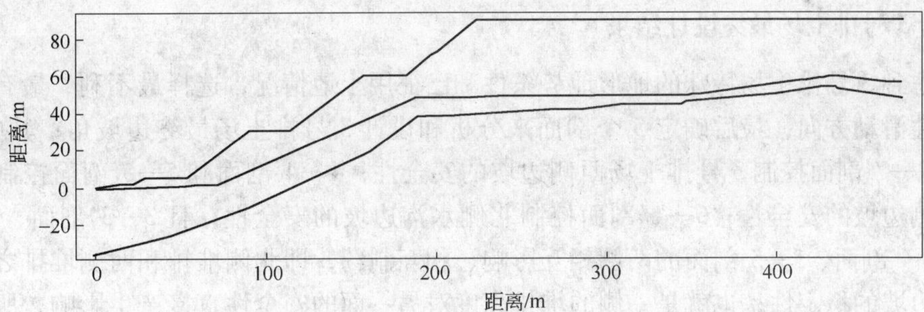

图 15-58 3 号排土场 7—7′剖面计算建模

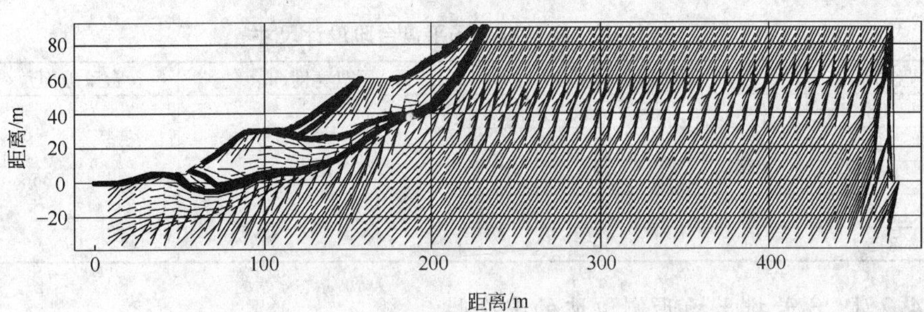

图 15-59 3 号排土场 7—7′剖面整体滑面搜寻图

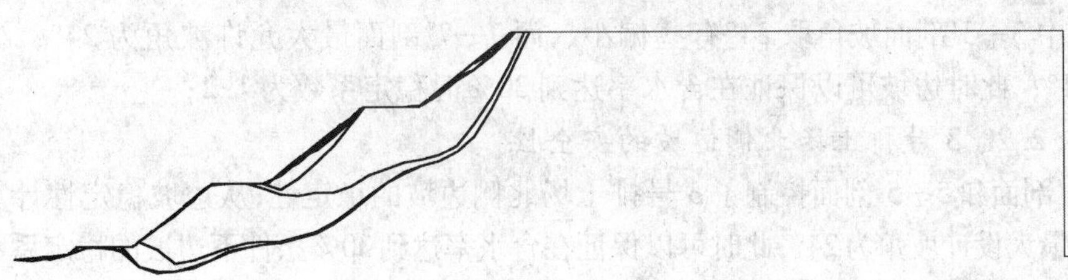

图 15-60 3 号排土场 7—7′剖面整体滑面确定

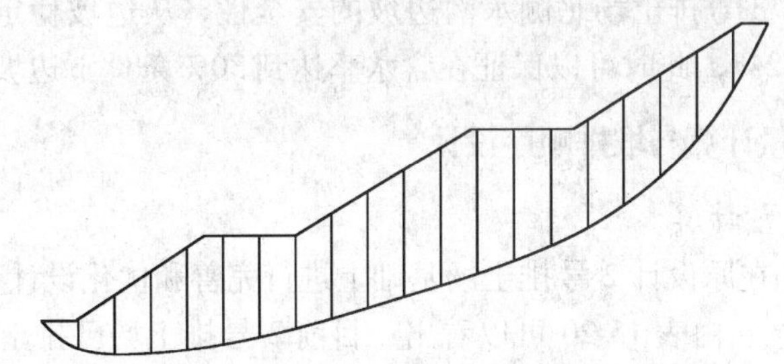

图 15-61 3 号排土场 7—7′剖面边坡稳定性计算

表 15-18 7—7′剖面边坡整体稳定性计算结果

计算方法	不同含水率边坡稳定性计算结果				
	0	30%	50%	70%	100%
折线方法	1.625	1.3183	1.1805	1.0427	0.900
Morgenstern-Price	1.572	1.3647	1.2265	1.0883	0.881
JanBu 法	1.557	1.3536	1.218	1.0824	0.879
Bishop 法	1.544	1.3415	1.2065	1.0715	0.869
Ordinary 法	1.539	1.3941	1.2975	1.2009	1.056

15.4.2 3号排土场最终设计结果

考虑到3号排土场特殊的地形地势条件和已征用土地情况，选择最不利、最有可能产生破坏性滑动方向，最后确定5个剖面来分析和设计3号排土场最终边坡角；其中3—3′剖面和7—7′剖面控制3号排土场西侧边坡的安全性；4—4′剖面和5—5′剖面控制3号排土场北侧边坡的安全性；6—6′剖面控制北侧水沟边坡的安全性；且3—3′剖面、7—7′剖面与4—4′剖面、5—5′剖面的两侧相互影响、相互制约，即北侧堆排和西侧堆排之间相互影响其边坡的稳定性；也就是一侧的堆排高度对另一面的安全性直接产生影响，所以在设计时需要同时考虑其安全性。3号排土场平盘台阶设计尺寸见表15-19。

表15-19 3号排土场平盘台阶设计尺寸

平盘高程/m	台阶高度/m	平盘宽度/m	台阶坡面角/(°)
706	13	25	35
728	22		
755	27		
785	30		
815	30		

15.4.2.1 3号排土场西侧边坡的安全性

3—3′剖面和7—7′剖面控制了3号排土场西侧边坡的安全性；从综合稳定性计算结果来看，其中3—3′剖面坡角取24°有些偏小、而7—7′剖面最大允许坡角为24°，综合确定坡角为24°；此时边坡可以保证在含水率达到30%时稳定系数为1.2；

15.4.2.2 3号排土场北侧边坡的安全性

4—4′剖面和5—5′剖面控制了3号排土场北侧边坡的稳定性；从边坡稳定性计算结果得出其允许最大设计坡角为24°，此时可以保证在含水率达到30%条件下边坡的稳定系数为1.2；

15.4.2.3 3号排土场北侧水沟边坡的安全性

6—6′剖面控制了3号排土场北侧水沟边坡的安全性，从边坡稳定性计算结果得出其允许最大设计坡角为24°，此时可以保证在含水率达到30%条件下边坡的稳定系数为1.2。

15.4.3 新设计排弃量计算与堆排顺序设计

15.4.3.1 排弃量计算

1号、2号排土场在原设计2号排土场基础上进行完善和优化设计，2号排土场原设计总排土量为4200万m^3；由表15-20可以看出，目前2号排土场已排土876万m^3。而优化后的排土总量为4645万m^3，比原设计多排445万m^3。

表15-20 1号、2号排土场新设计排土量计算与对比

排土场平盘标高/m	2号排土场原设计排量/万m^3	2号排土场已排量/万m^3	1号、2号排土场新设计排量/万m^3	备注
805	575	876	1106	
777	3625		3539	
累计	4200	876	4645	
865	0	0	522	
835	0	0	870	
累计	4145	876	6037	

注：835m、865m平台为1号、2号排土场优化合并后，在其805m平台面之上增排的两个台阶。

835m 水平和 865m 水平平盘为原 1 号、2 号排土场合并后，在 805m 水平之上新增两个排土平盘。由表 15-20 可以看出增排的两个平盘堆排量为 1392 万 m^3。故 1 号，2 号排土场新设计累计比原设计增排 1837 万 m^3。

3 号排土场是初步设计中的原 1 号排土场，由表 15-21 可看出 1 号排土场原设计排量 460 万 m^3，目前已排土 298 万 m^3；而新设计 3 号排土场排弃量为 733 万 m^3，比原设计增排 273 万 m^3。

表 15-21　3 号排土场排量计算

排土场平台标高/m	原 1 号排土场设计排量/万 m^3	已排弃量/万 m^3	新设计排量/万 m^3
785m 平台	460	298	235
755m 平台	0	0	498
累　计	460	298	733

15.4.3.2　堆排顺序设计

根据目前堆排情况，按目前堆排平盘标高及堆排方式从里向外推，如是深沟则从沟里向沟外推进，避免形成堰塞湖；目前 1 号、2 号排土场堆排水平有两个，即 777 水平和 805 水平，其中 777 平盘堆排方向如图 15-62 所示；按新设计将该水平堆排到界；在此基础上，其下部水平由推土机完成。805 平盘堆排方向如图 15-63 所示，依次堆排到界。835 水平和 865 水平按后退式堆排方式，即由境界线开始后退式推进（见图 15-64，图15-65），

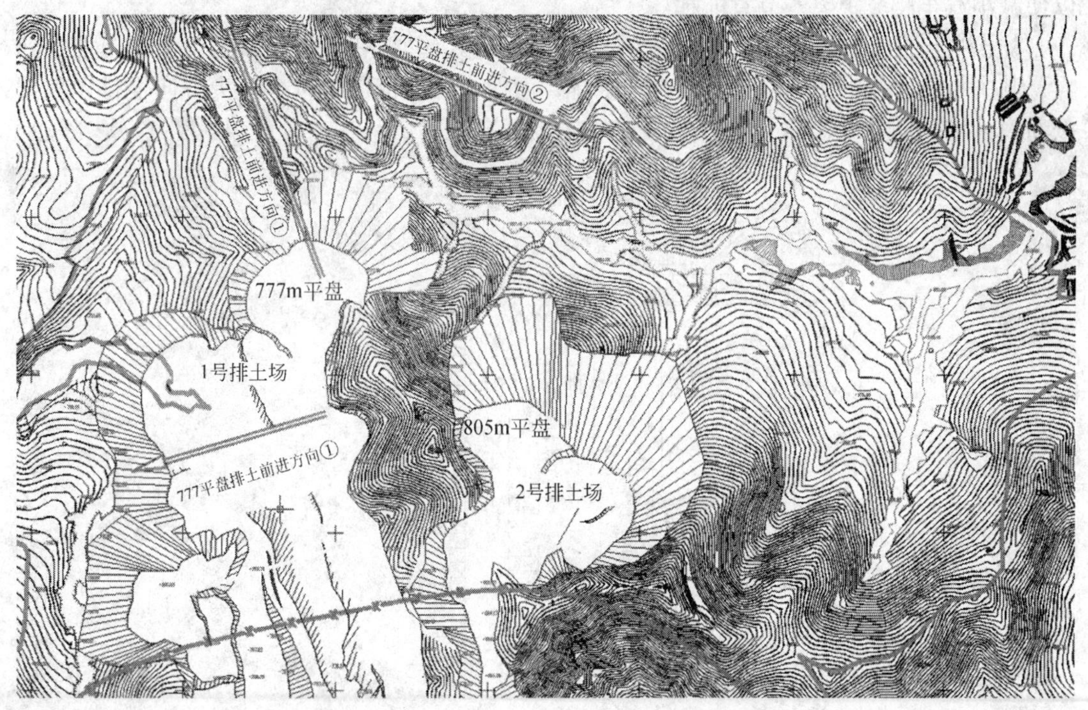

图 15-62　1 号、2 号排土场 777 平台堆排顺序示意图

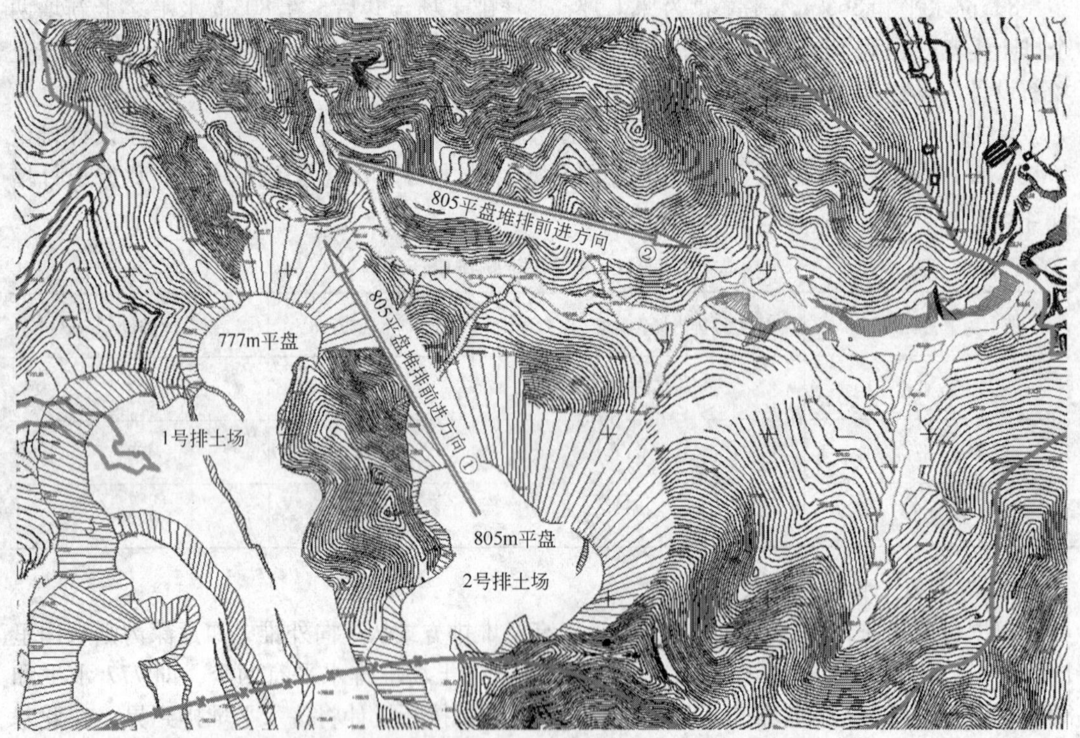

图 15-63　1 号、2 号排土场 805 平台堆排顺序示意图

以便减小汽车爬坡距离，节省能耗。

3 号排土场仍按目前堆排水平 785 标高继续堆排，主要沿西北和西南两个方向堆排到界；其中自然水沟沿图 15-66 箭头方向堆排，而西南方向沿图 15-66 箭头方向堆排，直至按新设计堆排到界后，其下部 755 水平由推土机完成。

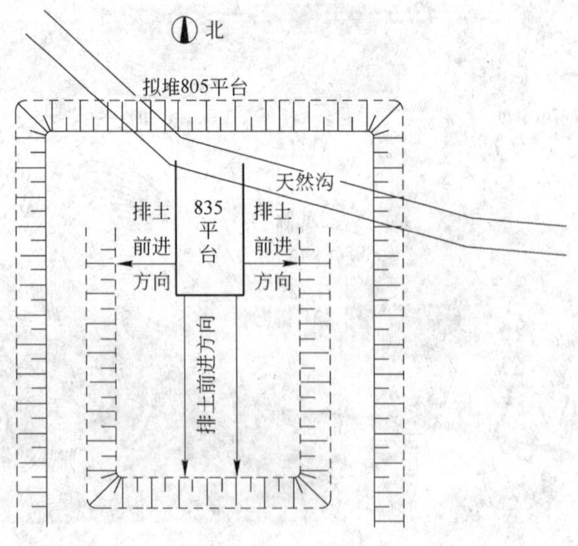

图 15-64　1 号、2 号排土场 835 平台堆排顺序示意图

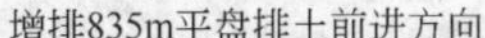

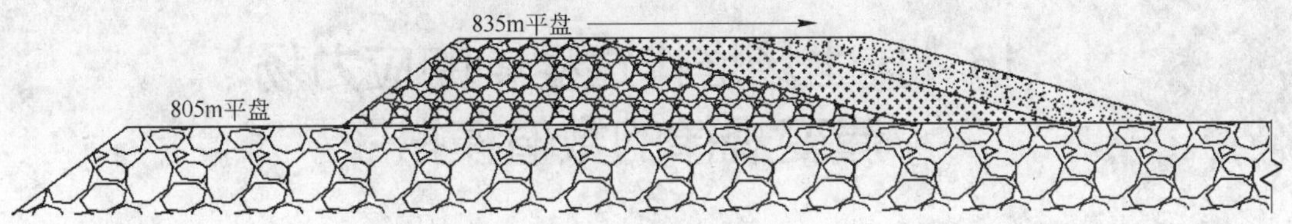

图 15-65　后退式堆排示意图

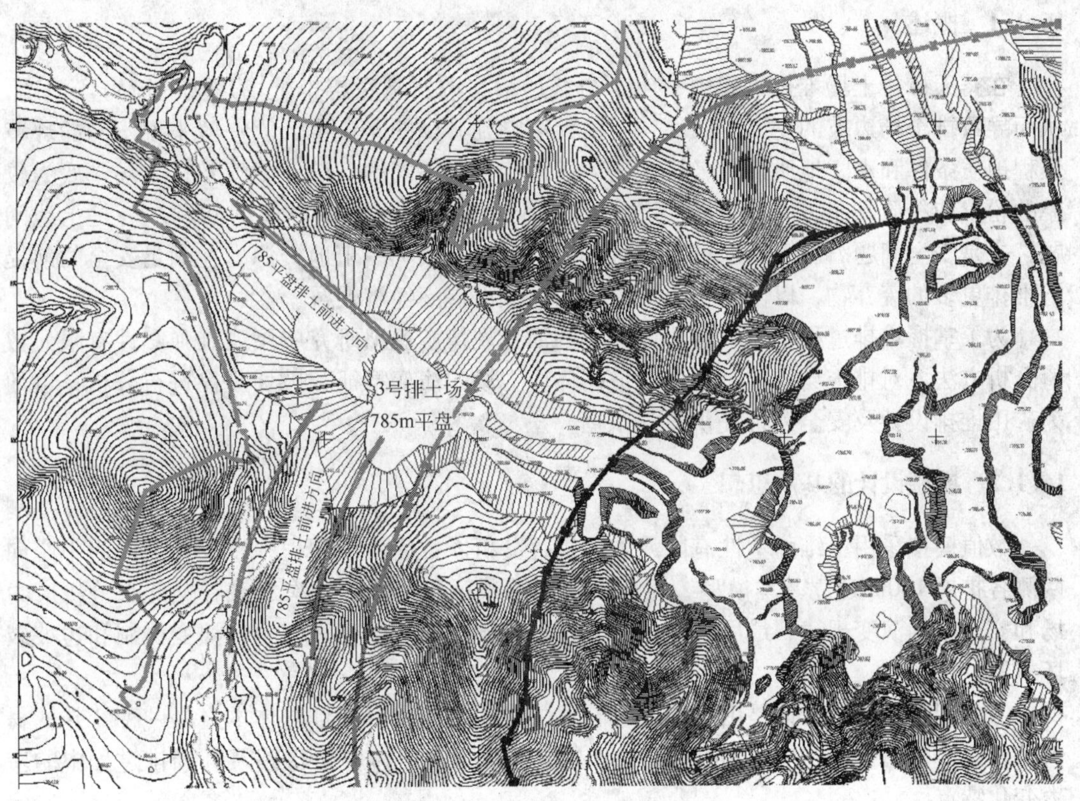

图 15-66　3 号排土场堆排顺序示意图

16 排土场堆排过程中的应力场演变规律的数值模拟

16.1 数值分析模型的设计

16.1.1 概述

在露天矿排土场堆排过程中，由于荷载递增将诱发基底与排土场边坡的应力场演变，从而导致排土场边坡的变形或破坏，并由此影响到矿山的安全生产。一般来说不同的环境工程地质条件和水文地质条件，排土场的破坏特点是不同的。设计中涉及排土场基底为较厚的粉土和粉质黏土，并在其上部堆排废石土；这里涉及两个方面的问题，一是土地问题，二是安全问题。由于土地资源不可再生，如何有效利用土地资源，在满足安全的前提下堆排更多的废弃物，以便减少土地占用量，从而提高经济效益。

为了掌握堆排过程中边坡岩体应力场的演变规律，模拟研究应用三维弹塑性有限元数值分析方法，对排土场堆排过程中边坡岩体应力场的演变特征和破坏规律进行分析，以便为矿山堆排设计及安全评价提供科学依据。

16.1.2 模型设计的基本思想

数值模拟采用三维弹塑性有限元方法进行分析。数值模拟过程中以设计剖面为中心向两侧各扩展 100m 建立基本模型，然后依据堆排顺序和台阶数依次加载，据此来分析应力场和安全率的演变规律，最后综合总结其变形的规律性，探究其应力场演变机制和边坡破坏机制。

考虑到高陡边坡岩体是由不同力学特性的多岩层组成，并且岩体本身是一种特殊的材料，所以，数值模拟中应用 Druck-Prager 屈服准则判别岩体应力状态及其堆排过程中的应力变化特点。

16.2 1 号排土场堆载过程中边坡岩体变形特征的模拟

16.2.1 8 线剖面应力场演变特点的数值模拟分析

8—8′剖面地层分布如图 16-1 所示，本次数值模型以 8—8′剖面为中心，向左右两侧各扩展 100m，沿倾向取 576m，高度取 245m。模型共划分为 11200 个单元、50837 个节点。图 16-2 所示为 8—8′剖面全部排满后模型单元网格划分图，图 16-3 ~ 图 16-39 是堆排过程中，*Y* 方向应力场、*X* 方向应力场、主应力矢量场和安全率的变化特征图。

从堆排下部第一台阶到第五台阶的动态应力场演变特点表现在如下几个方面：

(1) *Y* 方向应力随着堆高的增加，压应力依次增大；*X* 方向应力特点与 *Y* 方向类似，

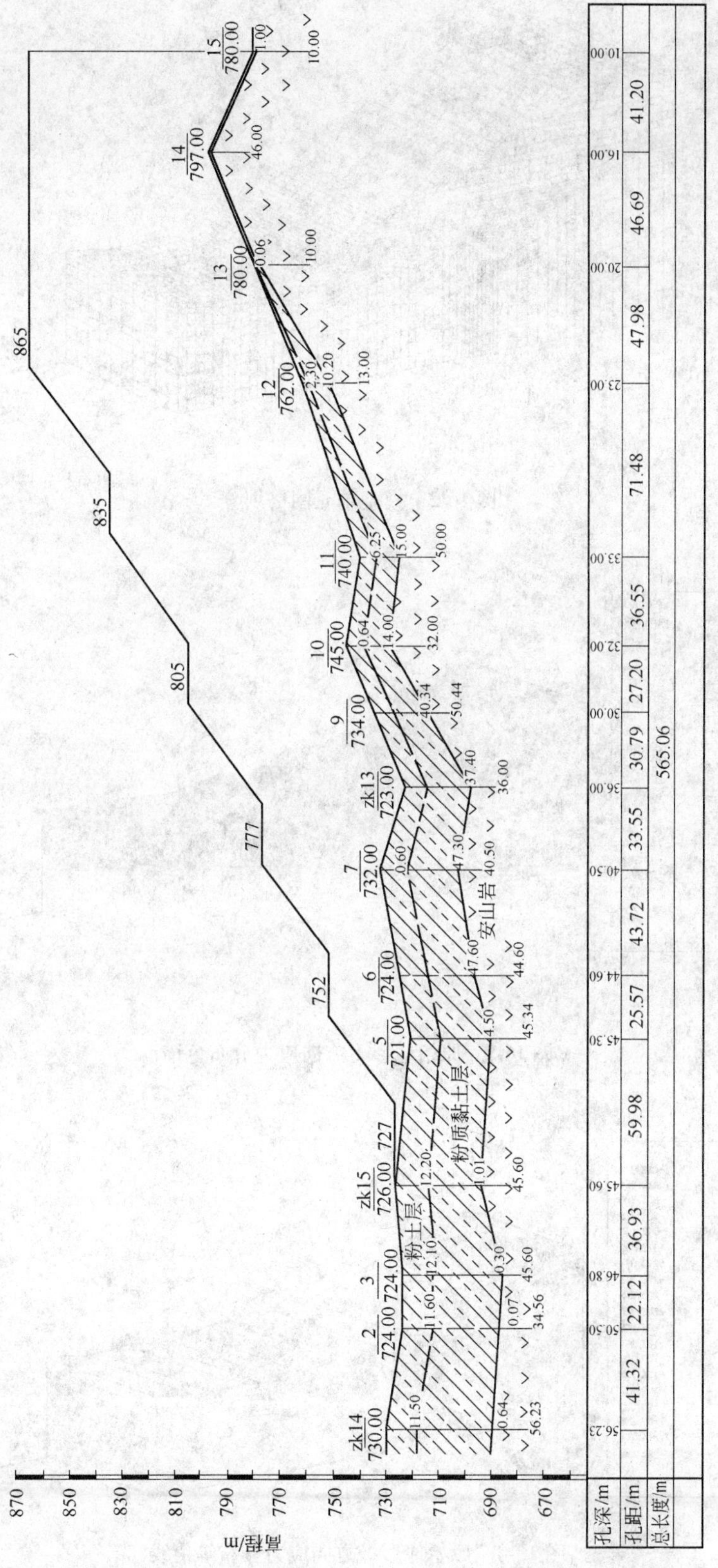

图 16-1　8—8′剖面地层分布与最终堆排

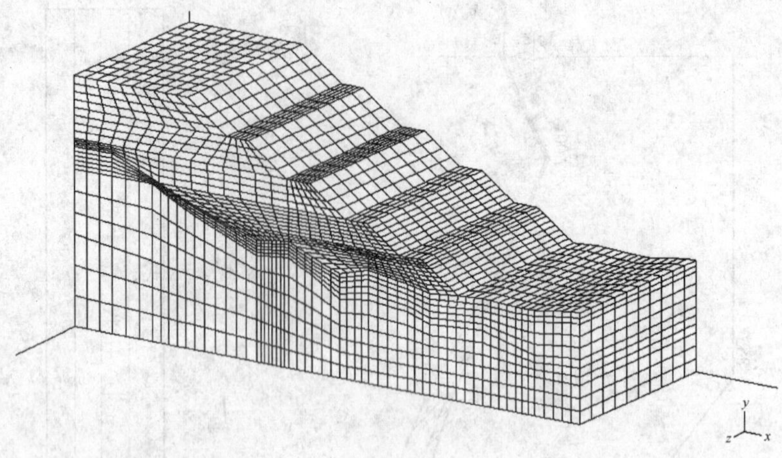

图 16-2　模型单元网格划分

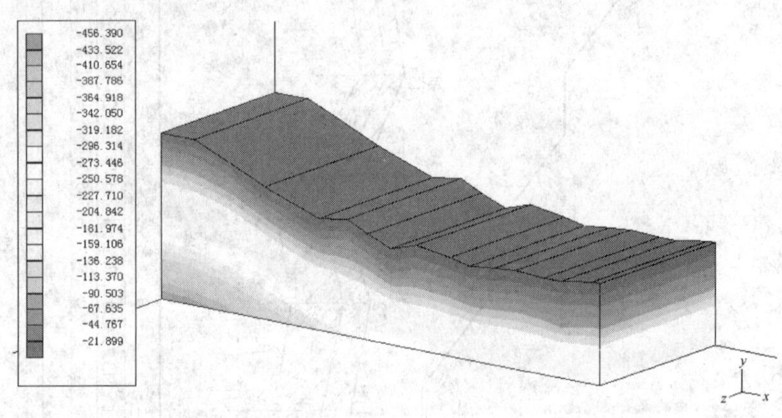

图 16-3　原始地形 Y 方向应力分布色谱

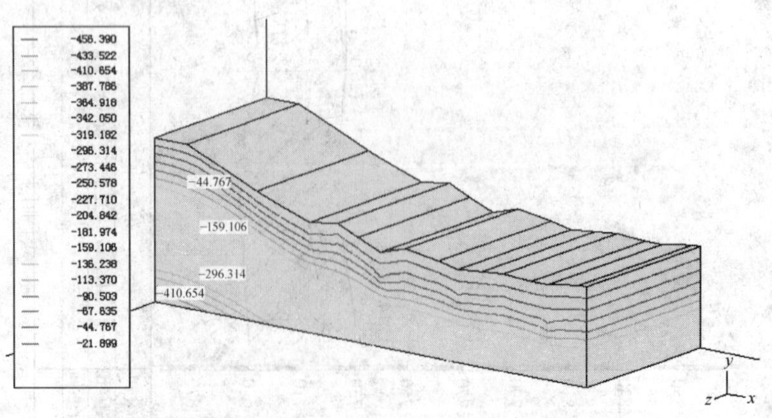

图 16-4　原始地形 Y 方向应力分布等值线

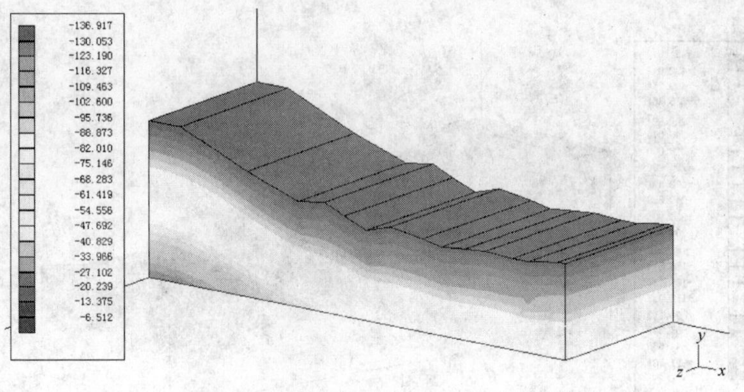

图 16-5　原始地形 X 方向应力分布色谱

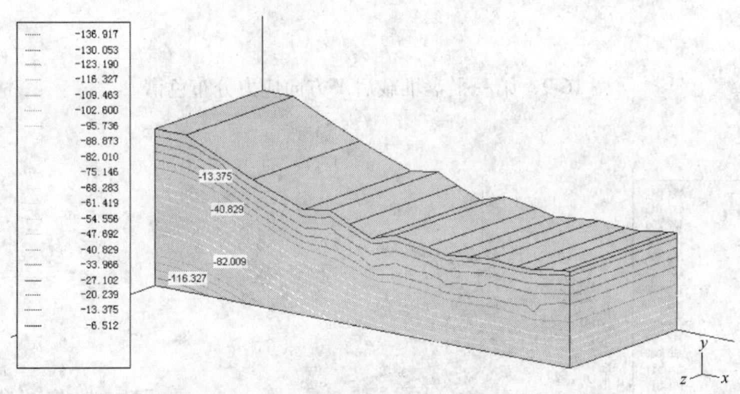

图 16-6　原始地形 X 方向应力分布等值线

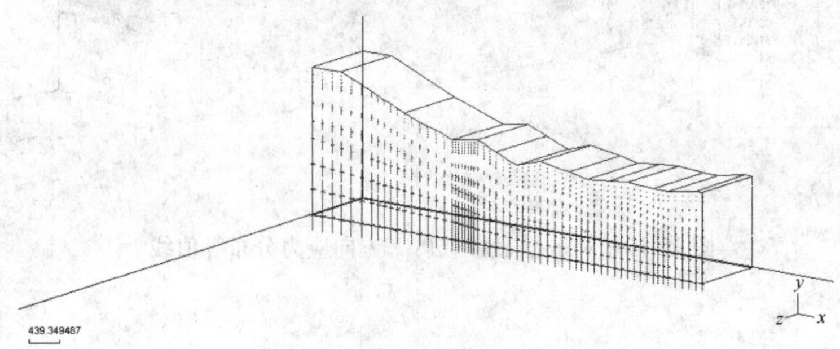

图 16-7　原始地形主应力矢量分布

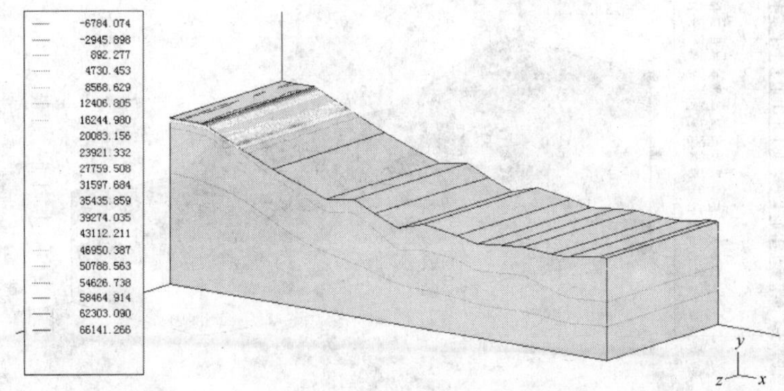

图 16-8　原始地形安全率等值线

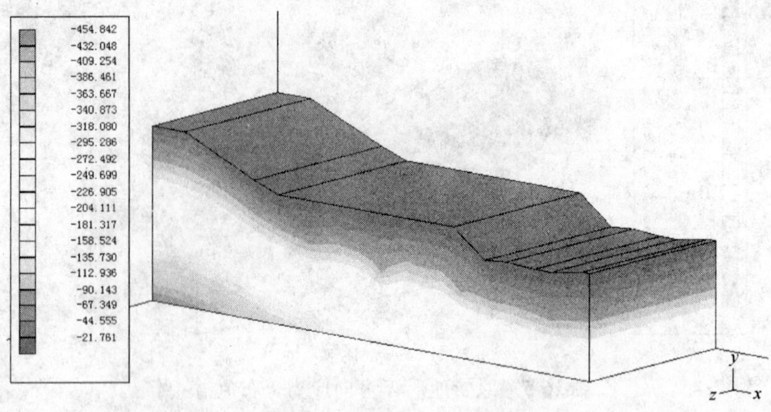

图 16-9　第一平盘堆载后 Y 方向应力分布色谱

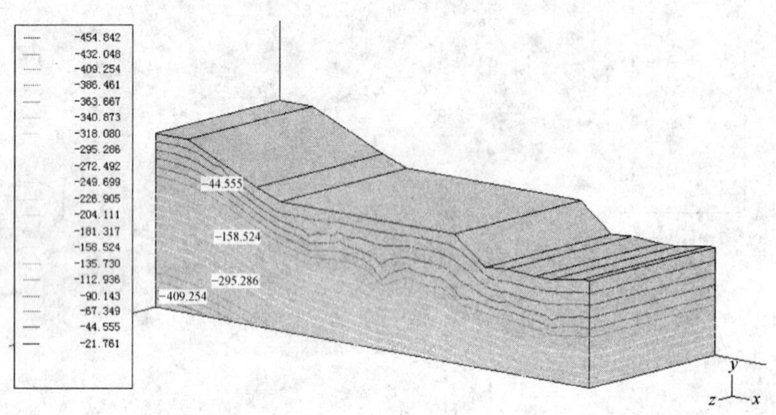

图 16-10　第一平盘堆载后 Y 方向应力分布等值线

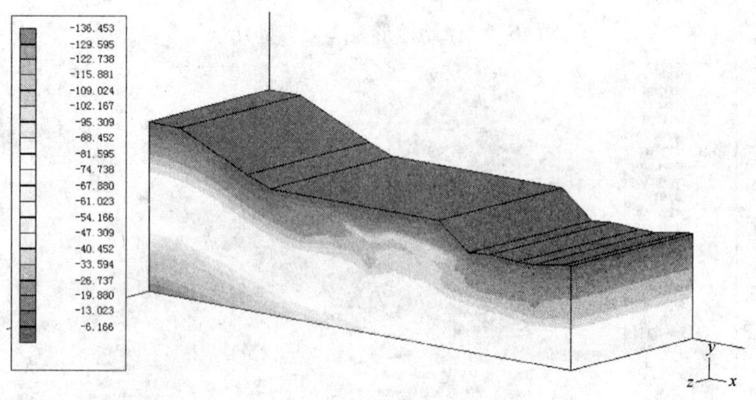

图 16-11　第一平盘堆载后 X 方向应力分布色谱

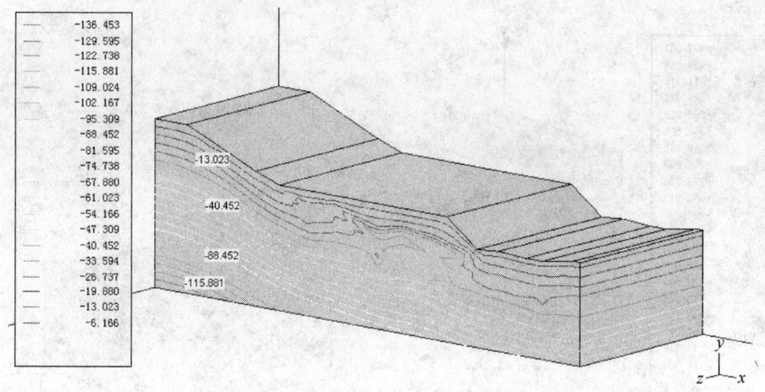

图 16-12　第一平盘堆载后 X 方向应力分布等值线

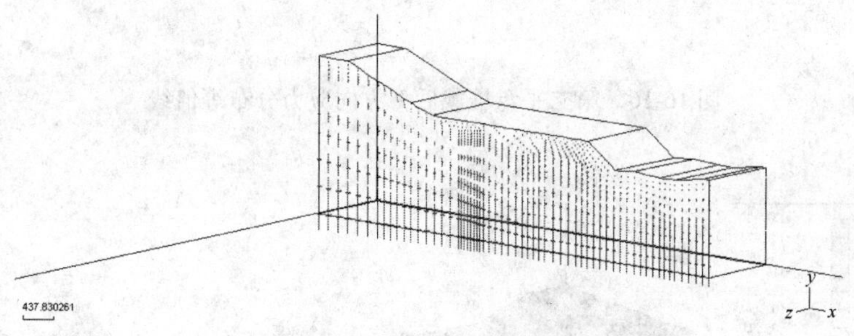

图 16-13　第一平盘堆载后主应力矢量分布

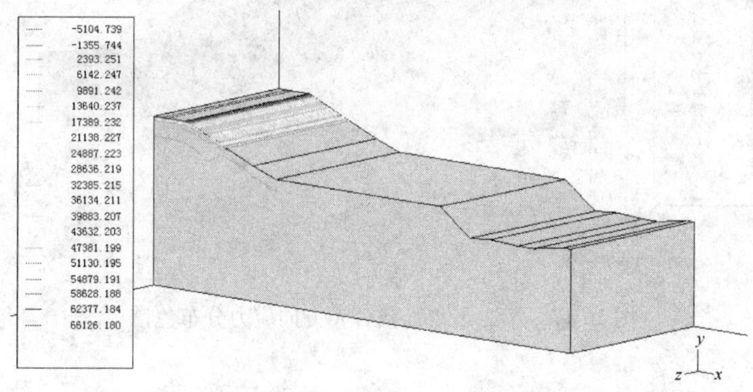

图 16-14　第一平盘堆载后安全率等值线

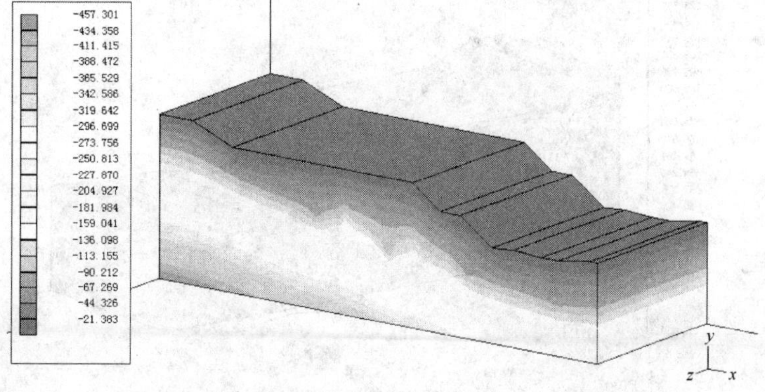

图 16-15　第二平盘堆载后 Y 方向应力分布色谱

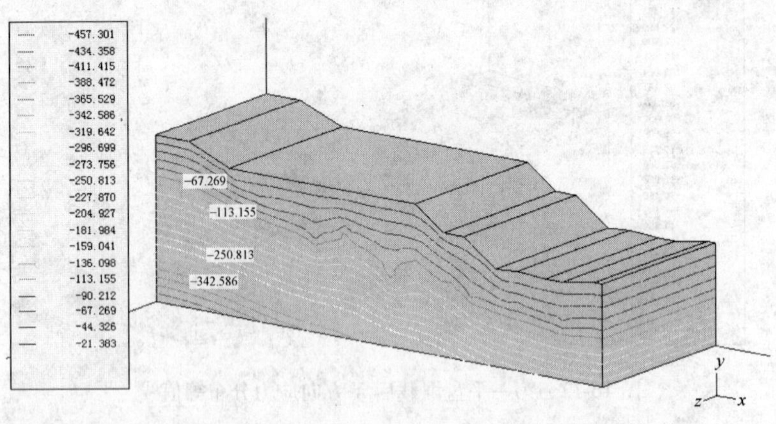

图 16-16　第二平盘堆载后 Y 方向应力分布等值线

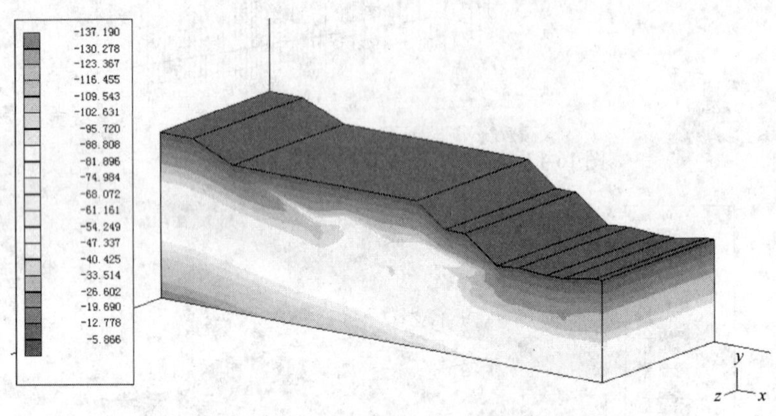

图 16-17　第二平盘堆载后 X 方向应力分布色谱

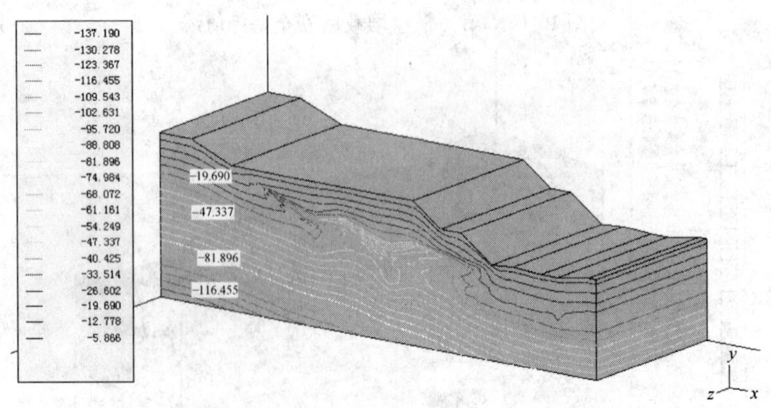

图 16-18　第二平盘堆载后 X 方向应力分布等值线

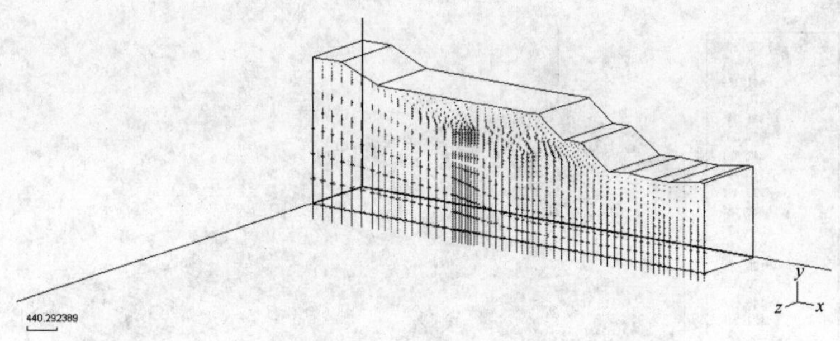

图 16-19　第二平盘堆载后主应力矢量分布

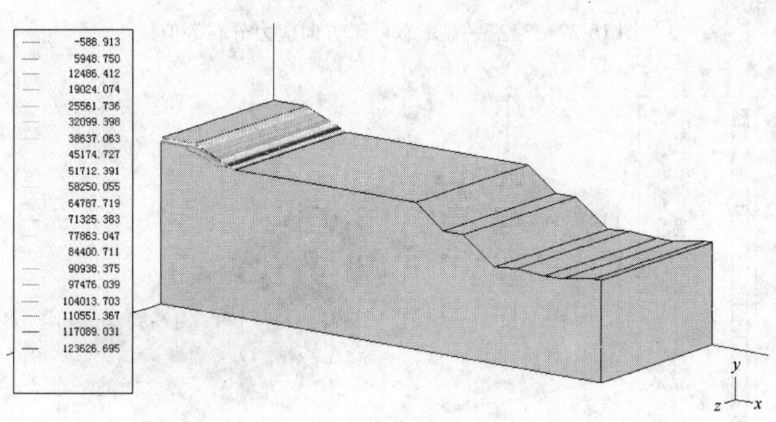

图 16-20　第二平盘堆载后安全率等值线

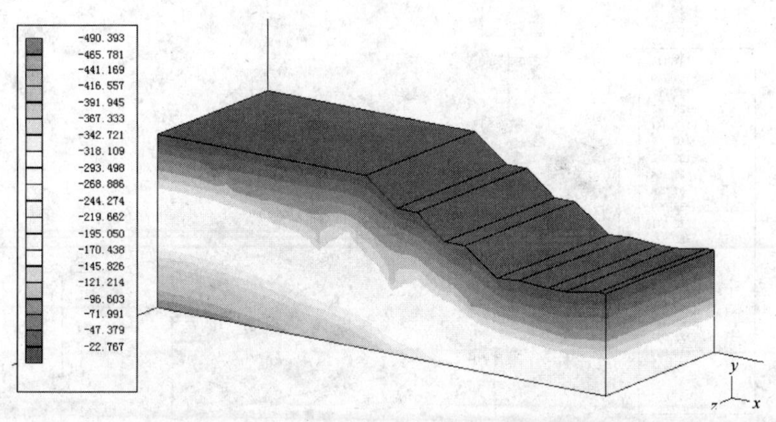

图 16-21　第三平盘堆载后 Y 方向应力分布色谱

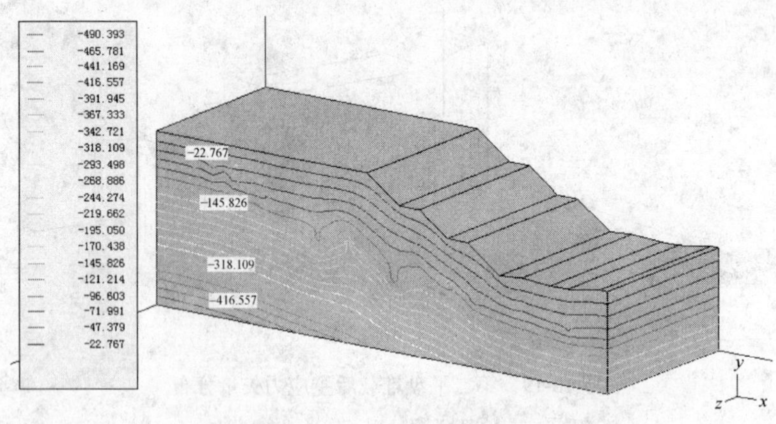

图 16-22　第三平盘堆载后 Y 方向应力分布等值线

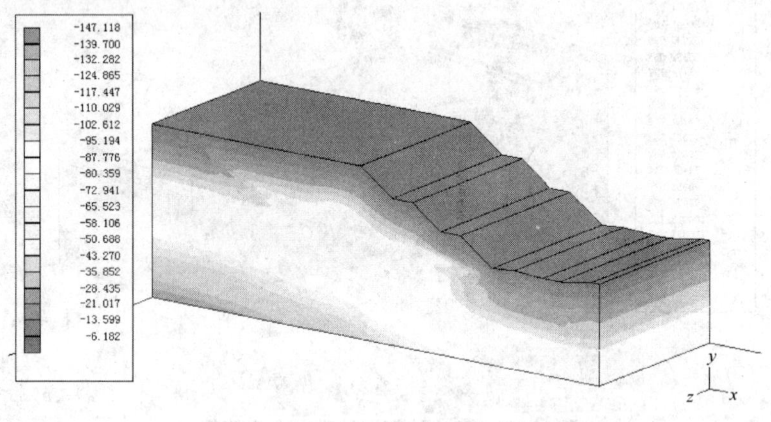

图 16-23　第三平盘堆载后 X 方向应力分布色谱

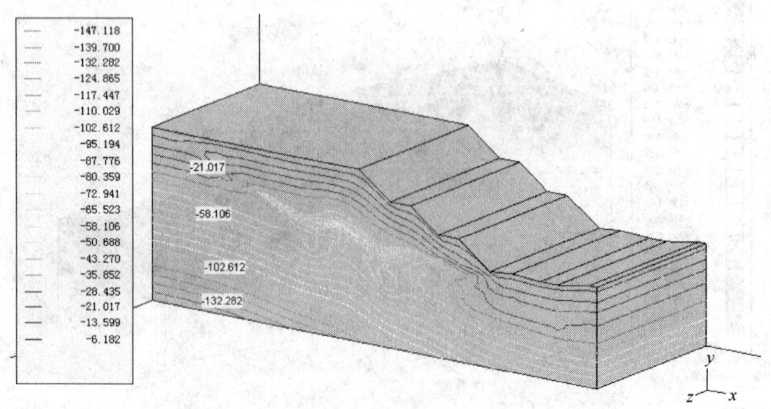

图 16-24　第三平盘堆载后 X 方向应力分布等值线

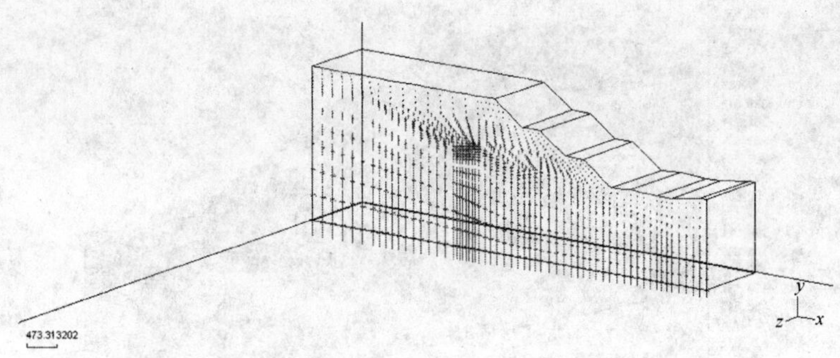

图 16-25　第三平盘堆载后主应力矢量分布

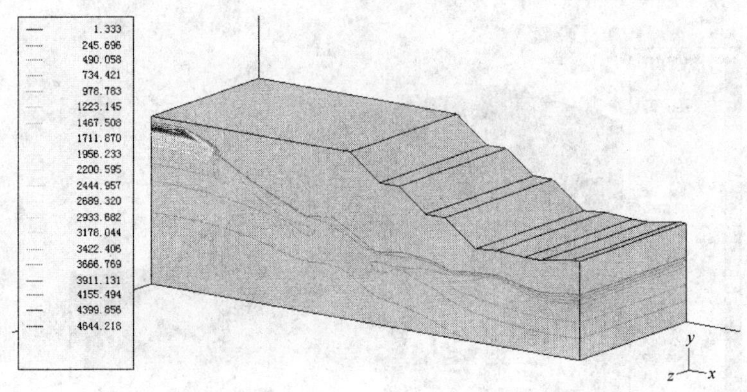

图 16-26　第三平盘堆载后安全率等值线

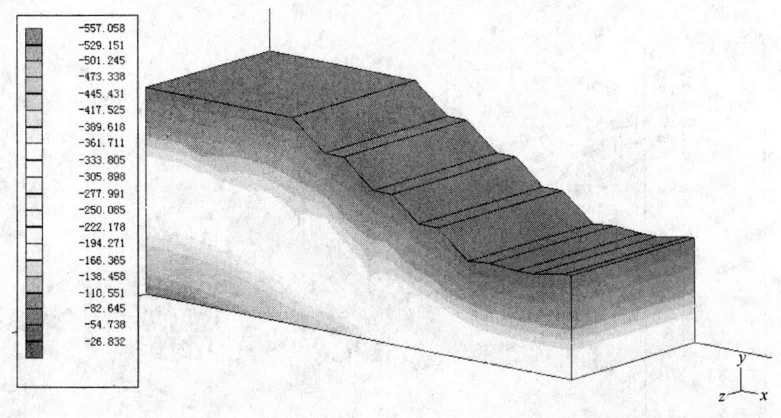

图 16-27　第四平盘堆载后 Y 方向应力分布色谱

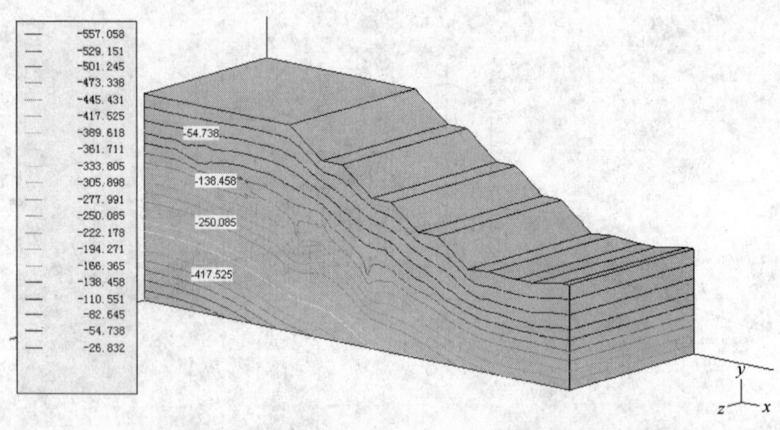

图 16-28　第四平盘堆载后 *Y* 方向应力分布等值线

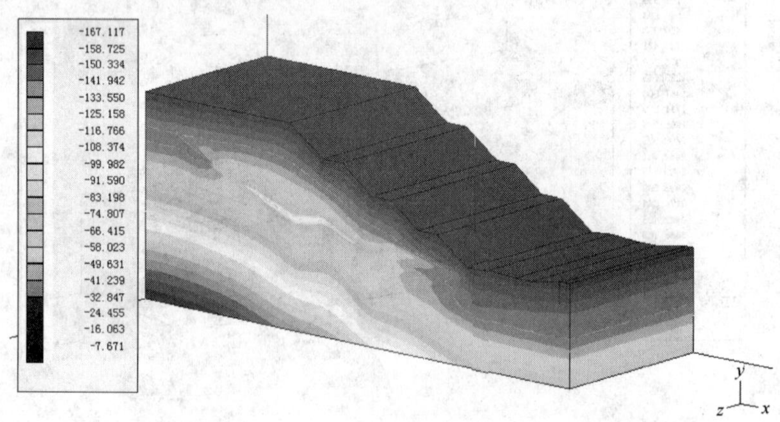

图 16-29　第四平盘堆载后 *X* 方向应力分布色谱

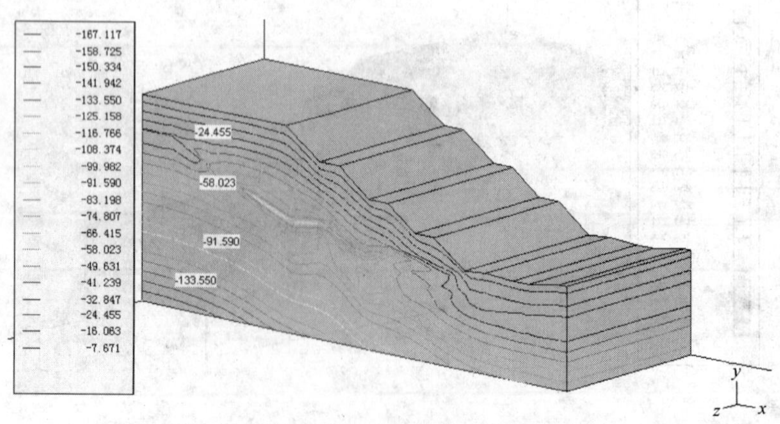

图 16-30　第四平盘堆载后 *X* 方向应力分布等值线

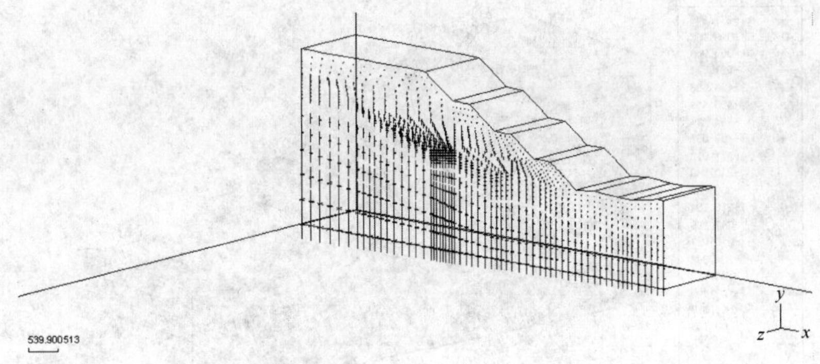

图 16-31　第四平盘堆载后主应力矢量分布

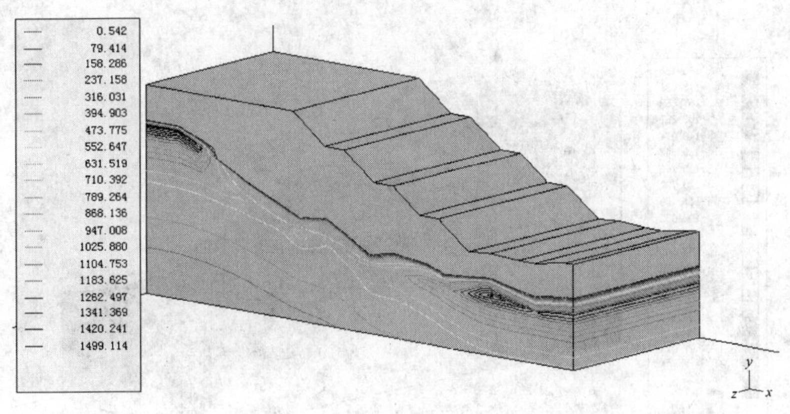

图 16-32　第四平盘堆载后安全率等值线

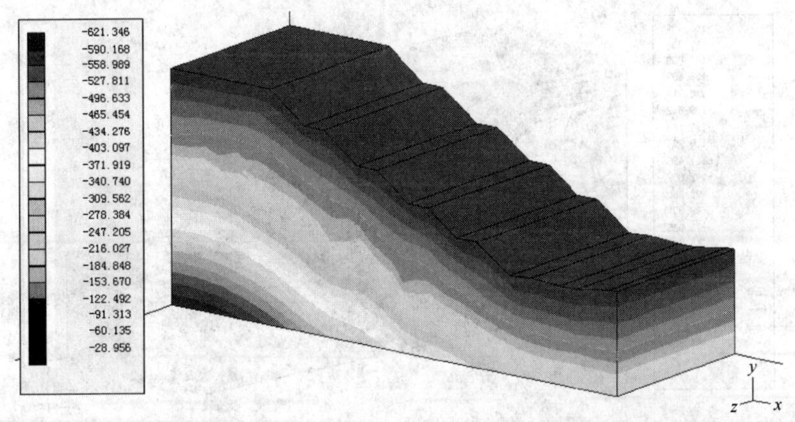

图 16-33　第五平盘堆载后 Y 方向应力分布色谱

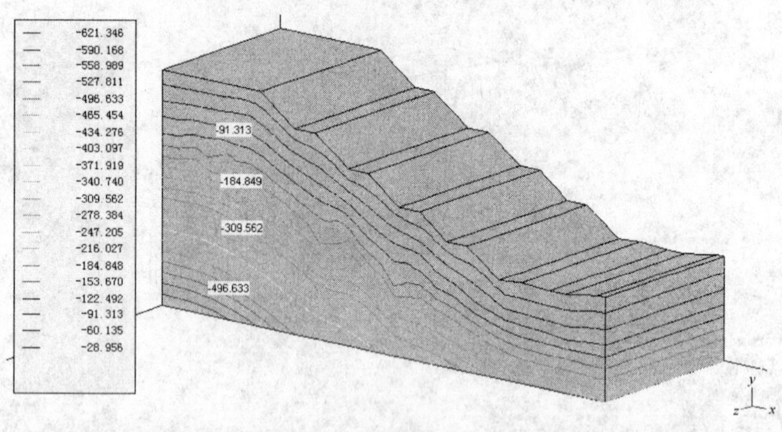

图 16-34 第五平盘堆载后 Y 方向应力分布等值线

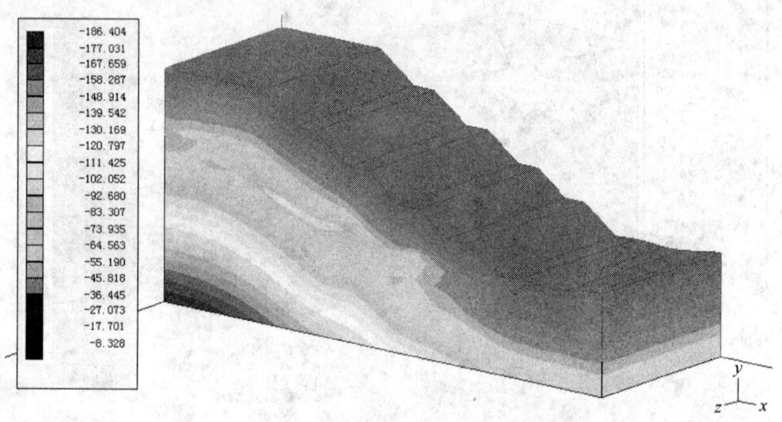

图 16-35 第五平盘堆载后 X 方向应力分布色谱

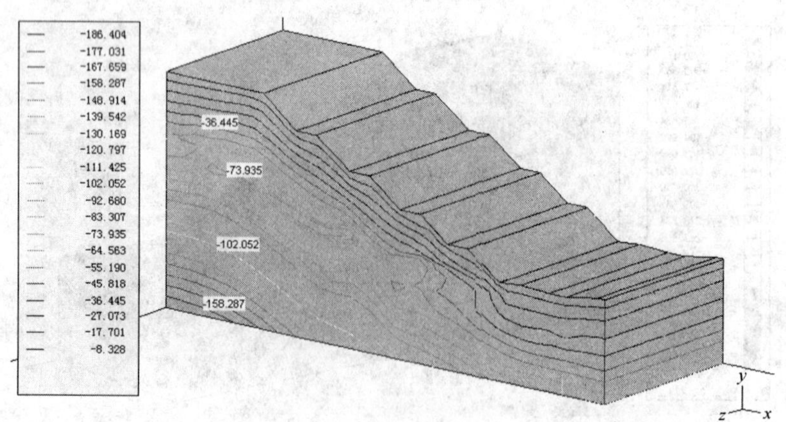

图 16-36 第五平盘堆载后 X 方向应力分布等值线

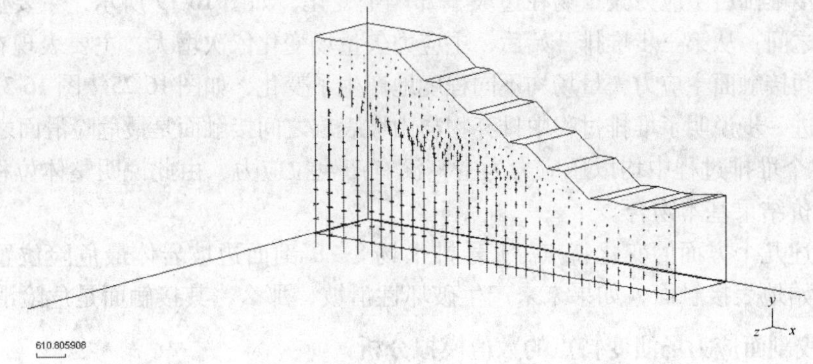

图 16-37　第五平盘堆载后主应力矢量分布

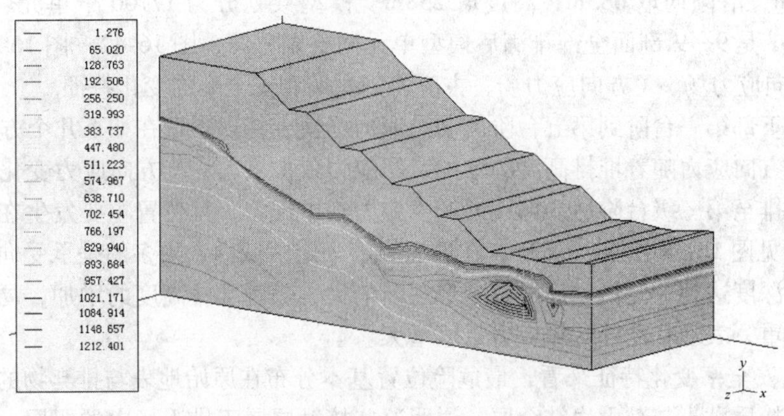

图 16-38　第五平盘堆载后安全率等值线

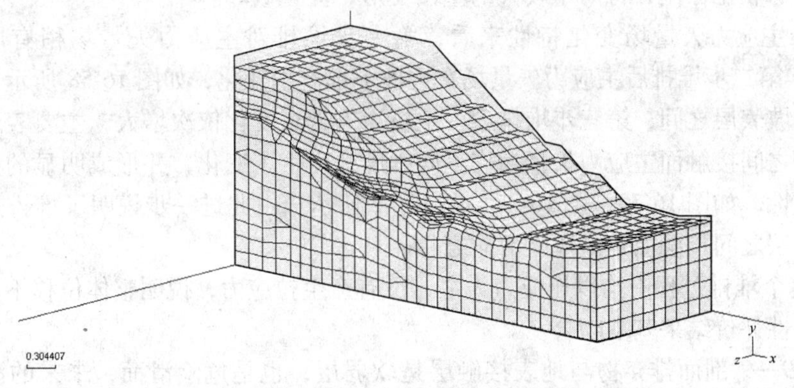

图 16-39　第五平盘堆载后网格变形

前二级堆排台阶基本没有产生应力集中现象；但在局部产生应力分布不均匀现象，主要产生在排弃物与表土接触层，当深度达到一定值之后恢复平行状（见图 16-9 ~ 图 16-20 所示）；

（2）从安全率变化特征来看，安全率最小位置基本分布在原始地表与排弃物的结合层，或者粉土、粉质黏土与鞍山岩结合层；说明这些接触层属于排土场中的弱层；如果雨季有雨水浸泡与软化作用，易产生较大的变形，甚至破坏。

（3）从主应力矢量场变化特性来看，第一步堆排对主应力矢量场稍有影响，如图 16-7

所示；第二步堆排后主应力矢量场在边坡下部产生变化，如图 16-19 所示，主要位于排弃物与山坡表层之间；从第三步堆排开始后，主应力矢量场变化依次增大，主要表现在排弃物与山坡表层之间接触面主应力矢量场均不同程度地产生了变化，如图 16-25、图 16-31、图16-37 所示；由此进一步说明了堆排过程中排弃物与山坡表层之间接触面是最危险滑面之一。

（4）整个堆排过程中均以压应力为主，没有产生拉应力，由此说明整体位移不大；这与稳定性评价结果基本吻合。

综合上述几个方面的变化特点，1 号排土场 8—8′剖面边坡岩体最危险位置在排弃的废石土与原始地表接触面，如果未来产生破坏性滑坡，那么，其接触面是危险滑面。

16.2.2　9 线剖面应力场演变特点的数值模拟分析

9—9′剖面地层分布如图 16-40 所示，本次数值模型以 9—9′剖面为中心，向左右两侧各扩展 100m，沿倾向取 685m，高度取 258m。模型共划分为 17100 个单元、76634 个节点。图 16-41 是 9—9′剖面全部排满后模型单元网格划分图，图 16-42 ~ 图 16-84 是堆排过程中，*Y* 方向应力场、*X* 方向应力场、主应力矢量场和安全率的变化特征。

从堆排下部第一台阶到第五台阶的动态应力场演变特点表现在如下几个方面：

（1）*Y* 方向应力随着堆排高度的增加，压应力依次增大；*X* 方向应力变化特点与 *Y* 方向类似，堆排至第三级台阶后局部逐渐产生应力集中现象，其位置主要发生在排弃物与表层接触面（见图 16-57 和图 16-63）；在坡肩附近一定区域内，更多的是承受向临空面的滑移变形，当深度达到一定值之后滑移变形逐渐消失。随着堆排高度的增加，局部应力集中现象更加严重，表现在局部区域应力量值增大。

（2）从安全率变化特征来看，最危险位置基本分布在原始地表与排弃物的结合层，或者是粉土、粉质黏土与鞍山岩结合层；说明这些接触层属于排土场中的弱层，如果雨季受到雨水浸泡与软化作用，将产生较大的塑性变形，甚至破坏。

（3）从主应力矢量场变化特性来看，第一步堆排对主应力矢量场稍有影响，如图 16-52所示；第二步堆排后主应力矢量场在边坡下部产生变化，如图 16-58 所示，主要位于排弃物与山坡表层之间；第三步堆排后，主应力矢量场变化依次增大，主要表现在排弃物与山坡表层之间接触面主应力矢量场均不同程度地产生了变化，并形成明显的主应力矢量方向的一致性，如图 16-70、图 16-76、图 16-82 所示；由此进一步说明了堆排过程中排弃物与山坡表层之间接触面是最危险滑面之一。

（4）整个堆排过程中均以压应力为主，没有产生拉应力，说明整体位移不大；这与极限平衡稳定性评价结果基本吻合。

综上，9—9′剖面排弃物与地表接触层是软弱层，也是危险滑面，未来的滑移变形更多地沿该软弱层面产生。

16.2.3　1 号排土场堆排后边坡岩体滑移变形特性

从 1 号排土场两个剖面的动态堆载过程的模拟结果来看，应力场各个分量的演变规律的变化趋势和特点比较接近，主要特点可以归纳为两个方面：一是随着堆载荷载的增加，应力值增大，主应力矢量变化明显，局部会产生应力集中现象；二是排弃废石土与地表接触层是软弱面，而表层中的粉土和粉质黏土也是薄弱区，他们组合构成滑移面或滑带区。

其他两个排土场的数值模拟结果与此基本类似，在此不再赘述。

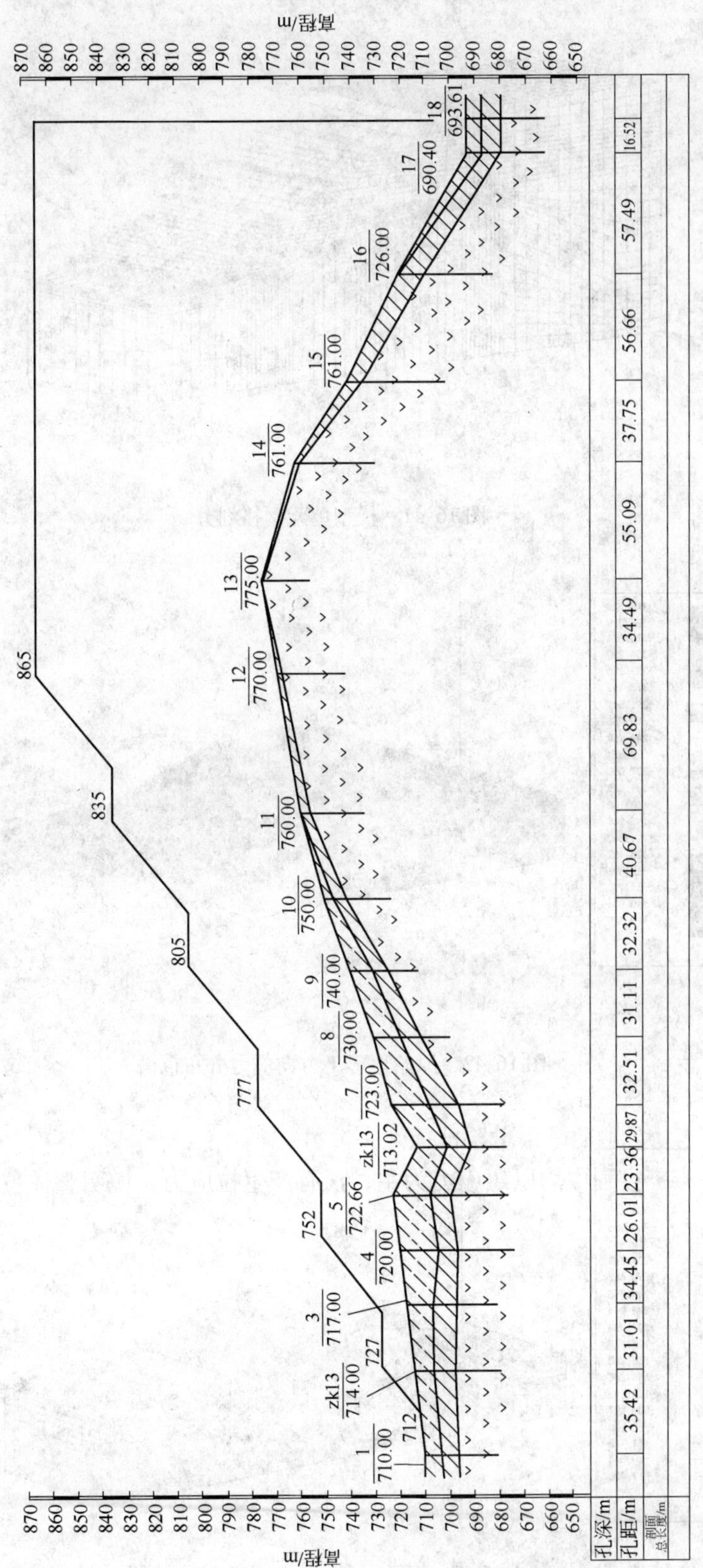

图 16-40 9—9′剖面地层分布与最终堆排

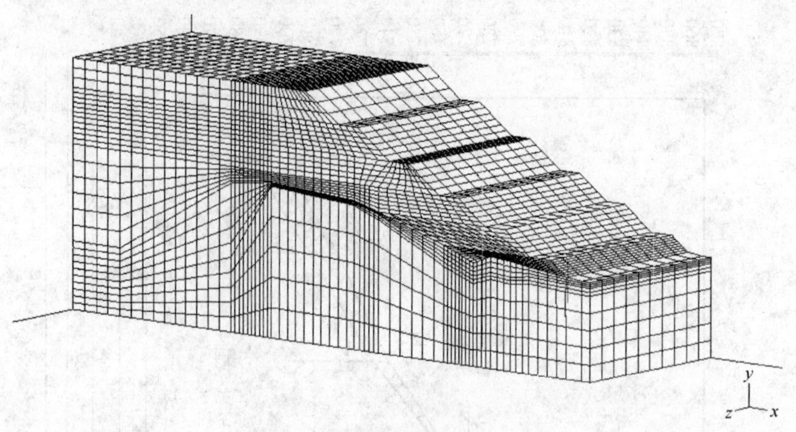

图 16-41　模型单元网格划分

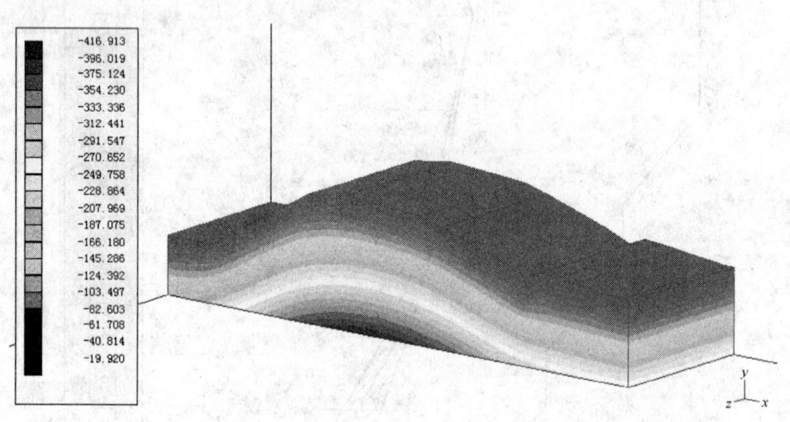

图 16-42　原始地形 Y 方向应力分布色谱

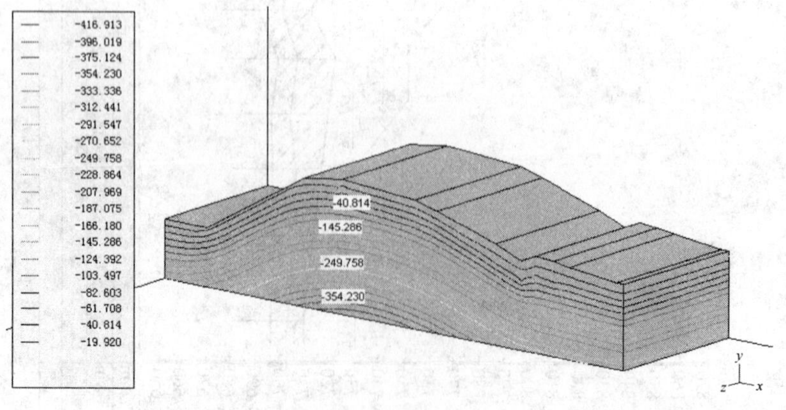

图 16-43　原始地形 Y 方向应力分布等值线

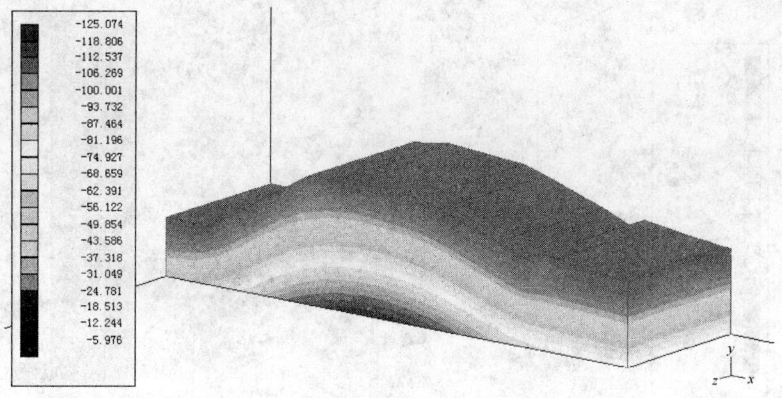

图 16-44 原始地形 *X* 方向应力分布色谱

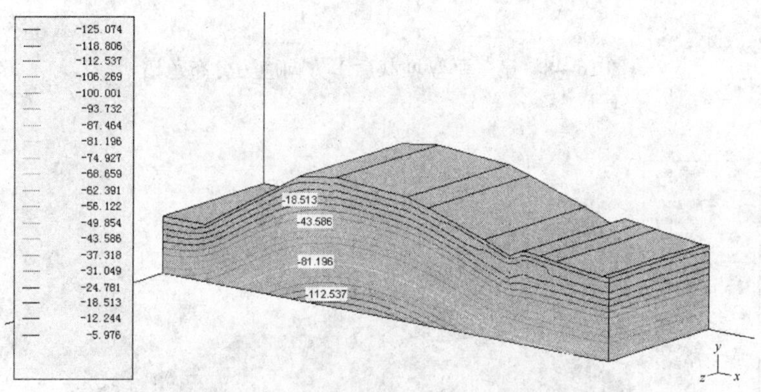

图 16-45 原始地形 *X* 方向应力分布等值线

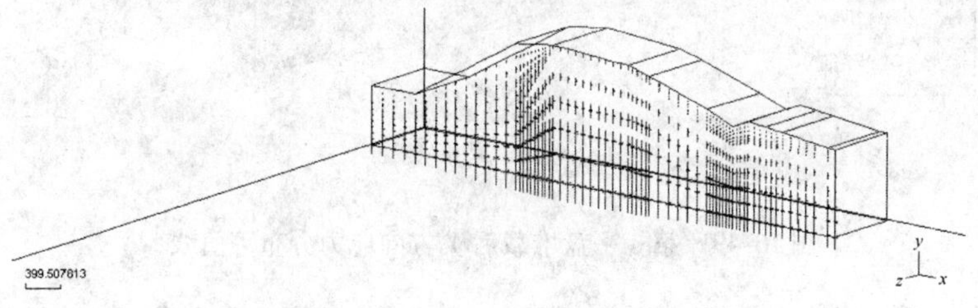

图 16-46 原始地形主应力矢量分布

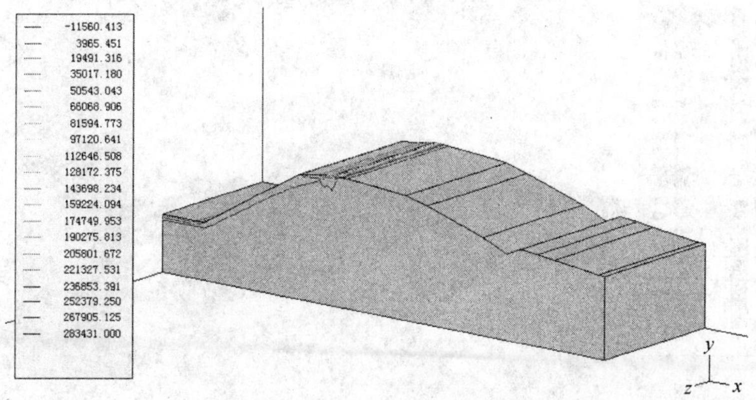

图 16-47 原始地形安全率等值线

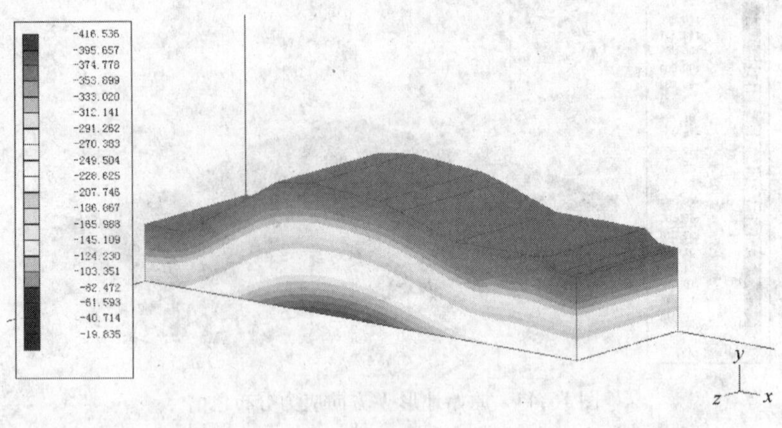

图 16-48　第一平盘堆载后 Y 方向应力分布色谱

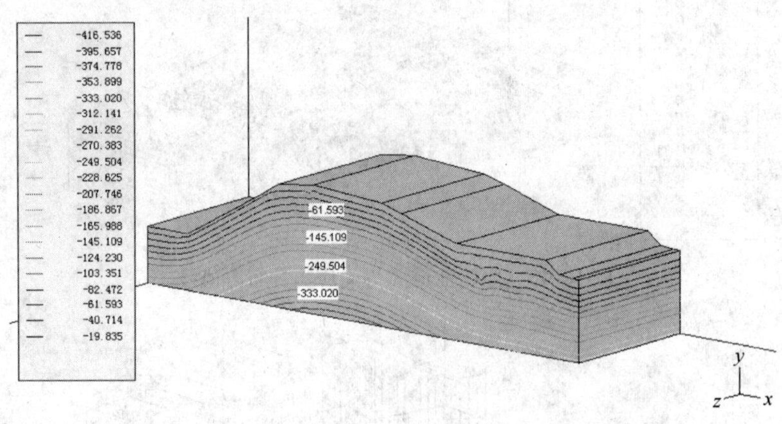

图 16-49　第一平盘堆载后 Y 方向应力分布等值线

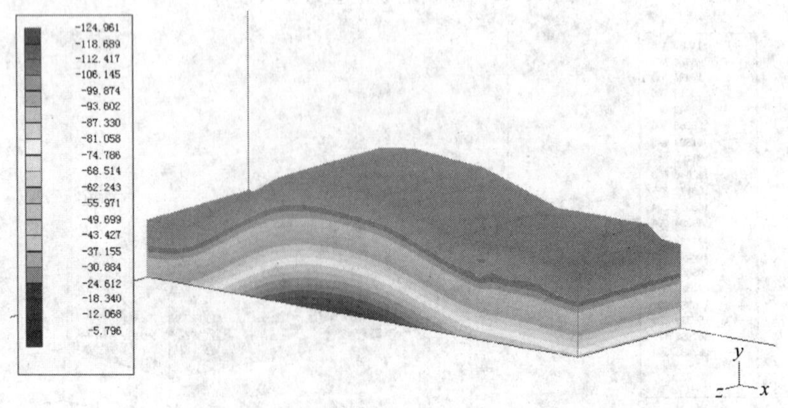

图 16-50　第一平盘堆载后 X 方向应力分布色谱

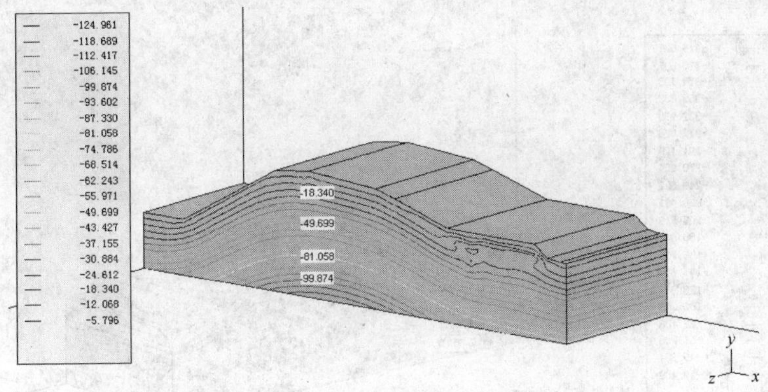

图 16-51 第一平盘堆载后 X 方向应力分布等值线

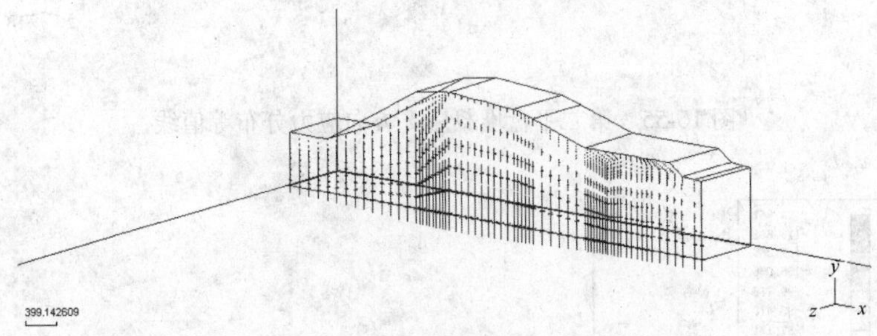

图 16-52 第一平盘堆载后主应力矢量分布

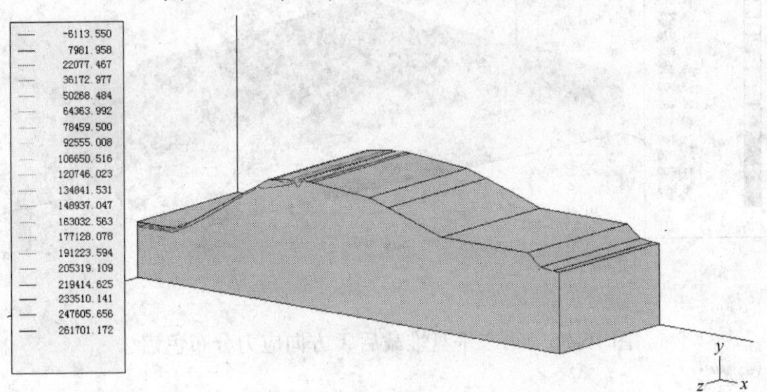

图 16-53 第一平盘堆载后安全率等值线

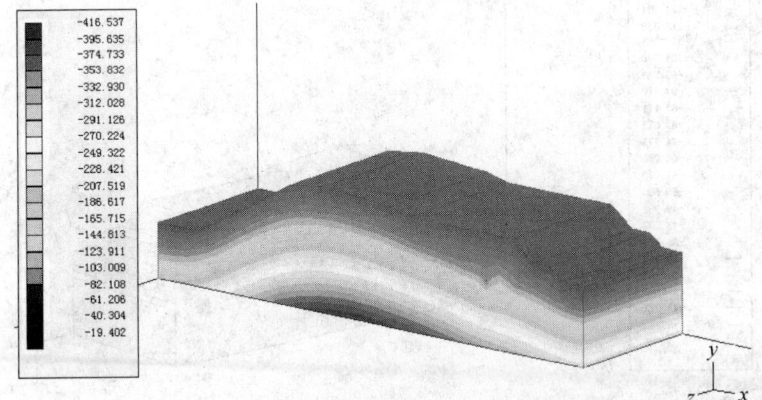

图 16-54 第二平盘堆载后 Y 方向应力分布色谱

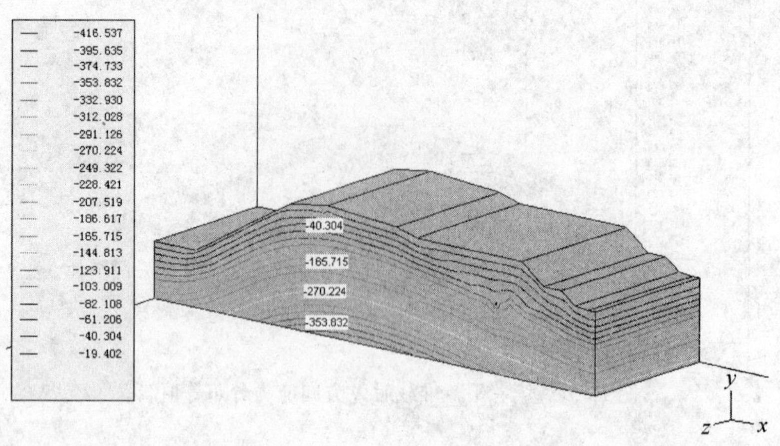

图 16-55　第二平盘堆载后 Y 方向应力分布等值线

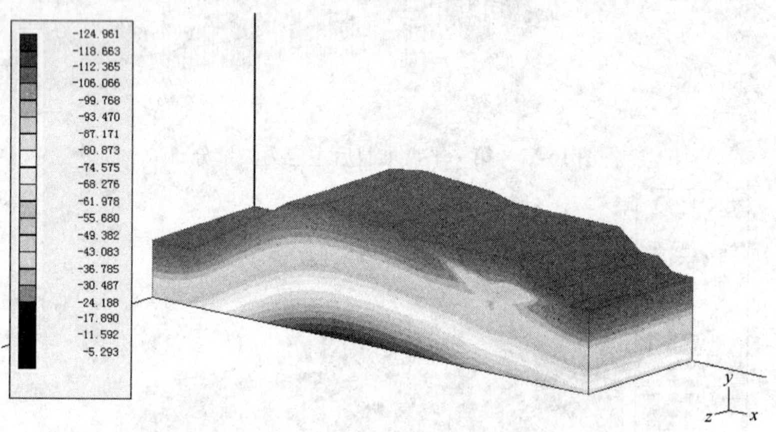

图 16-56　第二平盘堆载后 X 方向应力分布色谱

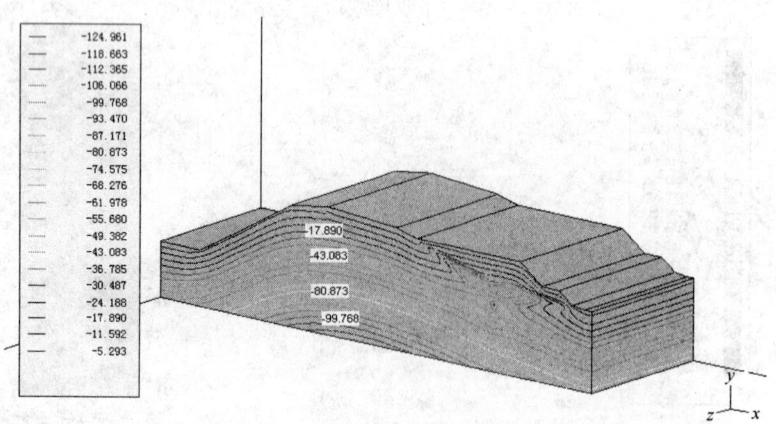

图 16-57　第二平盘堆载后 X 方向应力分布等值线

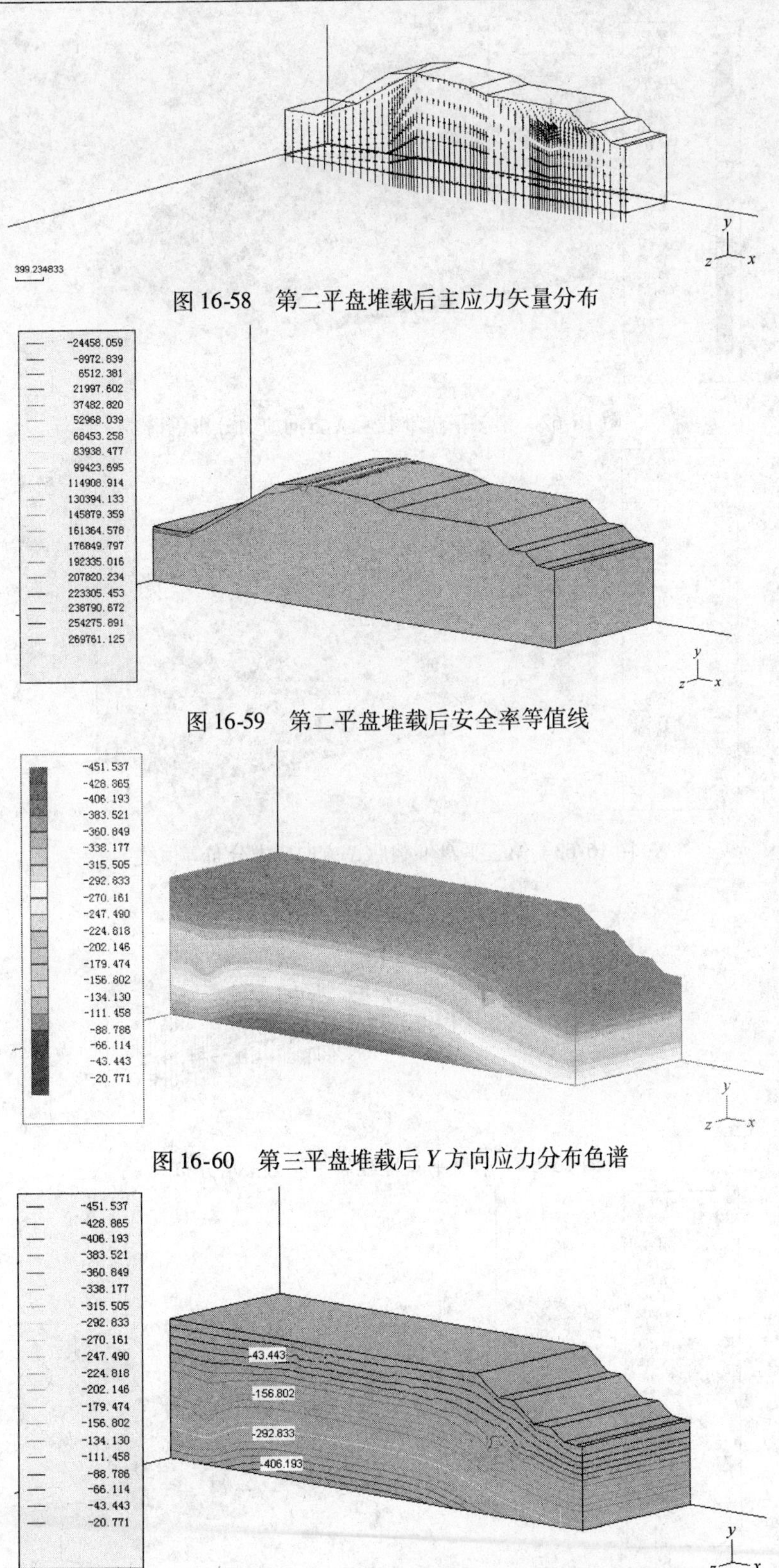

图 16-58 第二平盘堆载后主应力矢量分布

图 16-59 第二平盘堆载后安全率等值线

图 16-60 第三平盘堆载后 Y 方向应力分布色谱

图 16-61 第三平盘堆载后 Y 方向应力分布等值线

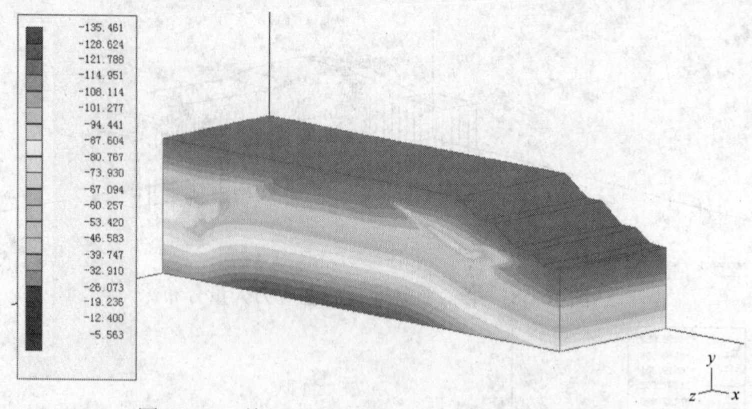

图 16-62　第三平盘堆载后 X 方向应力分布色谱

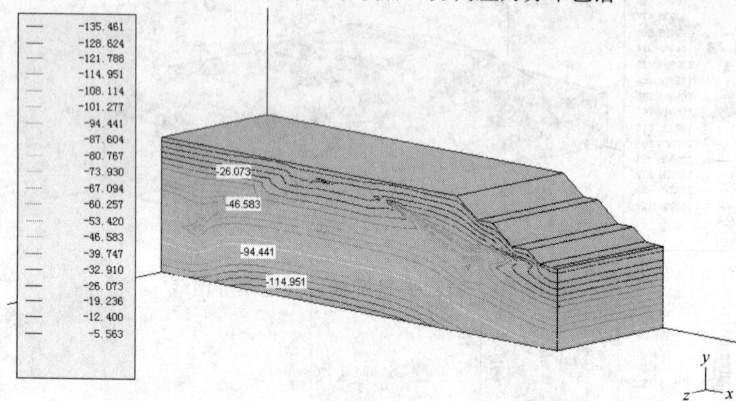

图 16-63　第三平盘堆载后 X 方向应力分布等值线

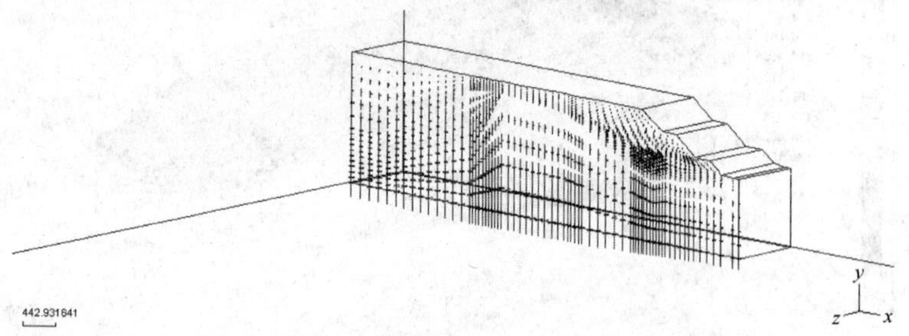

图 16-64　第三平盘堆载后主应力矢量分布

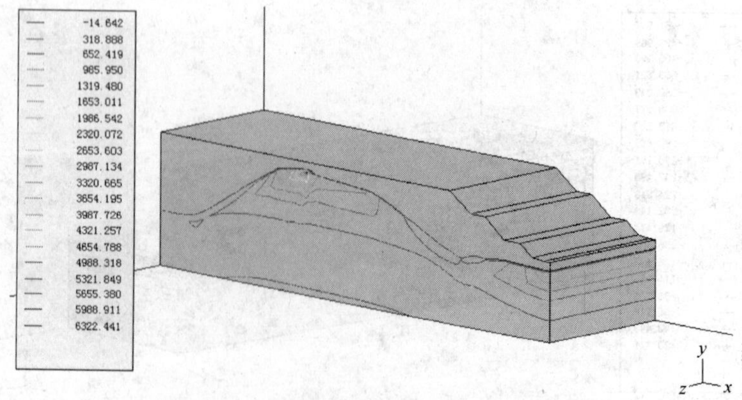

图 16-65　第三平盘堆载后安全率等值线

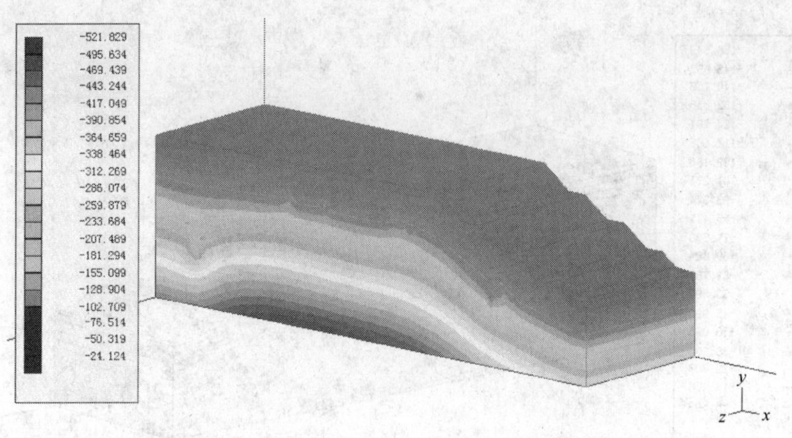

图 16-66 第四平盘堆载后 Y 方向应力分布色谱

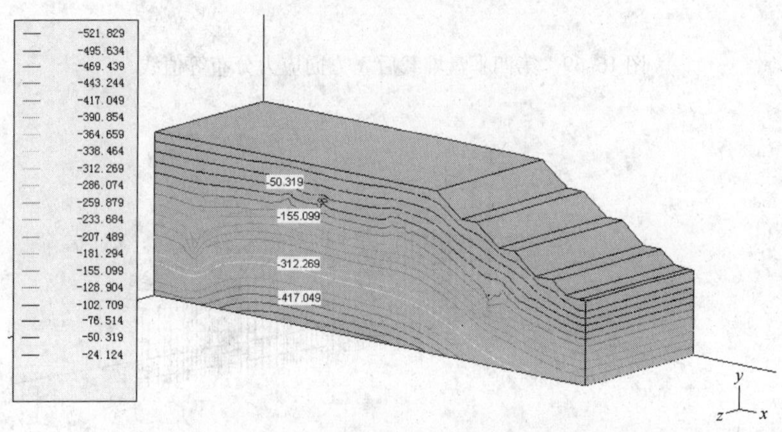

图 16-67 第四平盘堆载后 Y 方向应力分布等值线

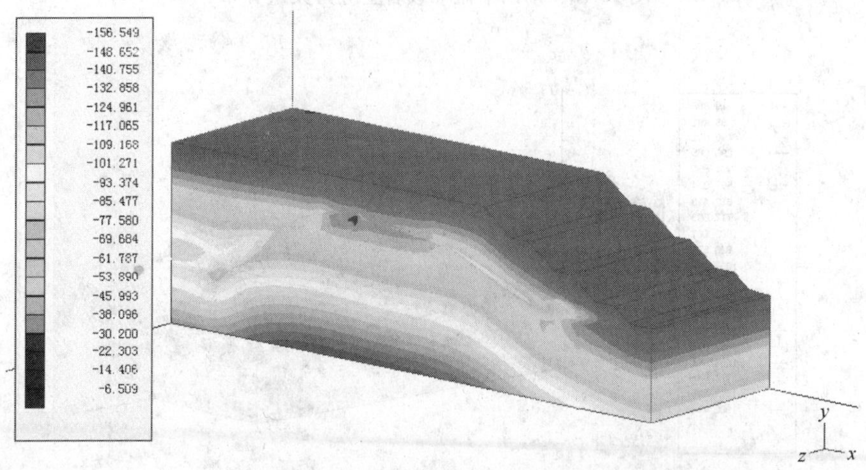

图 16-68 第四平盘堆载后 X 方向应力分布色谱

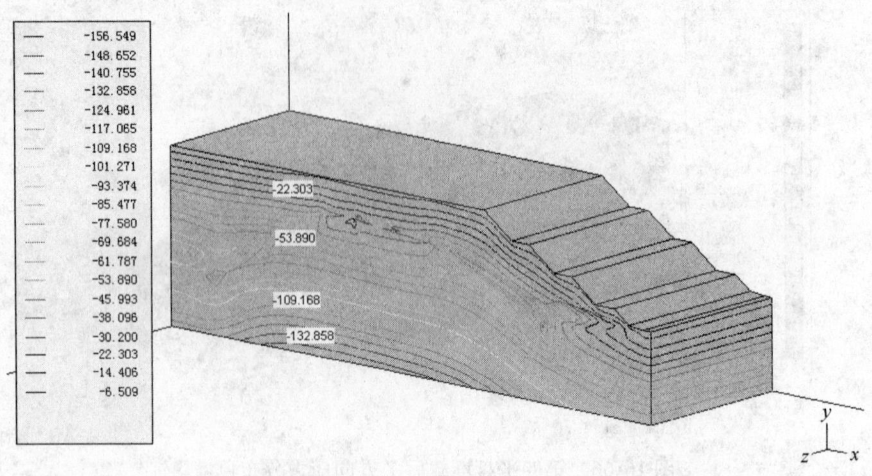

图 16-69 第四平盘堆载后 X 方向应力分布等值线

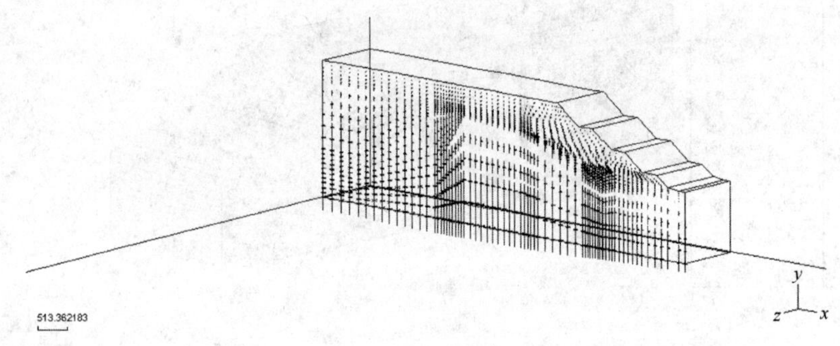

图 16-70 第四平盘堆载后主应力矢量分布

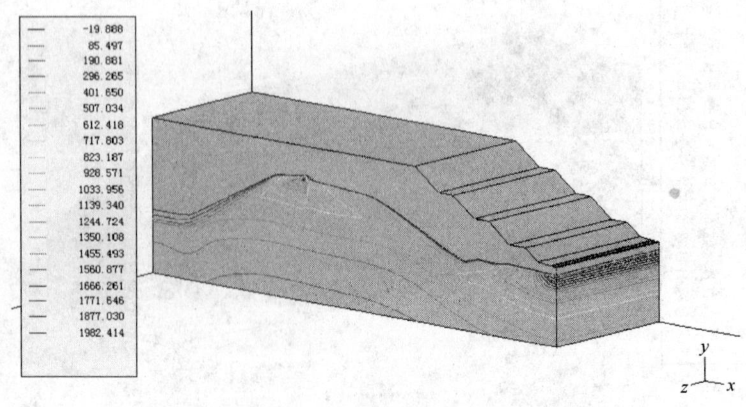

图 16-71 第四平盘堆载后安全率等值线

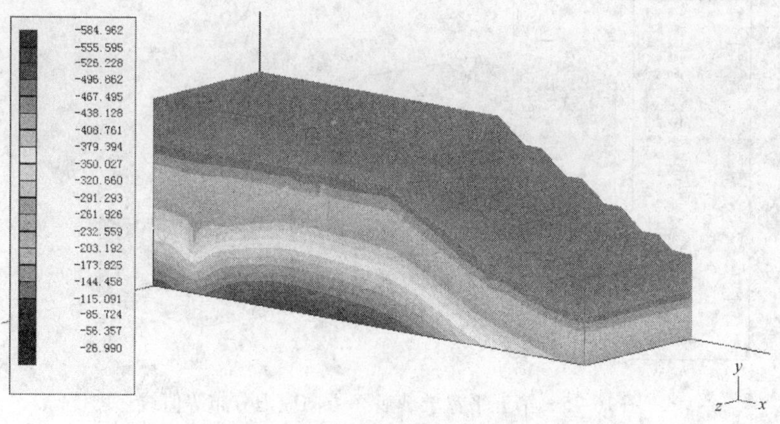

图 16-72 第五平盘堆载后 Y 方向应力分布色谱

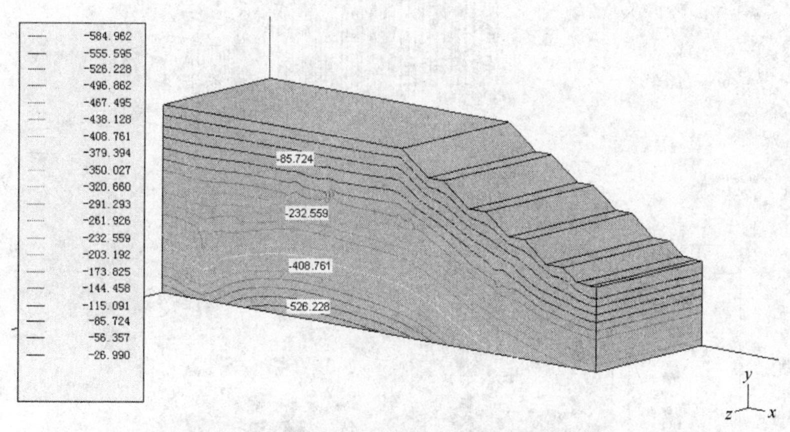

图 16-73 第五平盘堆载后 Y 方向应力分布等值线

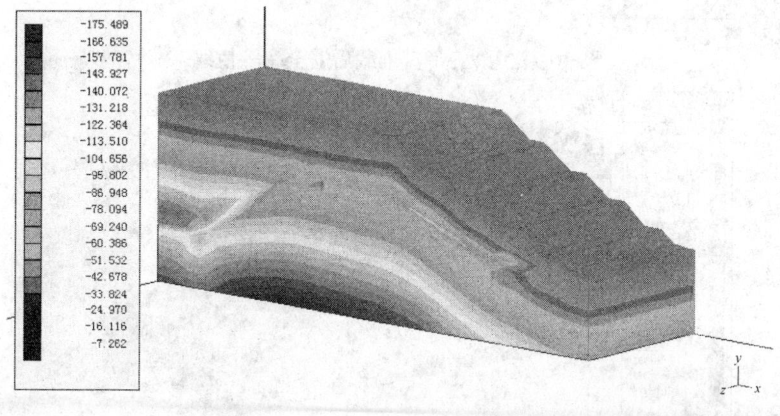

图 16-74 第五平盘堆载后 X 方向应力分布色谱

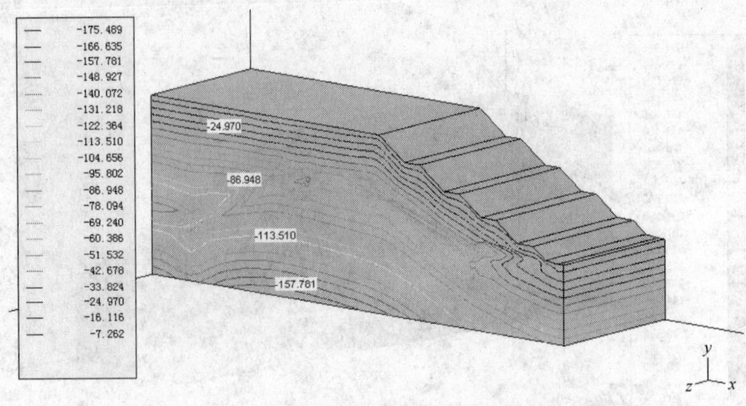

图 16-75　第五平盘堆载后 X 方向应力分布等值线

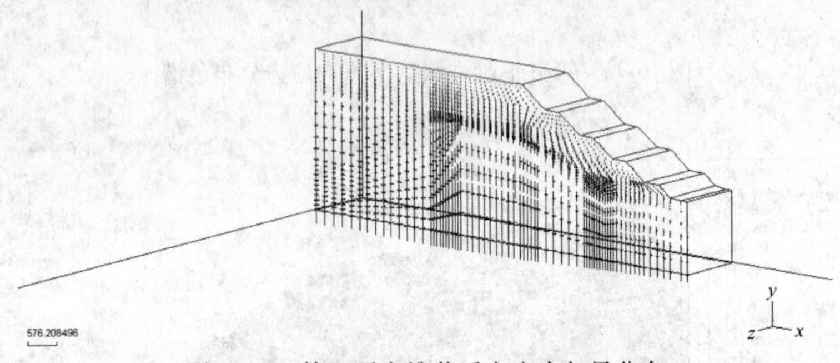

图 16-76　第五平盘堆载后主应力矢量分布

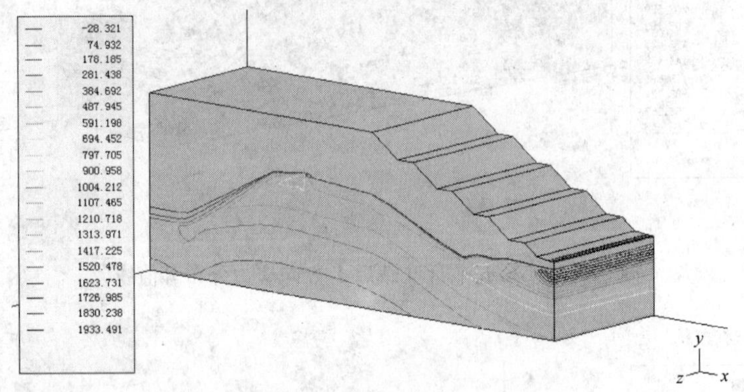

图 16-77　第五平盘堆载后安全率等值线

图 16-78　第六平盘堆载后 Y 方向应力分布色谱

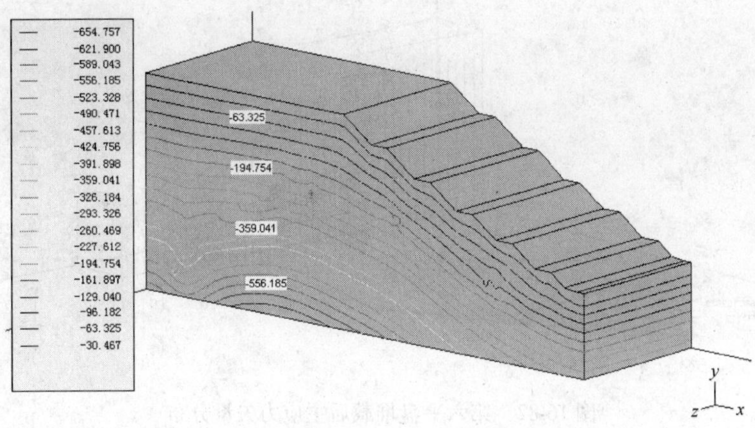

图 16-79　第六平盘堆载后 Y 方向应力分布等值线

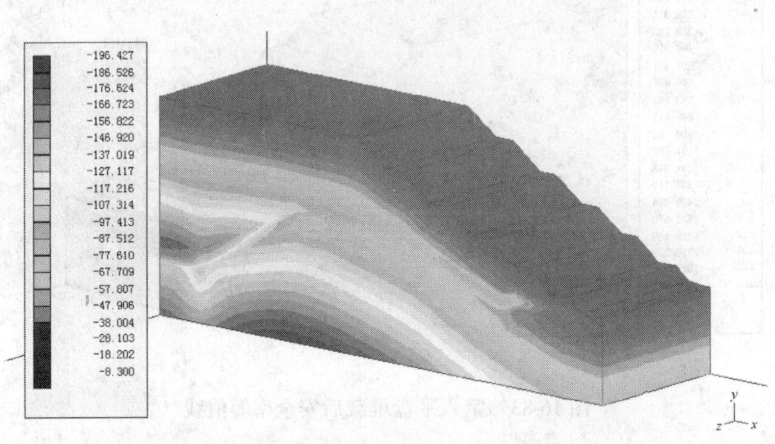

图 16-80　第六平盘堆载后 X 方向应力分布色谱

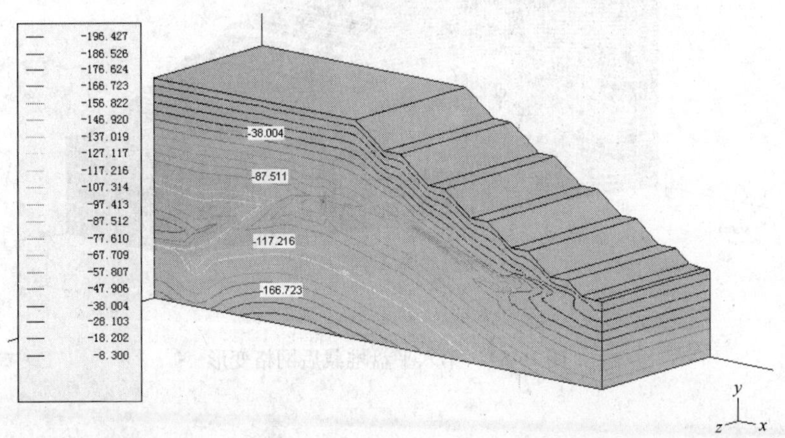

图 16-81　第六平盘堆载后 X 方向应力分布等值线

图 16-82 第六平盘堆载后主应力矢量分布

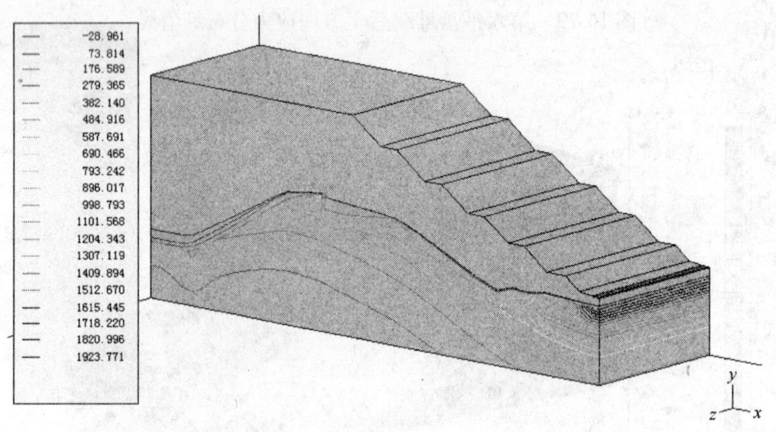

图 16-83 第六平盘堆载后安全率等值线

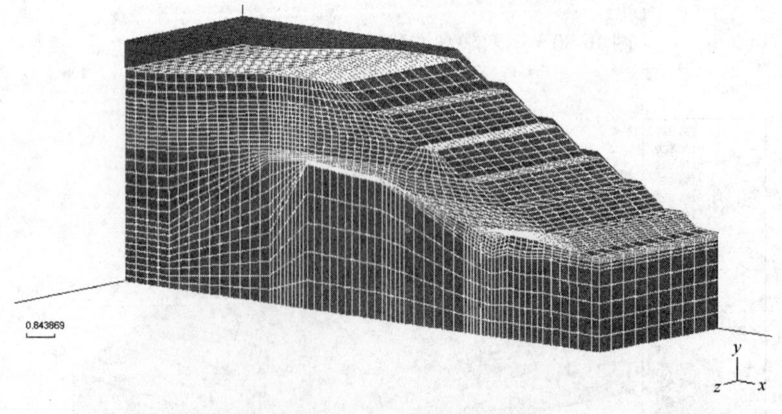

图 16-84 第六平盘堆载后网格变形

17　截洪沟设计

截洪沟设置在排土场坡脚处，将上部汇水区域内的雨水拦截后，导入自然水沟中，预防雨水渗入变形体内，确保排土场边坡安全。

17.1　洪峰流量的计算

17.1.1　设计防洪标准

根据本工程的性质、特点和未来服务年限，根据国家防洪标准，防洪设计采用标准为50年一遇。

17.1.2　计算依据

计算依据如下：

（1）矿山排土场地形图；

（2）赤峰地区的水文、气象和环境地质资料。

17.1.3　计算理论的选用

洪峰流量计算依据是“开发建设项目水土保持方案技术规范”（SL203—1998）和近似工程类比方法最大清水洪峰流量计算公式

$$Q_b = 0.278KiF \tag{17-1}$$

式中　Q_b——最大清水洪峰流量，m^3/s；

K——径流系数；

i——平均1h降雨强度，mm/h；

F——有关汇水面积，km^2。

17.1.4　计算参数的确定

17.1.4.1　计算50年一遇的1h降雨强度

根据赤峰地区1h最大降雨强度$i = 58.2$mm，取得小时降雨量最大值；50年一遇的暴雨模比系数（取近似地区类比值）：$K_{P50} = 1.92$，则50年一遇的平均1h暴雨强度$i_{50} = 111.7$mm。

17.1.4.2　径流系数

根据赤峰金鑫矿业公司提供的矿区径流系数$K = 0.09$。

17.2　防洪沟水力计算

17.2.1　理论选用与对比

目前防洪沟水力计算方法较多，但差异较大，存在许多不完善之处，为了更合理的计算，设计中选用两种方法分别计算，并进行对比，然后选择最佳方案。

17.2.2　截洪沟断面设计

洪峰流量采用“开发建设项目水土保持方案技术规范”（SL203—1998）和近似工程类比方法。面积以1号截洪沟为例，其他各截洪沟的设计尺寸见表17-1和表17-2，选其尺寸大者作为最终结果，或选取最大者作为统一设计结果。

设计断面为等腰梯形下底0.5m，高是0.6m，坡度2∶1，断面尺寸设计如图17-1所示。

由于3号排土场原自然水沟与露天采场安全防护带之间有一定的汇水区面积，所以需要在原自然排水沟底设计一条暗渠，以便将该区段的汇水区的地表水引出去，避免形成积水；其处理方法有两种方案：其方案一是暗渠直接引出；方案二是在沟底堆排粒径大于30cm以上的不易风化的石块，堆排高度1.5m以上。原则上建议采用方案一，如果确有困难，也可以采用方案二，但要注意不能把易风化的废石堆排到沟底部，否则沟底排水不畅。

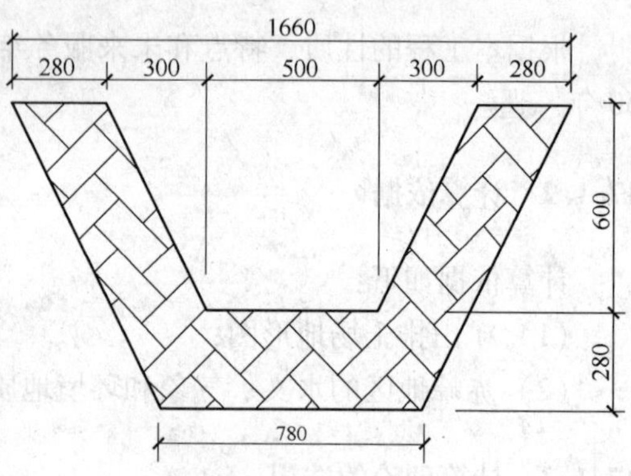

图17-1　截洪沟断面

方案一中暗渠位置如图17-2所示，暗渠水平距离596m，在暗渠入口处增设沉淀池（见图17-3），以便减少泥沙流入量，预防暗管堵塞。采用明渠均匀流设计方法设计断面如图17-3所示。

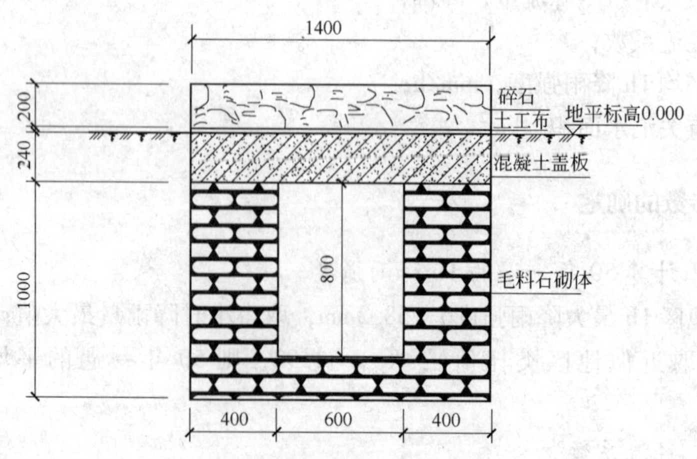

图17-2　排土场排水暗渠

表 17-1 各截洪沟流量计算与尺寸设计(室外排水设计规范)

截洪沟编号	起点高程/m	终点高程/m	水平距离/m	汇水面积/m^2	平均 1h 暴雨强度/mm	最大清水洪峰流量/$m^3 \cdot s^{-1}$	梯形底宽/m	梯形高/m	梯形顶宽/m	水力半径 R/m	截洪沟坡度要求	设计流量/$m^3 \cdot s^{-1}$
1	812	647	996	313196. 35	111. 7	0. 243	0. 5	0. 6	1. 1	0. 2606	0. 1657	5. 694
2	818	647	841	240016. 27	111. 7	0. 186	0. 5	0. 6	1. 1	0. 2606	0. 2033	6. 308
3	818	712	1078	328581. 30	111. 7	0. 255	0. 5	0. 6	1. 1	0. 2606	0. 0983	3. 387
4	787	710	611	213758. 90	111. 7	0. 166	0. 5	0. 6	1. 1	0. 2606	0. 1260	3. 966
5	780	712	483	131878. 14	111. 7	0. 102	0. 5	0. 6	1. 1	0. 2606	0. 1408	5. 249
6	768	693	380	69722. 14	111. 7	0. 054	0. 5	0. 6	1. 1	0. 2606	0. 1974	6. 215
7	763	690	574	139189. 81	111. 7	0. 108	0. 5	0. 6	1. 1	0. 2606	0. 1272	3. 989
8	763	687	311	37983. 53	111. 7	0. 029	0. 5	0. 6	1. 1	0. 2606	0. 2444	6. 916
9	772	690	425	61886. 12	111. 7	0. 048	0. 5	0. 6	1. 1	0. 2606	0. 1929	6. 145

注：1. 起点高程、终点高程、水平距离为截洪沟平面设计起点、终点、高程及水平距离，汇水面积为截洪沟的汇水区面积。

2. 最大清水洪峰流量为 50 年一遇洪峰流量，为清水流量计算公式计算结果。

3. 本表采用室外排水设计规范计算公式计算(国标 GB 13—1987)。

4. 梯形底宽、高、顶宽为截洪沟断面尺寸。

表 17-2 各截洪沟流量计算与尺寸设计(泥石流防治工程技术公式)

截洪沟编号	起点高程/m	终点高程/m	水平距离/m	汇水面积/m^2	平均 1h 暴雨强度/mm	最大清水洪峰流量/$m^3 \cdot s^{-1}$	梯形底宽/m	梯形高/m	梯形顶宽/m	水力半径 R/m	截洪沟坡度要求	设计流量/$m^3 \cdot s^{-1}$
1	812	647	996	313196. 35	111. 7	0. 243	0. 5	0. 6	1. 1	0. 2606	0. 1657	3. 519
2	818	647	841	240016. 27	111. 7	0. 186	0. 5	0. 6	1. 1	0. 2606	0. 2033	5. 006
3	818	712	1078	328581. 30	111. 7	0. 255	0. 5	0. 6	1. 1	0. 2606	0. 0983	3. 482
4	787	710	611	213758. 90	111. 7	0. 166	0. 5	0. 6	1. 1	0. 2606	0. 1260	3. 941
5	780	712	483	131878. 14	111. 7	0. 102	0. 5	0. 6	1. 1	0. 2606	0. 1408	3. 166
6	768	693	380	69722. 14	111. 7	0. 054	0. 5	0. 6	1. 1	0. 2606	0. 1974	3. 933
7	763	690	574	139189. 81	111. 7	0. 108	0. 5	0. 6	1. 1	0. 2606	0. 1272	3. 959
8	763	687	311	37983. 53	111. 7	0. 029	0. 5	0. 6	1. 1	0. 2606	0. 2444	5. 489
9	772	690	425	61886. 12	111. 7	0. 048	0. 5	0. 6	1. 1	0. 2606	0. 1929	3. 877

注：1. 起点高程、终点高程、水平距离为截洪沟平面设计起点、终点、高程及水平距离，汇水面积为截洪沟的汇水区面积。

2. 最大清水洪峰流量为 50 年一遇洪峰流量，为清水流量计算公式计算结果。

3. 本表采用泥石流工程技术公式计算。

4. 梯形底宽、高、顶宽为截洪沟断面尺寸。

沉淀池设计如图 17-3 所示。

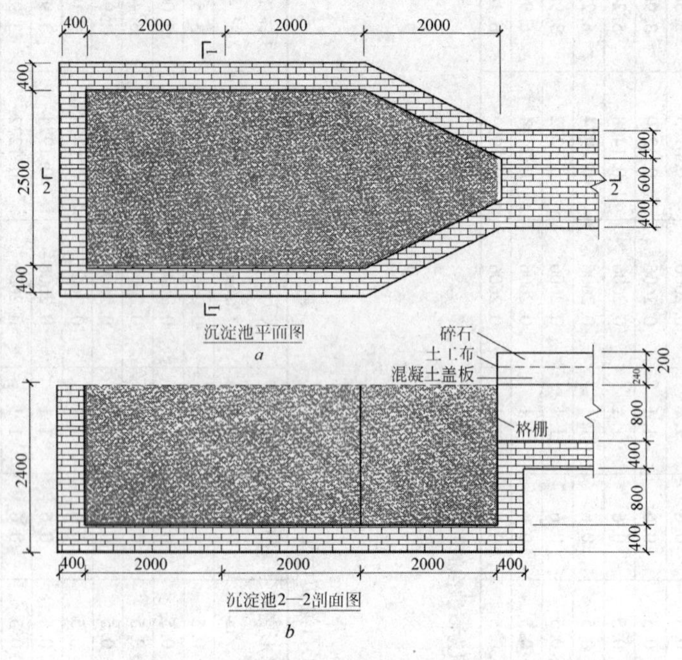

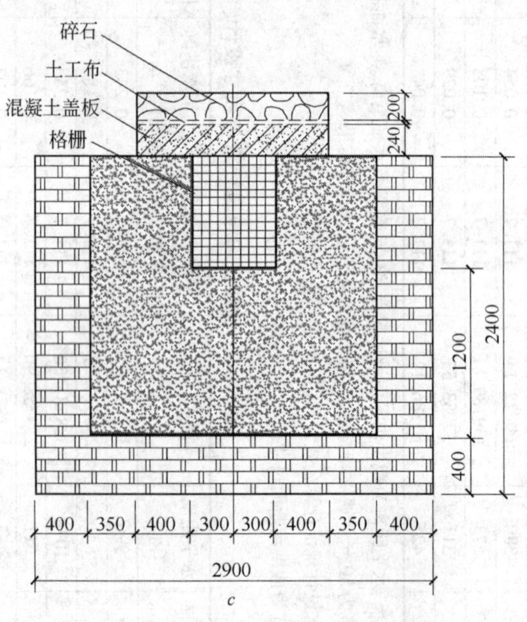

图 17-3 沉淀池设计示意图

a—俯视；*b*—纵向剖面；*c*—横向剖面

17.3 排土场内部渡槽设计

渡槽设置在排土场坡面处，平面位置分布如图 17-4 所示，将上部汇水区域内的雨水拦截后，导入截洪沟或导入自然水沟中，预防雨水渗入变形体内或避免产生坡面漫流，确保排土场边坡安全。

17.3.1　流量计算

洪峰流量计算采用“开发建设项目水土保持方案技术规范”（SL203—1998）和近似工程类比两种方法，选取其中大的数值作为设计计算参数

$$Q_b = 0.278KiF$$

将相关参数代入式 17-1 中，求得

$$Q_b = 0.278 \times 0.09 \times 111.7 \times 0.001 \times 139585.29/3600 = 0.108\text{m}^3/\text{s}$$

设计流量

$$Q_s = 1.5 \times Q_b = 0.162\text{m}^3/\text{s}$$

17.3.2　断面设计

17.3.2.1　设计断面

渡槽设计采用 4mm 的薄钢板。设计断面为等腰梯形下底 0.3m，高 0.3m，坡度 2∶1，断面尺寸设计如图 17-4 所示。经过验算后其设计满足排洪要求。

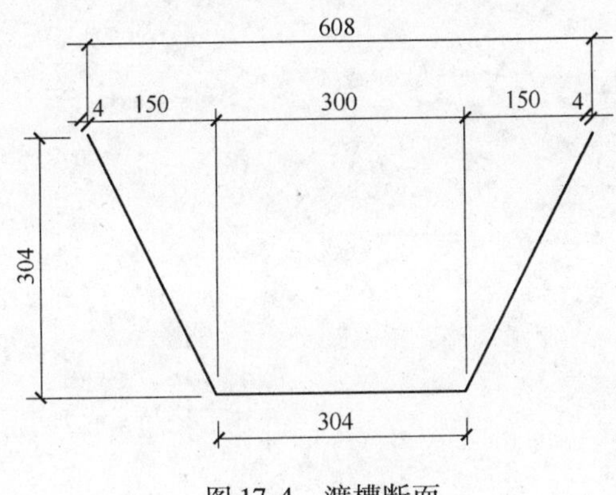

图 17-4　渡槽断面

17.3.2.2　最大设计流量

A　根据室外排水设计规范

$$A = 0.5(b_1 + b_2)h = 0.5 \times (600 + 300) \times 300 = 0.135\text{m}^2$$

$$X = b + 2\sqrt{0.15^2 + h^2} = 300 + 2\sqrt{0.15^2 + 0.3^2} = 0.97\text{m}$$

$$R = A/X = 0.135/0.97 = 0.1391\text{m}$$

$$v = \frac{1}{n}R^{\frac{2}{3}}i^{\frac{1}{2}} = 1/0.014 \times 0.1391^{2/3} \times 0.02^{1/2} = 2.711\text{m/s}$$

$$Q = AV = 0.135 \times 2.711 = 0.366\text{m}^3/\text{s}$$

由设计流量 0.162m³/s 及最大设计流量 0.366m³/s 可知设计满足排洪要求。

B　根据泥石流防治工程技术公式

$$A = 0.5(b_1 + b_2)h = 0.5(600 + 300) \times 300 = 0.135\text{m}^2$$

$$X = b + 2\sqrt{0.15^2 + h^2} = 300 + 2\sqrt{0.15^2 + 0.3^2} = 0.97\text{m}$$

$$R = A/X = 0.135/0.97 = 0.1391\text{m}$$

$$V = \frac{1}{a}\frac{1}{n}R^{2/3}i^{1/2} = 1/1.26 \times 1/0.014 \times 0.1391^{2/3} \times 0.02^{1/2} = 2.152\text{m/s}$$

$$Q = S_c \times V_c = 0.135 \times 2.152 = 0.291\text{m}^3/\text{s}$$

式中 A——过水断面；

X——溢洪口断面湿周；

R——水力半径；

n——沟壑的粗糙系数；

i——沟底纵坡坡度；

a——阻力系数；

V_c——允许流速，m/s；

S_c——水利有效面积，m^2。

由设计流量 $0.162\text{m}^3/\text{s}$ 及最大设计流量 $0.291\text{m}^3/\text{s}$ 可知设计满足排洪要求。

参考文献

[1] 侯兰功．泥石流灾情评估研究综述[A]．地质灾害与环境保护，2006，17(1)：49~50.

[2] Johnson A M. Debris flow[A]. Brunsden D，Prior D B. Slope Instability[M]. A Wiley-Interscience Publication，1988，257~361.

[3] Iverson R M，Reid M，LaHusen R G. Debris-flow mobilization from landslides[J]. Annual Review of Earth Planetary Sciences，1997，25：85~138.

[4] 冯自立，崔鹏，何思明．滑坡转化为泥石流机理研究综述[J]．自然灾害学报，2005，14(3)：8~19.

[5] 孟河清．泥石流的发生与降雨 [A]．中国科学院、水利部成都地理研究所．第二届全国泥石流学术会议论文集[C]．北京：科学出版社，1991，147~148.

[6] 费祥俊，舒安平．泥石流运动机理与灾害防治[M]．北京：清华大学出版社，2008.

[7] 方茜娟，任军旗，郭书科．矿山泥石流形成条件综述[J]．岩土工程界，2008，11(5)：11~17.

[8] 杨文东．降雨型滑坡特征及其稳定分析研究[D]．武汉理工大学，2006，6：23~28.

[9] 谭万沛，王成华，姚令侃，等．暴雨泥石流滑坡的区域预测与预报[M]．成都：四川科学技术出版社，1999.

[10] 陈景武．云南东川蒋家沟泥石流暴发与降雨关系的初步分析 [A]．中国科学院兰州冰川冻土研究所集刊[C]．北京：科学出版社，1989.

[11] 谭万沛．泥石流的临界雨量线分布特征[J]．水土保持通报，1989，9(6)：21~210.

[12] 谭万沛，韩宝庆．四川省泥石流预报的区域临界量指标研究[J]．灾害学，1992，7(2)：37~42.

[13] 崔鹏，杨坤，陈杰．前期降雨对泥石流形成的贡献——以蒋家沟泥石流形成为例[J]．中国水土保持科学，2003，1(1)：11~19.

[14] 姚令侃．用泥石流发生频率及暴雨频率推求降雨量的探讨[J]．水土保持学报，1988，2(4)：71~77.

[15] 杜培柳，康志成，等．云南小江泥石流综合考察与防治规划研究[M]．重庆：科学技术文献出版社，1987.

[16] 蔡金水，赵席文，李文森．东川因民矿黑山沟“9.27”泥石流的形成特征和防治措施．铁道工程学报，1986(4)：181~188.

[17] 吴积善，田连泉，康志成，等．泥石流及其综合治理[M]．北京：科学出版社，1993.

[18] 章书成，袁建模．泥石流冲击力及其测试[M]．中国科学院兰州冻川冻土研究所．中国泥石流专辑[M]．北京：科学出版社，1985.

[19] Chen C L. Bingham plastic or Bagnold's dilatant fluid as a rheological model of debris flow，third Intl. Symp，on River Sedimentim，the Unit. of Mississippi，1986：1628~1631.

[20] Mc Tigue D F. A nonliners constitutive model for granular materials：application to gravity flow. J of Applied Mechanics，ASME，1982，49(2)：291~296.

[21] Johson P C，R Jackson. Frictional-collisional constitutive relation for gypseous materials，with application to plane shearing[J]. Fluid Mech，1987：68~71.

[22] 蔡文．物元模型及其应用[M]．北京：科学技术文献出版社，1999.

[23] 匡乐红，徐林荣，刘宝琛．基于可拓方法的泥石流危险性评价[J]．中国铁道科学，2006，27(5)：1~10.

[24] 党如童．应用灰色集合理论预测发生泥石流的危险系数[J]．水土保持应用技术，2007，1：

11 ~ 19.

[25] 刘家龙，吕希奎，刘贵应．模糊综合评判法在泥石流灾害评价中的应用[J]．地质科技情报，2001，20：87 ~ 88.

[26] 艾南山．侵蚀流域系统的信息熵[J]．水土保持学报，1987，1(2)：1 ~ 7.

[27] 艾南山．再论流域系统的信息熵[J]．水土保持学报，1988，2(4)：1 ~ 7.

[28] 王晓朋，潘懋，任群智．基于流域系统地貌信息熵的泥石流危险性定量评价[J]．北京大学学报（自然科学版）网络版（预印本），2006，1(3)：1 ~ 9.

[29] 黄双，李广杰，陈伟韦．基于人工神经网络的泥石流灾害危险性评价[J]．山西建筑，2007，33(3)：1 ~ 2.

[30] 赵源，刘希林．人工神经网络在泥石流风险评价中的应用[J]．地质灾害与环境保护，2005(6)：39 ~ 310.

[31] 胡凯衡，韦方强．基于数值模拟的泥石流危险性分区方法[J]．自然灾害学报，2005，14(1)：10 ~ 15.

[32] 耿学勇，程尊兰，李泳，党超，曾榕彬，刘晶晶．正反负矩阵权重分析法在西藏泥石流危险性分区中的应用[J]．山地学报，2006，24(6)：769 ~ 779.

[33] 铁永波，唐川．层次分析法在单沟泥石流危险度评价中的应用[J]．中国地质灾害与防治学报，2006，17(4)：79 ~ 89.

[34] 倪长健，崔鹏．区域泥石流危险度评价的投影寻踪动态聚类方法[J]．山地学报，2006，24(4)：4410 ~ 4414.

[35] 李德基．透水型拦挡坝在泥石流防治中的应用[J]．中国地质灾害与防治学报，1997，8(4)：608 ~ 611.

[36] 中国科学院．水利部成都山地灾害与环境研究所．中国泥石流[M]．北京：商务印书馆，2000：267 ~ 272.

[37] 吴积善，田连权，康志成，等．泥石流及其综合治理[M]．北京：科学出版社，1993：298 ~ 300.

[38] 鲁小兵，李德基．狭窄河谷中泥石流重力坝空间效应分析[J]．长江科学院院报，1996，13(1)：34 ~ 39.

[39] 周必凡，李德基，等．泥石流防治指南[M]．北京：科学出版社，1991.

[40] 阳友奎，等．坡面地质灾害柔性防护的理论与实践[M]．北京：科学出版社，2009.

[41] De Natale J S，et al. Response of the Geobrugg cable net system to debris flow loading [R]. Report by California Polytechnic State University，1991：105 ~ 110.

[42] Rickenmann D. Empirical relationships for debris flows [J]. Natural Hazards，1999，19(1)：47 ~ 78.

[43] 徐永年，舒安平，匡尚富，等．锚杆在泥石流防治工程中的应用前景[J]．地质灾害与环境保护，2000，11(2)：168 ~ 170.

[44] 彭振斌．锚固工程设计计算与施工[M]．北京：中国地质大学出版社，1999.

[45] GB15618—1995. 土壤环境质量标准 [S].

[46] TD—TlO122000. 土地开垦整理项目规划设计规范 [S].

[47] 吴学民．元宝山矿区塌陷地复垦造田规划基本原则[J]．露天采矿技术，2006，(2)：54 ~ 55.

[48] 周进生．矿区土地复垦规划研究[J]．国土资源，2003，(3)：54 ~ 57.

[49] 彭德福．二十一世纪我国土地复垦与生态重建的理论与实践 [A]．第六次全国土地复垦学术会议论文集，1999：415 ~ 425.

[50] 赵景逵．矿区土地复垦技术与管理[M]．北京：中国农业出版社，1993.

[51] 阎敬，杨富海，李富平．冶金矿山土地复垦综述[J]．河北理工学院学报，1999，21(增刊)：41 ~ 47.

[52] 宋焕斌，张文杉．加强矿山复垦保护土地资源[J]．中国矿业，1998，7(3)：105～109.
[53] Ernst WHO. Response of plant and vegetation to mine tailings and dredged materials. In W. salomonsetal. (eds.) Chemistry and Biology of solid wastes, Dredged Material and Mine Tailings. Springer—Verlag, Berlin. 1988：53～510.
[54] 唐世荣，朱祖祥，黄昌勇．大力开展矿山植物的研究、开发和保护[J]．土壤通报，1998，29(6)：285～287.
[55] 束文圣，张志权，蓝崇钰．中国矿业废弃地的复垦对策研究[J]．生态科学，2000，19(2)：24～29.
[56] 杨农朝，胡全才．工矿区土地复垦产业化战略[J]．山西农业科学，1999，27(3)：86～90.
[57] 凌忠，蒯行成，等．圆管涵承载能力的研究[J]．中南公路工程，2005，30(1)：50～53.
[58] 蒯行成，潘成筋，罗业凤，凌忠．高填方路段圆管涵管节设计与试验[J]．中南公路工程，2005，30(3)：104～108.
[59] 孙玉科，等．中国露天矿边坡稳定性研究[M]．北京：中国科学技术出版社，1999.
[60] 陈祖煜．土质边坡稳定分析[M]．北京：中国水利水电出版社，2003.
[61] 张国祥，刘宝琛．潜在滑移面理论及其在边坡分析中的应用[M]．长沙：中南大学出版社，2003.
[62] 郑颖人，龚晓南．岩土塑性力学基础[M]．北京：中国建筑工业出版社，1989.
[63] 蔡美峰．岩石力学与工程[M]．北京：科学出版社，2002.
[64] 潘家铮．建筑物的抗滑稳定和滑坡分析[M]．北京：水利出版社，1980.
[65] 孙世国，等．露天边坡与山体边坡联合体稳定性分析[M]．北京：冶金工业出版社，2001.
[66] 杜炜平，颜荣贵．高台阶排土场技术及其发展趋势[J]．矿冶工程，1998，18 (01)：12～17.
[67] 王永博．歪头山矿排土场边坡稳定性分析与评价 [D]．辽宁工程技术大学，2003，12.
[68] 蒋福兴，王永博．歪头山矿排土场边坡稳定性分析[J]．辽宁工程技术大学学报，2003 (S1).
[69] 杨学堂，王飞．边坡稳定性评价方法及发展趋势[J]．岩土工程技术，2004 (02)：33～36.
[70] 邓科．边坡稳定性计算方法的适用条件及分析比较[J]．灾害与防治工程，2005 (02)：78～82.
[71] 郭增涛，刘志斌．露天矿边坡圆弧滑面几种计算方法的分析研究[J]．露天采矿技术，1986 (02)：78～82.
[72] 朱大勇，李焯芬，黄茂松，等．对3种著名边坡稳定性计算方法的改进[J]．岩石力学与工程学报，2005 (02)：451～456.
[73] 李彰明．模糊分析在边坡稳定性评价中的应用[J]．岩石力学与工程学报，1997 (05)：231～234.
[74] 孙红月．含碎石黏性土滑坡的成因机理与防治对策 [D]．浙江大学，2005，01.
[75] 邓钦．滑坡的防治理论与实践[J]．灾害与防治工程，2006 (01)：65～68.
[76] 刘书伦．长江鸡耙子滑坡整治[J]．水运工程，1984 (Z1)：34～37.
[77] 李玉生．鸡耙子滑坡的特征和稳定性分析[J]．水文地质工程地质，1984 (06)：34～37.
[78] 朱文华，邹从烈，程少荣．黄蜡石滑坡防治工程基本方案[J]．中国地质灾害与防治学报，1994 (03)：27～31.
[79] 杨天民，严应征，孙云志，等．黄蜡石滑坡变形特征及稳定性分析[J]．中国地质灾害与防治学报，1991 (03)：12～15.
[80] 赵明阶，何光春，王多垠．边坡工程处治技术[M]．北京：人民交通出版社，2003.
[81] 杨志法，张路青，祝介旺．四项边坡加固新技术[J]．岩石力学与工程学报，2005 (21)：56～59.
[82] 何思明，田金昌，周建庭．预应力锚索抗滑挡墙设计理论研究[J]．四川大学学报（工程科学版），2005 (03)：123～126.
[83] 高永涛，张友葩，吴顺川，等．滑移岩石边坡治理的稳定性分析[J]．岩石力学与工程学报，2002 (S1)：345～348.

[84] 高永涛，张友葩，吴顺川．土质边坡抗滑桩机理分析[J]．北京科技大学学报，2003（02）：231～234.

[85] 刘文伟，曾润洪，易忠，等．潭邵高速公路滑坡山体抗滑桩治理[J]．中南公路工程，2004（02）：131～135.

[86] 高谦，赵静波，吴学民．预应力锚索加固边坡应用及稳定性分析[J]．矿业工程，2004（03）：21～24.

[87] 高谦，何本贵．层状岩质边坡预应力锚索加固研究[J]．中国矿业，2004（05）:23～26.

[88] 高谦，吴顺川，吴学民．预应力锚索在平庄西露天矿非工作帮边坡加固工程中的应用[J]．工程地质学报，2005（02）:234～237.

[89] 赵静波，高谦，李莉．层状岩质边坡预应力锚索加固工程应用分析[J]．岩土力学，2005（08）：231～235.

[90] 周北，赵明华，刘小平．预应力锚索抗滑桩治理公路滑坡的应用[J]．中南公路工程，2006（02）：126～129.

[91] 邹勇，傅旭东．格构锚固技术在治理滑坡中的应用[J]．岩土力学，2003（S2）:234～237.

[92] 许英姿．滑坡治理中格构锚固结构的研究[J]．岩石力学与工程学报，2003（11）:675～678.

[93] 许英姿，唐辉明．格构锚固措施及其在滑坡防治中的应用[J]．地质科技情报，2001（02）：123～126.

[94] 杨果林．现代加筋土技术应用与研究进展[J]．力学与实践，2002（01）:564～567.

[95] 杨果林．包裹式加筋土挡墙治理矸石山滑坡试验研究[J]．湘潭矿业学院学报，1999（02）：211～214.

[96] 蒋忠信，曾令录，李安洪．南昆铁路路基边坡工程技术研究[J]．岩石力学与工程学报，2002（09）:634～637.

[97] 孙世国，王思敬．露天边坡与周边环境安全综合评价方法的研究[J]．岩石力学与工程学报，2003（03）:653～657.

[98] 孙世国，冉启发，李国柱．露天边坡与山坡复合体变形随机介质预测方法的研究[J]．岩土工程学报，2002（03）:235～237.

[99] 孙世国，冉启发，李国柱．应用临界滑移场技术进行坡角优化设计的方法．中国矿业，2006（10）：78～81.

[100] Baker R. Inter-relations between experimental and computational aspects of slope stability analysis [J]. International Journal for Numerical and Analytical Methods in Geomechanics，v27，n5：102～107，Apr 25，2004.

[101] Razdolsky A G，Yankelevsky D Z，Karinski Y S. Analysis of slope stability based on evaluation of force balance[J]. Structural Engineering and Mechanics，v20，n3，June，2006：1123～1126.

[102] Ausilio E，Conte E，Dente G. Stability analysis of slopes reinforced with piles [J]. Computers and Geotechnics，2001，(28):1205～1207.

[103] Griffiths D V，Fenton Gordon A. Probabilistic slope stability analysis by finite elements [J]. Journal of Geotechnical and Geoenvironmental Engineering，v130，n5，May，2005：1125～1128.

[104] Martin R P. Review of geological aspects of slope engineering [J]. Transactions Hong Kong Institution of Engineers，v10，n 3，September，2004：231～235.

[105] R L Schuster，R J Krizek. Landslides Analysis and Control[J]. National Academy of Science，Washington，D. C.，1979：231～236.

[106] 陈胜宏．高坝岩石地基及岩石边坡稳定性分析[M]．北京：水利电力出版社，2001.

[107] 颜荣贵，曹文贵，刘文献，等．庙儿沟排土场边坡稳定性研究[J]．矿冶工程，1997（01）：

56 ~ 59.

[108] 马公望. 金堆城露天矿排土场稳定性分析[J]. 金属矿山, 2004 (08):45 ~ 48.

[109] 徐永刚. 影响排土场边坡稳定因素的探讨[J]. 中国矿业, 2000 (S1):76 ~ 79.

[110] 汪勇. 露天矿排土场合理台阶高度的确定[J]. 金属矿山, 2004 (02):91 ~ 94.

[111] 周海贵. 小龙潭露天北平坝排土场边坡稳定性评价[J]. 露天采煤技术, 2000 (03):34 ~ 36.

[112] 徐卫亚. 边坡及滑坡环境岩石力学与工程研究[M]. 北京: 中国环境科学出版社, 2000.

[113] 朱大勇, 周早生. 边坡全局临界滑动场 (GCSF) 理论及工程应用[J]. 土木工程学报, 1999 (03):92 ~ 97.

[114] 朱本珍, 孔剑华, 朱大勇, 等. 对滑坡剩余推力计算方法的改进[J]. 工程勘察, 2005 (05): 23 ~ 27.

[115] 王振伟, 朱新平. 黑岱沟露天矿阴湾排土场稳定性研究[J]. 露天采矿技术, 2005 (01):67 ~ 69.

[116] 周荣军. 软基底高排土场的基底承载力分析[J]. 岩土工程技术, 2002, (02):12 ~ 15.

[117] 杜炜平, 颜容贵, 古德生. 超高台阶土场稳坡扩容增源新技术[J]. 中南工业大学学报, 2000 (02):23 ~ 26.

[118] 穆大耀, 王勋业. 露天排土场边坡稳定性模拟试验与分析[J]. 昆明工学院学报, 1994 (02): 43 ~ 46.

[119] 曹阳, 黎剑华, 颜荣贵, 等. 超高台阶排土场建设决策研究与实践[J]. 岩石力学与工程学报, 2002 (12):76 ~ 79.

[120] 孙世国, 林国棋, 等. 地下工程开挖对斜坡体影响的研究[J]. 市政技术, 2004, 22 (6):65 ~ 68.

[121] 孙世国, 等. 岩石工程开挖对山坡体应力场扰动规律的数值分析[J]. 地球与环境, 2005, 33 (3): 107 ~ 111.

[122] 陈昌彦, 王思敬, 等. 边坡工程地质信息的三维可视化及其在三峡船闸边坡工程中的应用[J]. 岩土工程学报, 1998, 20(4).

[123] 陈胜宏, 万娜. 边坡稳定分析的三维剩余推力法[J]. 武汉大学学报, 2005, 38 (3): 69 ~ 73.

[124] 张鲁渝. 国内岩土边坡稳定分析软件面临的问题及几点思考[J]. 岩石力学与工程学报, 2003, 22 (1): 166 ~ 169.

[125] 张渭军, 等. 基于三棱柱体的三维地质体可视化研究[J]. 工程地质学报, 2004, 14(5): 715 ~ 720.

[126] 李建明. 临界滑动场算法的改进及应用[J]. 水文地质工程地质, 2006, 3: 76 ~ 78.

[127] 陈庆中, 等. 土坡稳定分析最优控制法[J]. 北方交通大学学报, 2000, 24 (1): 64 ~ 66.

[128] 陈俊涛, 等. 用 OpenGL 开发地下结构工程三维有限元图形系统[J]. 岩石力学与工程学报, 2006, 25 (5): 1015 ~ 1020.

[129] 武亚军, 等. 深基坑有限元分析中可视化面向对象程序设计[J]. 大连理工大学学报, 2003, 43 (4): 489 ~ 495.

[130] 蔡路军, 等. 边坡稳定性数值分析方法述评[J]. 西部探矿工程, 2006, 10: 268 ~ 270.

[131] 张鲁渝. 边坡稳定分析软件 Z Slope 的开发[J]. 岩石力学与工程学报, 2004, 23 (16): 2830 ~ 2835.

[132] 潘家铮. 工程地质计算和基础处理[M]. 北京: 水利电力出版社, 1985.

[133] 湖南省水利水电勘测设计院. 边坡工程地质[M]. 北京: 水利电力出版社, 1983.

[134] 钱家欢, 殷宗泽. 土工原理与计算 (第二版)[M]. 北京: 水利电力出版社, 1996.

[135] 李功伯, 谢建清. 滑坡稳定性分析与工程治理[M]. 北京: 地震出版社, 1997.

[136] 陈祖煜. 边坡三维稳定分析的极限平衡方法[J]. 岩土工程学报, 2001, 23, 5.

[137] 张倬元. 国际滑坡研究趋向与发展[J]. 中国地质灾害与防治学报, 1993(3):87 ~ 90.

[138] 王英锐，唐忠德．考虑土条间作用剪刀的土坡稳定分析方法[J]．地下空间，1999(1):23~26.

[139] 张雄．边坡稳定性分析的改进条分法[J]．岩土工程学报，1994(3):126~129.

[140] 杨松林，等．岩体稳定分析的广义条分法初步探讨[J]．岩土力学，1999(1):93~97.

[141] 架茂田，等．土体稳定分析极限平衡法改进及其应用[J]．岩土工程学报，1992（增刊）1125~1127.

[142] 张学年，等．一种滑坡三维稳定性分析法及其实例．第五届全国工程地质大会文集[M]．北京：地震出版社，1996.

[143] 冯树仁，葛修润．矿山边坡岩块稳定性三维分析[J]．岩土力学，1992(9):67~70.

[144] 房定旺．组合楔体三维剩余推力稳定性分析[J]．金属矿山，1993(2):34~38.

[145] 冯树仁，等．边坡稳定性的三维极限平衡分析方法及应用[J]．岩土工程学报，1999(6):782~785.

[146] 祝玉学．边坡稳定性分析的三维方法[J]．金属矿山，1994(12):76~79.

[147] 吴玉庚，等．峨口铁矿高陡边坡稳定性三维模型实验研究[J]．工程地质学报，1998(12):345~348.

[148] 高德彬．滑坡稳定性三维极限平衡法研究．长安大学，1999.